现代色谱技术

主　编　段更利

副主编　李　嫣　郁颖佳

编　者（按姓氏拼音字母排序）

陈丽竹　段更利　江洁冰　李　嫣　李发洁

凌　今　刘婷婷　刘晓丹　吕燕平　王利苹

徐　琛　郁颖佳　赵美艳　朱嘉俊

人民卫生出版社

图书在版编目（CIP）数据

现代色谱技术 / 段更利主编．—北京：人民卫生出版社，2020

ISBN 978-7-117-28708-1

Ⅰ.①现… Ⅱ.①段… Ⅲ.①色谱法 Ⅳ.①O657.7

中国版本图书馆 CIP 数据核字（2019）第 142807 号

人卫智网	**www.ipmph.com**	**医学教育、学术、考试、健康，购书智慧智能综合服务平台**
人卫官网	**www.pmph.com**	**人卫官方资讯发布平台**

现代色谱技术

主　　编：段更利
出版发行：人民卫生出版社（中继线 010-59780011）
地　　址：北京市朝阳区潘家园南里 19 号
邮　　编：100021
E - mail：pmph @ pmph.com
购书热线：010-59787592　010-59787584　010-65264830
印　　刷：中农印务有限公司
经　　销：新华书店
开　　本：787 × 1092　1/16　　**印张**：17
字　　数：414 千字
版　　次：2020 年 3 月第 1 版　2020 年 3 月第 1 版第 1 次印刷
标准书号：ISBN 978-7-117-28708-1
定　　价：66.00 元
打击盗版举报电话：010-59787491　E-mail：WQ @ pmph.com
质量问题联系电话：010-59787234　E-mail：zhiliang @ pmph.com

前言

现代色谱概念的提出，至今已有 100 余年的历史。一个多世纪以来，伴随着科学技术的不断进步，色谱概念和范畴发生了很大的变化，其应用领域也不断拓宽，尤其在医药卫生、环境化学、食品安全等领域发挥了重要的作用。原上海医科大学药学院程务本教授于 1983 年面向药学专业研究生开设了现代色谱技术课程，后来由上海医科大学出版社印刷了内部教材。该课程一直延续到现在，课程内容不断更新，是一门深受药学研究生欢迎的课程。编者多年来担任现代色谱技术课程的主讲教师，同时在将色谱技术应用于新药质量标准研究及体内药物分析等方面有丰富的经验。在多年的教学和科研实践中，编者深感尽管目前国内已出版了多部色谱技术相关的著作，但真正贴近药学研究需求的却甚少，遂萌生了编写此书的念头。

《现代色谱技术》是为满足医药卫生、环境化学、食品安全等诸多学科中基础教育的需要，结合编者多年的教学和科研实践经验编写而成的。

本书在编写上主要有两个特点：一是色谱内容丰富，从介绍色谱法基本概念、基本方法入手，循序渐进地阐述了高效液相色谱法、气相色谱法、毛细管电泳、薄层色谱扫描法、生物大分子分析色谱法、制备色谱法和近年来蓬勃发展的色谱联用技术，基本涵盖了在医药卫生及食品安全领域常用的现代色谱技术的主要内容；二是突出了实用性，除介绍原理和方法外，在每章最后增加了应用实例小结，并在最后增加了复杂样品前处理技术和色谱方法的建立与评价两个章节的内容，以便于帮助读者更好地理解和学习各类色谱技术，并能在实际科研工作中熟练应用。在内容的编排上力求做到深入浅出、循序渐进、结构严谨，并将难点适当分散。

本书编者对基本概念、基本理论进行了提炼，对每章的每种色谱方法及其质谱联用技术的内容进行了必要的取舍，并且注意引进学科的前沿知识。本书可作为药学专业研究生课程用教材，同时亦可作为医学、卫生、食品等相关专业的参考用书。

本书由复旦大学药学院段更利教授主编，参加编写的主要为段更利课题组的成员，包括教授李嫣，助理研究员郁颖佳，博士研究生李发洁、刘晓丹、徐琛、凌今、王利苹、江洁冰、陈丽竹等，硕士研究生刘婷婷、吕燕平、赵美艳、朱嘉俊等。课题组其他未参与编写的同学冯嘉楠、何心莹、孙雪妮、佘晓健、凌莉、龙佳坤、汪洋等在资料收集整理和排版校对等方面作出了贡献，在此一并感谢。

本书是集体智慧的结晶，是全体撰写人员细心钻研、严谨探讨、深入交流的成果。在此我们对长期支持本书编写的专家、教师及同学们表示诚挚的感谢！

本书难免有不当与疏漏之处，望广大读者批评斧正，以便于及时更正和修订完善。

编 者

2019 年 11 月

目 录

第一章 绪论

第一节 色谱法的定义与概述

一、色谱法的定义和概况

（一）色谱法的定义

色谱分析法简称色谱法（chromatography），是一种物理或物理化学分离分析方法。色谱法是根据混合物中的各组分在两相中的分配系数不同进行分离，而后逐个分析，因此是分析复杂混合物的最有利的手段。色谱法以高分离能力为特点，具有高灵敏度、高选择性、分析速度快及应用范围广等优点。

（二）色谱法的特点和优点

1. 色谱法的特点 色谱法以其高分离能力为特点，其分离效率远远高于其他分离技术，如蒸馏、萃取、离心等方法。

2. 色谱法的优点

（1）分离效率高：如毛细管气相色谱柱的理论塔板数可达 7 万 ~12 万，毛细管电泳柱有几十万的理论塔板数，而凝胶毛细管电泳柱可达上千万理论塔板数的柱效。

（2）应用范围广：几乎可用于所有化合物的分离与分析，从有机物、无机物、低分子或高分子化合物到有生物活性的生物大分子都可进行分离和测定。

（3）分析速度快：一般几分钟到几十分钟即可完成一次复杂样品的分离与分析。

（4）样品用量少：μl（微升）级，甚至 nl（纳升）级的样品就可完成一次分离与分析。

（5）灵敏度高：如气相色谱法可以分析几纳克的样品，火焰离子化检测器（flame ionization detector，FID）可达 10^{-12}g/s、电子捕获检测器（electron capture detector，ECD）达 10^{-13}g/s，检测限分别为 10^{-9}g/L 和 10^{-12}g/L。

（6）分离与分析一次完成：可和多种波谱分析仪器联用，如质谱、红外光谱等。

（7）易于自动化：分离与分析自动完成，可在工业流程中使用。

（三）现代色谱技术方法比较

从色谱法问世至今已经一个多世纪了，但最近20年是发展最快的时期，许多崭新的色谱技术出现，如气相色谱法（gas chromatography，GC）中毛细管柱工艺的发展、超临界流体色谱法（supercritical fluid chromatography，SFC）和超临界流体萃取的兴起、毛细管电泳（capillary electrophoresis，CE）的发展、电色谱法加入色谱法的行列、场流分离为生物大分子的分离提供了新的途径等。21世纪是生命科学、材料科学和环境科学的时代，而环境科学又是人们面临的重大课题，色谱新技术的出现和发展正是为了服务于这些重要的科技领域。生物大分子的分离和纯化，推动了毛细管电泳和全新的高效液相色谱法（high performance liquid chromatography，HPLC）的发展；为了解决手性药物对映异构体的拆分，产生了各种手性分离介质；极微量环境污染物的检测，推动了各种色谱法高灵敏度检测器的问世；为了适应石油化工的需要，出现了各种高温毛细管气相色谱法；为了高选择性地分离生化分子，发展了选择性极强的亲和色谱法；为了有效快速地分离蛋白质和多肽，发展了整体色谱柱。

此外，为了弥补色谱法定性功能较差的弱点，大力发展了色谱仪和其他仪器的联用技术，特别是液相色谱法、毛细管电泳与电喷雾质谱的联用技术近年已趋于成熟，它将对生物大分子的分离和鉴定发挥极大的作用，因此色谱仪和其他各种仪器的联合使用将成为分析化学的重要领域。

不同的色谱技术间有相似之处，也有明显的不同。具体见表1-1。

表1-1 各种色谱技术的比较

色谱技术	气相色谱法（GC）	高效液相色谱法（HPLC）	超临界流体色谱法（SFC）	薄层色谱法（TLC）	毛细管电泳（CE）
固定相	固体吸附剂；黏稠液膜	固体吸附剂	固体吸附剂	硅胶；氧化铝	胶束；添加剂
溶质分子与固定相分子间作用力	键合分子层 有	键合分子层 有	键合分子层 有	键合分子层 有	有
流动相	气体	液体	高密度气体	液体	液体
溶质分子与流动相分子间的作用力	无～微	有	弱	有	有
酸碱性	–	有	无～微	有	有
升温	可以	可以	可以	–	–
驱动方式	压差	压差	压差	毛细现象	电渗流
控制分离的因素					
相对分子质量	相对分子质量小的先流出	尺寸排阻色谱法中相对分子质量大的先流出	–	–	相对分子质量小的先流出
溶质极性/官能团	有影响	影响大	有影响	影响大	有影响

续表

色谱技术	气相色谱法（GC）	高效液相色谱法（HPLC）	超临界流体色谱法（SFC）	薄层色谱法（TLC）	毛细管电泳（CE）
适用对象					
气体	可以	–	–	–	–
液体	可以	可以	可以	可以	可以
固体（溶剂可溶）	可以	可以	可以	可以	可以
专一性样品	气体样品；挥发性液体；异构体；化学性质稳定的样品	液体样品；热不稳定的样品；异构体；离子型样品	相对分子质量约 10 000 的低聚物	液体样品	离子；中性样品；相对分子质量大的样品
分离通道	柱子	柱子	柱子	平面	柱子
检测器					
通用型	电导、FID	二极管阵列/示差折光、蒸发光散射	FID	显色剂显色（碘或酸）	电导
选择性	ECD、火焰光度	–	紫外	–	紫外、荧光

二、色谱法的分类概述

色谱法的分类主要依据色谱过程中流动相和固定相的物理状态、作用原理和分离系统的物理特征，详见表 1–2。

表 1–2 色谱法的分类

按两相物质形态分			按作用原理分		按物理特征分	
流动相	固定相	名称	原理	名称	特征	名称
液体		液相色谱法			固定相板状	平板色谱法
	液体	液 – 液色谱法	分配系数不同	液 – 液分配色谱法	固定相是纸	纸色谱法
	固体	液 – 固色谱法	吸附能力差别	液 – 固吸附色谱法	固定相是薄层	薄层色谱法
			分子大小不同	凝胶渗透或排阻色谱法	固定相柱状	柱色谱法
			离子交换能力不同	离子交换色谱法	固定相紧密填充	填充柱色谱法
			亲和力差别	亲和色谱法	色谱柱中空	空心柱色谱法
					流动相用高压液体	高压液体色谱法
			电渗析淌度差别	电泳	流动相用电压驱动	电色谱法

续表

按两相物质形态分			按作用原理分		按物理特征分	
流动相	固定相	名称	原理	名称	特征	名称
气体		气相色谱法				
	液体	气－液色谱法	分配系数不同	气－液分配色谱法		
	固体	气－固色谱法	吸附能力差别	气－固吸附色谱法		
超临界流体		超临界色谱法				

本书将重点介绍以下几类现代色谱技术的新方法、新技术。

（一）气相色谱法

气相色谱法（gas chromatography，GC）是以气体为流动相的色谱方法，目前它已成为分析有机化合物不可缺少的一种分离与分析方法，广泛地应用于石油化工、环境保护、医药卫生、生物化学及食品检测等领域。

气相色谱法具有以下特点：①原理简单，操作方便。②气相色谱法的分离效能高，能分离性质极相似的物质，包括同位素、同分异构体、对映体以及组成极复杂的混合物如石油、污染水样及天然精油等。③气相色谱法的灵敏度高，有的检测下限可达 10^{-14}~10^{-12}g，是痕量分析不可缺少的工具之一。例如它可检测食品中 10^{-10}~10^{-9}g 量级的农药残留量、大气污染中 10^{-12}~10^{-10}g 量级的污染物等。④分析速度快，气相色谱法测定一个样品只需几分钟到几十分钟；如用微机控制整个操作过程和数据处理系统，分析周期更短。⑤气体或在一定的汽化条件下能够汽化且热稳定的液体都可用气相色谱法分析。有的化合物因极性过强、沸点过高难以汽化或热不稳定而分解，则可以通过化学衍生化后再进行分析。在全部色谱法分析的对象中，约 20% 的物质可用气相色谱法分析。

（二）高效液相色谱法

高效液相色谱法是在经典液相色谱法（即柱色谱法）的基础上引入气相色谱法的理论并加以改进而发展起来的。早在 1906 年就出现了经典液相色谱法，此后逐步得到应用。20 世纪 30 年代用来分离了一系列天然产物，60 年代出现了排阻色谱法。20 世纪 60 年代末 70 年代初出现了分析速度快、分离效率高、操作自动化的高效液相色谱法。

高效液相色谱法吸取了经典液相色谱法和气相色谱法两种方法的优点，因此在较短的时间内有了飞速的发展，受到了国内外的普遍重视。高效液相色谱法的新技术综合起来有以下特点：

1. 高压 液相色谱法以液体作为流动相（称为载液），液体流经色谱柱时，受到的阻力较大，为了能迅速地通过色谱柱，必须对载液施加高压。在现代液相色谱法中供液压力和进样压力都很高，一般可达到 150~300kgf/cm^2，甚至可达 700kgf/cm^2 以上。色谱柱的压降在 75kgf/cm^2 以上。高压室是高效液相色谱法的一个突出特点。因为液体不同于气体，它不易被压缩，且液体内部的势能较低，所以在这里使用高压没有爆炸的危险性。

2. 高速 高效液相色谱法所需的分析时间较经典液相色谱法短得多，处理量也大得多，一般可达 1~10ml/min，个别可高达 300ml/min 以上，这已近似于气相色谱法的流速。

3. 高效 气相色谱法的分离效能很高，高效液相色谱法的柱效则更高，一般约可达 60 000 理论塔板 /m。这是由于近年来研究出了许多新型固定相（如化学键合固定相），使分离效率大大提高，有时 1 根柱子可以分离 100 种以上的组分。

4. 高灵敏度和更广的检测范围 高效液相色谱法已广泛采用高灵敏度检测器，这样就进一步提高了分析的灵敏度。如紫外检测器的最小检测量可达纳克（ng）量级（10^{-9}g）、荧光检测器的灵敏度可达 10^{-11}g。高效液相色谱法的高灵敏度还表现在所需的试样很少，微升（μl）量级的样品就足以进行全分析。由于可配置紫外、示差、荧光、电化学、旋光、质谱等检测器，使之可检测的物质范围从有机分子、离子到具有生物活性的蛋白质大分子等，具有通用性分子技术的基本特点。

（三）薄层色谱法

薄层色谱法（thin layer chromatography，TLC）是色谱技术的一种，系将固定相涂布于玻璃板或铝板上，使成一均匀薄层，样品中的各组分随流动相在薄层中定向移动，不同组分和固定相 / 流动相的作用力不同而实现了分离。

用薄层扫描仪（TLC scanner）或薄层密度计（TLC densimeter）对薄层板上被分离的化合物进行直接定量的方法称为薄层扫描法。本法简便、快速、灵敏、结果准确，适用于多组分物质和微量组分的定量测定。

（四）毛细管电泳

毛细管电泳（capillary electrophoresis，CE）作为一种门类比较齐全和具备动态发展能力的微量高效分离分析方法，非常有利于其在药物分析中发挥作用。

CE 在药物分析应用中的优势不仅体现在其微量、高效、快速、干净等特点上，还体现在它的广泛适应性上。如 CE 可以面对各种性质的样品，无论分子大小；水溶的、脂溶的；简单的、复杂的；手性的、非手性的均能应对。其中关于手性分析，更是毛细管电泳的特色之处，大概还没有哪种分离方法能够像 CE 一样高效地拆分手性药物，而且花费低、操作简便。

CE 在蛋白类药物的分析方面也深具优势，它不仅可用于蛋白药物的等电点、分子量以及含量测定，而且可以用于基因工程蛋白药物的鉴定——肽谱分析。利用这种指纹方案，毛细管电泳能方便地用于复杂药物的研究，比如天然药物分析、中医药活性组分剖析、植物药产地和质地鉴定及真伪鉴别等。

（五）生物大分子分析色谱法

生物大分子的分离纯化是广大生物学、化学和医学工作者十分关心并长期研究开拓的课题。色谱法被认为是迄今人类已掌握的对复杂混合物分离能力最强的手段，为生物大分子的分离与分析提供了温和的条件和良好的生物兼容性，有利于保持生物大分子原有的构象和生理活性。

根据生物大分子的作用力和生物活性的性质，可用于分离与分析生物大分子的色谱法分离模式包括凝胶色谱法、离子交换色谱法、疏水作用色谱法、反相液相色谱法、生物亲和色谱法、免疫亲和色谱法、共价色谱法、络合亲和色谱法等。因此，根据被分离纯化生物大分子的性质和可以接受的操作成本，可以选择各种色谱法分离模式或多种模式集成技术实现对生物大分子的分离与纯化。

（六）制备色谱法

制备色谱法是指采用色谱技术制备纯物质，即分离、收集一种或多种色谱纯物质。制备色谱法中的“制备”这一概念是指获得足够量的单一化合物，以满足研究和其他用途。制备色谱法的出现，使色谱技术与经济利益建立了联系。制备量大小和成本高低是制备色谱法的两个重要指标。

作为一种制备色谱法的全新方法，高速逆流色谱法（high-speed countercurrent chromatography，HSCCC）是20世纪80年代发展起来的一种连续高效的液-液分配色谱分离技术，它不用任何固态的支撑物或载体。相对于传统的固-液色谱技术，具有适用范围广、操作灵活、高效、快速、制备量大、费用低等优点。目前HSCCC正在发展成为一种备受关注的新型分离纯化技术，已经广泛应用于生物医药、天然产物、食品和化妆品等领域，适合于中、小分子类物质的分离纯化。

（七）色谱联用技术

色谱联用（hyphenated chromatography）分析法包括两种色谱联用（色谱-色谱）分析法和色谱与质谱、波谱联用的分析方法。色谱-色谱联用分析法又称为多维色谱法，主要是为了提高分离效率。而色谱-质谱、波谱联用分析法是将分离能力很强的色谱仪与定性、确定结构能力很强的质谱或光谱仪器通过适当的接口（interface）相结合成完整的分析仪器，借助于计算机技术进行物质分析的方法。它将两谱有机地结合起来而实现在线联用，互相取长补短，获得了两种仪器单独使用时所不具备的更快、更有效的分析功能。

色谱联用技术是近年发展起来的一种新型分离检测技术，它综合了色谱的分离和其他分析技术的定性优点，体现了色谱和其他分析技术的优势互补。

第二节 色谱法的基础理论

色谱技术的基础理论主要可归纳为热力学理论与动力学理论两个方面。热力学理论是从相平衡的观点来研究色谱分离过程，以塔板理论为代表。动力学理论是从动力学观点研究色谱过程中各种动力学因素对柱效的影响，以van Deemter方程式为代表。由于色谱分离过程受热力学因素与动力学因素的双重影响，因此色谱流出曲线的形状及其影响因素可用这些理论来说明，而色谱流出曲线则用色谱参数来具体描述。

一、色谱参数

（一）色谱流出曲线与色谱峰

在色谱分析的过程中，试样经过色谱柱分离后的各组分随流动相先后进入检测器，并由检测器将浓度信号转换为电信号，再由记录仪记录下来，这种电信号强度随时间变化而形成的曲线称为色谱流出曲线，即色谱图（chromatogram），见图1-1。

由于所记录的电信号强度与各组分的浓度成正比，所以色谱流出曲线实际上是浓度-时间曲线。

（二）基线

1. 基线 基线（baseline）是指在正常实验操作条件下，没有组分流出，只有流动相通过检测器时的信号 - 时间曲线。基线是仪器（主要是检测器）正常工作与否的衡量标准之一。正常的基线是一条平行于时间轴的直线，图 1-1 中 OC 为基线。

2. 噪声 噪声（noise，N）是指各种偶然因素引起的基线起伏现象，见图 1-2。

3. 基线漂移 基线漂移（baseline drift，d）是指基线随时间朝某一方向的缓慢变化，见图 1-2。基线漂移主要是实验条件不稳定引起的。

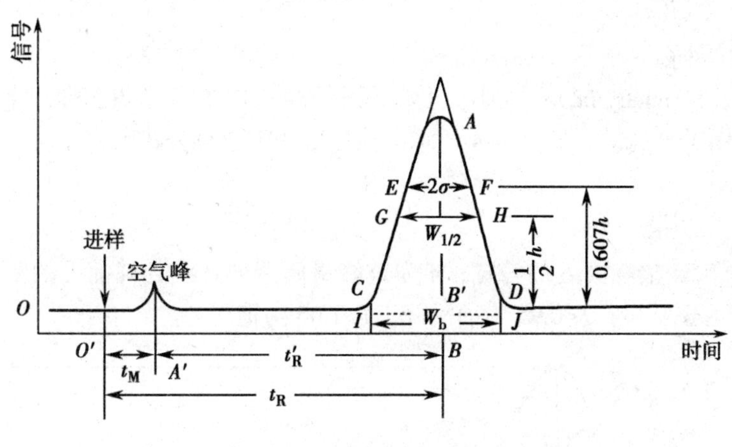

图 1-1 色谱流出曲线

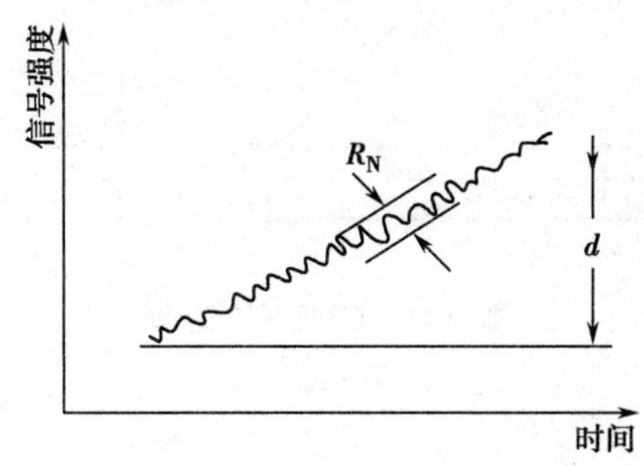

图 1-2 噪声与漂移

（三）色谱峰

1. 正常色谱峰 色谱流出曲线上的突起部分称为色谱峰（peak），每个峰代表样品中的一个组分。如图 1-3（a）所示，正常色谱峰（又称高斯峰）为对称正态分布曲线，曲线有最高点，以此点的横坐标为中心，曲线对称地向两侧快速单调下降。

2. 不正常色谱峰 不正常色谱峰有两种。①拖尾峰（tailing peak）：前沿陡峭、后沿拖尾的不对称色谱峰为拖尾峰，如图 1-3（b）所示；②前沿峰（lead peak）：前沿平缓、后沿陡峭的不对称峰称为前沿峰，如图 1-3（c）所示。其中以拖尾峰最为常见。

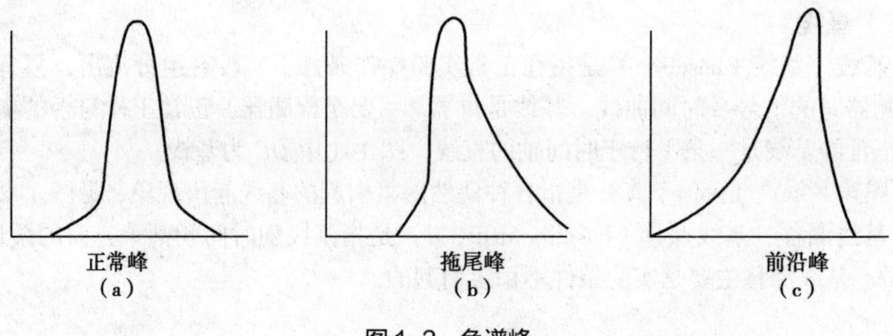

图 1–3 色谱峰

（四）对称因子

对称因子（symmetry factor，f_s）又称拖尾因子（T）。在色谱流出曲线上，峰形的正常与否常用对称因子来衡量，如图 1–4 所示。拖尾因子的求算公式为：

$$T=\frac{W_{0.05h}}{2A} \qquad \text{式（1–1）}$$

式中，$W_{0.05h}$ 为 0.05 倍峰高处的峰宽；A 为过峰最高点的直线到峰前沿的距离。当 T 值为 0.95~1.05 时，为正常峰；T<0.95 为前沿峰；T>1.05 为拖尾峰。

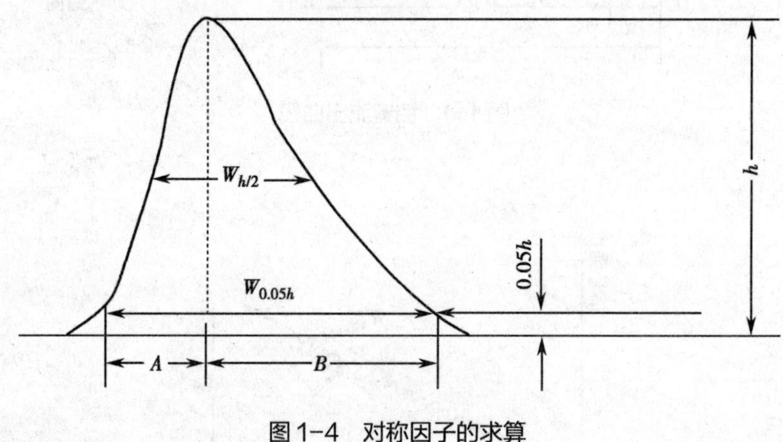

图 1–4 对称因子的求算

二、保留值

（一）保留时间

从进样开始到某个组分在柱后出现峰极大值的时间间隔称为该组分的保留时间（retention time，t_R），即从进样到柱后某组分出现浓度极大值的时间间隔，见图 1–1。

（二）死时间

不被固定相保留的组分从进样开始到出现峰极大值的时间间隔称为死时间（dead time，t_M），见图 1–1。如 GC 用热导检测器时，从注射空气样品到出现空气峰顶的时间，以秒（s）或分钟（min）为单位；用氢火焰离子化检测器时，可用甲烷气测定死时间。

（三）调整保留时间

减去死时间后的保留时间即为调整保留时间（adjusted retention time，t'_R），见图 1–1。

t'_R用公式表示为：

$$t'_R = t_R - t_M \qquad 式（1-2）$$

调整保留时间可理解为某组分因溶解于固定相或被固定相吸附的缘故，而比不溶解或不被吸附的组分在柱中多滞留了一些时间。在实验条件（温度、固定相等）一定时，调整保留时间只决定于组分的性质。因此，混合物样品进行色谱法分离时，调整保留时间是产生差速迁移的物理化学基础，是色谱法定性的基本参数之一。

（四）保留体积

从进样开始到样品中的某组分在柱后出现浓度极大值时所通过流动相的体积称为保留体积（retention volume，V_R），又称洗脱体积（线性洗脱）。对于具有正常峰形的组分，保留体积即为样品中某组分的一半被流动相带出色谱柱时所需的流动相体积。显然：

$$V_R = t_R \times F_C \qquad 式（1-3）$$

式中，F_C为流动相的流速（ml/min 或 ml/s）。流动相的流速F_C增大，则保留时间t_R相应减小；反之，流速减小，保留时间相应增大。因此，保留体积与流动相的流速无关。

（五）死体积

死体积（dead volume，V_0）指填充柱内固定相颗粒间的间隙体积、色谱仪中管路和接头间的体积以及检测器内部体积的总和。当后两项小到可忽略不计时，死体积可由死时间t_M和流动相的流速F_C来计算，即：

$$V_0 = t_M \times F_C \qquad 式（1-4）$$

（六）调整保留体积

扣除死体积后的保留体积称为调整保留体积（adjusted retention volume，V'_R），即：

$$V'_R = V_R - V_0 \qquad 式（1-5）$$

（七）相对保留值

在一定的色谱条件下，待测组分 i 与基准物质 s 的调整保留值之比称为待测组分 i 对基准物质 s 的相对保留值（relative retention，$r_{i,s}$）。

$$r_{i,s} = \frac{t'_{R_i}}{t'_{R_s}} = \frac{V'_{R_i}}{V'_{R_s}} \qquad 式（1-6）$$

$r_{i,s}$只与柱温、固定相和流动相的性质有关，而与柱径、柱长、柱填充情况及流动相流速无关，所以$r_{i,s}$是色谱定性分析的重要参数之一。

当色谱图情况较复杂时，一般选择接近于色谱图中间的峰作为标准，所以$r_{i,s}$值不一定小于 1。多数情况下，应选择与待测物同类的物质作为标准物质。

某组分 2 对组分 1 的相对保留值用$r_{2,1}$表示。即：

$$r_{2,1} = \frac{t'_{R_2}}{t'_{R_1}} = \frac{V'_{R_2}}{V'_{R_1}} \qquad 式（1-7）$$

$r_{2,1}$的大小与柱的选择性有关，$r_{2,1}$越大，表示柱的选择性越好，相邻两组分分离得越好。因此，$r_{2,1}$也称选择因子，用α表示。

（八）保留指数

保留值是最常用的色谱定性参数，但由于不同的化合物在相同的色谱条件下往往具有相似或相同的保留值，因此局限性较大。其应用仅限于当未知物已被确定可能为某几个化合物或属于某类型时，进行最后的确证，其可靠性不足以鉴定完全未知的化合物。相对保留值选取标准物作为参考物，虽减少了色谱条件的影响，但在分析一个多组分的复杂混合物时，因其保留值差别很大，只选用一种标准物质测定各组分的相对保留值，显然误差很大，若选用多种标准物质，其使用将受到很大限制。为克服保留值和相对保留值存在的色谱定性缺点，1958 年 Kovats（科瓦茨）提出了保留指数（retention index，I）的概念，用以表示化合物在一定温度下在某种固定液上的相对保留值。

保留指数与待测物质具有相同调整保留值的假想的正构烷烃的碳数的 100 倍，是以一系列正构烷烃作为组分相对保留值的标准进行标定所得到的相对保留值，也是一个重现性较其他参数都好的定性参数。其定义式为：

$$I=100[(\lg X_{N_i}-\lg X_{N_z})/\lg X_{N_{z+1}}-\lg X_{N_z}+Z] \qquad \text{式（1-8）}$$

式中，X_N 为保留值，可用调整保留时间 t'_R 或者调整保留体积 V'_R；i 为被测物；Z、$Z+1$ 分别为正构烷烃的碳原子数。被测组分的 X_N 值应恰在这两个正构烷烃的 X_N 值之间。正构烷烃的保留指数则人为地定为其碳原子数乘 100。

同一物质在同一柱上，其 I 值与柱温呈线性关系，这就便于用内插法或外推法求出不同柱温下的 I 值。其准确度和重现性都很好，误差 <1%，所以只要柱温和固定液相同就可用保留指数进行定性鉴定。

三、色谱峰

（一）色谱峰高和峰面积

1. 峰高 峰高（peak height，h）是色谱峰最高点至基线的垂直距离，用 h 表示。

2. 峰面积 峰面积（peak area，A）是色谱峰与基线之间的面积，以 A 表示。对于理想的色谱峰，其值近似为：

$$A=1.065h\times W_{1/2} \qquad \text{式（1-9）}$$

峰高和峰面积均是色谱定量分析的重要依据。

（二）色谱峰区域宽度

色谱峰区域宽度是色谱流出曲线上的一个重要参数，它的大小反映色谱柱与所选色谱条件的好坏。从色谱分离的角度着眼，希望区域宽度越窄越好，通常度量色谱峰区域宽度有 3 种方法。

1. 标准差 峰高 0.607 倍处色谱峰宽度的一半称为标准差（standard deviation，σ），其单位是长度或时间单位。如图 1-1 中，EF 的一半即为标准差。σ 的大小说明了组分被流动相带出色谱柱时的分散程度，σ 越小，流出组分的分散程度越小，峰形越窄，柱效越高；反之，σ 越大，分散程度越大，峰被展宽，柱效越低。

2. 半峰宽 色谱峰峰高一半处的峰宽为半峰宽（peak width at half height，$W_{1/2}$），又称半宽度，如图 1-1 中的 GH 即为半峰宽。峰宽、半峰宽、标准差三者的关系为：

$$W_{1/2}=2\sigma\sqrt{2\ln 2}=2.355\sigma \quad \text{式（1-10）}$$

$$W=1.699W_{1/2} \quad \text{式（1-11）}$$

峰宽与半峰宽都是由 σ 派生出来的，鉴于 0.607h 不易测定，所以常用峰宽或半峰宽代表区域宽度来衡量柱效。此外，也用它们计算峰面积。

3. 峰宽　经色谱峰两侧的拐点做切线，在基线上的截距称为峰宽（peak width，W），也称基线宽度，单位同标准偏差。

如图 1-1 所示，过拐点做切线后，两切线与基线构成了等腰三角形，三角形高度一半处的宽度为 2σ，底边为峰宽 W_b，因此：

$$W_b=4\sigma \quad \text{式（1-12）}$$

（三）分离度

分离度（resolution，R）是以双组分的分离情况来确定的，当两组分色谱峰之间的距离足够大，两峰不互相重叠，即保留值有足够的差别，且峰形较窄时，才可以认为两组分达到了较好的分离。因此，色谱图上相邻两峰的保留时间之差与峰宽均值的比值称为分离度。其定义式为：

$$R=\frac{2(t_{R_2}-t_{R_1})}{W_1+W_2} \quad \text{式（1-13）}$$

式中，t_{R_1}、t_{R_2}分别为组分 1、2 的保留时间；W_1、W_2 分别为组分 1、2 的峰宽。分离度作为两相邻色谱峰分离程度的量度，其值越大，表明两组分的分离情况越好。对于等面积的两个色谱峰，当 R = 1 时，两峰有 5% 的重合，两峰的分开程度为 95%；而当 R = 1.5 时，两峰的分离程度达 99.7%，可认为两峰完全分离（图 1-5）。因此，R = 1.5 可作为两峰完全分离的标志。

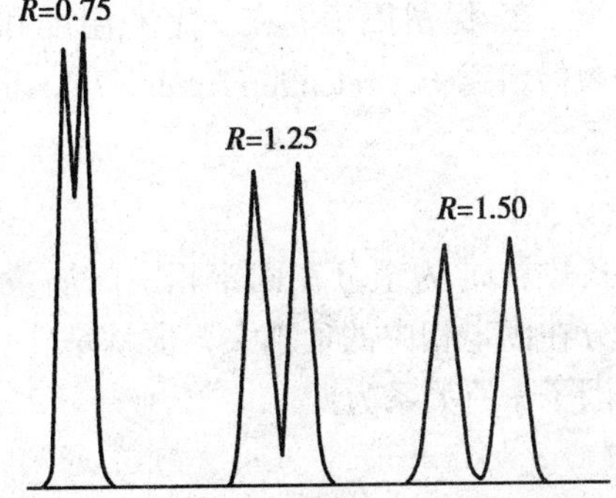

图 1-5　不同分离度时两峰的分离情况

用色谱图上得到的信息，利用式（1-13）计算分离度，但这并不能体现出影响分离度的因素。其影响因素将在色谱基本方程式中进行具体阐述。

四、分配系数和色谱分离

（一）分配系数和保留因子

1. 分配系数　在一定的温度、压力下，组分在两相之间达到分配平衡时，组分在固定相和流动相中的平衡浓度的比值称为分配系数（distribution coefficient，K）。其定义式为：

$$K=\frac{C_s}{C_m} \quad \text{式（1-14）}$$

式中，C_s 为组分在固定相中的质量浓度（g/ml）；C_m 为组分在流动相中的质量浓度（g/ml）。

分配系数 K 具有热力学意义，它是由组分和两相（固定相和流动相）的热力学性质决定的，是每个组分的特征值。也就是说在色谱条件（固定相、流动相、柱温）一定，浓度很稀时，分配系数只取决于物质的性质，而与浓度无关。

如图 1-6 所示，在同一色谱条件下，A 和 B 组成的混合物在流动相的带动下进入色谱柱，起初两组分完全混在一起，随着它们在两相之间连续多次分配过程，A 和 B 逐渐分离，且 B 比 A 后出柱。这是由于两者的分配系数不同，$K_A<K_B$。由于物质 B 的分配系数较大，它与固定相之间的作用力强，前进速率就较慢，保留时间 t_R 就相应较长，所以后流出色谱柱。

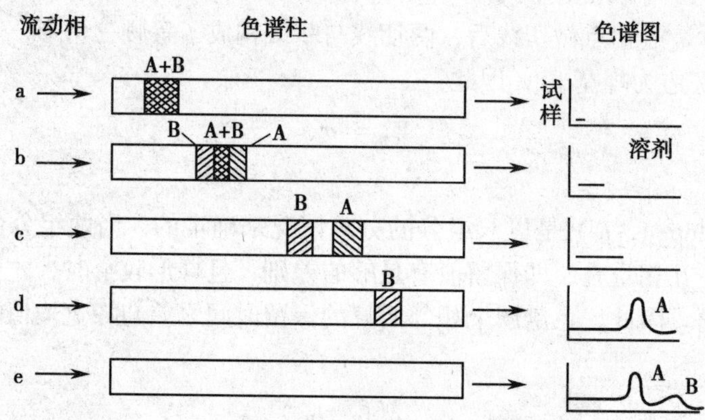

图 1-6 混合物在色谱柱中的分离示意图

2. 保留因子 在一定的温度和压力下，组分在两相间达到分配平衡时的质量之比称为保留因子（retention factor，k），也称分配比。其定义式为：

$$k=\frac{m_s}{m_m} \qquad \text{式（1-15）}$$

式中，m_s 为组分在固定相中的质量；m_m 为组分在流动相中的质量。k 值越大，则说明组分在固定相中的量越大，也就是柱容量越大，因此将 k 称为保留因子。分配系数 K 与保留因子 k 的关系为：

$$K=\frac{C_s}{C_m}=\frac{m_s V_m}{m_m V_s}=k\frac{V_m}{V_s}=k\beta \qquad \text{式（1-16）}$$

$$k=K\frac{V_s}{V_m}=\frac{K}{\beta} \qquad \text{式（1-17）}$$

式中，β 为相比率，是柱中的流动相体积与固定相体积之比。即：

$$\beta=\frac{V_m}{V_s} \qquad \text{式（1-18）}$$

而对于空心柱，相比率正比于柱内径 r，反比于固定相膜厚度 d_f。即：

$$\beta=\frac{r}{d_f} \qquad \text{式（1-19）}$$

3. 分配系数和保留因子的关系 由式（1-16）和式（1-17）可知，影响分配系数的因素均对保留因子有影响，不同的是，保留因子还与两相体积有关。此外，在色谱法中，由于 V_s 和 V_m 较难测定，因此保留因子比分配系数的应用更加广泛。

（二）分配系数和保留因子与保留时间的关系

K 值与组分、固定相和流动相的性质及温度、压力等有关，反映组分和固定相、流动相分子间作用力的大小。*K* 值大的组分在柱中停留的时间长，较迟流出色谱柱。

（三）色谱分离的前提

分配系数或保留因子不等是色谱分离的前提。在所确定的色谱体系中，组分之间如果没有分配系数或保留因子的差异，这些组分彼此就不能分离。

五、塔板理论

（一）质量分配和转移

组分在固定相和流动相间进行反复多次的“分配”，由于分配系数 *K*（或保留因子 *k*）不同而实现分离。塔板理论描述组分在色谱柱中的分配和转移行为。

（二）流出曲线方程

$$C=\frac{C_0}{\sigma\sqrt{2\pi}}e^{-\frac{(t-t_R)^2}{2\sigma^2}} \quad 式（1-20）$$

由色谱流出曲线方程可知：当 $t = t_R$ 时，浓度 C 有极大值，C_{max} 就是色谱峰的峰高。因此：①当实验条件一定时（即 σ 一定），峰高 h 与组分的量 C_0（进样量）成正比，所以正常峰的峰高可用于定量分析；②当进样量一定时，σ 越小（柱效越高），峰高越高，因此提高柱效能提高 HPLC 分析的灵敏度。

由流出曲线方程对 $V_{(0\sim\infty)}$ 求积分，即得出色谱峰面积 A。可见 A 相当于组分进样量 C_0，因此是常用的定量参数。将 $C_{max} = h$ 和 $W_{h/2} = 2.355\sigma$ 代入上式，即得 $A=1.064\times W_{h/2}\times h$，此为正常峰的峰面积计算公式。

（三）塔板数和塔板高度

在色谱分离的过程中，色谱柱的柱效主要是由动力学因素所决定的分离效能，常用理论塔板数（number of theoretical plate，*n*）或理论塔板高度（height equivalent of a theoretical plate，*H*）来衡量。理论塔板数与固定相的种类、柱填充情况、柱长、流动相的流速等有关，在液相色谱中还与流动相的性质有关。

1. 理论塔板数 GC 和 HPLC 中色谱理论塔板数的计算式为：

$$n=(t_R/\sigma)^2 \quad 式（1-21）$$

$$\sigma=\frac{1}{2.355}\cdot W_{1/2}=\frac{1}{4}W \quad 式（1-22）$$

$$n=5.54\left(\frac{t_R}{W_{1/2}}\right)^2=16\left(\frac{t_R}{W}\right)^2 \quad 式（1-23）$$

在色谱分离中，死体积与组分的分配平衡无关，对柱效没有贡献。为了消除死体积对柱效的影响，人们常用有效塔板数 n_{eff} 来表征色谱柱的实际柱效，即用调整保留时间 t'_R 来代表保留时间 t_R 进行计算：

$$n_{eff}=\left(\frac{t'_R}{\sigma}\right)^2=5.54\left(\frac{t'_R}{W_{1/2}}\right)^2=16\left(\frac{t'_R}{W}\right)^2 \quad 式（1-24）$$

2. 理论塔板高度

$$H=\frac{L}{n}$$ 式（1-25）

式中，n 为理论塔板数；L 为柱长。

$$H_{\text{eff}}=\frac{L}{n_{\text{eff}}}$$ 式（1-26）

在色谱条件（如色谱柱、柱温等）一定的情况下，理论塔板数越大，塔板高度越小，则色谱柱的分离能力越强，柱效越高。但 n 与组分的性质有关，在同一色谱柱上，相同的操作条件下，对于不同的组分，其理论塔板数并不相同。

六、速率理论

（一）速率理论方程

$$H=A+B/u+C_{\text{m}}u+C_{\text{sm}}u+C_{\text{s}}u$$ 式（1-27）

式中，A 为涡流扩散项；B/u 为分子扩散项（或称纵向扩散项）；$C_{\text{m}}u$ 为流动的流动相传质项；$C_{\text{sm}}u$ 为静态流动相传质项；$C_{\text{s}}u$ 为固定相传质项。

（二）影响柱效的动力学因素

1. 涡流扩散 液相色谱法的涡流扩散（eddy diffusion）与气相色谱法相似，即 $H_{\text{e}}=A=2\lambda d_{\text{p}}$。因此，可以采用粒度（$d_{\text{p}}$）较小的固定相，用匀浆法装柱，减小填充不规则因子 λ，进而减小 H_{e}，以提高柱效。在 HPLC 中，常用的固定相颗粒的粒径 d_{p} 为 3~10μm，最好是 3~5μm，粒度分布的 $RSD \leqslant 5\%$，但 d_{p} 越小，越难填充均匀。一般来说，对于制备型色谱柱（柱内径大），填充的均匀性是主要影响因素；对于分析柱（柱内径小），填料颗粒的大小影响较大。

2. 纵向扩散 纵向扩散（longitudinal diffusion）是由于浓度梯度引起的。当样品被注入色谱柱时，它呈“塞子”状分布。随着流动相的推进，“塞子”因浓度梯度而向前后自发地扩散，使谱峰展宽。

$$B=2\gamma D_{\text{g}}$$ 式（1-28）

式中，γ 为与填充物有关的因数，D_{g} 为组分在载气中的扩散系数。填充柱的 $\gamma<1$；硅藻土载体的 γ 为 0.5~0.7；毛细管柱因无扩散的障碍，$\gamma=1$。扩散即浓度趋向均一的现象，扩散速度的快慢用扩散系数衡量。纵向扩散的程度与分子在载气中停留的时间及扩散系数成正比。停留时间越长及 D_{g} 越大，由纵向扩散引起的峰展宽越大。组分在载气中的扩散系数 D_{g} 与载气分子量的平方根成反比，还受柱温影响。

3. 传质阻力 液相色谱法中的传质阻力（mass transfer resistance）是由于组分分子在流动相、静态流动相和固定相中的传质过程而引起了色谱峰的展宽。

（1）流动的流动相中的传质阻力项：主要发生在液 – 液分配色谱法中，在固定液涂层较厚或解吸附较慢的吸附色谱法中也存在。当流动相流经填料颗粒间隙时，处于某一流路横截面上的所有分子其流速并不相等，靠近填充颗粒的流动相流速较慢，而靠近流路中心的流速较快，这样处于流路中心的组分分子还未来得及与固定相达到分配平衡就随流动相前移了，因而引起了色谱峰的展宽。可用公式表示为：

$$H_m = C_m \cdot \frac{d_p^2}{D_m} \cdot u \qquad 式（1-29）$$

式中，C_m 为一常数，与填料（固定相）的性质和柱的内径有关，其值为 0.01~10；当填料颗粒较均匀，填充较紧密时，C_m 较小。由该式可知，板高 H_m 与流动相流速 u 和固定相粒径 d_p 的平方成正比，与组分分子在流动相中的扩散系数 D_m 成反比。

因此，可选用粒径较小的球状颗粒作填料，尽可能地填充均匀紧密，以较小 H_m，提高柱效。

（2）静态流动相中的传质阻力项：当选用多孔填料时，填料的空穴内会充满滞留不动的流动相，即静态流动相。主流路流动相中的组分分子要与固定相进行质量交换，必须先从流动相扩散到滞留区，而填料颗粒上微孔的深度并不相等，对于小而深的微孔，扩散到该孔深处的分子返回主流路时所用的时间会比扩散至浅处的分子所用的时间长，这种时间的差异造成了色谱峰的展宽。可用公式表示为：

$$H_{sm} = C_{sm} \cdot \frac{d_p^2}{D_m} \cdot u \qquad 式（1-30）$$

式中，C_{sm} 为一常数，它与颗粒微孔中被流动相所占据部分的分数及容量因子 k 有关。由该式可知，固定相的粒径越小，它的微孔孔径越大，传质阻力越小，传质速率越高，因而柱效越高。由于组分在滞留区的传质与固定相的结构有关，因此改进固定相的结构，减小静态流动相中的传质阻力，是提高高效液相色谱柱效的有效途径。

H_m 和 H_{sm} 均与扩散系数 D_m 成反比，采用低黏度的流动相和较高的柱温可以增大 D_m。需要注意的是有机溶剂作流动相时易产生气泡，因此，液相色谱过程中一般采用室温。

（3）固定相传质阻力项：主要发生在液－液分配色谱法中，是由样品组分分子从流动相进入固定液内进行质量交换的传质过程所引起的峰展宽。可用下式表示：

$$H_s = q \cdot \frac{k}{(k+1)^2} \cdot \frac{d_f^2}{D_m} \cdot u \qquad 式（1-31）$$

式中，q 为与固定相性质、微孔结构有关的因子；d_f 为液膜的平均厚度，若固定相为离子交换树脂或多孔性颗粒时，d_f 可用 d_p 代替；D_m 为组分在固定相中的扩散系数。

由上式可知，对于液－液分配色谱法，为了减小 H_s、提高柱效，可通过采用低含量的固定液，以减小液膜的厚度 d_f。采用低黏度的固定液，以增大组分在固定液中的扩散系数 D_m；也可通过适当提高柱温、降低流速来实现。对于吸附色谱法、离子交换色谱法可通过采用小而均匀的填料来实现。

在吸附色谱法中，H_s 与吸附和解吸速率成反比。因此，只有在固定液涂层较厚、离子交换树脂的孔较深或解吸速度较慢的吸附色谱法中，H_s 对柱效才有显著影响。对于采用单分子层的化学键合固定相时，H_s 对柱效的影响可以忽略。

（三）流动相线速度对柱效的影响

在 HPLC 中，分子扩散相系数 $B=2rD_m$，D_m 为被分离组分分子在流动相中的扩散系数。在液相色谱法中，其流动相为液体，黏度（η）比气体要大 10^2 倍，且柱温（T）多采用室温，一般比气相色谱法低得多，而 $D_m \propto T/\eta$，因此气相色谱法的 D_m 比液相色谱法要大约 10^5 倍。另外，为了节约分析时间，液相中一般采用的流动相流速 u 至少是最佳流速的

3~10 倍，当 u>1cm/s 时，则分子扩散项 B/u 可忽略不计。但对于气相色谱法来说，分子扩散项是很重要的。Giddings 方程式可简化为：

$$H=A+C_{m}u+C_{sm}u+C_{s}u \qquad 式（1-32）$$

或

$$H=H_{e}+H_{m}+H_{sm}+H_{s} \qquad 式（1-33）$$

以上两式是常用的液相色谱速率方程式，该式说明在液相色谱法中，色谱柱的塔板高度 H 由涡流扩散项（H_e）、流动相传质阻力项（H_m）、静态流动相传质阻力项（H_{sm}）及固定相传质阻力项（H_s）所组成。

由式（1-30）可知，当流动相流速较高时，可近似认为板高 H 与流动相流速 u 呈线性关系，u 增大，H 减小，柱效降低。

第三节 色谱中的定性和定量分析方法

一、定性分析方法

定性的目的是确定待测试样的组成，在色谱技术中定性分析的目的是确定色谱图上各色谱峰的归属。

（一）色谱鉴定法

在色谱中，利用标准样对未知化合物定性是最常用的定性方法。色谱分析中最重要的定性指标是保留值，利用保留值定性是色谱分析中最基本也是最常用的定性方法。在一定的色谱条件下，每种物质都有确定的保留值，据此进行定性分析。但是，在相同的色谱条件下，具有相同保留值的物质不一定是同一种物质，这就要求利用保留值定性时必须要慎重，严格控制实验条件的稳定性和一致性。

（二）联用技术定性

质谱仪、红外光谱仪等对于未知纯化合物具有很高的剖析、鉴定能力。将色谱的高分离能力和质谱、红外的高剖析、鉴定能力相结合，即将某混合物经色谱分离成纯组分，随后用光谱仪对每个组分进行鉴定。联用技术集分离和鉴定于一体，实现了对组成复杂的混合物的定性鉴定。

1. 色谱-质谱联用定性 色谱-质谱联用是分离、鉴定未知物的最有效的手段。色谱-质谱联用，关键是两种仪器间的接口。许多情况下色谱柱的出口压力为 1 个大气压，而质谱仪的离子源在约为 10^{-3}Pa 的高真空条件下工作。因此，对于气相色谱而言，质谱离子流和色谱柱之间的接口要能将压力降低约 8 个量级，排出过量的载气。这样的接口称为分子分离器，目前用得比较多的分子分离器是喷射分离器（jet separator）。

2. 气相色谱-傅里叶变换红外光谱联用定性 毛细管气相色谱和傅里叶变换红外光谱的联用（GC-FTIR）可以解决许多复杂混合物的分离和鉴定问题。GC-FTIR 的接口装置称为光管（light pipe），它是内壁镀金的硼硅酸（耐热）玻璃管，长 10~40cm，内径为 1~3mm，两端装有红外透明的 KBr 窗片。红外光束被聚焦到光管的入射窗片上，经光管内壁多次反射后，由出射窗口到达检测器。当一个色谱峰通过光管时，所产生的红外吸收信号便被记录下来。为避免样品组分在光管内凝结，光管经常需要加热。

二、定量分析方法

（一）定量校正因子

色谱的定量分析的基础是被测物质的量与其峰面积（或峰高）成正比。但是，由于同一检测器对不同物质具有不同的响应值，因此不能用峰面积来直接计算物质的量，需要引入校正因子的概念。

$$f'_i=\frac{m_i}{A_i} \qquad 式（1–34）$$

式中，f'_i称为绝对校正因子，即单位峰面积所代表的物质 i 的量。测定绝对校正因子f'_i需要准确知道进样量，这是比较困难的。在实际工作中，往往使用相对校正因子f_i，即被测物质 i 和标准物质 s 的绝对校正因子之比：

$$f_i=\frac{f'_i}{f'_s} \qquad 式（1–35）$$

（二）定量方法

色谱定量方法分为归一化法、外标法、内标法、内标校正曲线、内标对比法、内加法等。

1. 归一化法 归一化法简便、准确，且操作条件的波动对结果的影响较小。当样品中的所有组分经色谱分离后均能产生可以测量的色谱峰时才能使用。样品中组分的质量分数 c_i 可按下式计算：

$$c_i=\frac{m_i}{m_1+m_2+m_3+\cdots+m_n}\times100\%=\frac{f'_iA_i}{\sum_{i=1}^{n}f'_iA_i}\times100\% \qquad 式（1–36）$$

式中，$A_1\cdots A_n$ 和$f_1'\cdots f_n'$ 分别为样品中各组分的峰面积和相对校正因子。

如果样品中各组分的相对校正因子相近，如同分异构体，上式也可采用峰高归一化法，用峰高相对校正因子f'_{h_i}、峰高 h_i 分别代替峰面积相对校正因子f_i' 和峰面积 A_i，但必须严格控制实验条件。

归一化法的优点是简便，定量结果与进样量无关，操作条件变化时对结果影响较小。缺点是必须所有组分在一个分析周期内都能流出色谱柱，而且检测器对它们都产生信号。该法不能用于微量杂质的含量测定。

2. 外标法 分为校正曲线法和外标一点法。在一定的操作条件下，用对照品配成不同浓度的对照液，定量进样，用峰面积或峰高与对照品的量（或浓度）制作校正曲线，求回归方程，然后在相同的条件下分析试样，计算含量，这种方法称为校正曲线法。通常截距近似为 0，若截距较大，说明存在一定的系统误差。若校正曲线的线性好、截距近似为 0，可用外标一点法（比较法）定量。

外标一点法是用一种浓度的物质 i 的对照溶液进样，取峰面积的平均值。供试液在相同的条件下进样分析，用下式计算含量：

$$m_i=\frac{A_i}{(A_i)_s}(m_i)_s \qquad 式（1–37）$$

式中，m_i 与 A_i 分别代表供试液进样体积中所含物质 i 的量及相应峰面积；$(m_i)_s$ 及 $(A_i)_s$ 分别代表对照液在进样体积中所含物质 i 的量及相应的峰面积。若供试液和对照液的进样体积相等，则式（1-37）中的 m_i 和 $(m_i)_s$ 可分别用供试液物质 i 的浓度 c_i 和对照液浓度 $(c_i)_s$ 代替，即：

$$c_i = \frac{A_i}{(A_i)_s}(c_i)_s \qquad \text{式（1-38）}$$

外标法的优点是不必用校正因子，不必加内标物，常用于日常控制分析。分析结果的准确度主要取决于进样的准确性和操作条件的稳定程度。

3. 内标法 以一定量的纯物质作为内标物，加入准确称取的试样中，混匀后进样分析，根据试样和内标物的量及其在色谱图上相应的峰面积比，求出某组分的含量。例如要测定试样中物质 i 的百分含量，于量为 m 的试样中加入量为 m_{is} 的内标物，则：

$$m_i = f_i A_i \quad m_{is} = f_{is} A_{is} \quad m_i = \frac{A_i f_i}{A_{is} f_{is}} m_{is} \quad w_i(\%) = \frac{A_i f_i}{A_{is} f_{is}} \cdot \frac{m_{is}}{m} \times 100\% \qquad \text{式（1-39）}$$

在实际工作中，内标物的选择很重要，常需花费不少时间寻找合适的内标物。适宜的内标物的要求包括：①能与被测物及其他峰良好分开；②与被测物有相似的保留值（k）；③原样品中不应存在；④在样品制备步骤中与被测物的性质极其相似；⑤化学性质上不必与被测物相似；⑥可得到高纯度的商品化内标物；⑦稳定，不与样品、固定相、流动相发生反应；⑧与被测物具有相似的检测器响应。

内标法的测定精度不如外标法，因为需测定 2 个峰，而非仅被测物 1 个峰，因此会加大误差。此外，选择一种不干扰其他峰的化合物也增加方法建立的复杂性。

4. 内标校正曲线法 配制一系列不同浓度的对照液，并加入相同量的内标物，进样分析，测得 A_i 和 A_{is}，以 A_i/A_{is} 对对照溶液浓度作图，求回归方程，计算试样的含量。供试液配制时也需加入与对照液相同量的内标物。若测定结果的截距近似为 0，可用内标对比法（已知浓度试样对照法）定量。

$$\frac{(A_i/A_{is})_{试样}}{(A_i/A_{is})_{对照}} = \frac{c_{i试样}}{c_{i对照}} \qquad c_{i试样} = \frac{(A_i/A_{is})_{试样}}{(A_i/A_{is})_{对照}} \times c_{i对照} \qquad \text{式（1-40）}$$

此法不必测出校正因子，消除了某些操作条件的影响，也不需严格要求进样体积准确。配制对照液相当于测定相对校正因子。

5. 标准加入法 在供试液中加入一定量待测组分 i 的对照品，测定增加对照品后组分 i 峰面积的增量，计算组分 i 的含量。

$$m_i = \frac{A_i}{\Delta A_i} \Delta m_i \qquad \text{式（1-41）}$$

式中，Δm_i 为对照品的加入量；ΔA_i 为峰面积的增加量。

为消除进样误差，可在供试品色谱图中选择一个参比峰（r），以 A_i/A_r 代替 A_i，则：

$$m_i = \frac{A_i/A_r}{A_i'/A_r' - A_i/A_r} \Delta m_i \qquad \text{式（1-42）}$$

式中，A_i 和 A_r 分别为供试液进样时待测组分 i 和参比物 r 的峰面积；A_i' 和 A_r' 分别为加入对照品后的峰面积。在难以找到合适的内标物，或色谱图上难以插入内标时可采用该法。

标准加入法的重点是添加被测物前的响应要足够大，以便于提供适宜的信噪比(>10)；否则结果的精度不好。

第四节 色谱法的发展

一、色谱法的历史

色谱法又称色谱分析法、层析法，起源于20世纪初，20世纪50年代后得到飞速发展，并成为一门独立的三级学科——色谱学。历史上曾经先后有2位化学家因为在色谱领域的突出贡献获得诺贝尔化学奖，此外，色谱分析法还在12项诺贝尔化学奖的研究工作中起到关键作用。

(一)色谱法的产生

将一滴含有混合色素的溶液滴在一块布或一片纸上，随着溶液的展开可以观察到一个个同心圆环出现，这种层析现象虽然古人就已有初步认识并有一些简单的应用，但真正首先认识到这种层析现象在分离与分析方面具有重大价值的是俄国科学家。1906年，俄国植物学家米哈伊尔·茨维特(Tswett)在研究植物叶子的组成时，用碳酸钙作吸附剂，他将干燥的碳酸钙粉末装在竖立的玻璃柱中，然后将植物叶子的石油醚萃取液倒进管中的碳酸钙上，萃取液中的色素就吸附在管内上部的碳酸钙上，再用纯净的石油醚洗脱被吸附的色素，经过一段时间的洗脱之后，植物色素在碳酸钙柱中实现分离，由一条色带分散为数条平行的色带，当时茨维特将这种色带叫做“色谱”。在这一方法中将玻璃管叫做“色谱柱”，管内的填充物碳酸钙称为固定相(stationary)，冲洗剂石油醚称为流动相(mobile phase)，茨维特开创的方法称为液-固色谱法(liquid-solid chromatography，LSC)。很显然，色谱法(chromatography)这个词是由颜色(chrom)和图谱(graph)这两个词根组成的。由于Tswett的开创性工作，因此人们尊称他为“色谱学之父”，而以他的名字命名的Tswett奖也成为色谱界的最高荣誉奖。随着色谱法的不断发展，这种技术不仅用于有色物质的分离，而且大量用于无色物质的分离，色谱的“色”字虽已失去原有的意义，但色谱这一名词仍沿用至今。

(二)色谱法的发展

色谱法自20世纪初发明以来，经历了1个多世纪的发展，到今天已经成为最重要的分离与分析手段，广泛应用于诸多领域，如石油化工、有机合成、生理生化、医药卫生、环境保护，乃至空间探索等。

色谱法发明后的最初二三十年发展非常缓慢。液-固色谱法的进一步发展有赖于瑞典科学家Tiselius(1948年的诺贝尔化学奖获得者)和Claesson的努力，他们创立了液相色谱法的迎头法和顶替法。分配色谱法是由著名的英国科学家Martin和Synge创立的，他们因此而获得1952年的诺贝尔化学奖。1941年，Martin和Synge采用水分饱和的硅胶作固定相，以含有乙醇的三氯甲烷为流动相分离乙酰基氨基酸，他们在这一工作的论文中预言了用气体代替液体作为流动相来分离各类化合物的可能性。1951年，Martin和James报道了用自动滴定仪作检测器分析脂肪酸，创立了气-液色谱法。1958年，Golay首先提出了分离效能极高的毛细管柱气相色谱法，发明了玻璃毛细管拉制机，从此气相色谱法超过最先发明的液相色谱法而迅速发展起来，今天常用的气相色谱检测器也几乎是在 20 世纪 50 年代发展起来的。20 世纪 70 年代发明了石英毛细管柱和固定液的交联技术。随着电子技术和计算机技术的发展，气相色谱仪器也在不断发展与完善中，到现在最先进的气相色谱仪已实现了全自动化和计算机控制，并可通过网络实现远程诊断和控制。

此外，早在 1938 年，Izamailor NA 和 Schraiber MS 首次在显微镜载玻片上涂布氧化铝薄层，用微量圆环技术分离了多种植物酊剂中的成分，这是最早的薄层色谱法。20 世纪 50 年代 Kirchner JG 及 Miller JM 等在上述方法的基础上以硅胶为吸附剂，以煅石膏为黏合剂涂布于玻璃载板上制成硅胶薄层，成功地分离了挥发油，从而发展了薄层色谱法。此后，Stahl E 在薄层色谱法的标准化、规范化以及扩大应用范围等方面进行了大量工作，其于 1965 年出版了《薄层色谱》一书，使薄层色谱法日趋成熟。20 世纪 80 年代以来，随着薄层色谱法的仪器化，出现了高效薄层色谱法（high performance thin layer chromatography，HPTLC），也称现代薄层色谱法（modern TLC），这是在普通 TLC 的基础上发展起来的一种更为灵敏的定量薄层分析技术。同时，在 20 世纪 60 年代末将高压泵和化学键合相用于液相色谱法，出现了高效液相色谱法（HPLC）。20 世纪 80 年代初超临界流体色谱法（SFC）兴起，而在 20 世纪 90 年代毛细管区带电泳（capillary zone electrophoresis，CZE）得到广泛应用。同时集 HPLC 和 CZE 优点于一身的毛细管电色谱法在 20 世纪 90 年代后期受到关注。自 Tswett 提出色谱这一名词至气相色谱法（含毛细管色谱法）的创立，应是现代色谱法的第 1 个里程碑，色谱 - 光谱联用技术、高效液相色谱法及毛细管电泳法可分别视为色谱法的第 2、第 3 及第 4 个里程碑。在 21 世纪，色谱技术将在生命科学等重要领域中发挥其不可替代的作用。

二、色谱法的现状和发展趋势

色谱法是分析化学领域中发展最快、应用最广的分析方法之一，这是因为现代色谱技术具有分离与分析两种功能，能排除组分间的相互干扰，逐个将组分进行定性、定量分析，而且还可制备纯组分。因此，在药物分析中，对于成分复杂的药品（如中药材、中成药、复方制剂等）分析、杂质检查、痕量分析或含量相差悬殊的成分的分析课题，通常情况下都首选色谱法，在各国药典中都大量收载色谱法，并呈明显上升的趋势。目前色谱法已飞速发展成为分析化学中最重要的分析方法，而广泛用于科研和生产的各种领域。

有报道称气相色谱仪及其备件的销售额在全世界高达 10 亿美元，并将以 3%~4% 的速度逐年增长。之所以如此，是由于气相色谱法的灵敏度高、分析速度快、定量分析精度高。尤其是毛细管气相色谱法在分析复杂的混合物时，将能发挥重要作用，未来的发展趋势是提高自动化水平。气相色谱 - 质谱联用（GC-MS）仪的应用将以 5%~10% 的速度递增，气相色谱 - 傅里叶红外光谱联用（GC-FTIR）仪会维持现状，气相色谱 - 核磁共振波谱联用（GC-NMR）仪有商品化仪器问世。

21 世纪初期，HPLC 已发展成为《中国药典》中使用频率最高的一种仪器分析方法，HPLC 的应用以 6%~8% 的速度增长，其中较活跃的领域是离子色谱法、疏水作用色谱法、手性分离色谱法及反相色谱法。HPLC 除具有 GC 的优点外，还具有应用面广、可进行制备分离的特点。多维色谱法如 LC-LC-MS 等用于药物、蛋白质、多肽结构测定，并使整个操作完全自动化，这是21世纪色谱分析的发展方向之一，从某种程度上说没有色谱法就没有人类社会发展的今天。

GC和HPLC在分离与分析领域发展最好，是极为成功的范例，而超临界流体色谱法（SFC）则处于失利的境地。早在20世纪60年代Giddings和Myers就进行了超临界流体色谱法的先驱性的研究工作，在20世纪80年代初期掀起SFC的热潮，而且当时认为SFC将掀起分析方法的革命，但是目前各大公司却纷纷退出对SFC的推销，放弃进一步开发SFC的计划，毫无疑问SFC具有一些独特用途，但是它被挤在气相色谱法和高效液相色谱法之间，而GC和HPLC已成为广泛应用的技术。

薄层色谱法在自动化程度、分辨率及重现性等方面仍不如GC和HPLC，被认为只是一种定性和半定量的方法。但近年来，薄层色谱法操作正走向标准化、仪器化和自动化，如自动点样仪、自动程序多次展开仪、薄层扫描仪等多种仪器的出现，还引入了强制流动技术，使薄层色谱法发展成为具有良好的重现性、准确性和精密度的定量分析方法。

毛细管电泳是20世纪80年代崛起的一种新的高效分离技术，具有高效、低耗、快速、灵敏等特点。从它问世以来就引起了分析化学家的极大兴趣，由于它具有惊人的高柱效，许多色谱学家希望它能解决一切分离问题。但他们失望了，虽然其中毛细管区带电泳（CZE）具有很高的柱效，却失去了色谱方法灵活调节分离因子的机动性，它难以成为定量分析的手段，其分析结果的偏差比HPLC大1个数量级，这是一个极大的障碍，要解决这一问题，需要付出艰辛的劳动。

现在电色谱法（electro-chromatography，EC）成为这一领域的“奇葩”，研究者们希望它能成功，但EC和CZE驱动流动相的方法一样，均使用电渗流，其流动速度的波动造成定量分析中的误差，要使之成功和普及并成为定量分析方法必须具备：①便于使用，操作成本低；②能够解决至少一个分析化学中的重要问题；③能够得到准确、可重复的定量分析结果。在这3个条件中，它的功能必须超过其他技术，20世纪60年代的GC和70年代的HPLC即是如此，SFC、CZE和EC均是重要的分离与分析技术，都有各自独特的优点，如能满足上述条件就会得到广泛的应用。CZE还是具有极大的发展空间的，用它来分析生物大分子有非常突出的优点，只要能明显提高其定量分析的精度，它将会成为极其重要的分析方法。

（徐 琛 段更利）

参考文献

[1] 杭太俊.药物分析[M].8版.北京:人民卫生出版社,2016.
[2] 贺浪冲.工业药物分析[M].2版.北京:高等教育出版社,2012.
[3] 傅若农.色谱分析概论[M].北京:化学工业出版社,2013.

第二章 气相色谱法

以毛细管柱进行色谱分离的气相色谱法称为毛细管气相色谱法（capillary gas chromatography）。戈雷（Golay）于1957年把固定液直接涂在毛细管壁上，发明了空心毛细管柱（capillary column），又称Golay柱或空心柱，主要使用的是内径为0.1~0.5mm，柱长为10~100m的熔融硅石英管，因固定相涂布或交联键合（交联柱）在毛细管内壁上，管中心是空的，故又称开管毛细管柱。

第一节 概 述

一、气相色谱仪的主要组成

气相色谱法在进行分析操作时需使用气相色谱仪，此时被分析样品（气体或液体汽化后的蒸气）在流速保持一定的惰性气体（称为载气或流动相）的带动下进入填充有固定相的色谱柱，在色谱柱中样品被分离成一个个的单一组分，并以一定的先后顺序从色谱柱中流出，进入检测器，转变成电信号，再经放大后，由记录器记录下来，在记录纸上得到一组色谱峰，根据峰的峰高或峰面积就可定量测定样品中各个组分的含量。这就是气相色谱法的简单测定过程。

（一）气流系统

指载气及其他气体（燃烧气、助燃气）流动的管路和控制、测量元件。所用的气体从高压气瓶或气体发生器逸出后，通过减压和气体净化干燥管，用稳压阀、稳流阀控制到所需的流量。

（二）分离系统

由进样室与色谱柱组成。进样室有气体进样阀、液体进样室、热裂解进样室等多种形式。色谱柱通常为内径2~3mm、长1~3m、内盛固定相的填充柱，或内径0.25mm、长20m

以上、内涂固定液的开管柱。样品从进样室被载气携带通过色谱柱，样品中的组分在色谱柱内被分离而先后流出，进入检测器。

（三）检测系统

包括检测器、微电流放大器、记录器。检测器将色谱柱流出的组分依浓度的变化转化为电信号，经微电流放大器放大后，送到记录器和数据处理装置，由记录器绘出色谱流出曲线。

（四）数据处理系统

简单的数据处理部件是积分仪。新型的气相色谱仪都有微处理机来进行数据处理。

（五）温度控制系统及其他辅助部件

温度控制器用于控制进样室、色谱柱、检测器的温度。如果色谱柱放置在有鼓风的色谱炉内，则要求色谱炉能在恒定温度或程序升温下操作。重要的辅助部件有顶空取样器、流程切换装置等。

（六）流动相

氮气、氦气、氢气、氩气都可用作气相色谱法的流动相，常称为载气。

1. 氮气（N_2） 在常温、常压下，N_2 为无色、无臭、无味的惰性气体，在气相色谱法中是最重要的流动相。通常可通过压缩分离空气，制得纯度为 99.9% 的普通氮气或纯度达 99.99% 的高纯氮气。

2. 氦气（He） 在常温、常压下，He 为无色、无臭、无味、无毒的惰性气体，是分子量仅比氢气稍重的轻气体，它易于扩散、渗漏、化学性质稳定，是最理想的载气。

3. 氢气（H_2） 在常温、常压下，H_2 为无色、无臭、无味、可燃气体，是已知气体中最轻的气体，用它作载气时，排出的尾气必须通入室外的大气中，以防止在室内与空气中的 O_2 混合，发生爆炸事故。

4. 氩气（Ar） 在常温、常压下，Ar 为无色、无臭、无味、无毒的惰性气体，它不燃烧、无腐蚀性，比氮气稍重，经空气压缩分离制备氩气，价格昂贵，使用较少。

载气的选择与纯度的要求取决于所用的色谱柱、检测器和分析项目的要求，如有些固定相不能与微量氧气接触；又如热传导池检测器宜用氢气作载气；对电子捕获检测器须除去载气中负电性较强的杂质，以利于提高检测器的灵敏度。用分子量小的气体作载气时可用较高的线速，这时柱效下降不大，却可以缩短分析时间，因为分子量小的气体黏度小，柱压增加不大，并且在高线速时可减小气相传质阻力。用氢气作载气时，在填充柱和开管柱中的流速可分别选用 35ml/min 和 2ml/min 左右。

（七）固定相

一般来说，宜按“相似性”原则选择固定液。分析非极性样品时用非极性固定液；分析强极性样品时用极性强的固定液。将固定液涂敷于开管柱的内壁，或涂渍在载体上制成填充柱的固定相，均不可太厚。开管柱的 d_f 宜为 0.2~0.4μm，填充柱的固定液含量宜为 3%~10%。载体颗粒约为柱径的 0.1%，即 80~100 目较好。这样，组分在液相中传质快、载体粒度较小而又未增大填充不均匀性，有利于在较低的温度下分析高沸点组分及缩短分析时间。

（八）操作温度

进样室的温度应根据进样方法和样品而定。汽化方式进样时，汽化温度既要使组分能充分汽化，又不会分解（裂解进样除外）。检测室的温度以稍高于柱温为好，可避免组分冷凝或产生其他问题。色谱柱温的确定要综合考虑，即要照顾到固定相的使用温度范围、分析时间长短、便于定性和定量测定等因素。最好能在恒温下操作，沸程很宽的样品才采用程序升温操作。满意的操作温度须由实验求得。

（九）样品预处理

待分析的化合物常用化学反应的方法转变成另一种化合物，这称为衍生物的制备。然后再对衍生物进行色谱分析。

预处理的好处是：①许多化合物的挥发性过低或过高、极性很小或热稳定性差，不能或不适于直接取样注入色谱分析仪进行分析，其衍生物则可以很方便地进入色谱仪；②一些难于分离的组分，转化成衍生物就便于分离和进行定性分析；③样品中的有些杂质因为不能成为衍生物而被除去。

气相色谱法最常用的化学衍生化法有硅烷化反应法、酰化反应法和酯化反应法（有重氮甲烷法、三氟化硼催化法和季硼盐分解法等）。在制备化学衍生物时要特别仔细，否则会带来严重的错误。

二、气相色谱法的分类

气相色谱法属于柱色谱法，按照固定相的物态，分为气－固色谱法及气－液色谱法两类。按柱的粗细和填充情况，分为填充柱色谱法及毛细管柱色谱法两种。填充柱是将固定相填充在金属或玻璃管中（常用内径 2~4mm）。毛细管柱（0.1~0.53mm i.d.）可分为开管毛细管柱、填充毛细管柱等，目前常用的为弹性石英交联毛细管柱（开管柱）。按分离机制，可分为吸附色谱法及分配色谱法两类。气－固色谱法多属于吸附色谱法，气－液色谱法属于分配色谱法，后者是药物分析中常用的方法。

三、气相色谱法的应用范围

对常温呈气态的样品，可直接注入色谱柱进行分析。对常温呈液态的样品，需加热汽化后才能进入色谱柱进行分析。对常温呈固态的样品，可选用适当的溶剂溶解制成溶液，再按液态样品进行分析；或将固体样品进行热裂解或激光裂解使其呈气态后，再按气态样品进行分析。

对气态样品，可用于分析化工生产中的原料气、化学反应后的放空尾气、锅炉的烟道气；环境监测各种水体中的有机污染物；室内环境监测中的总挥发有机物等。

对液态样品，可用于分析化学工业生产中的低沸点有机物的含量；环境监测中各种水体中的有机污染物；临床医学诊断分析人体血液、尿、体液中的相关成分。

对固态样品，利用热裂解可分析高聚物的组成以及金属、合金、半导体材料中的微量气体杂质。

由此可知，气相色谱法适用于对低分子量、易挥发的无机物（永久性气体）和有机化合物（占有机物的 15%~20%）的分析。

气相色谱法目前在基础理论研究、实验方法扩展、新型仪器研制等方面都日趋完善，已经发展成为一种高效、灵敏、应用范围广泛的分析技术。

另外毛细管气相色谱仪与其他仪器的联用技术拓宽了气相色谱法的应用范围，如气相

色谱 - 质谱联用（GC-MS）、气相色谱 - 傅里叶变换红外光谱联用（GC-FTIR）、气相色谱 - 原子发射光谱联用（GC-AED）、高效液相色谱 - 毛细管气相色谱联用（HPLC-HPGC）等，在复杂样品的分析中发挥更好的作用。这些“在线”（on-line）联用技术操作自动化、重复性好、灵敏度高，是痕量或微量分析的有效手段，如 GC-MS 常用于药物代谢研究、违禁药品监测等。

第二节　毛细管气相色谱系统

一、毛细管气相色谱法的特点

毛细管柱与填充柱相比，有以下特点：

1. 选择性高　对性质极为相似的烃类异构体、同位素、旋光异构体具有很强的分离能力。

2. 分离效率高　一根 2~4m 的填充柱可以具有几千的理论塔板数，一根 25~50m 的毛细管柱可以具有 10^5~10^6 的理论塔板数，能分离沸点十分接近和组成复杂的混合物。

3. 灵敏度高　使用高灵敏度的检测器可检测出 10^{-13}~10^{-11}g 的痕量物质。

4. 分析速度快　是相对于化学法而言的，通常完成一个分析仅需要几或几十分钟。

5. 样品用量少　气体样品仅需 1ml，液体样品仅需 1μl。

毛细管气相色谱法的上述特点扩展了它在各种工业领域中的应用，不仅可以分析气体，还可分析液体、固体及包含在固体中的气体。

二、毛细管气相色谱法的流动相

（一）毛细管气相色谱法检测器使用的燃烧气和助燃气

1. 检测器使用的燃烧气——氢气　在气相色谱法中，氢气主要作为氢火焰离子化检测器和火焰光度检测器的燃烧气。氢气在氧气和空气中有很宽的可燃范围，氢气点火时的能量很小，在微小的静电火花存在下极易着火，当存在空气或氧气时可以充分燃烧，并可用于高能燃料。

2. 检测器使用的助燃气——氧气和空气　氧气在常温、常压下是无色、无臭、无味的气体，它本身不燃烧，但可以助燃，且性质很活泼，当同时使用氧气和氢气时，在实验室内应防止泄漏以避免发生爆炸事故。氧气可以取代压缩空气作为氢火焰离子化检测器或火焰光度检测器的助燃气。空气在常温、常压下是无色、无臭、无味的混合气体，其组成为 O_2 20.94%、N_2 78.09%、Ar 0.93%、其他惰性气体和 CO_2 等的总量 0.04%。空气主要作为氢火焰离子化检测器或火焰光度检测器的助燃气。

（二）载气的净化要求

载气中的杂质对分析的影响很大，因此载气在使用前要经过一定的净化。净化要求的程度主要取决于分析的要求、使用色谱柱的种类及检测器正确使用的条件。

1. 从分析的要求考虑，微量分析所要求的载气纯度比常量分析更高。

2. 从色谱柱考虑，使用气 - 固色谱柱时，一定要严格控制载气中强吸附组分的含量。对气 - 固色谱法和气 - 液色谱法都要求将载气中的水分除去，因为它影响气 - 固色谱柱的活性和气－液色谱柱的分离效率。

3. 从检测器正确使用的条件考虑，尤其是氢火焰离子化检测器，首先要求除去载气、助燃气和燃气中的烃类组分。对于电子捕获检测器，则要求将载气中电负性较强的组分（如氧）除去。对氦离子检测器要求氦的纯度在 99.99% 以上，其中水的含量必须低于 50ppm。

（三）载气的净化方法

1. 除去水分 采用吸附法除水。对载气中的高含量水分，可用预先在 105~120℃活化的硅胶吸附；再用 4A 或 5A 的分子筛吸附低含量的水分，分子筛应预先在 350℃灼烧、活化。

2. 降低级烃 载气中微量的烃类气体可用活性炭在低温下吸附除去；空气中微量的轻组分烃类气体可用高温氧化亚铜（270℃以上）氧化为 CO_2 和 H_2O，然后用碱或者碱石棉吸收除去。

3. 除去氧 最常用的是铜吸收法。用加热至 300~500℃的铜丝来搜集载气中微量的氧：$2Cu+O_2 \rightarrow 2CuO$；生成的 CuO 可再通入 H_2 加热还原：$CuO+H_2 \rightarrow Cu+H_2O$，还原生成的铜可以反复使用。

三、毛细管气相色谱法的进样装置

进样系统的作用是接收样品，使之瞬间汽化后转移至色谱柱柱头，并且使进样带尽可能狭窄。传统的手动进样装置重现性较差，容易导致定量不准确，目前的毛细管气相色谱仪一般配有自动进样装置（图 2-1）。

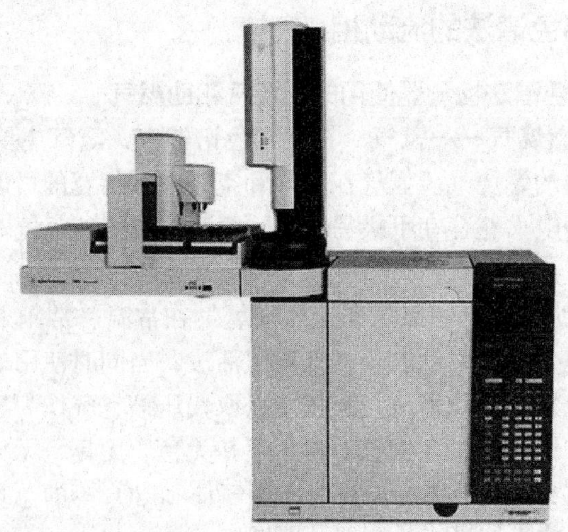

图 2-1 带有自动进样器的 Agilent 7890A 气相色谱仪

毛细管色谱柱的应用日益广泛。由于柱系统特性的不同（如内径、膜厚、样品容量、载气的种类等）和样品性质的差异（如成分的浓度范围、温度范围及稳定性等），需要采用不同的进样方法。为了获得准确的定性与定量结果，掌握进样技术是很重要的。毛细管气相色谱法常用的 3 种进样方法为分流进样、不分流进样、柱头进样。

1. 分流进样 分流进样是毛细管气相色谱法最早使用的进样技术。常规的分流进样器是一种瞬间汽化装置，如图 2-2 所示，样品用注射器注入后立即汽化，仅仅很小一部分汽化了的样品进入色谱柱，大部分样品放空丢弃。这种方法保证了狭窄的进样带。在这种进样器中，预热的载气分为两路：一路向上，冲洗隔膜，流速由针形阀控制，通常为 3~5ml/min；另一路高流速的载气进入汽化室。此处汽化样品与载气混合，混合气流在柱入口处分流，仅小部分进入柱中。分流比由针形阀或流速控制器控制。分流比有不同的表示方法，常用的是柱流速 / 放空流速。对于常规 WCOT 柱，分流比的范围为 1∶50~1∶500。对于宽口径、厚涂层的柱用低分流比，如 1∶5~1∶50。对于细内径、薄涂层的柱，分流比可高达 1∶1 000。采用分流进样法，还应注意进样量和分流比及检测灵敏度的相互匹配。

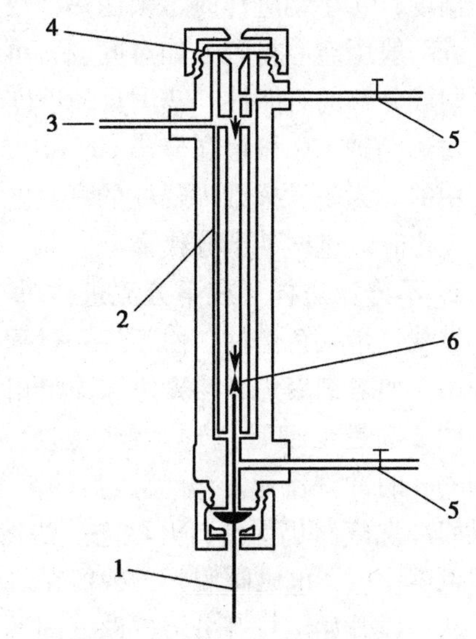

1—毛细管柱；2—气化室；3—载气；4—隔膜；5—针形阀；6—分流点。

图 2-2 分流进样口

分流进样是高分辨气相色谱法最常用的方法，但是定量分析时，必须考虑对样品的“歧视”效应，这常常称之为分流器的非线性。此处，线性是指在分流点的分流比应等于设定的分流比，且对于所有样品成分是相等的，但这对于不同的样品成分（浓度、挥发性、极性）是难以达到的。非线性分流的原因有：①样品成分的扩散速率不同；②汽化不完全；③分流比的波动。

为将非线性问题降至最小，应使样品完全汽化，并与载气均匀混合后再到达分流点。这需要提高进样器的温度，优化进样器及衬管的结构。玻璃衬管有空心的、在分流区具短玻璃棉塞的、在进样区具玻璃棉塞的、填有色谱填料或玻璃珠的等，目的是提高热效应，保证汽化样品与载气充分混合。虽然这些改变对某些样品是有效的，但对另一些样品可能导致更严重的“歧视”效应。

分流进样的优点是所提供的保留数据的重现性很好，所以定性分析时，分流进样是首选的方法。

在上述讨论中，假定了用注射器将样品导入汽化室时，样品未发生任何改变，即注射进样过程并未造成“歧视”效应。但是多数汽化进样产生的“歧视”效应与注射器效应有关。当注射针通过隔膜后，挥发性物质立即开始在针头中蒸发。将注射器推进时，溶剂和挥发性溶质比高沸点成分易蒸发，因而部分高沸点成分留在针管壁上。当从进样器中拔出针管时，未挥发的成分被带出，由于挥发性不同而产生“歧视”效应。

注射器的操作方法有很多种，如充满针管、溶剂冲洗、空气冲洗、冷针、热针等。其中，热针快速注入法的“歧视”效应很小。这种方法是将样品抽入注射器玻璃筒中，且在柱塞和样品塞间不应有空气，当注射器插入进样口后，停留 3~5s 使针管加热至进样口温度，然后迅速压下柱塞，将样品注入，并在 1s 内从进样口中将注射器拔出。这个方法已经证明有较好的重现性，但是应保证使用性能良好的注射器，保证柱塞与注射器间不能漏、柱塞无变形等。此外，汽化室衬管应清洁，以保证良好的定性、定量结果。

分流进样法有以下几个要点：①对于定量分析，采用标准追加法或内标法较好；②为了提高重现性，尽量不要改变进样体积；③进样口温度应与样品性质相适应，不宜采用过高的温度；④手动进样时，采用热针快速进样法为好；⑤如可能，不要用高度挥发性的溶剂；⑥一般用空心衬管，如有问题，可疏松地填充硅烷化玻璃棉或玻璃珠，但是应注意成分吸附或分解的可能性；⑦用自动进样器可提高重现性。

对于高速 GC 和超高分辨 GC（用 50~100pm 内径的 WCOT 柱），至今只有分流进样法是实用的。为了发挥细内径柱的高效能，必须保证进样带很窄。而分流进样法，尤其是在高分流比时，进样带十分狭窄。

2. 不分流进样　在不分流进样时，进样过程中分流阀是关闭的。样品在汽化室汽化后，被载气带入色谱柱。由于这一过程比较缓慢，故进样带较宽，但是如果适当地利用聚焦作用，如溶剂聚焦、热聚焦和固定相聚焦，起始带宽可能被抑制。

图 2–3 是毛细管进样系统。进样隔膜是由载气连续冲洗的，以防止污染色谱系统（2ml/min 的冲洗流速），分流出口的流速一般为 20~50ml/min。在进样前将分流气路关闭，而隔膜冲洗气路仍保持打开状态。等待一定时间（一般为 30~80s），使溶剂及样品蒸气转移至色谱柱后，电磁阀脱开，残留在汽化室中的蒸气通过分流气路放空。

从进样开始至打开分流气路之间的等待时间长短，取决于溶剂和样品的性质、汽化室容积、进样量、进样速度、载气速率等。

样品从汽化室转移至色谱柱是个缓慢的过程，溶剂蒸气往往保留在进样口中一段时间。进样后，冲洗进样口可除去残余的蒸气。图 2–4 表示冲洗汽化室后的溶剂峰形与不冲洗汽化室的溶剂峰形的比较，当打开冲洗气路时，样品损失的量是很小的。隔膜冲洗气路也会影响样品定量地转移至柱中。如果样品蒸气充满衬管并溢出，则样品将从隔膜冲洗气路中损失。但是，如果控制隔膜冲洗气流于低流速，而进样量为 1~2μl 就不致产生样品损失问题。

在不分流进样中，起始带的展宽是由两种原因造成的，即谱带时间展宽和空间展宽。

（1）时间谱带展宽：这是由于样品从汽化室到柱入口端的缓慢转移而引起的。这可用溶剂聚焦或热聚焦（也称冷阱）来加以抑制。

1）溶剂效应：为了利用溶剂效应使溶质在柱中再浓集，在进样时，柱温应低于溶剂的沸点 25~30℃。这样，溶剂蒸气在柱入口端冷凝，并由固定相所保留。冷凝的溶剂暂时起到厚固定相膜的作用，保留了汽化的溶质。在样品蒸气从汽化室转移至柱中后，冲洗气路打开，柱温升高，溶剂蒸发，溶质形成的窄起始带开始色谱过程。

2）热聚焦：热聚焦或“冷阱”是在柱温低致使分析成分冷凝而足以使溶剂蒸发的条件下进行的。在此条件下，溶剂效应不可能产生。实践表明，溶质的再浓集常常是溶剂聚焦和热聚焦共同作用的结果。如果柱温和被分析成分的沸点的差距足够大（>150℃），则热聚焦的作用非常显著。

（2）空间谱带展宽：这一现象是在 1981 年被发现的，是由溶剂效应直接产生的。作为溶剂效应的结果，时间展宽的溶质带在溶剂厚膜上再浓集。在冷凝过程中，溶剂层在柱头数厘米处变得太厚而不稳定，载气将推动溶剂塞前进，造成了一个泛滥带。这样，溶质将遍布整个泛滥区（图 2-5）。如固定相能为溶剂所充分湿润（例如异辛烷在甲基聚硅氧烷固定相上、乙酸乙酯在聚乙二醇固定相上），则样品溶液产生的色谱峰增宽。

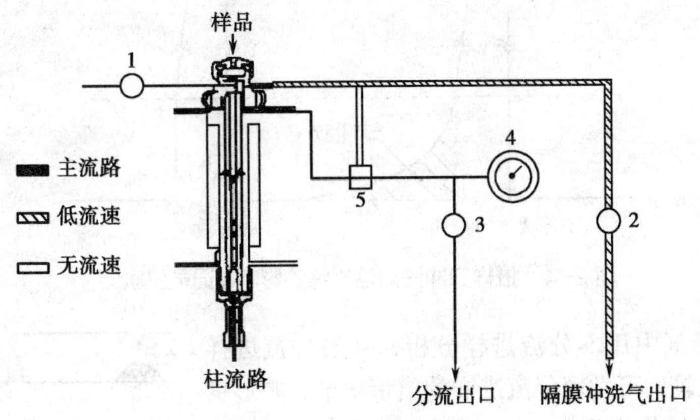

（a）分流方式的流路

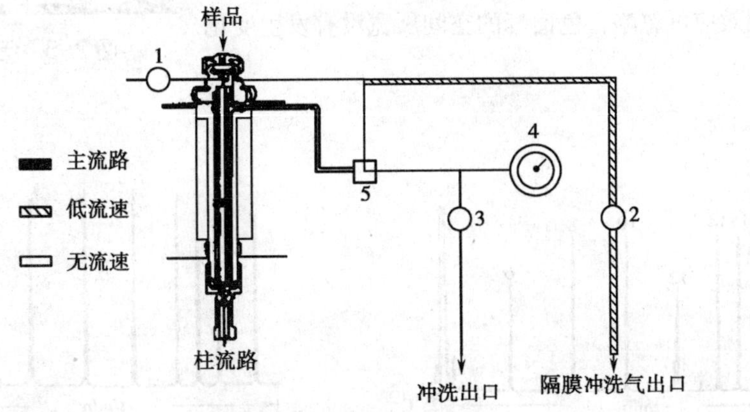

（b）进样时不分流方式的流路

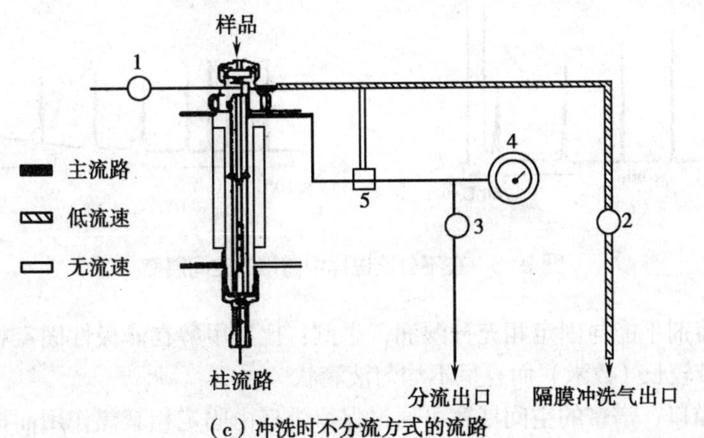

（c）冲洗时不分流方式的流路

1—流速控制器；2—针形阀；3—反压调节；4—柱压力表；5—电磁阀。

图 2-3　毛细管进样系统

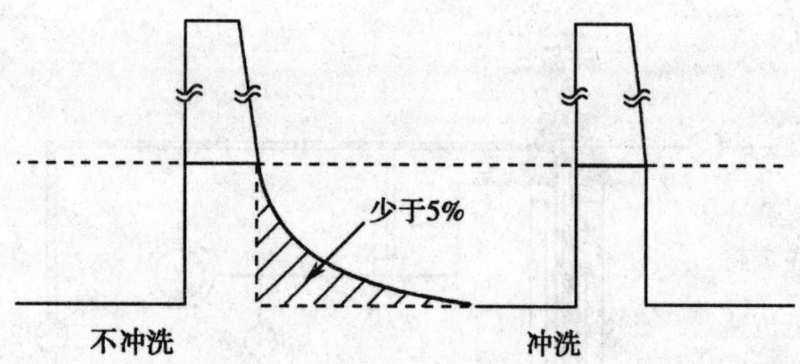

图 2-4　进样口冲洗对溶剂峰的影响（记录仪轨迹）

在不同的溶剂中用不分流进样分析，并与分流进样分析的结果相比较，可发现分流进样的谱带狭窄、峰形良好。例如用正己烷作溶剂，在 25℃不分流进样，色谱峰增宽约 30%［图 2-6（a）、（b）、（d）］。同一溶液在 60℃进样，溶剂效应可忽略，色谱峰的空间展宽没有发生变化［图 2-6（c）］。

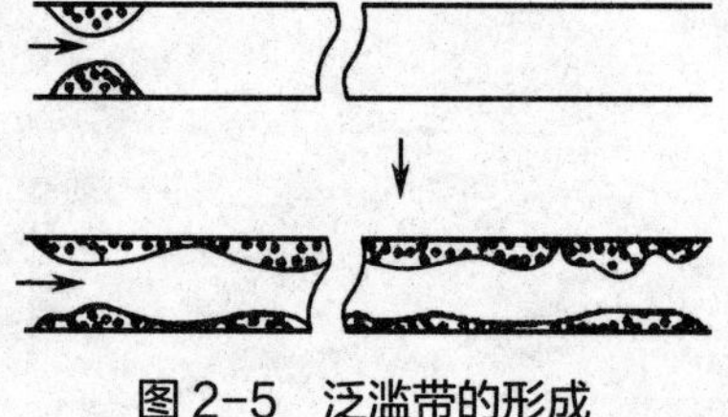

图 2-5　泛滥带的形成

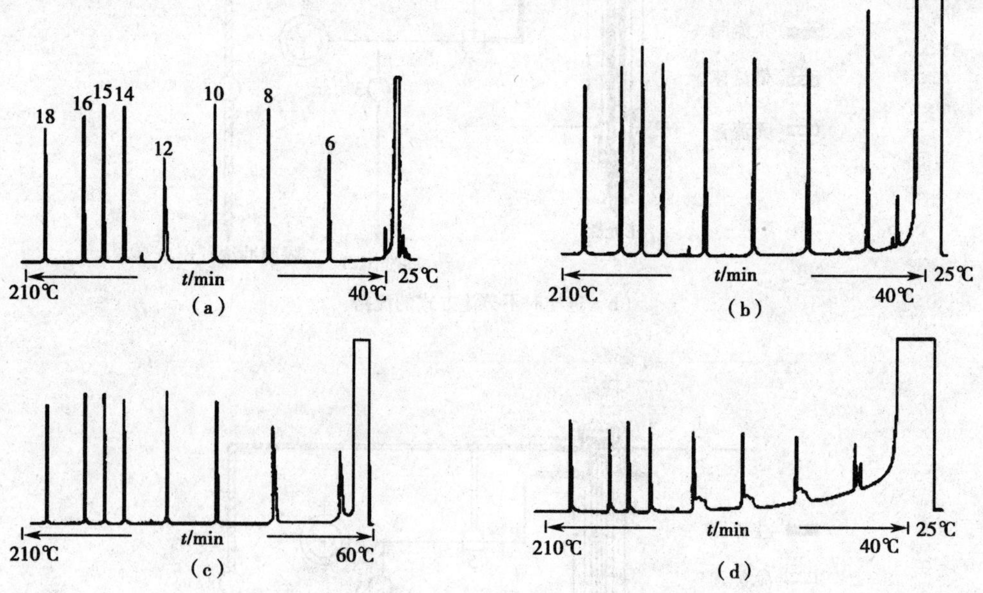

图 2-6　在不分流进样中谱带的空间展宽

但是，如溶剂不能与固定相充分湿润，举例：比如甲醇在非极性固定相上，峰形将畸变，因为泛滥带较长（数米）而且呈不均匀液滴状。

（3）保留隘口：谱带的空间展宽可通过保留隘口由固定相聚焦作用而抑制。保留隘口是一段一定长度的未涂布固定相的毛细管。当溶剂蒸发时，分布在整个泛滥区的溶质将由载气携至固定相而被保留。图 2-7 说明了整个过程。保留隘口可以是色谱柱的一部分，此处固定相已被洗去；或者用一段熔融二氧化硅毛细管与分析柱相连接。

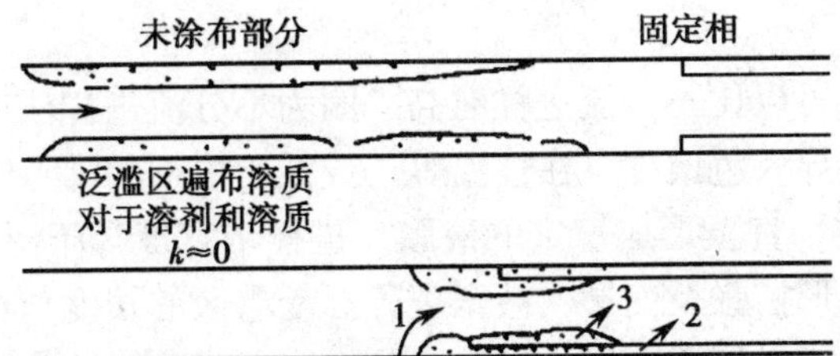

1—溶剂和溶质从泛滥区后部向前移动；2—溶质 $k \gg$ 溶剂 k（固定相聚焦）；
3—溶质 k 为溶剂 k1~5 倍（溶剂聚焦）。

图 2-7 保留隘口的作用机制

保留隘口的长度取决于进样体积和溶剂性质，一般进样 1~2μl，长度为 0.5~1.0m。保留隘口必须适当去活，溶剂能均匀润湿其表面。对于非极性溶剂，最好用硅烷化试剂如 HMDS 去活。溶剂极性增加，可用含苯基的硅烷化试剂。对于强极性溶剂如甲醇、水溶液，可将保留隘口涂以极薄的聚乙二醇，并使之固定化，可产生较好的色谱结果。

不分流进样的操作要点如下：①定量分析宜采用标准追加法或内标法。②分析沸点低于 150℃的挥发性成分应利用溶剂效应降低起始带宽。对于高沸点成分，冷阱可以有效地聚焦进样带。对于未知样品则使用程序升温法，以利用溶剂效应及冷阱作用。③为了利用溶剂效应，柱温应比溶剂的沸点低 20~30℃。④手动进样宜采用热针法，进样速率不宜太快。⑤进样口温度取决于样品性质，大多数情况下 200~280℃已足够。⑥宜用氦气或氢气作载气，流速为 2ml/min 以上。⑦冲洗延滞时间为 50~80s。

3. 柱头进样 柱头进样是将样品直接注入柱头，而不需先经过样品的蒸发阶段。这种方法的优点是：①避免了样品“歧视”效应；②防止了样品的变化；③实际进样量易于测量与控制；④分析结果的重复性好。

图 2-8 是一种商品化冷柱头进样装置，用鸭嘴阀作为隔离阀。进样时，压下针导，使隔离阀的两个面张开，将注射针穿过针导进入柱中。用针导分开隔离阀是为了防止注射针与由软质合成橡胶制成的鸭嘴阀相接触，以避免阀材料黏在针上而导入色谱柱。当注射针进入色谱柱后，使针导复位，此时阀将封闭注射针。然后，快速进样并立即将注射针拔出。

多数商品化冷柱头进样装置是压力控制的。这样设计简单，也不需完全气密。在进样过程中，会稍有载气泄漏，所以不能用流速控制器。对于常规工作进样量 0.5~2μl，进样应尽可能快，柱温应低于或等于溶剂的沸点。如进样缓慢，不尽快将注射器拔出，则样品中的低沸点成分被载气带入色谱柱，遗留高沸点成

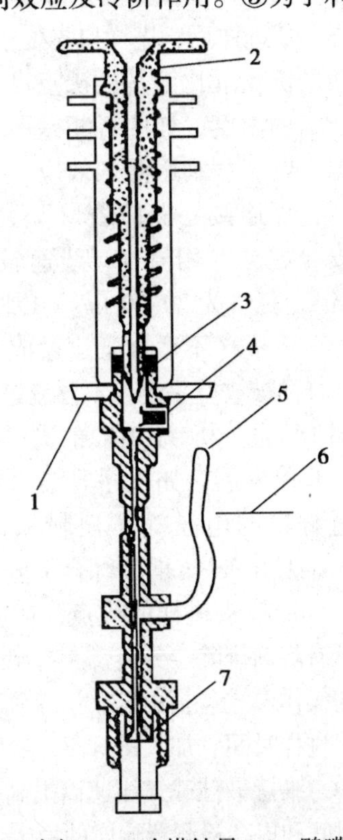

1—支架；2—冷塔针导；3—鸭嘴阀（隔离阀）；4—鸭嘴阀冲洗气出口；5—载气；6—炉壁；7—填圈。

图 2-8 一种商品冷柱头进样装置

分黏在针壁上。

柱温在柱头进样时可以比不分流进样时高，因为不分流进样法中溶剂必须再冷凝。在柱头进样中，液体直接导入色谱柱，在柱温等于或低于溶剂的沸点时，样品溶液在载气推动下，自柱头向前推进，直至形成稳定的液膜，进样带宽度等于泛滥带宽度。如前所述，谱带的空间展宽引起峰形扩张及变形，甚至裂分。泛滥区的长度与柱直径、进样体积、入口温度、固定相厚度和溶剂与固定相的湿润性有关。

如湿润性很好（例如非极性溶剂在非极性固定相上），泛滥区的长度约为20cm/μl。如湿润性差，长度可增加十至数十倍。如溶质没有再聚焦，谱带空间展宽，在进样量大或溶剂不能对固定相很好地润湿时，将使定性、定量分析产生困难。这可用保留隘口产生固定相聚焦作用使进样带浓集，保留隘口的长度为50~100cm/μl。

如使用适当，柱头进样能得到最准确和精密的结果，因为注射器及进样口的“歧视”效应得以避免，样品溶液是直接注入柱中的。如前所述，另一个优点是防止样品变化。样品中的热不稳定性成分未经高温汽化，而在柱中以相对低得多的温度开始色谱过程，避免了分解和重排。

柱头进样法的主要缺点是样品中的非挥发性物质在柱中积累，导致柱惰性和柱效的损失，因而样品应经过仔细的预处理才可注入柱中，否则将缩短柱的寿命。

柱头进样的操作要点如下：①取样0.5~2μl，在柱温等于或低于溶剂沸点的条件下迅速进样。②进样后，进样口先处于低温，然后程序升温，经数秒钟，液体成为稳定的液膜。如溶质的沸点远比溶剂的沸点高，柱箱可迅速升至所需的温度；如两者相差不大，应采用程序升温，以充分利用溶剂效应。③如峰形畸变或裂分，可连接一保护隘口。④载气宜用氢气，为安全起见可用氮气，线速较高（氢气为50~80cm/s、氮气为30~50cm/s）以减小带宽。

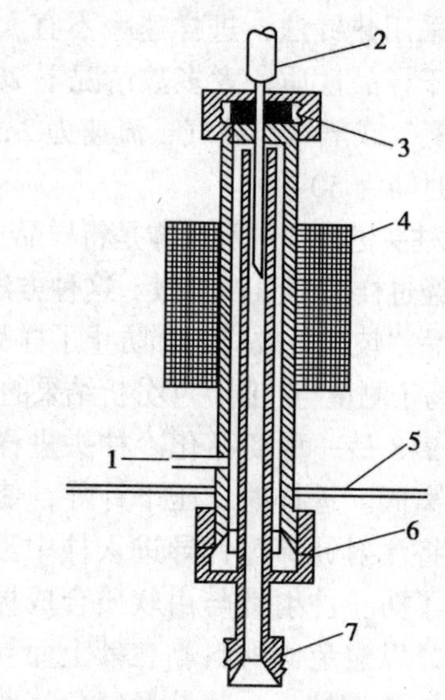

1—载气；2—注射器；3—隔膜；4—加热块；5—炉壁；6—密封圈；7—柱接头。

图2-9　汽化进样口

分流进样不适合于痕量成分分析，因为大部分样品被放空丢弃。不分流进样和柱头进样则可用于微量分析。HRGC的进样技术现在又有了进一步的发展，如程序升温汽化进样（图2-9）和进样口的电子气体控制（electronic pneumatic controlled，EPC）。前者综合了分流进样、不分流进样和冷柱头进样的优点，适应性、灵活性更强，有溶剂排除、分流、不分流等操作模式；后者的操作模式包括恒压、恒流和按程序升压，可减少进样时间、加大进样量。在程序升温色谱过程中，维持最佳载气线速以提高分离度、缩短分析时间和提高检测器响应的稳定性及信噪比。这些技术已在商品化仪器中得到应用。

4. 顶空进样　顶空进样是在一定的温度下气液会达到平衡，目标物在原样品中的浓度与在气相中的浓度成一定的比例，不同的易挥发性物质在基质中的分配系数都是不同的，但每一种残留在同一种基质中的分配系数固定，所以气相中的含量可以反映原样品中的含量。顶空进样适用于沸点比较低的物质，对高沸点的物质不适用。

静态顶空进样（headspace sampling，HS）是在密封容器中分析样品上面的蒸气的方法。各种基质中的挥发性成分可用顶空取样技术，以省去样品的提取、纯化等过程，也可避免样品中的不挥发性成分污染色谱系统。具体方法为取一定量的供试品，加入样品瓶，立即密封，恒温至规定时间，以使蒸气与凝集相（液体或固体）达到平衡，取一定量的供试品上方的气体，注入 GC 仪器，进行色谱分析。

（1）基本原理：顶空进样样品瓶中具有两相，分别为样品相（凝集相）和气相（顶空）。如该系统含溶解在凝集相中的挥发性成分，这个成分将按热力学平衡分配在两相中。该系统可表征为：

$$V_V = V_G+V_S \quad 式（2\text{–}1）$$

式中，V_V 为样品瓶总容积；V_S 为样品相容积；V_G 为气相容积。

两相的相对容积相比率为 $\beta = V_G/V_S$。

$$\beta = \frac{V_V-V_S}{V_G} = \frac{V_G}{V_V-V_G} \quad 式（2\text{–}2）$$

$$V_S = \frac{V_V}{1+\beta} \quad 式（2\text{–}3）$$

$$V_G = V_V\frac{\beta}{1+\beta} \quad 式（2\text{–}4）$$

假定在平衡后，样品相的容积等于样品原容积 V_0。即平衡过程中，转移至气相成分的量引起原样品体积的变化可忽略不计，因此 $V_0 = V_S$。

在样品中挥发性成分的原始量为 W_0，因此原始浓度为：

$$C_0 = W_0 / V_S \quad 式（2\text{–}5）$$

平衡后挥发性成分在两相中的量分别为 W_S 和 W_G，其浓度分别为 C_S 和 C_G。

$$C_S = W_S / V_S \quad 式（2\text{–}6）$$

$$C_G = W_G / V_G \quad 式（2\text{–}7）$$

$$W_0 = W_S + W_G \quad 式（2\text{–}8）$$

平衡后，成分在两相中的分布由热力学平衡常数，即分配系数 K 确定。

$$K = \frac{C_S}{C_G} \quad 式（2\text{–}9）$$

$$K = \frac{W_S / V_S}{W_G / V_G} = \frac{W_S V_G}{W_G V_S} = \frac{W_S}{W_G}\beta \quad 式（2\text{–}10）$$

所以

$$W_0=C_0V_S \quad 式（2\text{–}11）$$

$$W_S = C_SV_S \quad 式（2\text{–}12）$$

$$W_G = C_GV_G \quad 式（2\text{–}13）$$

$$C_S = KC_G \quad 式（2\text{–}14）$$

因此，由物料平衡可知：

$$C_0V_S = C_GV_G + C_SV_S = C_GV_G + KC_GV_S = C_G(KV_S + V_G) \quad \text{式（2-15）}$$

$$C_0 = C_G\frac{KV_S + V_G}{V_S} = C_G(K + \beta) \quad \text{式（2-16）}$$

$$C_G = \frac{C_0}{K + \beta} \quad \text{式（2-17）}$$

在给定的系统中，在一定的条件下，K 和 β 为常数，因此：

$$C_G = K'C_0 \quad \text{式（2-18）}$$

所以，在给定的系统中顶空浓度与原始样品浓度呈正比。取一定体积的样品顶空分析，GC 峰面积也与原始样品浓度成正比，这就是 HS-GC 的定量基础。应该说明，由于 C_G 取决于 K 和 β，因此用外标比较法进行含量测定时，分析条件应严格一致，凝集相组成应尽量相似，因为给定体系的分配系数是随分析条件的变化而变化的。为了讨论影响分配系数的一些因素，我们将应用一些基本定律。

1）道尔顿（Dalton）定律：道尔顿定律即气体混合物的总压力 p_{total} 等于混合物中各气体的分压 p_i 之和。

$$p_{total}=\sum p_i \quad \text{式（2-19）}$$

按照道尔顿定律，某气体的分压等于其在气体混合物中的分子数。

$$\frac{p_i}{p_{total}} = \frac{n_i}{n_{tatol}} = x_{G(i)} \quad \text{式（2-20）}$$

$$p_i = p_{total} \cdot x_{G(i)} \quad \text{式（2-21）}$$

式中，n 代表分子数；$x_{G(i)}$ 为气体混合物中某成分的分子分数。对一定化学组成的稀气体混合物，可用混合物中某成分的浓度 $C_{G(i)}$ 代替其分子分数，因此

$$p_i \propto C_{G(i)} \quad \text{式（2-22）}$$

即顶空中，待测成分的浓度成比例于其分压。

2）Raoult 定律：Raoult 定律即溶质在其溶液中的蒸气压（即分压 p_i）成比例于其在溶液中的分子分数 $x_{S(i)}$，而此比例常数为纯溶质［即 $x_{S(i)}=1$］的蒸气压 p_i^0。

$$p_i = p_i^0 x_{S(i)} \quad \text{式（2-23）}$$

Raoult 定律仅适用于理想混合物，许多情况下会偏离这一定律。为补偿这一偏离，上式应改写为：

$$p_i = p_i^0 \gamma_i x_{S(i)} \quad \text{式（2-24）}$$

γ_i 为化合物 i 的活度系数。活度系数可认为是质量摩尔浓度的校正因素，将浓度校正为活度。活度系数取决于成分 i 的性质并反映了待测成分与样品中的其他成分，尤其是基质（溶剂）分子间的相互作用。高浓度时，活度系数随成分浓度的变化而变化；在稀溶液中，活度是个常数，与待测成分的浓度无关。在这样的理想稀溶液中，待测成分的分压和其浓度呈线性关系，这就是 Henry 定律。

$$p_i = Hx_i \qquad \text{式（2-25）}$$

式中，H 为 Henry 常数。在理想稀溶液中，$\gamma_i = 1$，$H = p_i^0$。

在上述理想稀溶液（<0.1%）中，每一溶质分子仅被溶剂分子围绕着，因此只有溶质－溶剂分子间的相互作用力。随着成分浓度的增加，有外加的溶质－溶质分子间的作用存在。

$$p_i = p_{total}x_{G(i)} = p_i^0\gamma_i x_{S(i)} \qquad \text{式（2-26）}$$

$$\frac{x_{S(i)}}{x_{G(i)}} = \frac{p_{total}}{p_i^0\gamma_i} \qquad \text{式（2-27）}$$

如前所述，给定系统为稀溶液时，浓度可取代分子分数，因此

$$\frac{p_{total}}{p_i^0\gamma_i} = \frac{x_{S(i)}}{x_{G(i)}} = \frac{C_{S(i)}}{C_{G(i)}} = K \qquad \text{式（2-28）}$$

所以

$$K \propto \frac{1}{p_i^0\gamma_i} \qquad \text{式（2-29）}$$

即分配系数反比于待测成分的蒸气压和活度系数。因此，改变分析条件将改变 p_i^0 和 γ_i，从而改变分配系数，改变待测成分在顶空中的浓度。

（2）手动进样 HS-GC：我国药典规定的有机溶剂残留量测定法中采用的顶空进样法为手动进样。

规定精密量取标准溶液和供试品溶液（以水为溶剂）3~5ml，分别置于容积为 8ml 的顶空进样瓶中，瓶外径为 17mm、长 60mm，带螺扣具孔塞，瓶口隔膜垫上应有聚四氟乙烯以隔离橡胶垫与顶空气。顶空取样瓶在 60℃水溶液中加热一定时间，用在同一水浴中的空试管中加热的注射器抽取顶空气适量（通常为 1ml），进样。重复 3 次，求平均值。

手动顶空进样装置简单，为了保证结果的重现性，应注意用气密注射器从一定规格的顶空瓶中取样 1 次，注射器温度与顶空瓶一致。供试品溶液、标准溶液的体积应相同。

（3）自动进样（压力平衡系统）：手动进样的问题是用注射器抽取顶空样品的过程中会造成系统压力的变化，从而破坏原平衡体系，导致顶空中成分浓度的变化。

压力平衡自动进样的过程如图 2-10 所示。

1）将样品瓶送至取样针恒温炉使样品经一定时间建立平衡，取样针（由 O 形环密封）及针轴处在同一温度，并用低流速吹扫气连续吹扫以免污染，此为准备阶段［图 2-10（a）］。

2）平衡建立后，取样针穿过样品瓶隔膜，载气流入样品瓶中使压力升至色谱柱入口压力［图 2-10（b）］。

3）经几分钟加压后，关闭阀 V_1 和 V_2，使载气临时切断［图 2-10（c）］。因为样品瓶经取样针与色谱柱连接，此时顶空气经预热的传输线转移一定量的气体至色谱柱，转移的体积由转移时间控制。这一步完成后，进样口返回准备阶段。

采用上述装置时应控制样品瓶中的压力低于色谱柱入口压。如平衡温度高，顶空气压力高，而色谱柱入口压力低（如用大口径毛细管柱）则不能直接使用上述装置。为了克服这一困难，可采用压力控制自动进样器，使用定量管进样。在平衡和加压后，样品瓶中的气体导入定量管，控制时间使样品气体充满定量管，然后气路切换载气通过定量管，将样

品气携入色谱仪。

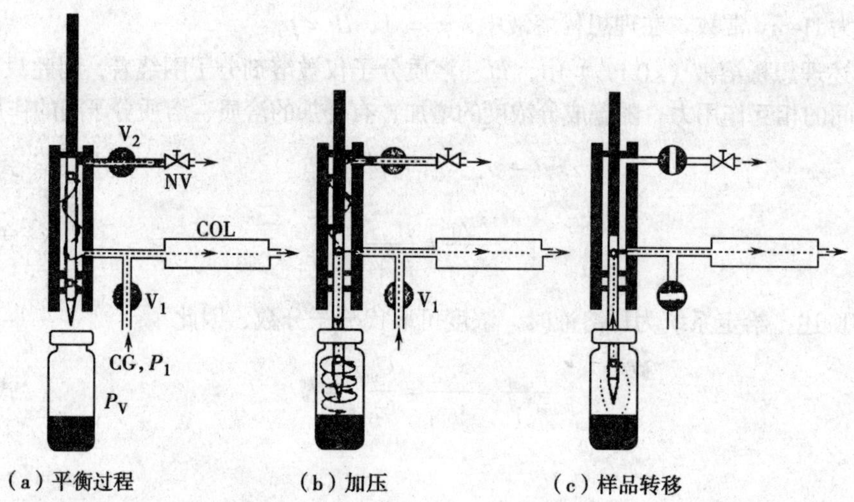

（a）平衡过程　　（b）加压　　（c）样品转移

NV—针形阀；COL—色谱柱；CG—载气；P_1—柱入口压力；P_V—样品瓶原顶空压力。

图 2-10 压力平衡自动进样的过程

静态顶空色谱法分析是一种间接分析法，通过测定顶空气体来分析原样品中成分的含量。由于是间接分析，实验条件应采用平行原则，即标准品和样品测定时的实验条件应保持一致。如前所述，在给定的平衡体系中，待测成分在顶空气中的浓度除了与其自身的性质有关外，还与样品基质（基质效应）的性质和样品中其他成分的性质有关。因此，标准品应与供试品有相同或相似的基质，必要时采用标准加入法测定含量。

在测定药品中的有机溶剂残留量时，如可能，宜用水作溶剂，以减小非极性溶剂的溶解度，提高其顶空浓度。用水作溶剂时，氢火焰离子化检测器对其几乎无响应，可避免溶剂峰的干扰。如用固体样品进行分析，样品应经低温粉碎，以利于气 - 固平衡的建立。低温粉碎的目的是防止研磨发热使挥发性成分损失。

在顶空分析中，对样品瓶有严格的要求，包括容积准确一致、耐压、密封性好及吸附性小。顶空分析涉及相比率 β，因此样品瓶的容积应准确或各样品瓶的容积应一致。样品瓶的密封垫常常会吸附待测成分，故应用聚四氟乙烯或铝隔垫。

静态顶空分析时，对 1 个样品瓶一般只取样 1 次，因为取样后，如让样品在同一条件下重建平衡，由于样品组成已经变化，故重新平衡后，顶空组成与前不同，所以重复进样测定应为用若干个样品瓶，从称（或量）取样开始，平衡，顶空取样，直至取样分析结果的整个过程，而非从 1 个样品瓶中多次取样分析，除非采用特殊技术——多次顶空萃取（multiple headspace extraction，MHE）。但是，MHE 在药物分析中很少应用。从同一个样品瓶中多次取样应采用自动仪器。手动从同一样品瓶中取样因密封垫穿刺后气体泄漏等原因，会造成误差，这也是 1 个样品瓶只取顶空样 1 次的另一个原因。

（4）裂解进样

1）裂解进样装置：裂解器是一种气相色谱法的附件，它可使不挥发的样品迅速裂解成小分子碎片，然后引入气相色谱法中分离并鉴定，得到样品的裂解色谱图，也叫裂解指纹图。从裂解谱图上可以推断样品的组成，也可得到许多有关结构和物理化学方面的数据。因此，裂解色谱法（简称 PGC）在有机化学、物理化学、环境化学、生物科学等各个领域都得到了有效的应用。而最主要的应用是对于各种高聚物材料（塑料、橡胶、纤维、涂料、胶黏剂及复合材料等）的组成和结构的分析，以及对于高分子的某些物理与化学性质方面的研究。

2）裂解色谱法：将样品放在仔细选择并很好控制的条件下加热，使之迅速裂解成可挥发的小分子，并且直接用气相色谱法分离和鉴定这些裂解碎片，最后从裂片谱图的特性来推断样品的组成、结构和性质的分析方法即为裂解色谱法。其流程如图 2-11 所示。由于裂解是一种化学反应过程，因此裂解色谱法是分析和研究高分子的化学方法之一，它与红外光谱、核磁共振等物理方法在原理上有很大区别。

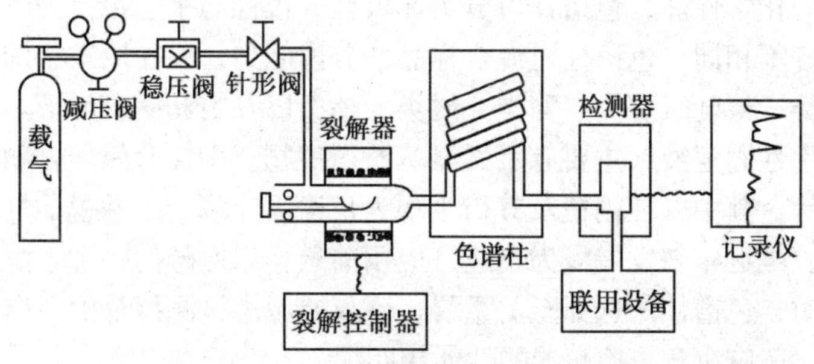

图 2-11 裂解色谱装置

裂解色谱法具有如下特点：①高分子是不能挥发的，但通过裂解器可以将它们裂解成小分子，而用气相色谱法进行分析。而且，可同样显示出气相色谱法之快速、灵敏和高分辨效能等优点。因此，裂解色谱法对于组成相似的高分子或同类高分子之间微细的结构差别以及样品中的少量组分的分析，反应比较灵敏，容易在谱图上找到相应的特征峰。若实验条件选择恰当，则所得的色谱图通常可减少像红外光谱上不可避免的谱带干扰，从而减小了谱图解析和数据处理的难度。②对于各种物理状态的样品，无论黏液状、粉末状或薄膜、纤维、弹性体等各种高分子材料，均能进行分析。当材料中若存在无机填料和少量小分子添加剂时，不必像红外光谱分析那样需要事先将样品分离和提纯，可以直接进样。需要的样品量比较小（μg~mg 级），这也是其特点之一。③裂解色谱法所需要的仪器设备简单、价格低廉，因此易于普及推广。目前我国生产的实验室色谱仪均可配置裂解器。裂解色谱法也有一些局限性，由于裂解反应十分复杂，影响裂解反应的因素多，要精确地按设定的条件控制裂解反应在技术上尚有一定的难度。实验结果受仪器（主要是裂解方式和裂解器结构）和操作条件的影响颇大，定量分析时尤其如此。另外裂解谱图与样品的组成和结构之间的关系比较复杂，它们的对应性远非物理方法那么明确。通过它想得到高分子组成和结构的资料，除了必须仔细选择和控制各项实验条件外，还应对全部或部分裂解碎片峰一一鉴定。

由此可见，应用裂解色谱法分析和研究高分子时，根据其特点，充分发挥它的长处，避免它的短处，才能得到较佳的效果。

第三节 气相色谱柱的类型

气相色谱柱有多种类型。从不同的角度出发，可按色谱柱的材料、形状、柱内径的大小和长度、固定液的化学性能等进行分类。色谱柱使用的材料通常有玻璃、石英玻璃、不锈钢和聚四氟乙烯等，根据所使用的材质分别称之为玻璃柱、石英玻璃柱、不锈钢柱和聚四氟乙烯管柱等。在毛细管色谱法中目前普遍使用的是玻璃柱和石英玻璃柱，后者的应用范围最广。对于填充柱色谱，大多数情况下使用不锈钢柱，其形状有U形和螺旋形，使用U形柱的柱效较高。按照色谱柱内径的大小和长度，又可分为填充柱和毛细管柱。前者的内径在2~4mm，长度为1~10m；后者内径在0.2~0.5mm，长度一般在25~100m。在满足分离度的情况下，为提高分离速度，现在也有人使用高柱效、薄液膜的10m短柱。

根据固定液的化学性能，色谱柱可分为非极性、极性与手性色谱分离柱等。固定液的种类繁多，极性各不相同。色谱柱对混合样品的分离能力，往往取决于固定液的极性。常用的固定液有烃类、聚硅氧烷类、醇类、醚类、酯类以及腈和腈醚类等。新近发展的手性色谱柱使用的是手性固定液，主要有手性氨基酸衍生物、手性金属配合物、冠醚、环芳烃和环糊精衍生物等。其中以环糊精及其衍生物为色谱固定液的手性色谱柱，用于分离各种对映体十分有效，是近年来发展极为迅速且应用前景相当广阔的一种手性色谱柱。在进行气相色谱法分析时，色谱柱的选择至关重要，不仅要考虑被测组分的性质和实验条件如柱温、柱压的高低，还应注意与检测器的性能相匹配。

一、填充柱

填充气相色谱柱通常简称填充柱，在实际分析工作中的应用非常普遍。据资料统计，日常色谱法分析工作大约有80%是采用填充柱完成的。填充柱在分离效能和分析速度方面比毛细管柱差，但填充柱的制备方法比较简单，定量分析的准确度较高，特别是在某些分析领域（例如气体分析、痕量水分析）具有独特的用途。从发展上看，虽然毛细管柱有逐步取代填充柱的趋势（例如已有一些日常分析使用PLOT柱代替过去常用的气－固色谱填充柱），但至少在目前一段时期内，填充柱在日常分析中仍是一种十分有价值的分离与分析手段。

填充柱主要有气－固色谱柱和气－液色谱填充柱两种类型。在色谱柱中关键的部分是固定相。本节我们将首先介绍柱管的选择及其处理方法，然后再分别重点讨论气－固色谱柱和气－液色谱填充柱有关固定相的内容。

用作填充色谱柱柱管的材料通常有不锈钢管、铜管、铝管、铜镀镍管、玻璃管以及聚四氟乙烯管等。铜管和铝管由于催化活性太强且易变形，已不太常用。分析用的填充柱内径一般采用2~4mm；制备用的柱内径可大些，一般使用5~10mm。长度可选择1~5m。柱子的形状可以是螺旋形，也可以是U形，使用后者较易获得较高的柱效。如果使用螺旋形的，应注意柱圈径的大小对柱效会有一定的影响，一般柱圈径应比柱内径大15倍。

二、毛细管柱

经典的毛细管柱为壁涂开管柱（wall coated open tubular column，WCOT），因其制备难、柱子的重复性差、内表面小、涂渍量小和β值大，导致有效塔板数和实际分离能力不高，且热稳定性也较差，已几乎无人使用。其他几种柱子及其性能如下：

（1）多孔层壁涂柱（porous layer open tubular column，PLOT）：先涂上吸附剂或惰性固体于柱壁，再涂渍固定液。

（2）载体壁涂柱（support coated open tubular column，SCOT）：将载体和固定液同时涂于壁上制备而成。

必须注意，以上两种柱子中的载体只是涂布于毛细管柱的壁上，而非充满整根柱子。

（3）熔融石英毛细管柱（fused silica open tubular column，FSOT）：其表面惰性度好，能耐高温，最主要的是有弹性，不易折断。

（一）毛细管柱的安装

1. 毛细管柱安装前的检查项目

（1）检查气瓶压力以确保有足够的载气、尾吹气和燃气。载气的纯度不低于99.995%。

（2）清洁进样口，必要时更换进样口密封垫圈、进样口衬管和隔垫。

（3）检查检测器密封垫圈，必要时更换。如有必要，清洗或更换检测器喷嘴。

（4）仔细检查柱子是否有破损或断裂。

2. 毛细管柱的安装

（1）从柱架上将色谱柱两端各拉出大约0.5m，以便于进样口和检测器安装，避免色谱柱锐折。

（2）在柱两端安装柱接头和石墨密封垫圈，向下套柱接头和密封垫圈，离端口大约5cm。

（3）标记和切割柱子。在柱距两端4~5cm处用标记笔标记，拇指和示指尽量靠近切割点抓牢，轻轻地拉并弯曲柱子，柱会很容易折断。如果柱子不容易折断，不要用力强行折，换个离柱端更远的地方再刻一下，使其折断口处光滑。为确保柱两头的切口截面没有聚酰亚胺和玻璃碎片，可用放大镜检查切口。

（4）在进样口安装色谱柱时，先查看仪器说明书找到正确的插入距离，并且用涂改液将这个距离标出来。将色谱柱插入检测器，用手指拧紧柱螺帽直到它固定住色谱柱，然后再拧螺帽1/4~1/2圈，这样加压时色谱柱不会从接头脱出来。

（5）打开载气，确定合适的流速。设定柱头压力、分流比和隔垫吹扫至合适的水平。如果使用分流和不分流进样口，检查清洗分流阀至ON（开）状态，确认载气流过色谱柱，将色谱柱一端浸入丙酮瓶中检查是否有气泡。

（6）将色谱柱安装到检测器上时，查看仪器说明书所提供的正确插入距离。

（7）检查有无泄漏。在未仔细检查色谱柱有无泄漏之前对柱子不能加热。

（8）清洗系统中的氧气至少10min。如果色谱柱被打开暴露到空气中很长时间（几天），那么需要更长时间（1~2h）来清洗系统以排出所有的氧气。

（9）设定正确的进样器和检测器温度，设定正确的尾吹气和检测器气流。点火、打开检测器至ON状态下。

（10）注射非保留物质如甲烷（FID）、乙腈（NPD）、二氯甲烷（ECD）、空气（TCD）、氩气（质谱）以检验进样器是否正确安装。如果出现对称峰，则安装正确；如果有峰拖尾，重复进样口安装程序。

（二）毛细管柱的老化

在比最高分析温度高20℃或最高柱温（温度更低者）的条件下老化柱子2h，如果在高温10min后背景不下降，立即将柱子降温并检查柱子是否有泄漏；如果用的是Vespel密封垫圈，老化后重新检查密封程度；亦可注射非保留物质以确定合适的平均线速度。

（三）毛细管柱的保护

在使用毛细管柱的过程中，主要是防止固定液流失，因为固定液流失会使柱效降低。事实上色谱柱固定液流失是自然的，是热力学平衡过程。色谱柱固定液聚硅氧烷通过聚合物本身的取代基形成环状分子，聚合物碎片之间由于取代基作用也可形成一些短键聚合物碎片。当这些碎片从色谱柱流出，它们会被检测到，从而导致信号的增强。在毛细管柱使用的全过程中这种反应一直发生，因此所有的色谱柱都有不同程度的流失。氧是导致色谱柱流失的主要因素，在色谱法分析时尽量减少色谱仪气路系统氧的含量、使用好材料的部件以及选择正确的操作条件，可降低柱固定液的流失，延长柱子使用寿命。下面介绍几点注意事项：

1. 使用高纯度的载气。氧气含量不宜高于 1×10^{-6}g/g。

2. 利用净化器可以除去较低级别气体中的氧和碳氢化合物杂质。通常杂质含量可减少到 100×10^{-6}g/g 或更少。

3. 聚合物材料通常不稳定，因此调节器主体、阀盘座、密封圈和隔膜应首选金属材料。

4. 管线只能使用没有油或其他污染物的铜管或不锈钢管，推荐使用制冷级铜管。

5. O 形圈或其他聚合物垫圈的阀最好用有焊接金属、波纹形密封垫。

6. 整个系统必须无泄漏，并且确保样品中不存在非挥发性物质。因为氧和污染物对固定液的分解有催化作用，会导致柱流失增强。

7. 在柱子安装后加热柱箱之前，柱子必须用干净的载气清洗 15min。如果色谱仪是新的，或进样器和仪器管线进行维护或修理过，仪器应当再清洗 15~30min。

8. 各种固定液的热稳定性不一样，柱流失对背景信号的影响随固定液种类和所受温度的变化而变化。当柱箱温度接近于柱温的上限时柱流失也会增加，所以应当尽量在较低的温度下工作以延长柱子的使用寿命。

9. 一旦柱子损坏，由于固定液降解的程度不同，重新老化后有可能改善柱性能。

第四节　气相色谱仪的检测器

检测器（detector）是气相色谱仪的重要组成部分，它是一种换能装置，作用是将色谱柱后载气中各个组分浓度或质量的变化转变成可测量的电信号。

据统计，目前已有 30 余种气相色谱检测器，但常用的也不过几种。气相色谱检测器种类较多，原理和结构各异，其中最常用的是氢火焰离子化检测器（hydrogen flame ionization detector，FID）、热导检测器（thermal conductivity detector，TCD）、氮磷检测器（nitrogen phosphorus detector，NPD）、电子捕获检测器（electron capture detector，ECD）、火焰光度检测器（flame photometric detector，FPD）等。

一、检测器的分类与性能指标

（一）分类

检测器可分为积分型检测器和微分型检测器两类。由于积分型检测器的灵敏度低，不能显示出保留时间，目前应用较少。常用的微分型检测器中，根据其检测原理不同，又可分为浓度型检测器和质量型检测器。

1. 浓度型检测器　浓度型检测器的输入信号强度（R）与载气中组分的浓度（c）成

正比，因此称为浓度型检测器。它的输出信号强度只取决于组分的浓度，与载气流速（F）无关。当进样量一定（浓度一定）时，峰高（h）基本上与载气流速无关，但峰面积（A）则与流速成反比。常用的这类检测器有热导检测器、电子捕获检测器。

2. 质量型检测器　质量型检测器的输出信号强度（R）正比于单位时间内进入检测器的组分量，因此称为质量型检测器。它的输出信号强度（R）与进入检测器的样品速度成正比。当一定浓度的样品引入检测器中，所得的峰高与载气流速（F）成正比，而峰面积与流速无关。这是由于流速加快、峰高增大、峰宽变窄的缘故，但峰面积大小保持不变。常用的此类检测器有氢火焰离子化检测器和火焰光度检测器。

（二）性能指标

对检测器总的要求是，不同类型的样品在不同的浓度范围内和不同的操作条件下，它能准确、快速地指示并测量出来。其具体指标有：

1. 噪声和漂移　噪声是指无样品通过检测器时，由仪器本身和工作条件所造成的基线起伏（R_N）。常以 mV 来表示。

漂移（shift，R_d）是指无样品通过检测器时，单位时间内基线向某一方的移动。常以 mV/h 来表示。

2. 灵敏度　灵敏度又称响应值或应答值，是用来评价检测器质量和与其他类型检测器相比较的重要指标。实验表明，一定浓度或一定量的样品进入检测器后，产生一定的信号强度（R）。进样量改变 ΔQ，信号强度将改变 ΔR，这样任何类型检测器的灵敏度 S 均可表示为：

$$S = \Delta R/\Delta Q \qquad \text{式（2-30）}$$

（1）浓度型检测器的灵敏度（S_C）：是指 1ml 载气中含有 1mg 的某组分通过检测器时所产生的电信号值，常以 mV 来表示。S_C 越大，检测器越灵敏。

$$S_C = AC_1C_2C_3/m \qquad \text{式（2-31）}$$

式中，A 为色谱峰面积（cm^2）；C_1 为记录器的电压灵敏度（mV/cm）；C_2 为记录器纸速的倒数（min/cm）；C_3 为色谱柱出口处的载气流速（ml/min）；m 为进样量（某组分的纯品，mg）。

（2）质量型检测器的灵敏度（S_m）：是指每秒有 1g 的某组分被载气携带通过检测器时所产生的电信号值（mV 或 A），单位为 mV · s/g。

$$S_m = 60AC_1C_2/m \qquad \text{式（2-32）}$$

式中，A 为色谱峰面积（cm^2）；C_1 为记录器的电压灵敏度（mV/cm）；C_2 为记录器纸速的倒数（s/cm）；m 为进样量（某组分的纯品，mg）。

3. 检测限　检测限又称敏感度。检测器性能的优劣只用灵敏度来说明是不够的，因为它不能反映出检测器噪声水平的高低。要使检测器的灵敏度提高，可以通过放大器将信号放到需要的水平，但同时也将检测器本身的噪声放大。若信号较弱而噪声较大，即使放大后信号仍难以辨认。可见，性能优良的检测器不仅灵敏度要高，且本身的噪声要小，而检测限正是从这两个方面说明检测器性能的。

检测限是单位时间或单位体积内使检测器恰能产生 2 倍噪声（峰高，mV）的组分量，并记为 D。由于低于此限的某组分的色谱峰被淹没在噪声中，无法检出，故称为检测限。

$$D = 2R_N/S \qquad \text{式（2-33）}$$

$$对浓度型检测器：D_C = 2R_N/S_C \quad 式（2-34）$$

$$对质量型检测器：D_m = 2R_N/S_m \quad 式（2-35）$$

式中，R_N 的单位为 mV；D_C 的单位为 mg/ml；D_m 的单位为 g/s。

4. 线性范围　线性范围是指检测器的响应信号强度与被测物质浓度（或质量）之间呈线性关系的范围，并以线性范围（linear range）内最大浓度与最小浓度的比值来表示。线性范围与定量分析有密切关系。我们希望线性范围越宽越好，这表明该检测器对常量或微量都能准确地进行定量。氢火焰离子化检测器的线性范围可达 10^7。

5. 响应时间　该时间的长短直接影响对组分浓度（或质量）变化的跟踪速度。缩短响应时间，可以提高快速分析中峰的可靠性和准确性。响应时间（response time）是这样测定的：以一个恒定浓度（或质量）的样品连续通过检测器，可得到一定的信号强度，当样品浓度（或质量）突然变为另一值时，信号达到新平衡下信号强度的 63% 时所需要的时间即是响应时间。

常用检测器的性能指标见表 2-1。

表 2-1　常用检测器的性能指标

名称	灵敏度	检测限	线性范围	响应时间 /s	适用范围
热导检测器	1×10^4（mV·ml）/mg（苯）	2×10^{-9}g/ml	10^5	<1	通用
氢火焰离子化检器	1×10^{-2}（A·s）/g（苯）	2×10^{-12}g/s	10^7~10^8	<0.1	含碳有机物
电子捕获检测器	800（A·ml）/g（甲基 1605）	2×10^{-14}g/ml	10^3	<1	卤、氧、氮化合物
火焰光度检测器	300C/g（甲烷）	1×10^{-12}g/s	10^4	<0.1	硫、磷化合物

二、几种常用的检测器

（一）氢火焰离子化检测器

氢火焰离子化检测器（hydrogen flame ionization detector，FID）是一种高灵敏度的检测器，适用于有机物的微量分析。其特点除灵敏度高（可检出 0.001μg/g 的微量组分）外，还有响应快、定量线性范围宽、结构不太复杂、操作稳定等优点，所以得到了广泛的应用。

在外加 50~300V 电场的作用下，氢气在空气（供 O_2）中燃烧，形成微弱的离子流。当载气（N_2）带着有机物样品进入燃烧着的氢火焰中时，有机物和氧气进行化学电离反应。有机物在氢火焰中的离子化效率很低，大约 50 万个碳原子有 1 个被离子化，其产生的正离子数目与单位时间内进入氢火焰的碳原子的量有关，即含碳原子多的分子比含碳原子少的分子给出的微电流信号大，因此氢火焰离子化检测器是质量型检测器，但不适合分析稀有气体。

1. 结构与检测原理　氢火焰离子化检测器的主要部件是离子化室，内有由正极（极化极）和负极（收集极）构成的电场，氢气在空气中燃烧产生的能源以及样品被载气（氮气）带入氢火焰中燃烧的喷嘴，它一般是由不锈钢或石英制成的。

2. 影响检测灵敏度的因素

（1）喷嘴的内径：喷嘴的内径愈细，其灵敏度愈高，但内径过细，灰烬会堵塞喷嘴。一般使用的内径为 0.2~0.6mm。

（2）电极的形状和距离：由于有机物在氢火焰中的离子化效率很低，为了收集微弱的离子流，收集极虽可做成网状、片状、圆筒形，但以圆筒形最好。收集极与极化极的距离一般为 2~10mm。

（3）极化电压：低电压时，离子流随所采用极化电压的增加而迅速增加。

3. 使用注意事项 氢火焰离子化检测器仅仅产生微弱的电流，需经微电流放大器放大后，才适用于记录仪记录。使用氢火焰离子化检测器时应注意以下几点：

（1）氢火焰离子化检测器的使用温度应大于 100℃（常用 150℃），此时氢气在空气中燃烧产生的水以水蒸气的形式逸出检测器；若温度低，水冷凝在离子化室会造成漏电并使记录仪基线不稳。离子头内的喷嘴和收集极在使用一定时间后应进行清洗，否则燃烧后的灰烬会沾污喷嘴和集电极，从而降低灵敏度。

（2）用氢火焰离子化检测器时，多用氮气作载气。通常 N_2 : H_2（燃气）= 1 : 1~1 : 1.5，H_2 : 空气 = 1 : 5~1 : 10。

（二）热导检测器

热导检测器（thermal conductivity detector，TCD）利用被检测组分与载气之间热导率的差异来检测组分的浓度变化。这种检测器具有结构简单、测定范围广、线性范围宽、热稳定性好、不破坏样品、通用性强等优点，是一种通用型检测器。但与其他检测器相比，灵敏度要低一些。它比较适合于常量分析或分析含有十万分之几以上的组分的含量。

1. 结构与检测原理 在一个不锈钢块上钻出孔道，装入热敏组件（热丝），构成热导池。热敏组件常用钨丝或铼钨丝等制成，它们的电阻随温度的升高而增大，并且具有较大的电阻温度系数，所以称为“热敏”组件。钨丝的电阻温度系数为 6.5×10^{-3}/℃。铼钨丝的抗氧化性能及电阻率比钨丝高。

热导池的结构是由池体、池槽以及热丝三部分构成的。热导池的池体多为不锈钢钢块制成的，多为长方形、圆柱形或者立方形。池体稍大些，这样热容量大，稳定性也有保障。热导池的池槽多用直通式，灵敏度高，响应时间快（<1s），不过受载气流速的影响较大。而扩散式对气流波动不敏感，但响应时间慢（>10s）。半扩散式性能介于两者之间，经常使用，池体积从 100μl 减至几十微升。热导池的热丝是热敏元件，常用阻值较高的（30~100Ω）、电阻温度系数大的金属丝，比如铂、钨、镍丝等。

金属热导池在金属块上钻两个平行的孔（即直通式池槽），两孔内各吊有一根钨丝，两根钨丝的电阻值要相等。一个孔内的钨丝仅有载气通过，称为“参考臂”；另一个孔内的钨丝通过的是色谱柱出来的样品和载气，称为“测试臂”。由电导池的参考臂和测试臂、池外的两个电阻、电源和其他附件构成惠斯通电桥的线路，即热导池的测量电路。

2. 影响热导池灵敏度的因素

（1）热丝阻值：热丝阻值越大，其灵敏度越高。为了提高有些色谱仪热导池的灵敏度，常用的四臂热导池的 R_1、R_2、R_3、R_4 都换成钨丝，此时四臂的阻值是相等的。四臂热导池的热丝阻值比双臂热导池增加 1 倍，所以其灵敏度也要提高 1 倍。若适当地串入固定电阻，在同样的桥流下，灵敏度也显著增大。

（2）桥流：热导池的灵敏度也和电桥通过的电流有关，桥流越大，热导池的灵敏度也越高。当使用热导系数大的 H_2、He 作载气时，桥流可使用 180~200mA；当使用热导系数大的 N_2、Ar、空气作载气时，桥流可使用 80~20mA。当用热敏电阻时，其最佳桥流为 10~20mA。

3. 使用注意事项

（1）热导检测器为浓度型检测器，在进样量一定时，峰面积与载气流速成反比，因此用峰面积定量时，需保持流速恒定。

（2）不通载气不能加桥电流，否则热导池中的热敏组件易烧断。桥电流的大小与载气的热导率及检测器的恒温箱温度（检测室的温度）有关。

（3）选择的原则：散热多，可选较大的桥电流。在灵敏度满足要求的情况下，应尽量采用低桥电流，以保护热敏组件。

（三）氮磷检测器

氮磷检测器（nitrogen phosphorus detector，NPD）是一种质量型检测器，是适用于分析氮、磷化合物的高灵敏度、高选择性检测器。它具有与 FID 相似的结构，只是将一种涂有碱金属盐如 Na_2SiO_3、Rb_2SiO_3 类化合物的陶瓷珠放置在燃烧的氢火焰和收集极之间，当试样蒸气和氢气流通过碱金属盐表面时，含氮、磷的化合物便会从被还原的碱金属蒸气上获得电子，失去电子的碱金属形成盐再沉积到陶瓷珠的表面上。

氮磷检测器的使用寿命长、灵敏度极高，可以检测到 5×10^{13}g/s 的偶氮苯类含氮化合物、2.5×10^{13}g/s 的含磷化合物，如农药马拉硫磷。它对氮、磷化合物有较高的响应，比对其他化合物的响应值高 10 000~100 000 倍。氮磷检测器被广泛应用于农药、石油、食品、药物、香料及临床医学等多个领域。

（四）电子捕获检测器

1. 结构与检测原理　电子捕获检测器（electron capture detector，ECD）的结构为了β射线逸出，应满足气密性好；正、负电极间的绝缘电阻要高，绝缘性高；为了响应时间快，死体积小；为了便于清洗放射源，应满足要便于拆卸的要求。两个电极间常用聚四氟乙烯绝缘。放射源要安装在负极，而且正、负极间的距离要适当。常用的电极结构为平行板式或圆筒状同轴电极式。

电子捕获检测器是一种选择性检测器，它仅对具有电负性的物质有响应信号。物质的电负性愈强，检测器的灵敏度愈强。特别适用于分析多卤化物、多硫化物、多环芳烃、金属离子的有机螯合物，在农药、大气及水质污染检测中得到了广泛的应用。

电子捕获检测器中有一辐射低能量β射线的放射性同位素作为负极，另有一不锈钢正极。在正、负极上施加直流电压或脉冲直流电压。但载气（氮气）通过检测器时，在放射源的β射线作用下会电离生成正离子（分子离子）和低能量的电子。

$$N_2 \rightarrow N_2^{+}+e^{-}$$

由于 N_2^+ 向负极移动的速度比电子向正极移动的速度慢，因此正离子和电子复合的概率就小。在一定的电压下，载气正离子全部被收集，就构成饱和离子流（约 10^{-8}A），即为检测器的基流（I_0）。当电负性的被测定样品进入检测器后，其可捕获低能量的电子，形成负离子。

$$AB+e^{-} \rightarrow AB^{-}+E$$

$$AB+e^- \rightarrow A\cdot+B^-+E$$（A·为游离基，E 为释放的能量）

生成的负离子 AB^- 或 B^- 极易与载气的正离子 N_2^+ 复合，复合后的剩余电流为 I，结果就降低了检测器原有的基流，产生了样品的检测信号（I_0-I），即峰高（h）。由于被测样品捕获电子后降低了基流，所以产生的电信号是负峰，负峰的大小与样品的浓度成正比。

2. 操作条件

（1）载气的纯度及流速：常用高纯氮气或氩气作载气。若载气的纯度低，其含有的电负性物质如氧气、水等会使基流大大降低，从而降低灵敏度。载气的流速为50~100ml/min。气相色谱法分析中为了保证在低流速（30~60ml/min）下的高柱效，常需要色谱柱后通入“补加气”。

（2）进样量：为了获得高分离度，进样量必须适当，通常产生的峰高需要小于30%的基流。若样品浓度过大时，需要适当稀释。

（3）检测器的预热：使用之前，在一定的柱温和检测器的温度下，24~120h通入高纯氮气烘烤检测器，烘烤的温度要高于色谱柱温度30~50℃。

（4）检测器的使用温度：由于放射源的最高使用温度限制，对氚－钛源应低于150℃，对氚－钪源应低于325℃，对镍源应低于400℃。

（5）极化电压及脉冲周期：电子捕获器中正、负电极间的距离以4~10mV最合适。对于脉冲直流和直流供电，极化电压为5~60V。脉冲周期为100μs、150μs、500μs和2 000μs。脉冲宽度为0.5μs、0.75μs和1.0μs。

（五）火焰光度检测器

1. 结构与检测原理　火焰光度检测器（flame photometric detector，FPD）的喷嘴与氢火焰离子化检测器的喷嘴有相似之处，但是其喷嘴上部加了遮光罩，以减少烃类燃烧发出的干扰光波的影响。另外，为了使喷嘴燃烧时为富氢火焰，使含有样品的载气预先和空气混合燃烧，使有机物热分解氧化，从火焰外层通入氢气，进行还原，使硫、磷有机物产生特征性的发射光谱。

火焰光度检测器是一种高灵敏度，仅对含硫、磷的有机物产生检测信号的高选择性检测器，适用于分析含硫、磷的农药或者环境分析中监测微量含硫、磷的有机污染物。

（1）检测S的发光原理：含硫的有机物在氢火焰燃烧时生成 SO_2，SO_2 在富氢火焰中进一步和H原子反应生成S分子。在火焰上S分子进一步反应成激发态 S_2^*：

$$2CH_3SH+6O_2 \rightarrow 2SO_2+2CO_2+4H_2O$$

$$2SO_2+8H \rightarrow 2S+4H_2O$$

$$S+S \rightarrow S_2^* \text{（390℃）}$$

$$S_2^* \text{（激发态）} \rightarrow S_2 \text{（基态）} +h\gamma \text{（394nm）}$$

S_2^* 从激发态回到基态，并有394nm的辐射光出现，在光电倍增管上得到电信号。

（2）检测P的发光原理：对含磷的有机物来说，在火焰上化合物燃烧生成PO，然后进行以下反应（M为惰性载体）。

$$PO+H+M \rightarrow HPO^*+M$$

或　$$PO+OH+H_2+M \rightarrow HPO^*+M+H_2O$$

$$HPO^*（激发态）\rightarrow HPO（基态）+h\gamma（526nm）$$

HPO^* 从激发态回到基态，并有 526nm 的辐射光。

在富氢火焰中，含硫、磷的有机物燃烧后分别发出特征性的蓝紫色光（波长为 350~430nm，最大强度在 394nm）和绿色光（波长为 480~560nm，最大强度在 526nm），经滤光片（对硫为 394nm、对磷为 526nm）滤光，再由光电倍增管测量特征光的强度变化，转变成电信号，就可以检测硫或磷的含量。由于含硫、磷的有机物在富氢火焰上发光的差异（测硫时低温火焰上响应信号大，测磷时高温火焰上响应信号大），所以当样品中同时含有硫和磷时，就会相互干扰。一般磷的响应对测硫的干扰不大，而硫的响应对测磷的干扰较大，故使用火焰光度检测器测硫、磷时一定要选用不同的滤光片和不同的火焰温度。

2. 操作条件

（1）检测器的使用温度应大于 100℃，应接近柱子的温度，防止检测器积水而产生噪声，同时防止汽化样品发生冷凝液化。

（2）检测器使用的光电倍增管对检测器的灵敏度影响很大，要求施加的直流电压为 700V 左右，所用光电倍增管的暗电流小（$<10^{-9}A$）、基流小（点火无样品进入时 $<10^{-8}A$）、噪声 $<10^{-10}A$。

（3）气体流速

1）单火焰光度检测器：通常测磷时的最佳流速（ml/min）为 N_2 30~80、H_2 100~140、空气 130~150；通常测硫时的最佳流速（ml/min）为 N_2 30~100、H_2 50~70、空气 70~130。

2）双火焰光度检测器：通常测磷时的最佳流速（ml/min）为 N_2 30~70、H_2 200~240、O_2 20~30、空气 160~240；通常测硫时的最佳流速（ml/min）为 N_2 30~70、H_2 100~120、O_2 20~30、空气 120~160。

（六）光离子化检测器

光离子化检测器（photo-ionization detector，PID）是近年来迅速发展的一种高灵敏度、高选择性检测器，它利用光源辐射的紫外线使被测组分电离而产生电信号。其灵敏度比氢火焰离子化检测器高 50~100 倍，是一种非破坏性的浓度型检测器。目前 PID 已经成为常用的气相色谱检测器，可以用来检测大气中的支链烷烃、烯烃、炔烃和芳烃、卤代烃、醇、醛、醚、酯等多种挥发性有机物。市场上还有便携式的光离子化检测器的气相色谱仪，可用于测定大气或室内环境中的总挥发性有机物的含量。光离子化检测器可以使电离电位小于紫外线能量的有机化合物在气相中产生电离。

通常产生紫外线辐射的光源有氩灯、氪灯和氙灯，它们辐射紫外线的能量分别为 11.7eV、10.2eV 和 8.3~9.5eV。当紫外线摄入电离室时，载气 N_2、H_2 的电离电位高于紫外线的能量，不会被电离。当电离电位等于或者小于紫外线能量的组分（AB）进入电离室时，即发生直接或间接电离。

直接电离：$AB+h\gamma \rightarrow AB^++e^-$

间接电离：$AB+h\gamma \rightarrow AB^*$（激发态）

$$AB^* \rightarrow AB^++e^-$$

$$N_2+h\gamma \rightarrow N_2^*（激发态）$$

$$N_2^*+AB \rightarrow AB^++e^-+N_2$$

在外加电场的作用下，正离子和电子分别向负、正极流动，从而形成微电流，即产生电信号。

光离子化检测器的结构主要由紫外线源和电离室两部分组成，其他为辅助部件。

（七）硫化学发光检测器

硫化学发光检测器（sulfur chemiluminescence detector，SCD）的工作原理是色谱柱流出的含硫化合物随载气进入燃烧器，产物在真空泵所产生的负压下被泵入有过量臭氧的反应池与臭氧发生反应。用于气相色谱法的专用硫选择性检测器与其他硫选择性检测器相比较，其是目前选择性好（$S/C>10^7$）、灵敏度高（$10^{-13}g/s$）、线性范围最宽（10^5）的硫元素检测器，是可用于各类样品中混合硫化合物检测的最佳仪器之一。它可以用单一的硫化物标样来定量所有含硫化合物，操作难度较小，维护和使用成本也低得多。因此，特别适合像石油馏分这类复杂样品中单体或硫化合物的分析。

第五节　衍生气相色谱法

一、样品预处理

气相色谱法分析对气态样品可直接导入色谱仪，包括顶空分析，但大多数样品通常用液体或溶液进样。固体虽有直接进样或裂解装置，但在药物分析中很少采用。固体需用适宜的溶剂制成溶液后分析。

固体样品的GC分析主要考虑的是其熔点、分子量、结构中的极性官能团和热稳定性，即在高温下（如350℃）是否有一定的挥发性和稳定性。挥发性太低、极性强及热不稳定的化合物需制成衍生物后分析。制剂分析需用溶剂将待测成分溶解或萃取出来，制成一定浓度的溶液。复杂基质中，如血浆等体液内的药物及其代谢物需经萃取、纯化和衍生化步骤，可参阅Horning等的方法。中药等天然植物样品中的挥发油等易挥发性成分，可用蒸馏法测定挥发油总量并提取挥发油（必要时用乙醚等溶剂溶解和萃取），用溶剂稀释后，进行GC分析。其他成分需经萃取、预分离等步骤。

进样溶液的溶剂不宜用强极性的，如水、醇等，因其对色谱柱不利。常用的溶剂为丙酮、三氯甲烷、己烷、乙酸乙酯等。

二、衍生物制备

由于绝大部分药物是具有高沸点或高熔点的化合物，并且常带有羟基、羧基、氨基或酰胺基等极性基团，给直接进行GC分析带来很大的困难，往往拖尾严重，或被吸附，或热解，而得不出正确的结果。为了克服这些困难，可先制成各类衍生物后再进行分析。这样做的目的是使原来不挥发的或挥发性差的药物变成一种新的、具有一定挥发性的化合物，即降低其熔点或沸点；避免对热不稳定的化合物的分解，增加其稳定性；降低极性，减少拖尾和吸附；改变化合物的理化性质以改进分离；产生特殊性质，如引入氟原子，增加电子捕获能力，提高检测灵敏度等。这些制备衍生物的方法极大地扩展了GC在药物分析中的应用范围。许多药物都需先制成衍生物后，再进行GC定性、定量分析。

现将一些通用的衍生化试剂归纳成3类分述如下：

1. 三甲基硅烷化试剂　利用三甲基硅烷化试剂（TMS化试剂）所制成的衍生物对热

稳定，色谱系统对其吸附性小，反应条件缓和，所以是制备衍生物的最重要的途径之一。TMS 化试剂主要用于含羟基化合物的衍生物制备。常用的试剂有三甲基氯硅烷（TMCS）、六甲基二硅胺烷（HMDS）、双（三甲硅烷基）乙酰胺（BSA）、三甲基硅烷基咪唑（TSIM）以及双（三甲硅烷基）三氟乙酰胺（BSTFM）等。

TMCS、HMDS 是广泛使用的 TMS 化试剂，可以单独使用，也可两者同时使用。单独使用 TMCS 时，需加少许胺，以使反应完全。

2. 甲酯化试剂 甲酯化试剂主要用于具有羧基的化合物，两者作用后生成相应的甲酯，进行 GC 分析。常用的甲酯化试剂为甲醇制 HCl（或 H_2SO_4）液或重氮甲烷乙醚液。

3. 卤素试剂 用于衍生物制备的卤素试剂大都是含氟化合物。由于氟的亲电性强，对 ECD 显示很高的灵敏度，可检测 pg 数量级的样品。常用的试剂有三氟乙酸酐（TFAA）、五氟丙酸酐（PFPA）、七氟丁酸酐（HFBA），以及 *N*- 甲基双三氟乙酰胺（MBTFA）。

这些试剂主要用于含氨基、羟基化合物的衍生物制备。现以 TFAA 为例，列出反应式如下：

$$R\text{–}NH_2 + (CF_3CO)_2O \rightarrow R\text{–}NHCOCF_3 + CF_3COOH$$

$$R\text{–}OH + (CF_3CO)_2O \rightarrow R\text{–}OCOCF_3 + CF_3COOH$$

操作时，先将样品溶于四氢呋喃中，然后加 TFAA 试剂及吡啶，放置几分钟即可进样。

MBTFA 的优点是可用试剂直接溶解样品，TFA 化极易，而且不生成反应副产物——酸。

$$2R\text{–}NH_2 + (CF_3CO)_2N\text{–}CH_3 \rightarrow 2R\text{–}NHCOCF_3 + H_2N \cdot CH_3$$

以上列出了最常用的 3 类衍生化试剂，其他衍生化反应还有羰基的肟化等。

第六节 气相色谱法的应用

气相色谱法由于具有分析速度快、分离效果理想、检测灵敏度高等优点，因此在药物分析中的应用日益广泛。本节只介绍毛细管柱气相色谱法的应用，其他不做介绍。

一、中药指纹图谱研究中的应用

【实例 1】华细辛气相色谱法指纹图谱及药材含量测定研究。

于游等建立了华细辛挥发油的气相色谱法（GC）指纹图谱，并采用内标法对 α- 蒎烯、莰烯和甲基丁香酚 3 种成分进行定量分析。

华细辛主产于甘肃、陕西、河南等地。作者收集了以上产地不同批次的药材并考察了辽细辛与华细辛的色谱图，发现其色谱图谱差异较大，故单独建立了华细辛的气相指纹图谱。并用标准品对照法对照出 α- 蒎烯、莰烯、甲基丁香酚 3 种物质，这 3 种物质具有止咳、祛痰、平喘、镇痛、抗炎等药理活性，为细辛的活性成分，且与辽细辛中的含量差异较大，故对其含量进行了定量分析，为华细辛药材质量标准的建立及其质量控制提供依据。

样品：华细辛药材购自于 3 个不同产区的 10 个批次，S1~S3 来自于兰州，S4~S7 来自于华阴，S8~S10 来自于安阳。

仪器：安捷伦 7890 型气相色谱仪，FID 检测器，DB-1 石英毛细管色谱柱（25m×0.32mm，0.25μm），Agilent 色谱工作站。

气相色谱条件：进样口温度为 240℃，检测器温度为 260℃，载气为 N_2，柱流量为 1.0ml/min；程序升温：初始温度为 50℃，以 1℃ /min 的速率升至 60℃，保持 5min，后以 2℃ /min 的速率升至 80℃，后以 6℃ /min 的速率升至 120℃保持 5min，后以 1℃ /min 的速率升至 130℃，后以 8℃ /min 的速率升至 200℃。

指纹图谱的建立：吸取供试品溶液 1μl，注入气相色谱仪，记录 50min 的色谱图，以丁香酚色谱峰（S 峰）的保留时间和峰面积为 1，计算相对保留时间及峰面积的比值，得到 3 个不同地区 10 批次的细辛药材的 GC 色谱图，获得 19 个共有色谱峰，14 号峰为外加的参照物色谱峰，见图 2-12。经对照品确定保留时间在 9.136min（2 号峰）、9.638min（3 号峰）和 36.169min（15 号峰）的色谱峰分别为 α- 蒎烯、莰烯和甲基丁香酚，结果见图 2-13。

华细辛药材色谱指纹图谱相似度计算：采用国家药典委员会出版的中药色谱指纹图谱相似度评价软件 2004A 版进行相似度评价，设置 S1 图谱为参照谱，进行多点校正，生成对照指纹图谱，得到华细辛挥发油 GC 指纹图谱共有模式（图 2-14），各批样品的非共有峰面积均小于总峰面积的 10%。

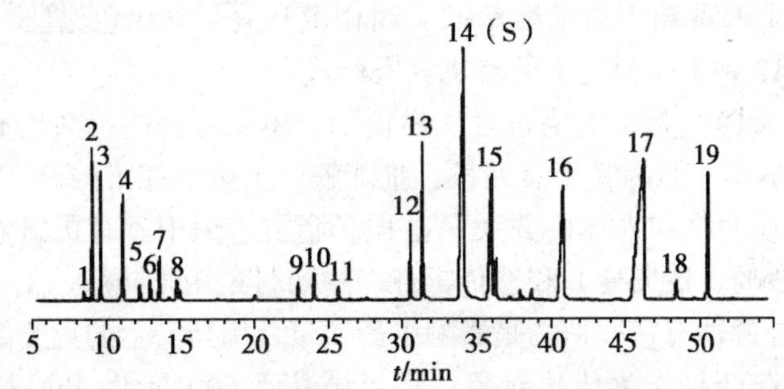

2—α- 蒎烯（α-pinene）；3—莰烯（camphene）；14（S）—丁香酚（eugenol）；15—甲基丁香酚（methyl eugenol）。

图 2-12 华细辛 GC 典型指纹图谱

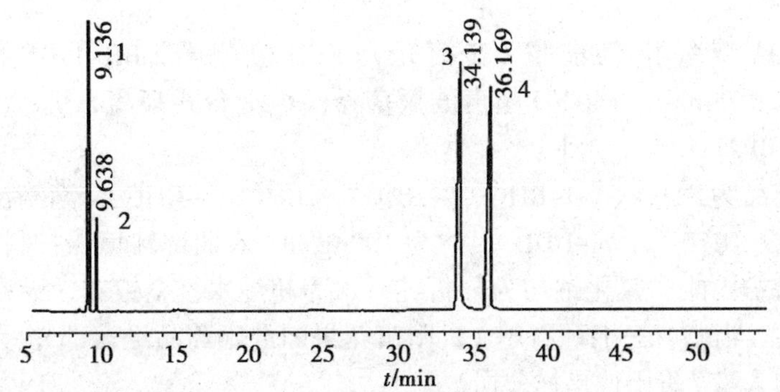

1—α- 蒎烯（α-pinene）；2—莰烯（camphene）；3（S）—丁香酚（eugenol）；4—甲基丁香酚（methyl eugenol）。

图 2-13 对照品色谱图

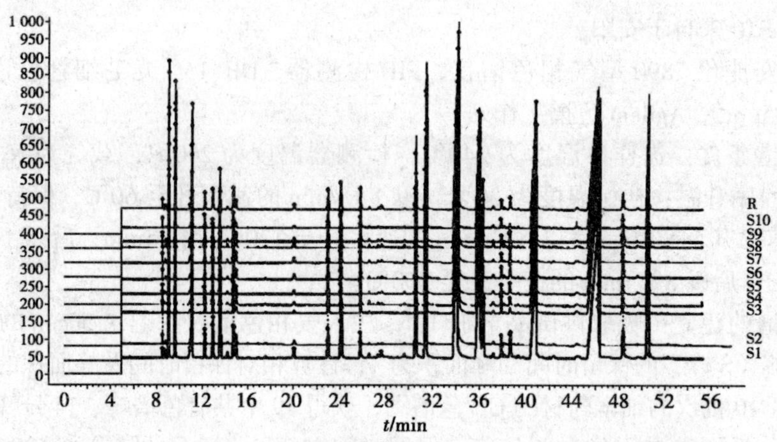

图 2-14 华细辛 GC 指纹图谱叠加图（S1~S10 样品共有模式图）

二、中药材与中成药的分析

【实例 2】超声波辅助萃取 – 固相微萃取 – 气相色谱法检测 13 种贵州苗药中的有机氯农药残留量。

梁金良等建立了一种超声波辅助萃取 – 固相微萃取 – 气相色谱法（UAE–SPME–GC）快速检测金银花等 13 种贵州苗药中的有机氯农药残留。

有机氯农药（OCPs）是一类高毒性、易蓄积、不易分解的持久性有机污染物。虽然有机氯农药早已被禁用，但因其半衰期长、难降解，土壤中残留的 OCPs 仍可以通过植物吸收和食物链传递到动物和人体中并大量蓄积于脂肪组织中。有机氯农药容易引起“三致”效应（致癌、致畸、致突变）和遗传毒性。中药材是用来防病、治病的特殊商品，以农药残留为代表的外源性有害残留物是影响中药质量及用药安全的重要因素。

本实验以金银花药材作为优化对象，将供试品于 60℃干燥 4h，粉碎成细粉，准确称取 0.2g 于具塞离心管中，加入 5ml 正己烷 – 丙酮（1∶9），超声处理 30min，取出后 5 000r/min 离心 10min。取 1ml 上清液于 20ml 顶空瓶中，加入一定量的纯水与氯化钠，超声 2min 使混匀。加入磁力搅拌子加热，在一定温度下插入萃取头萃取适当时间，取出后进样解析。

仪器：7890A 型气相色谱仪（安捷伦），ECD 检测器，BR–1701 毛细管色谱柱（30m × 0.25mm，0.25μm）；T460/H 超声波振荡器；3–18 台式高离心机；C–MAG HS10 加热磁力搅拌器；BP211D 电子天平。

试剂：标准品为六六六（α–BHC、β–BHC、γ–BHC、δ–BHC）、滴滴涕（*p*，*p*′–DDE、*o*，*p*′–DDT、*p*，*p*′–DDT、*p*，*p*′–DDD），均为 100μg/ml（农业部环境保护科研监测所）。实验所用的正己烷、丙酮、氯化钠均为分析纯，水为超纯水。金银花、天麻、淫羊藿、甘草、党参、桔梗、当归、三七、石斛（贵阳市花果园健康药品经营部），灵芝、半夏、钩藤（阜康堂），血人参（贵阳德昌祥公司）。

色谱条件：程序升温，初温为 100℃，保持 1min，以 20℃ /min 的速率升温至 230℃，保持 1min，再以 10℃ /min 升至 250℃ /min，保持 6min；进样口温度为 250℃，检测器温度为 300℃，柱流速为 1ml/min，分流进样比为 5∶1；液体进样体积为 1μl。

检测结果色谱图见图 2-15。

本方法将分离、富集和进样融为一体，提高了检测方法的效率与灵敏度。方法具有简单、环保、检测限低等优点，其在中药材中 OCPs 的检测中具有广泛的应用前景。

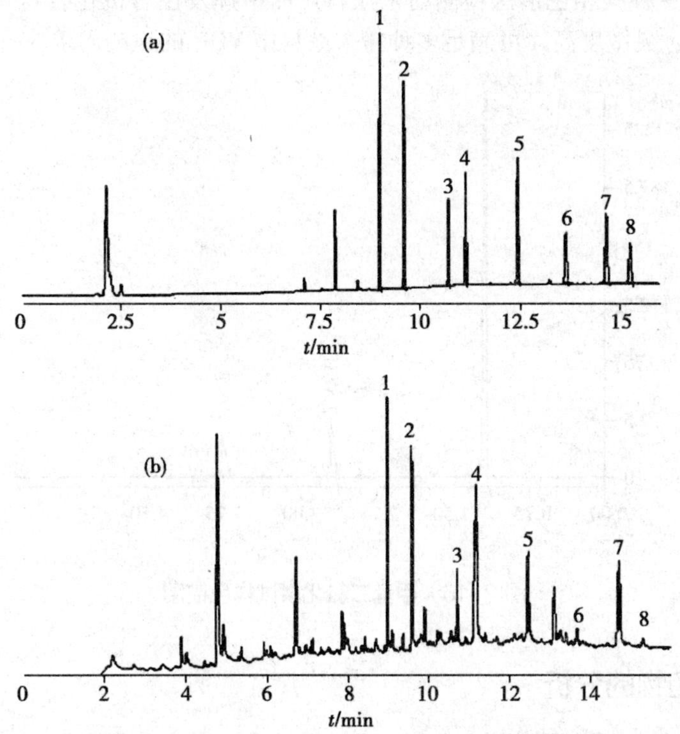

1—α-BHC；2—γ-BHC；3—β-BHC；4—δ-BHC；5—*p*，*p*′-DDE；6—*o*，*p*′-DDT；7—*p*，*p*′-DDD；8—*p*，*p*′-DDT。

图 2-15 贵州苗药有机氯农药残留量实验中的有机氯混合标准色谱图［(a)］和加样色谱图［(b)］

三、合成药物的分析

【实例 3】气相色谱法测定草铵膦中间体甲基二氯化膦。

王红伟等采用气相色谱法对甲基二氯化膦进行定量分析。

甲基二氯化膦在常温下是一种无色液体，有刺激性气味，遇水易燃甚至爆炸，并释放出氯化氢气体。沸点为 80~82℃，理论分解温度为 160℃，是一种重要的有机合成中间体，可用于合成新型高效除草剂草铵膦。

仪器：岛津 GC-2014C，氢火焰离子化检测器（FID），N2000 色谱工作站，Agilent DB-5 毛细管柱（30m × 0.32mm，0.5μm）。

试剂：甲基二氯化膦标准品（99.5%）、甲基二氯化膦试样（自制）、二氯甲烷（99.5%）、环已烷（99.5%）。

色谱条件：柱温采用 60~120℃程序升温，初始停留时间为 2.0min，汽化室温度为 150℃（甲基二氯化膦的理论分解温度为 160℃），检测器温度为 200℃，载气（N_2）流速为 1.8ml/min，氢气（H_2）流速为 45ml/min，空气流速为 450ml/min，分流比为 1∶1，进样量为 1.0μl；保留时间：甲基二氯化膦约 3.8min，内标物环己烷约 2.9min。

甲基二氯化膦试样色谱图见图 2-16。

本文建立了一种气相色谱法检测粉末涂料产品中挥发性有机化合物（VOC）的含量。该方法简单可靠、灵敏度高，可满足多种粉末涂料中 VOC 的检测需求。

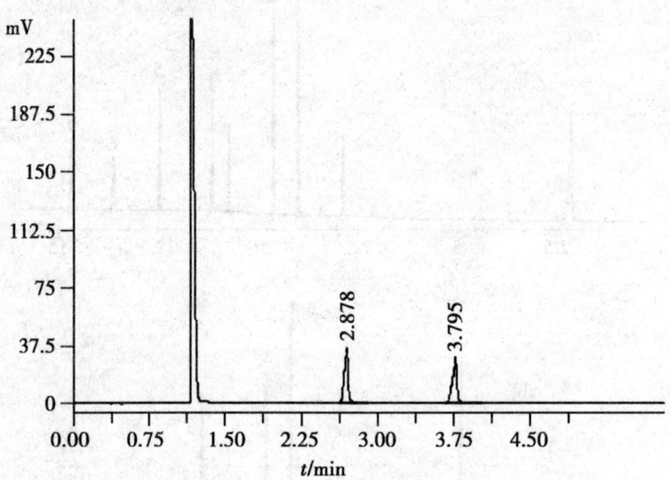

图 2-16　甲基二氯化膦试样色谱图

四、制剂药物的分析

【实例 4】气相色谱法同时测定复方氨酚烷胺片中 4 种成分的含量。

董秋香等建立了同时测定复方氨酚烷胺片中对乙酰氨基酚、盐酸金刚烷胺、咖啡因、马来酸氯苯那敏含量的方法。

复方氨酚烷胺片是常见的抗感冒药，用于缓解普通感冒及流行性感冒引起的发热、头痛、鼻塞、咽痛等症状，也可用于流行性感冒的预防和治疗。本品为复方制剂，由对乙酰氨基酚、盐酸金刚烷胺、咖啡因、马来酸氯苯那敏及人工牛黄组成。本实验采用气相色谱法（GC）建立了同时测定该制剂中对乙酰氨基酚、盐酸金刚烷胺、咖啡因、马来酸氯苯那敏含量的方法，以期为全面评价药品质量提供参考。

仪器：7820A 型 GC 仪，包括氢火焰离子化检测器、G4513A 自动进样器、EC Chrom Elite 工作站（美国 Agilent 公司）；BP211D 型电子天平（德国 Sartorius 公司）；DK-2000-ⅢLA 型电热恒温水浴锅（天津泰斯特仪器有限公司）；色谱柱为 HP-5 石英毛细管柱（30m × 0.32mm，0.25μm）。

试剂：复方氨酚烷胺片（A-G 厂），规格均为 12 片 / 盒；盐酸金刚烷胺对照品（纯度为 100%）、对乙酰氨基酚对照品（纯度为 99.9%）、咖啡因对照品（纯度为 100%）和马来酸氯苯那敏对照品（纯度为 99.7%）均购自中国食品药品检定研究院；无水乙醇、三氯甲烷为分析纯。

色谱条件：柱温采用程序升温，起始温度为 170℃，保持 3min，再以 12℃ /min 升温至 260℃，保持 2min；检测器温度为 300℃；载气为氮气，流速为 1.5ml/min；分流比为

20∶1；进样量为1μl。

本方法简便快速、准确可靠，适用于复方氨酚烷胺片中对乙酰氨基酚、盐酸金刚烷胺、咖啡因、马来酸氯苯那敏的同时测定（图2-17）。

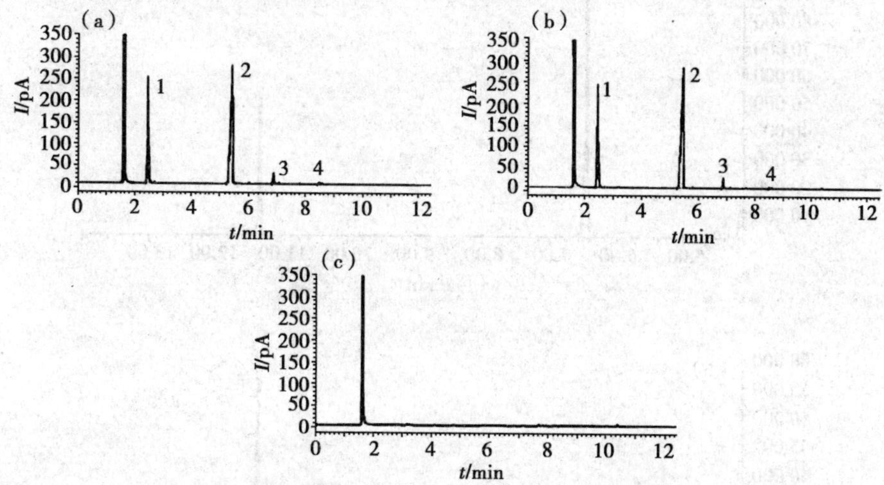

1—盐酸金刚烷胺；2—对乙酰氨基酚；3—咖啡因；4—马来酸氯苯那敏。

图2-17　检测复方氨酚烷胺片中对乙酰氨基酚、盐酸金刚烷胺、咖啡因、马来酸氯苯那敏的气相色谱图

（a）混合对照品　（b）供试品　（c）阴性对照

五、药物监测和药动学研究

【实例5】顶空气相色谱-质谱法测定血中的正己烷代谢物2，5-己二酮。

谷素英等建立了顶空气相色谱-质谱法测定血中的正己烷代谢产物2，5-己二酮的方法。

正己烷是职业中毒和职业危害的常见化学品，具有高挥发性和蓄积毒性，是职业卫生监管中的重点。2，5-己二酮是正己烷的最终代谢产物，流行病学及毒理动力学研究表明2，5-己二酮可诱发周围神经系统疾病，与正己烷的毒性密切有关。

仪器：气相色谱-质谱联用仪（7890A-5975C Agilent），氢火焰离子化检测器；电热恒温水浴锅（江苏金坛市中大仪器厂）；十万分之一天平（AUW220D，日本岛津）；安捷伦气密针50μl/5ml（Agilent Manual Syringe）；顶空瓶（20ml）；HP-5毛细管色谱柱（30m×0.25mm，0.25μm）。

试剂：甲醇（99%，TEDIA，USA）；2，5-己二酮标准物质（97%，Lancaster，England）；喹啉标准物质（98%，Aladdin，China）。

色谱条件：柱温采用程序升温，初始温度为70℃，保持2min，以20℃/min升温至230℃，保持2min；进样口温度为150℃，离子源温度为230℃，进样量为1ml，分流比为20∶1。

本文建立了顶空气相色谱法检测人血液中的2，5-己二酮的分析方法（图2-18）。方法灵敏、快速、选择性好、样品用量少。

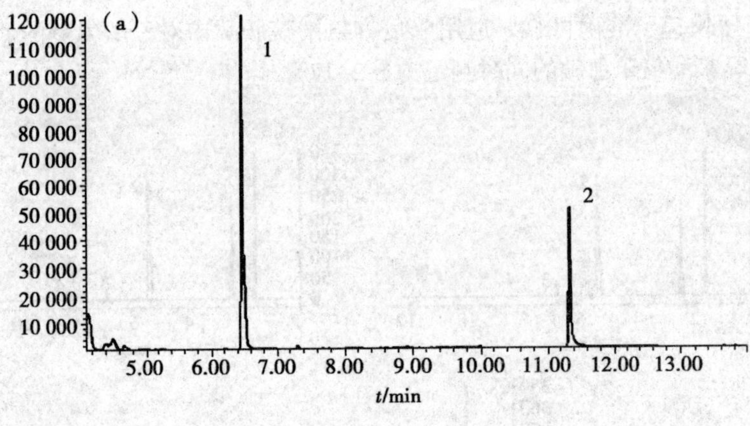

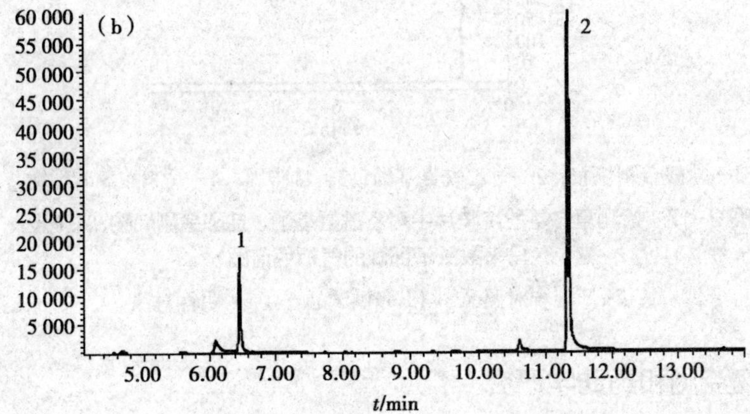

1—标准物；2—2，5- 己二酮。

图 2-18　检测血中的正己烷代谢产物 2，5- 己二酮的顶空气相色谱 - 质谱图

（a）标准物质谱图　（b）血浆样品图谱

【实例 6】应用微波萃取 - 气相色谱法测定尿液中的苯丙胺类毒品。

党富生等使用微波萃取 - 气相色谱法检测人尿液中的包括甲基苯丙胺（MA）、3,4- 亚甲二氧基苯丙胺（MDA）、3,4- 亚甲二氧基甲基苯丙胺（MDMA）等苯丙胺类毒品。

苯丙胺（amphetamine）类毒品属于人工合成有机胺类兴奋药物，可直接作用于中枢神经和交感神经，因而苯丙胺类毒品也称为神经兴奋类毒品。苯丙胺类毒品为我国常见的毒品类型，对广大青少年的身心健康带来巨大影响，也带来诸多社会问题。

仪器：MSP-100E 微波萃取仪（北京雷鸣科技公司）；Agilent 7890A 气相色谱仪（美国安捷伦科技公司），氢火焰离子化检测器；氮吹仪（北京八方世纪科技有限公司）；Sigma 3K15 高速冷冻离心机；HP-5 毛细管色谱柱（30m × 0.32mm，0.25 μm）。

试剂：健康志愿者空白尿液；甲基苯丙胺盐酸盐、3，4- 亚甲二氧基苯丙胺盐酸盐、3，4- 亚甲二氧基甲基苯丙胺盐酸盐对照品；色谱纯甲醇；分析纯环己烷、乙酸乙酯、无水甲醇、三氯甲烷、碳酸氢钠、异丙醇、氢氧化钠。

色谱条件：柱温采用程序升温，首先加热至 120℃，维持 2min 后按照 8℃ /min 的速率升温至 200℃；再以 30℃ /min 的速率升温至 280℃，维持 5min；进样口和 FID 温度分别为 280℃和 300℃；载气为氮气，流速为 3.0ml/min；分流比为 10 : 1；进样体积为 1μl。

本文建立了尿液中苯丙胺类毒品的检测方法。结果显示该检测方法具有快速、高效的特点，回收率高，可用于苯丙胺类毒品滥用人员的尿液检测（图 2-19）。

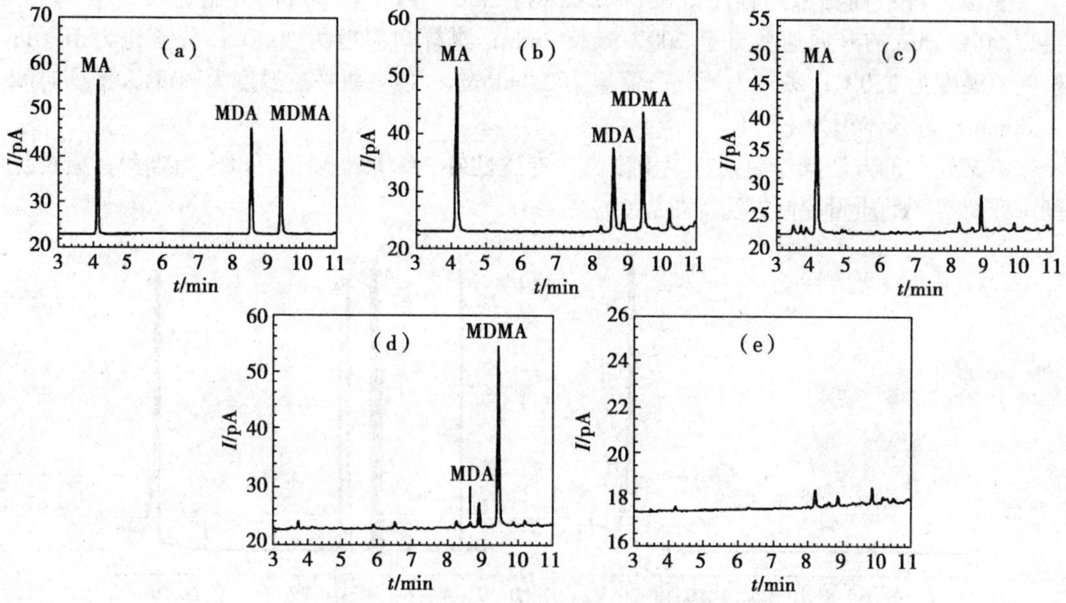

图 2-19　检测尿液中苯丙胺类毒品的气相色谱图

（a）、（b）分别为混合对照样品和加标样品　（c）、（d）分别为苯丙胺类毒品吸食者尿液样本
（e）为空白尿液

【实例 7】顶空气相色谱法测定吡罗昔康原料及片剂中的残留溶剂。

谭菊英等建立测定吡罗昔康原料及片剂中有机溶剂残留量的方法。

吡罗昔康是昔康类非甾体抗炎药，广泛用于类风湿关节炎、骨关节炎、急性痛风等疾病，对痛经、牙痛、术后疼痛、骨骼肌肉疾病和运动损伤等引起的疼痛有很好的镇痛效果。目前吡罗昔康原料药主要使用糖精钠、氯乙酸乙酯作为反应的起始物，经缩合、重排、甲基化、氨解过程得到粗品，以氢氧化钠乙醇溶液溶解，用盐酸溶液调节 pH 至酸性重结晶精制而得。合成过程中涉及的有机溶剂主要有乙醇、二甲苯、异丙苯、*N*，*N*- 二甲基甲酰胺，根据《中国药典》（2015 年版）四部及 ICH 对残留溶剂测定的指导原则均应控制限量。

仪器：GC-2010Plus 气相色谱仪，配备氢火焰离子化检测器；LabSolution 色谱工作站（日本岛津公司）；DANIHSS 86.50 Plus 顶空进样装置（DANI Instruments S.P.A）；6890N 气相色谱仪，配备安捷伦 5975C 质谱检测器；安捷伦化学工作站（美国安捷伦公司）；Colintech 顶空进样装置（成都科林分析仪器技术有限公司）；XS205DU 型电子天平（瑞士 Mettler-Toledo 公司）；INNOWAX 弹性石英毛细管柱（30m × 0.25mm，0.25μm）。

试剂：吡罗昔康原料药来自于 3 个厂家共 7 批；吡罗昔康片来自于 3 个生产厂家共 17 批；乙醇（批号：K45600727421，含量：99.8%）、*N*，*N*- 二甲基甲酰胺（批号：

I694883330，含量：99.8%）、二甲基亚砜（批号：K45190100408，含量：99.8%）、异丙苯（批号：S6385781146，含量≥99.0%，色谱纯，默克公司）、二甲苯（批号：20100507，含量≥99.0%，分析纯，国药集团化学试剂有限公司）、1，2-二氯乙烷（含量：99.0%，色谱纯，天津市光复精细化工研究所）。

色谱条件：柱温采用程序升温，40℃维持2min，以2℃/min的升温速率升至70℃，再以60℃/min的升温速率升至200℃维持3min；进样口温度为200℃；分流比为10∶1；检测器温度为250℃；载气为氮气，流速为2.0ml/min；顶空瓶平衡温度为90℃，平衡时间为30min；进样体积为1.0ml。

本文建立的方法操作简便、灵敏度高、专属性好、结果准确，可以作为吡罗昔康及片剂中残留溶剂的质量控制方法（图2-20）。

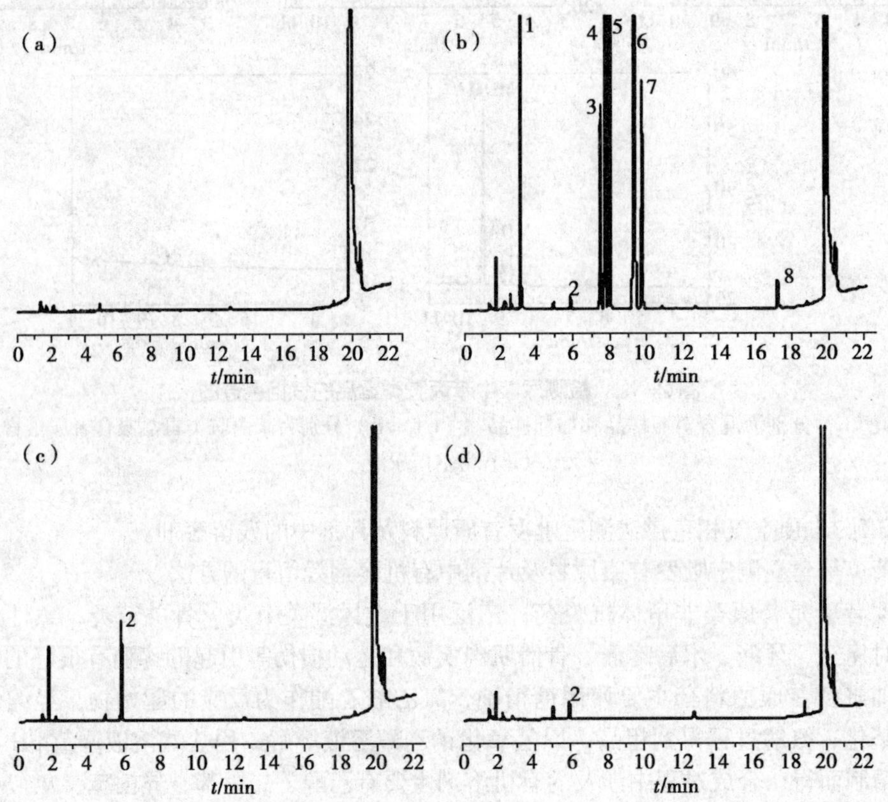

1—乙醇（ethanol）；2—1，2-二氯乙烷（1，2-dichloroethane）；3—乙苯（ethylbenzene）；4—对二甲苯（1，4-dimethyl-benzene）；5—间二甲苯（1，3-dimethyl-benzene）；6—异丙苯（isopropylbenzene）；7—邻二甲苯（1，2-dimethylbenzene）；8—*N*，*N*-二甲基甲酰胺（*N*，*N*-dimethylformamide）。

图2-20　检测吡罗昔康原料和片剂的残留溶剂的气相色谱图

（a）空白溶液　（b）对照品溶液　（c）原料供试品溶液　（d）片剂供试品溶液

【实例8】气相色谱-质谱技术分析中药丁香挥发油中的成分。

李升等应用气相色谱-质谱（GC-MS）技术分析出中药丁香挥发油中的化学成分。

丁香是常见的草本植物，为木犀科，属落叶灌木或者小乔木，广泛分布于亚洲温带地区，在我国的分布也很广。许多研究表明，丁香等中草药挥发油具有抗细菌和抗真菌的作用，对大肠埃希氏菌、金黄色葡萄球菌、枯草芽孢杆菌、蜡状芽孢杆菌和铜绿假单胞菌等具有较强的抑菌活性。

仪器：挥发油提取器（由佳木斯大学生命科学实验中心提供）、气相色谱仪（由西安交通大学提供）。

试剂：中草药丁香（佳木斯市大仁堂中药房）。

色谱条件：柱温初始为 50℃，然后逐渐升高直至 300℃；进样口温度为 260℃；EI 离子源，离子源轰击能量为 70eV，离子源温度为 200℃；载气恒线速模式；进样隔垫吹扫流量为 3ml/min；接口温度为 260℃；柱前压为 88.2kPa；柱流量为 1.5ml/min；分流比为 10∶1；采集延时 3min；数据采集程序为 3~37min 扫描 *m/z* 50~1000。

丁香挥发油成分总离子流图见图 2-21。

采用水蒸气蒸馏的方法提取挥发油，具有操作简便、简单易行及成本低等优点。分析挥发油成分所采用的气相色谱 - 质谱（GC-MS）技术可以高效地对样本进行分离。

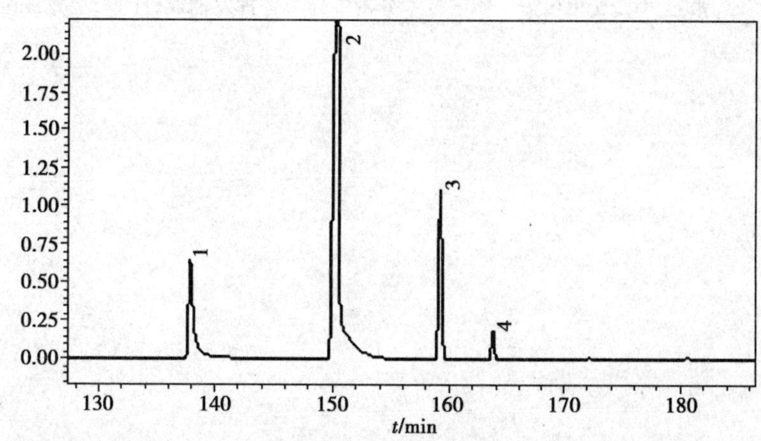

1—3- 苯基 -2- 丙烯醛；2—3- 烯丙基 -2- 甲氧基苯酚；3—石竹烯；4—α- 石竹烯。

图 2-21 丁香挥发油成分总离子流图

（刘晓丹 王利苹 李 嫣）

参考文献

[1] 孙毓庆 . 现代色谱法[M].2 版 . 北京：科学出版社，2016.

[2] 于世林 . 图解气相色谱技术与应用[M]. 北京：科学出版社，2010.

[3] 刘虎威 . 气相色谱方法及应用[M]. 北京：化学工业出版社，2007.

[4] 齐美玲 . 气相色谱分析及应用[M]. 北京：科学出版社，2012.

[5] 金熹高，黄俐研，史燚 . 裂解气相色谱方法及应用[M]. 北京：化学工业出版社，2009.

[6] 吴烈钧 . 气相色谱检测方法[M]. 北京：化学工业出版社，2005.

[7] 孙传经 . 气相色谱分析原理与技术[M]. 北京：化学工业出版社，1981.

[8] 中国科学院大连化学物理研究所 . 气相色谱法[M]. 北京：科学出版社，1973.

[9] 李浩春，卢佩章 . 气相色谱法[M]. 北京：科学出版社，1998.

[10] 武杰，庞增义 . 气相色谱仪器系统[M]. 北京：化学工业出版社，2007.

[11] 中国科学院化学研究所色谱组 . 气相色谱手册[M]. 北京：科学出版社，1977.

[12] 于游，马海英，牛思佳，等．华细辛气相色谱指纹图谱及药材含量测定研究[J]．中南药学，2015(2)：10-12.

[13] 梁金良，梁妍，周威，等．超声波辅助萃取－固相微萃取－气相色谱法检测 13 种贵州苗药的有机氯农药残留量[J]．中国药学杂志，2015，50(21)：1917-1922.

[14] 王红伟，王佳，韦琛鸿，等．气相色谱法测定草铵膦中间体甲基二氯化磷[J]．安徽化工，2017，43(1)：87-88.

[15] 董秋香，张月寒，付萍萍，等．气相色谱法同时测定复方氨酚烷胺片中 4 种成分的含量[J]．中国药房，2017，28(6)：844-847.

[16] 谷素英，蔡日东，刘灵辉，等．顶空－气相色谱质谱法测定血中正己烷代谢物 2，5- 己二酮[J]．现代预防医学，2016，43(3)：146-148，195.

[17] 党富生，黄林．应用微波萃取－气相色谱法测定尿液中的苯丙胺类毒品[J]．化工管理，2016(34)：151-153.

[18] 谭菊英，何虹，黄丽丽，等．顶空气相色谱法测定吡罗昔康原料及片剂中的残留溶剂[J]．中南药学，2017，15(4)：501-504.

[19] 李升，郭楚君，张燕，等．气相色谱－质谱技术分析中药丁香挥发油成分[J]．黑龙江医药科学，2016，39(4)：8-9.

第三章

高效及超高效液相色谱法

第一节 概 述

1906 年俄国植物化学家茨维特（Tswett）首次提出“色谱法”（chromatography）和“色谱图”（chromatogram）的概念。色谱法自创立以来，已有近 100 年的历史。1903 年 Tswett 在华沙自然科学协会提出论述吸附色谱法的论文，详尽地研究了叶绿素在 100 多种吸附剂上的吸附现象，提出了色谱法的概念。虽然他所用的方法分离效率不高，分离效率缓慢，一次分离要几小时甚至几天的时间，但一直到 20 世纪 40 年代中期，仍然是人们所采用的唯一色谱方法。

20 世纪 40 年代到 50 年代初，先后出现了纸色谱法（paper chromatography，PC）和薄层色谱法（thin-layer chromatography，TLC），这两种方法的特点是简单、分离时间短，用样量也比经典的柱色谱法少得多。1952 年，英国学者 Martin 和 Synge 基于他们在分配色谱法方面的研究工作，提出了比较完整的关于气 – 液分配色谱法的理论和方法，将色谱技术向前推进了一大步，这是气相色谱法在此后的 10 多年间发展十分迅速的原因。由于应用面广泛，特别是 20 世纪 60 年代初 Giddings 等人对理论的研究成果，为高效液相色谱法的发展奠定了理论基础。

虽然气相色谱法的应用领域十分广泛，但仍不能解决大量的挥发性差和热不稳定性化合物分离的难题，经典的液相色谱法仍然是适用于这类化合物分析的手段。20 世纪 60 年代后期，由于新型柱填料、高压输液泵和高灵敏度检测器的出现，使得液相色谱法快速发展起来，并发展为高效液相色谱法（high performance liquid chromatography，HPLC）。1958 年，基于 Moore 和 Stein 的工作，离子交换色谱法的仪器化导致了氨基酸分析仪的出现，这是近代液相色谱法的一个重要尝试，但分离效率尚不理想。1960 年中后期，随着气相色谱法理论和实践的发展，以及机械、光学、电子等技术上的进步，液相色谱法又开始活跃。到 20 世纪 60 年代末期，将高压泵和化学键合固定相用于液相色谱法，即出现了

HPLC。20 世纪 70 年代中期以后，微处理机技术用于液相色谱法，进一步提高了仪器的自动化水平和分析精度。1990 年以后，生物工程和生命科学在国际和国内的迅速发展，对高效液相色谱技术提出了更多、更新的分离、纯化、制备的应用需求，如人类基因组计划、蛋白质组学等。

高效液相色谱法又称“高压液相色谱法”“高速液相色谱法”“高分离度液相色谱法”“近代柱色谱法”等。高效液相色谱法是色谱法的一个重要分支，以液体为流动相，采用高压输液系统，将具有不同极性的单一溶剂或不同比例的混合溶剂、缓冲液等流动相泵入装有固定相的色谱柱，在柱内各成分被分离后，进入检测器进行检测，从而实现对试样的分析。该方法已成为化学、医学、工业、农学、商检和法检等学科领域中重要的分离与分析技术。

第二节　高效液相色谱法

一、与经典液相色谱法的比较

高效液相色谱法与经典液相色谱法的比较见表 3-1。与经典液相色谱法相比，高效液相色谱有很大的优越性。

1. 经典液相色谱法的色谱柱通常只能一次分离，需要进行第二次分离时，必须更换新的固定相。而高效液相色谱法的色谱柱可以反复使用，重复进样次数可以多达几百次仍然不损坏分离效能，柱子的寿命也可以达 1 年以上。

2. 高效液相色谱法具有分离效能高、分析速度快等特点，一般需要几分钟或十多分钟就可以完成一次分离。而经典液相色谱法进行一次分离往往需要几小时或十多个小时。

3. 经典液相色谱法是将分离的馏分逐一收集，然后进行离线检测。高效液相色谱法的检测器紧接在色谱柱之后，经色谱柱分离的样品直接进入检测器进行在线检测，不但方便而且大大提高了检出灵敏度。

4. 在样品用量方面，高效液相色谱法的用样量比经典液相色谱法少得多，前者一般进样量为几微升或几十微升，而后者往往是几毫升到几十毫升。

表 3-1　高效液相色谱法与经典液相色谱法的比较

	经典液相色谱法	高效液相色谱法
柱填料	一般规格	特殊规格
柱填料颗粒大小 /μm	75~600	10~50、10、5、3
柱填料颗粒大小的分布（标准偏差 σ）	20%~30%	<5%
柱长 /cm	10~100	10、15、25、30、50
柱内径 /cm	2~5	0.21~0.46
柱入口压力 /（kg/cm^2）	0.01~1.0（0.98~98.07kPa）	20~500（1 961.4~49 035kPa）
柱效（每米理论塔板数）	10~100	5×10^3~1×10^5
样品用量 /g	1~10	10^{-7}~10^{-2}
分析所需的时间 /h	1~20	0.05~0.5
仪器化程度	低	高

二、与气相色谱法和其他分离方法的比较

高效液相色谱法与气相色谱法的比较见表 3-2。

表 3-2 高效液相色谱法与气相色谱法的比较

方法	高效液相色谱法	气相色谱法
进样方式	样品制成溶液	样品需加热汽化或裂解
流动相	液体流动相可为离子型、极性、弱极性、非极性溶液，可与被分析样品产生相互作用，并能改善分离的选择性；液体流动相的动力黏度为 10^{-3}Pa·s，输送流动相的压力高达 2~20MPa	气体流动相为惰性气体，不与被分析样品发生相互作用；气体流动相的动力黏度为 10^{-5}Pa·s，输送流动相的压力仅为 0.1~0.5MPa
固定相	分离机制：可依据吸附、分配、筛析、离子交换、亲和等多种原理进行样品分离，可供选用的固定相种类繁多；色谱柱：固定相粒度大小为 5~10μm；填充柱内径为 3~6mm，柱长 10~25cm，柱效为 10^3~10^4；毛细管柱内径为 0.01~0.03mm，柱长 5~10m，柱效为 10^4~10^5；柱温为常温	分离机制：依据吸附、分配两种原理进行样品分离，可供选用的固定相种类较多；色谱柱：固定相粒度大小为 0.1~0.5mm；填充柱内径为 1~4mm，柱效为 10^2~10^3；毛细管柱内径为 0.1~0.3mm，柱长 10~100m，柱效为 10^3~10^4；柱温为常温至 300℃
检测器	选择性检测器：UVD、PDAD、FD、ECD 通用型检测器：ELSD、RID	选择性检测器：ECD、FPD、NPD 通用型检测器：TCD、FID（有机物）
应用范围	可分析低分子量、低沸点的样品；高沸点、中分子、高分子有机化合物（包括非极性、极性）；离子型无机化合物；热不稳定，具有生物活性的生物分子	可分析低分子量、低沸点的有机化合物；永久性气体；配合程序升温可分析高沸点的有机化合物；配合裂解技术可分析高聚物
仪器组成	溶质在液相中的扩散系数很小（10^{-5}cm²/s），因此在色谱柱以外的死空间应尽量小，以减少柱外效应对分离效果的影响	溶质在气相中的扩散系数大（10^{-1}m²/s），柱外效应的影响较小，对毛细管气相色谱应尽量减小柱外效应对分离效果的影响

高效液相色谱法与其他分离方法的比较见表 3-3。

表 3-3 高效液相色谱法与其他分离方法的比较

	分馏	结晶	提取	经典色谱法	TLC	GC	HPLC
分离效率	低	低	低	低	高	高	高
分离速率	慢	慢	慢	慢	较快	快	快
应用范围	窄	窄	广	广	广	较窄	广
样品用量	多	多	多	多	少	少	少
可否用于制备分离	可	可	可	可	尚可	可	可
可否用于痕量分析	否	否	否	否	可	可	可
分离鉴定	可	可	否	否	可	可	可
灵敏度	低	低	–	–	高	高	高

三、高效液相色谱法的特点

高效液相色谱法有“四高一广”的特点：

1. 高压　流动相为液体，流经色谱柱时受到的阻力较大，为了能迅速通过色谱柱，必须对载液加高压。

2. 高速　分析速度快、载液流速快，较经典液体色谱法的速度快得多，通常分析一个样品需 15~30min，有些样品甚至在 5min 内即可完成，一般小于 1h。

3. 高效　分离效能高。可选择固定相和流动相以达到最佳分离效果，比工业精馏塔和气相色谱法的分离效能高出许多倍。

4. 高灵敏度　紫外检测器检出量可达 0.01ng，进样量在 μl 数量级。

5. 应用范围广　70% 以上的有机化合物可用高效液相色谱法分析，特别是对高沸点、大分子、强极性、热稳定性差的化合物的分离与分析显示出优势。

此外，高效液相色谱法还有色谱柱可反复使用、样品不被破坏、易回收等优点，但也有缺点，与气相色谱法相比各有所长、相互补充。高效液相色谱法的缺点是有“柱外效应”。在从进样到检测器之间，除了柱子以外的任何死空间中（进样器、柱接头、连接管和检测池等），如果流动相的流型有变化，被分离物质的任何扩散和滞留都会显著地导致色谱峰的加宽，使柱效降低。高效液相色谱法检测器的灵敏度不及气相色谱法。

四、高效液相色谱法的应用范围

高效液相色谱法适于分析一些高沸点不易挥发的、受热不稳定易分解的、分子量大、不同极性的有机化合物，生物活性物质和多种天然产物，合成的和天然的高分子化合物等。它们涉及石油化工产品、食品、合成药物、生物化工产品及环境污染物等，约占全部有机化合物的 80%，其余 20% 的有机化合物包括永久性气体以及易挥发、低沸点和中等分子量的化合物只能用气相色谱法进行分析。

HPLC 几乎在所有学科领域中都有广泛应用，可以用于绝大多数物质成分的分离与分析，它和气相色谱法都是应用最广泛的仪器分析技术。HPLC 在部分领域中的主要分析物质列于表 3-4 中。

表 3-4　液相色谱法的应用

应用领域	分析对象
环境	常见的无机阴离子和阳离子、多环芳烃、多氯联苯、硝基化合物、有害重金属及其形态、除草剂、农药、酸沉降成分
农业	土壤矿物成分、肥料、饲料添加剂、茶叶等农产品中的无机成分和有机成分
石油	烃类族组成、石油中的微量成分
化工	无机化工产品、合成高分子化合物、表面活性剂、洗涤剂成分、化妆品、染料
材料	液晶材料、合成高分子材料
食品	无机阴离子和阳离子、有机酸、氨基酸、糖、维生素、脂肪酸、香料、甜味剂、防腐剂、人工色素、病原微生物、霉菌毒素、多核芳烃

续表

应用领域	分析对象
生物	氨基酸、多肽、蛋白质、核糖核酸、生物胺、多糖、酶、天然高分子化合物
医药	人体化学成分、各类合成药物成分、各种天然植物和动物药物化学成分

五、高效液相色谱法的局限性

1. 在高效液相色谱法中，使用多种溶剂作为流动相，当进行分析时所需的成本高于气相色谱法，且易引起环境污染。当进行梯度洗脱操作时，它比气相色谱法的程序升温操作复杂。

2. 高效液相色谱法中缺少如气相色谱法中使用的通用型检测器（如热导检测器和氢火焰离子化检测器）。近年来蒸发光散射检测器的应用日益增多，有望发展成为高效液相色谱法的一种通用型检测器。

3. 高效液相色谱法不能替代气相色谱法，不能实现柱效高达10万理论塔板数以上，必须用毛细管气相色谱法分析组成复杂且具有多种沸程的石油产品。

4. 高效液相色谱法也不能代替中、低压柱色谱法，不能在200kPa~1MPa的柱压下分析受压易分解、变性的具有生物活性的生化样品。

第三节　高效液相色谱仪的基本装置

高效液相色谱仪主要由高压输液系统、进样系统、分离系统、检测系统及数据处理系统等组成，见图3-1。一台高效液相色谱仪应包括以下基本装置：贮液瓶、高压泵、梯度洗脱装置、进样器、色谱柱、检测器、恒温器、放大器、记录仪或色谱工作站等主要部件。由高压泵将贮液瓶中的流动相经梯度洗脱装置和进样器而输入色谱柱，样品由进样器注入，随流动相进入色谱柱，样品各组分经色谱柱分离后，依次进入检测器，由检测器产生的电信号经电路系统放大及对数变换等处理后，在记录仪或色谱工作站上便得到样品组分的液相色谱图。如果需收集馏分进行进一步分析，则在色谱柱一侧出口处收集样品馏分。

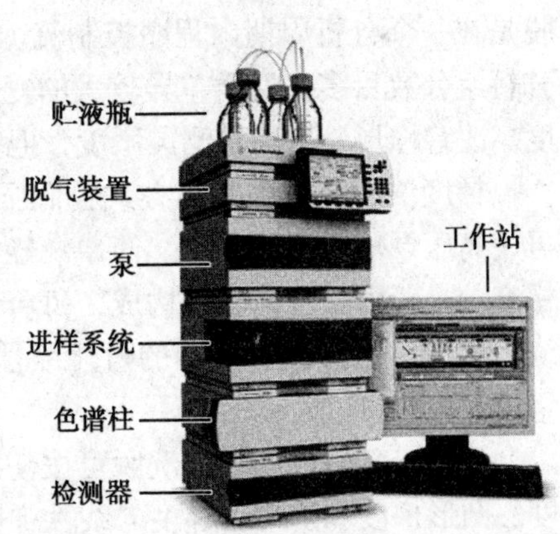

图3-1　高效液相色谱仪的组成

一、高压输液泵

高压输液泵是高效液相色谱仪的重要部件，它的作用就是输送流动相，由于色谱柱的阻力很大，所以高压泵必须克服阻力以恒定的流速输送载液，因此高压泵必须具备很高的性能。高压输液泵应具有流量稳定，输出压力高，流量范围宽，耐酸、碱和缓冲液腐蚀，压力变动小，更换溶剂方便，空间小，易于清洗和更换溶剂等特点。高压输液泵（分类见图 3-2）分为恒压泵和恒流泵，恒压泵又分为液压隔膜泵和气动放大泵，恒流泵又分为螺旋注射泵和往复柱塞泵。恒压泵可以输出一个稳定不变的压力，但当系统的阻力变化时，输入的压力虽然不变，但流量却随阻力而变；而往复柱塞泵是目前高效液相色谱仪采用最广泛的一种泵，由于这种泵的柱塞往复运动频率较高，所以对密封环的耐磨性及单向阀的刚性和精度要求都很高。

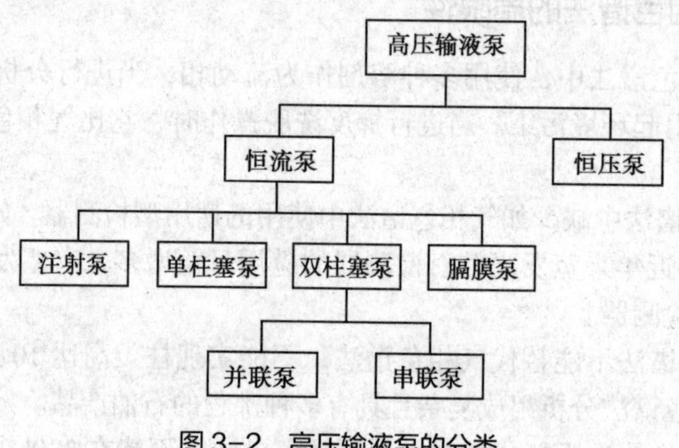

图 3-2　高压输液泵的分类

二、梯度洗脱装置

HPLC 有等度（isocratic）洗脱和梯度（gradient）洗脱两种方式。等度洗脱是在同一分析周期内流动相的组成保持恒定，适合于组分数目较少、性质差别不大的样品。梯度洗脱是在一个分析周期内程序控制流动相的组成，如溶剂的极性、离子强度和 pH 等，用于分析组分数目多、性质差异较大的复杂样品。采用梯度洗脱可以缩短分析时间、提高分离度、改善峰形、提高检测灵敏度，但是常常引起基线漂移和降低重现性。

梯度洗脱有两种实现方式：低压梯度和高压梯度。①低压梯度：溶剂在常压下混合，再用高压泵输送至柱系统。简单、经济，只需 1 个泵，所用溶剂的元数没有限制。②高压梯度：一般由 2 台高压泵构成，每台泵输送 1 种溶剂。溶剂在混合室混合后，再输入柱系统。流量精密度高，溶剂的可压缩性和热力学体积的变化可能影响输入柱子中的溶剂的组成。

两种溶剂组成的梯度洗脱可按任意程度混合，即有多种洗脱曲线：线性梯度、凹形梯度、凸形梯度和阶梯形梯度。线性梯度最常用，尤其适合于在反相柱上进行梯度洗脱。在进行梯度洗脱时，由于多种溶剂混合，而且组成不断变化，因此带来一些特殊的问题，必须充分重视。

1. 要注意溶剂的互溶性，不相混溶的溶剂不能用作梯度洗脱的流动相。有些溶剂在一定的比例内混溶，超出范围后就互不相溶，使用时更要引起注意。当有机溶剂和缓冲液混合时，还可能析出盐的晶体，尤其使用磷酸盐时需特别小心。

2. 梯度洗脱所用的溶剂纯度要求更高，以保证良好的重现性。进行样品分析前必须进行空白梯度洗脱，以辨认溶剂杂质峰，因为弱溶剂中的杂质富集在色谱柱头后会被强溶剂洗脱下来。用于梯度洗脱的溶剂需彻底脱气，以防止混合时产生气泡。

3. 混合溶剂的黏度随组成的变化而变化，因而在梯度洗脱时常出现压力的变化。例如甲醇和水的黏度都较小，当两者以相近的比例混合时黏度增大很多，此时柱压约是以甲醇或水为流动相时的 2 倍。因此，要注意防止梯度洗脱过程中压力超过输液泵或色谱柱能承受的最大压力。

4. 每次梯度洗脱之后必须对色谱柱进行再生处理，使其恢复到初始状态。需让 10~30 倍柱容积的初始流动相流经色谱柱，使固定相与初始流动相达到完全平衡。

三、进样装置

（一）六通进样阀装置

一般 HPLC 分析常用六通进样阀（以美国 Rheodyne 公司的 7725 和 7725i 型最常见），其关键部件由圆形密封垫（转子）和固定底座（定子）组成。由于阀接头和连接管死体积的存在，柱效率低于隔膜进样（下降 5%~10%），但耐高压（35~40MPa），进样量准确，重复性好（0.5%），操作方便。

多数自动进样器依靠六通阀将样品注入高压的流动相中，六通阀通常按以下两种模式之一工作：全充满进样或半充满进样。这两种模式与手动进样模式相同。

（二）自动进样装置

液相色谱系统大多使用自动进样器引入样品，正确使用自动进样器是保证液相色谱系统分离精确度的基础。用自动进样器注入适当体积的标准样品可为峰高和峰面积的测量提供小于 1% 的标准偏差。

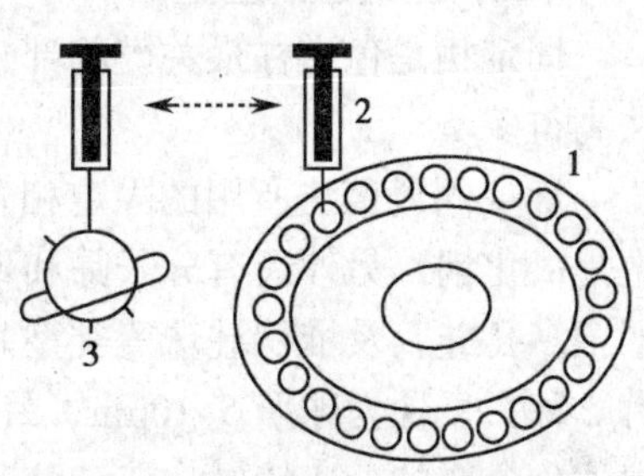

1—装小瓶的样品盘；2—注射器；3—进样阀。

图 3-3　自动进样器原理图

自动进样器有多种设计，但主要是基于图 3-3 所示的原理，由电机控制的注射器针头插入自动进样品盘的样品瓶中，抽出所需的样品量，自动进样器将针头移到阀的进样口，将样品压入样品环，然后转动阀使样品进入柱子。实际应用中，注射器由步进电机驱动，可使其很精确地吸取样品，用一条长管连接注射器和进样针头。

四、色谱柱

色谱柱是高效液相色谱仪的核心部件，要求分离度高、柱容量大、分析速度快，这些性能主要与色谱柱的固定相的性能、结构、填充和使用技术等有关。

色谱柱包括柱管与固定相两部分。柱管材料有玻璃、不锈钢、铝、铜及内衬光滑的聚合材料的其他金属。玻璃管耐压有限，故金属管用得较多。一般色谱柱长 5~30cm，内径为 4~5mm；凝胶色谱柱的内径为 3~12mm；制备柱的内径较大，可达 25mm 以上。一般在分离柱前有一个前置柱，前置柱内的填充物和分离柱完全一样，这样可使淋洗溶剂由于经过前置柱为其中的固定相所饱和，使它在流过分离柱时不再洗脱其中的固定相，保证分离性能不受影响。色谱柱的发展趋势是填料粒度小、柱径小。柱子装填得好坏对柱效的影响很大。对于细粒度的填料（<20μm），一般采用匀浆填充法装柱，先将填料调成匀浆，然后在高压泵的作用下快速将其压入装有洗脱液的色谱柱内，经冲洗后，即可

备用。

（一）色谱柱的结构和类型

色谱柱由柱管、压帽、卡套、筛板（滤片）、接头组成，一般采用直形柱管以便于固定相填充和与仪器连接。

柱管材料常用内壁抛光的不锈钢管。使用前柱管先用三氯甲烷、甲醇、水依次清洗，再用 50%HNO_3 对柱内壁做钝化处理。钝化时使 HNO_3 在柱管内至少滞留 10min，以在内壁形成钝化的氧化物涂层。不允许有轴向沟痕，否则影响色谱过程的良好进行，使得谱带展宽、柱效降低。

高效液相色谱柱大致分为 3 类：细管径柱（内径 <2mm）、常规柱（内径为 2~5mm）、制备柱或半制备柱（内径 >5mm）。分析型色谱柱的柱长通常为 100~300mm，内径有 4.6mm、5mm 和 2mm；制备型色谱柱的柱长为 100~300mm，内径为 20~40mm。

当使用粗内径短柱或细内径长柱时，应注意由于柱内体积减小，由柱外效应引起的峰形扩展不可忽视。此时应对进样器、检测器和连接接头做特殊设计以减少柱外死体积，这对仪器和实验技术提出了更高的要求，但这样会降低流动相的消耗量并提高检测灵敏度。

（二）色谱柱的固定相

固定相是色谱柱最关键的部分。在高效液相色谱法中对固定相的要求要远比气相色谱法高得多。

液－固色谱法所用的固定相多是具有吸附活性的吸附剂。最常用的吸附剂是硅胶，其次是氧化铝，另外还有分子筛和聚酰胺等。①硅胶分为薄壳玻珠、无定形全多孔硅胶、球形全多孔硅胶及堆积硅珠等类型。薄壳玻珠因柱效低、载样量少，已较少应用。②氧化铝有 2 种：一种为球形 5~10μm，另一种为无定形 5~10μm。氧化铝对不饱和碳氢化合物和含卤素化合物的分离较好，在硅胶上吸附太强的化合物可用氧化铝试一下，可能有较好的效果。另外，氧化铝可在较高的 pH 范围内使用，而硅胶在较高的 pH 下则会溶解。③多孔聚合物如聚苯乙烯胶体，以苯乙烯－二乙烯苯聚合为主，在 pH 1~14 中都稳定。这些聚合物有很多优点，如选择性好、峰形好，但硬度不高。目前多在硅胶表面涂一层聚合物，在硬质凝胶上键合十八烷基硅烷，既有硅胶较高的机械强度，又可在 pH 2~13 范围内使用，是一种优良的固定相，适合分离生物碱、肽等成分。

液－液色谱法固定相由固定液与载体构成。按固定液的涂渍方式可分为 2 种——机械涂层固定相和化学键合固定相，前者因易流失，已被淘汰。目前最常用的 Si–O–Si–C 键型键合相可分非极性、极性和中等极性 3 类，而中等极性的目前已较少应用。①非极性键合相：又称反相键合相，这类键合相表面的基团为非极性烃基，如十八烷基、辛烷基、乙基、甲基和苯基键合相。②极性键合相：指键合的有机分子含有某些极性基团，与空白硅胶相比其极性键合相表面的能量分布均匀，可看成是一种改性过的硅胶。常用的有氨基、氰基等，可用作正相色谱法的固定相。氨基键合相是分离糖类最常用的固定相，常以乙腈－水为流动相。

在化学键合相的有机硅烷分子中带上固定的离子交换基团，即成离子键合相。若带上磺酸基，即为阳离子键合相；若带上强碱性季铵盐，即为阴离子键合相。

常用的凝胶色谱法固定相分为软质、半硬质及硬质 3 种。凝胶是含有大量液体的柔软而富有弹性的物质，是一种经过交联而具有立体网状结构的多聚体。①软质凝胶如葡聚糖凝胶、琼脂凝胶等，适用于以水为流动相。②半硬质凝胶如苯乙烯－二乙烯基苯交联共聚凝胶，适用于非水溶剂流动相，可耐较高的压力，柱效高。③硬质凝胶如多孔硅胶、多孔玻珠等。可控孔径玻璃珠因具有恒定的孔径和较窄的粒径粒度分布而受到重视，其对流动相溶剂体系、压力、流速、pH 或离子强度等的影响都较小，适用于在高流速下操作。

手性固定相常见的有 5 种：① π- 氢键型键合相，如共价键键合型和离子键键合型，*N*- 硝基苯甲酰基氨基酸或 *N*- 萘基氨基酸酯手性固定相属于该类。②含肽或蛋白质的键合相，是将蛋白质、酶和抗体等生物大分子键合到硅胶上。③配体交换相，如氨基酸、β- 羟基氨基酸配体等。④含碳水化合物的手性键合相，包括醋酸纤维素、其他纤维素衍生物和直链淀粉等。⑤环糊精键合相，是将环糊精通过共价键键合到硅胶上，形成对水稳定的键合相。β- 环糊精交换相能有效地分离多种光学异构体。

（三）色谱柱的填充技术

液相色谱柱的填充方法和技术主要有干法装填和湿法装填两种。填充方法取决于固定相填料粒径的大小。

1. 干法装填 直径 >20μm 的填料可用干法装填。这种方法是垂直地夹住柱子，每次向柱内加一小份填料，同时进行敲打和振动。一次加料，填充物高度只能增加几微米。如果填充过程中填料逐层装填均匀，能得到有效而重复的填充柱。

2. 湿法装填 20μm 以下的微粒如普通应用的 5~10μm 填料由于具有很高的表面能，往往容易黏结，干法装柱很难获得十分均匀的紧密填充床，因而采用湿法填充。一般用匀浆法，又称淤浆法装柱，选择一种或数种配制合适的溶剂作分散、悬浮介质，经超声处理使微粒在介质中高度分散并呈悬浮状半透明匀浆，然后转入匀浆罐内，用加压介质在高压下将匀浆压入柱管中，获得填充均匀紧密的高效液相色谱柱。

制备高效柱必须满足下述条件：①制备好固定相匀浆；②匀浆浓度适合；③匀浆内不得残留空气；④装填压力要选择适当。

制备好匀浆的基本要求是填料微粒在介质中高度分散以及被分散的粒子要悬浮于介质中。根据制备匀浆的溶剂性质不同，匀浆装柱有平衡密度法、黏度法、非平衡密度法等。具体采用哪种方法，决定于填料的性质和使用的条件。

（1）平衡密度法：对于 5~10μm 的微粒填料，在大多数溶剂中沉降很慢，因而悬浮问题不大，主要是实现粒子的高度分散。过去将粒子悬浮问题估计得比较困难，所以采用密度很大或黏度很高的溶剂作为分散介质，例如以质量比为 60.6 : 39.4 的四溴乙烷（密度为 2.96g/cm^3）和四氯乙烯（密度为 1.62g/cm^3）配制成与硅胶（密度为 2.2g/cm^3）相似的等密度溶液。

（2）黏度法：采用高密度溶剂，如环己烷、聚乙二醇 200、石蜡或 20% 甘油－甲醇溶液作分散介质。其目的是利用上述分散介质密度大或黏度高的物理特性使微粒在较长时间内呈分散悬浮状态而不产生沉降。这对于直径 >10μm 的微粒很有用。

（3）非平衡密度法：亦称非等密度或稳定匀浆法。直径 <10μm 的微粒其主要困难是高度分散，所以可采用密度小一些的溶剂作分散介质。常采用四氯化碳作悬浮液，同时加入二氧六环作分散剂，有助于粒子分散。二氧六环是一种两性溶剂，它对硅胶、极性不同

的键合型固定相、离子型键合相等的表面都能润湿。经过超声处理，得到高度分散的半透明匀浆。配制的匀浆浓度不宜过高，浓度过高影响粒子均匀分散。一般配比为 1g 微粒固定相中加入 6ml 四氯化碳和 3ml 二氧六环，其质量浓度比约为 8%（质量 / 体积比约为 11%）。浓度过高时柱效会明显下降。

（四）色谱柱的性能

色谱柱的性能考察指标主要有 4 项①柱效：高的理论塔板数；②分析速度：短的冲洗时间，t_R 一般小于 30min；③柱渗透性：用柱压降来衡量，柱压降越小，柱的渗透性越好，分离速度快；④峰的对称性：以峰的不对称因子来衡量。

（五）色谱柱的连接方式

柱接头通过过滤片与色谱柱柱管连接。在色谱柱柱管的上、下两端安装过滤片，过滤片一般采用多孔不锈钢烧结材料。此烧结片上的孔径小于填料颗粒的直径，却可让流动相顺利通过，并可阻挡流动相中的极小的机械性杂质以保护色谱柱。柱出、入口的连接管的死体积也应越小越好，一般常用窄孔（内径为 0.13mm）的厚壁（1.5~2.0mm）不锈钢管，以减少柱外死体积。

（六）色谱柱的使用维护

色谱柱的正确使用和维护十分重要，稍有不慎就会降低柱效、缩短使用寿命甚至损坏色谱柱。在色谱法操作过程中需要注意下列问题，以维护色谱柱。

1. 避免压力和温度的急剧变化及任何机械振动。温度的突然变化或者使色谱柱从高处掉下都会影响柱内的填充状况；柱压的突然升高或降低也会冲动柱内填料，因此在调节流速时应该缓慢进行；用六通进样阀进样时阀的转动不能过缓。

2. 应逐渐改变溶剂的组成，特别是反相色谱法中，不应直接从有机溶剂全部改变为水。

3. 一般说来色谱柱不能反冲，只有生产者指明该柱可以反冲时，才可以反冲除去留在柱头的杂质；否则反冲会迅速降低柱效。

4. 选择适宜的流动相（尤其是 pH），以避免固定相被破坏。有时可以在进样器前面连接预柱，分析柱是键合硅胶时，预柱为硅胶，可使流动相在进入分析柱之前预先被硅胶“饱和”，避免分析柱中的硅胶基质被溶解。

5. 避免将基质复杂的样品尤其是生物样品直接注入柱内，需要对样品进行预处理或者在进样器和色谱柱之间连接保护柱。保护柱一般是填有相似固定相的短柱。保护柱可以而且应该经常更换。

6. 常用强溶剂冲洗色谱柱，清除保留在柱内的杂质。在进行清洗时，对流路系统中流动相的置换应以相混溶的溶剂逐渐过渡，每种流动相的体积应是柱体积的 20 倍左右，即常规分析需要 50~75ml。

柱子失效通常是柱端部分，在分析柱前装一根与分析柱有相同固定相的短柱（5~30mm），可以起到保护、延长柱寿命的作用。通常色谱柱的寿命在正确使用时可达 2 年以上。以硅胶为基质的填料，只能在 pH 2~9 范围内使用。柱子使用一段时间后，可能有一些吸附作用强的物质保留于柱顶，特别是一些有色物质更易看清被吸着在柱顶的填料上。新的色谱柱在使用一段时间后柱顶填料可能塌陷，使柱效下降，这时也可补加填料使柱效恢复。每次工作完后，最好用洗脱能力强的洗脱液冲洗，例如 ODS 柱宜用甲醇冲洗至基线平衡。当采用盐缓冲液作流动相时，使用完后应用水冲洗。含卤族元素（氟、氯、溴）的化合物可能会腐蚀不锈钢管道，不宜长期与之接触。装在 HPLC 仪上的柱子如不经常使用，应每隔 4~5d 开机冲洗 15min。

随使用条件和样品洁净度的不同，多数色谱柱在使用过程中可发生化学污染、表面状态改变、基体材料部分溶解等潜在变化。此类改变可导致柱内填料的活化或钝化，使其对某些化合物的分离选择性加强或变劣，此时的分离选择性常常无法重复。

在此类旧色谱柱上建立起来的方法将无法在新柱和其他旧色谱柱上得以重现，造成未来可能需要重新开发方法或进行大量针对仪器系统、色谱柱和流动相的不必要的诊断工作。

五、检测器

检测器是 HPLC 的三大关键部件之一，其作用是将洗脱液中组分的量转变为电信号。理想的检测器应具有以下特点：①灵敏度高，以便于能进行痕量分析；②对所有的样品都能响应；③对温度变化和流量波动不敏感；④线性范围宽，在样品含量有几个数量级变化时，也能落在检测器的线性范围之内，以便于准确、方便地进行定量测定；⑤噪声低，漂移小，对流动相组分的变化不敏感，能进行梯度洗脱操作；⑥死体积小，不引起很大的柱外谱带展宽效应，以保持高的分离效能；⑦对样品无破坏性；⑧响应快，快速、精确地将流出物转换成能记录下来的电信号；⑨能给出定性信息；⑩稳定，可靠，重现性好，使用方便。然而，目前高效液相色谱法所使用的检测器没有一种能够完全满足上述特点，但是不同的检测器能在一定条件下满足某些特定的分析要求。

目前有两种基本类型的检测器：一类是溶质型检测器，它仅对被分离组分的物理或化学特性有响应，属于这类检测器的有紫外、荧光、电化学检测器等；另一类是总体检测器，它对试样和洗脱液总的物理或化学性质有响应，属于这类检测器的有示差折光、蒸发光散射、电导检测器等。

（一）分类

1. 按原理　可分为光学检测器（如紫外、荧光、示差折光、蒸发光散射）、热学检测器（如吸附热）、电化学检测器（如极谱、库仑、安培）、电学检测器（电导、介电常数、压电石英频率）、放射性检测器（闪烁计数、电子捕获、氦离子化）以及氢火焰离子化检测器。

2. 按测量性质　可分为通用型和专属型（又称选择性）。通用型检测器测量的是一般物质均具有的性质，它对溶剂和溶质组分均有反应，如示差折光、蒸发光散射检测器。通用型的灵敏度一般比专属型的低。专属型检测器只能检测某些组分的某一性质，如紫外、荧光检测器，它们只对有紫外吸收或荧光发射的组分有响应。

3. 按检测方式　分为浓度型和质量型。浓度型检测器的响应与流动相中组分的浓度有关，质量型检测器的响应与单位时间内通过检测器的组分的量有关。

4. 其他　检测器还可分为破坏样品和不破坏样品两种。

（二）性能指标

1. 噪声和漂移　在仪器稳定之后，记录基线 1h，基线带宽为噪声，基线在 1h 内的变化为漂移。它们反映检测器电子元件的稳定性，及其受温度和电源变化的影响。如果有流动相从色谱柱流入检测器，那么它们还反映流速（泵的脉动）和溶剂（纯度、含有气泡、固定相流失）的影响。噪声和漂移都会影响测定的准确度，应尽量减小。

2. 灵敏度 灵敏度（sensitivity）表示一定量的样品物质通过检测器时所给出的信号大小。对浓度型检测器，它表示单位浓度的样品所产生的电信号的大小，单位为 mV · ml/g。对质量型检测器，它表示在单位时间内通过检测器的单位质量的样品所产生的电信号的大小，单位为 mV · s/g。

3. 检测限 检测器灵敏度的高低并不等于它检测最小样品量或最低样品浓度能力的高低，因为在定义灵敏度时没有考虑噪声的大小，而检测限与噪声的大小是直接有关的。检测限（detection limit）指恰好产生可辨别的信号（通常用 2 或 3 倍噪声表示）时进入检测器的某组分的量。对浓度型检测器指在流动相中的浓度（注意与分析方法检测限的区别），单位为 g/ml 或 mg/ml；对质量型检测器指的是单位时间内进入检测器的量，单位为 g/s 或 mg/s。又称为敏感度（detectability），$D = 2N/S$，式中 N 为噪声、S 为灵敏度。通常是将一个已知量的标准溶液注入检测器中来测定其检测限的大小。

检测限是检测器的一个主要性能指标，其数值越小，检测器的性能越好。值得注意的是，分析方法的检测限除了与检测器的噪声和灵敏度有关外，还与色谱条件、色谱柱和泵的稳定性及各种柱外因素引起的峰展宽有关。

4. 线性范围 线性范围（linear range）指检测器的响应信号与组分量呈直线关系的范围，即在固定的灵敏度下，最大进样量与最小进样量（浓度型检测器为组分在流动相中的浓度）之比。也可用响应信号最大与最小的范围表示。

定量分析的准确与否，关键在于检测器所产生的信号是否与被测样品的量始终呈一定的函数关系。输出信号与样品量最好呈线性关系，这样进行定量测定时既准确又方便。但实际上没有一台检测器能在任何范围内呈线性响应。通常 $A = xC+B$，B 为响应因子，当 $x = 1$ 时，为线性响应。对大多数检测器来说，x 只在一定范围内才接近于 1，实际上通常只要 $x = 0.98$~1.02 就认为它是呈线性的。

线性范围一般可通过实验确定。我们希望检测器的线性范围尽可能大些，能同时测定主成分和痕量成分。此外还要求池体积小，受温度和流速的影响小，能适合梯度洗脱检测等。

第四节 常用的检测器类型

一、紫外 - 可见光检测器

紫外 - 可见光检测器（ultraviolet-visible detector，UV-Vis 检测器）又称紫外可见吸收检测器、紫外吸收检测器、紫外光度检测器，或直接称紫外检测器，是液相色谱法应用最广泛的检测器。在各种检测器中，其使用率占 70% 左右，对占物质总数约 80% 的有紫外吸收的物质均有响应，既可测 190~350nm 范围内（紫外光区）的光吸收变化，也可向可见光范围 350 ~700nm 延伸。几乎所有的液相色谱法装置都配有紫外 - 可见光检测器。

（一）工作原理

基于 Lambert-Beer 定律，即被测组分对紫外或可见光具有吸收，且吸收强度与组分浓度成正比。

$$A = \lg\frac{I_0}{I} = \varepsilon bc \qquad \text{式（3-1）}$$

式中，A 为吸光度（消光值）；I_0 为入射光强度；I 为透射光强度；ε 为样品的吸光度（消光系数）；b 为光程长；c 为样品浓度。

80% 的分析样品具有紫外吸收，可以使用通用型检测器对其进行分析。其特点是很多有机分子都具紫外或可见光吸收基团，有较强的紫外或可见光吸收能力，因此 UV-Vis 检测器既有较高的灵敏度，检测限约为 10^{-6}g/ml，也有很广泛的线性范围；由于 UV-Vis 检测器对环境温度、流速、流动相组成等的变化不是很敏感，所以还能用于梯度洗脱。而缺点是对没有紫外 - 可见波长吸收的样品无法检测；流动相的选择受流动相组分对紫外 - 可见光的吸收的影响，现有的紫外 - 可见光检测器在常用的流动相下当波长低于 210nm 时检测效果较差；不同的物质在同一检测波长下的响应因子不相同。

（二）类型

紫外 - 可见光检测器有多种类型，以满足不同分析要求和不同紫外吸收物质检测的需求。常见的紫外 - 可见光检测器见表 3-5。

表 3-5　常见的紫外 - 可见光检测器

紫外 - 可见光检测器	光源	特点
单波长紫外检测器	低压汞灯，主要辐射 254nm 的紫外光	灵敏度高，稳定性好，结构简单，使用维护方便，但是对于在 254nm 处没有吸收的物质不敏感
多波长紫外检测器	氘灯或者氢灯，200~400nm 的连续光谱	灵敏度比单波长检测器略低
紫外 - 可见分光式检测器	氘灯或者钨灯	扩大应用范围，选择性好
扫描型可变波长紫外检测器	–	“停流”检测，可定性与定量，但中断色谱信息，色谱峰展宽
光电二极管阵列检测器（diode-array detector，DAD）	–	核心元件为光电二极管，“在流”检测色谱、光谱的全部信息，提供三维图谱，结构简单，性能好

按光路系统可将紫外 - 可见光检测器分为单光路和双光路 2 种：①单光路检测器直接测量流动相通过检测池时，其中所含的样品对紫外光的吸收引起接收元件输出信号的变化来获得样品浓度。由于是单光路，也无补偿电路，对流动相性质、温度、流速等外界因素的变化很敏感。虽然结构简单，但稳定性不佳，目前已很少采用。②双光路检测器包括检测光路和参比光路两部分，它有几种不同的结构类型。例如不设参比池，只以空气作参比的非对称双光路；只有 1 个光源的单光源双光路；有 2 个光源的双光源双光路。双光路检

测器系统的共同之处是利用 2 个接收元件分别接收来自于样品池和参比光路的光束，以两者的光强差为输出信号反映被测样品的浓度。参比光路的主要部分按具体情况可以是充满流动相的参比池、连续流过流动相的参比池，也可以是不设参比池、只以空气作参比。双光路检测系统的最大优点是补偿了由于电源电压变动引起的光源强度改变，因而提高了检测器的稳定性，降低了噪声和漂移。

按波长可将紫外 - 可见光检测器分为固定波长和可变波长两类。固定波长检测器又有单波长式和多波长式两种；可变波长检测器可以按照对可见光的检测与否分为紫外 - 可见分光检测器和紫外分光检测器，按波长扫描的不同又有不自动扫描、自动扫描和多波长快速扫描等。其中属于多波长快速扫描的光电二极管阵列检测器具有很多优点，是最有发展前途的检测器。

（三）光电二极管阵列检测器

以光电二极管阵列（或 CCD 阵列、硅靶摄像管等）作为检测元件的 UV-Vis 检测器，可实现多通道并行工作，同时检测由光栅分光，再入射到阵列式接收器上的全部波长的信号，然后对二极管阵列快速扫描采集数据，得到的是时间、光强度和波长的三维谱图（图 3-4）。1976 年 Nilano 等人首先报道了这种检测器，它不必停留就可获得“在流”色谱的全部光谱信息，可跟随色谱峰扫描，用来观察色谱柱流出组分的每个瞬间的动态光谱吸收图。与其他快速扫描检测器相比具有结构简单、工作可靠、性能好的优点，自一问世，就得到迅速发展。

与普通 UV-Vis 检测器不同，普通 UV-Vis 检测器是先用单色器分光，只让特定波长的光进入流动池；而二极管阵列 UV-Vis 检测器是先让所有波长的光都通过流动池，然后通过一系列分光技术，使所有波长的光在接收器上被检。特点是与紫外检测器相同，同时可动态地在同一时间检测所有波长下的吸收；而缺点是灵敏度和重现性低于紫外检测器。

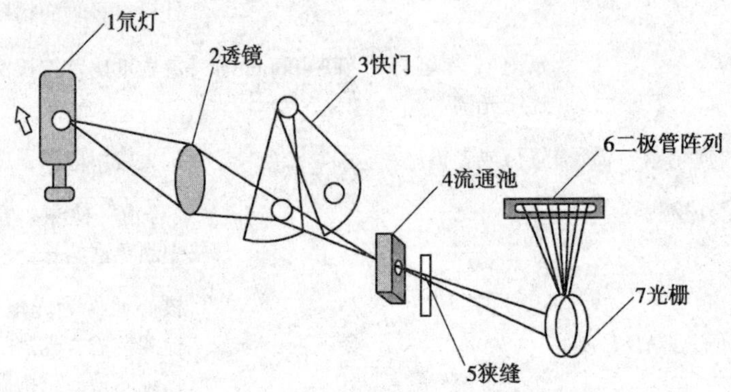

图 3-4　光电二极管阵列检测器示意图

二、荧光检测器

物质的分子或原子经光照射后，有些电子被激发至较高的能级，这些电子从高能级跃迁至低能级时，物质会发出比入射光波长较长的光，这种光称为荧光。荧光检测器（fluorescence detector，FLD）（图 3-5）就是在样品的激发波长处检测发射光的强弱。在样品浓度足够低时，荧光强度与激发光强度、量子效率及样品浓度呈线性关系。荧光检测器是一种选择性检测器。许多药物如喹诺酮类药物采用这种检测方法，许多有机化合物特别是芳香族化合物及生化物质如有机胺、维生素、激素、酶等被一定强度和波长的紫外光照射后，发射出较激发光波长要长的荧光。有的有机化合物虽然本身不产生荧光，但可以与发荧光物质反应衍生化后检测。其特点是有非常高的灵敏度和良好的选择性，灵敏度要比紫外检测器高 2~3 个数量级；而且所需的样品量很小，特别适合于药物和生物化学样品的分析。其缺点是对样品的选择性较强，其他与紫外检测器相似。

（一）工作原理

1. 荧光的产生　从电子跃迁的角度来讲，荧光是指某些物质吸收了与它本身的特征频率相同的光线以后，原子中的某些电子从基态中的最低振动能级跃迁到较高的某些振动能级。

电子在同类分子或其他分子撞击中，消耗了相当的能量，从而下降到第一电子激发态中的最低振动能级，能量的这种转移形式称为无辐射跃迁。由最低振动能级下降到基态中的某些不同能级，同时发出比原来吸收的频率低、波长长的一种光，就是荧光。被化合物吸收的光称为激发光，产生的荧光称为发射光。荧光的波长总要比分子吸收的紫外光波长长，通常在可见光范围内。荧光的性质与分子结构有密切关系，不同结构的分子被激发后，并不是都能发射荧光。

2. 定量基础　在光致发光中，发射出的辐射量总依赖于所吸收的辐射量。由于一个受激分子回到基态时可能以无辐射跃迁的形式产生能量损失，因而发射辐射的光子数通常都少于吸收辐射的光子数，这里以量子效率 Q 来表示。在固定的实验条件下，量子效率是常数。通常 $Q<1$，对可用荧光检测的物质来说，Q 值一般在 0.1~0.9。荧光强度 F 与吸收光强度成正比。

$$F=Q\ (I_0-I) \qquad \text{式 (3-2)}$$

式中，I_0 为入射光强度；I 为透射光强度；I_0-I 即为吸收光强度。透射光强度可由 Lambert-Beer 定律求得。

对于稀溶液，荧光强度与荧光物质溶液浓度、摩尔吸光系数、吸收池厚度、入射光强度、荧光的量子效率及荧光的收集效率等成正相关。在其他因素保持不变的条件下，物质的荧光强度与该物质溶液的浓度成正比，这是荧光检测器的定量基础。荧光检测器属于浓度敏感型检测器，可直接用于定量分析。但是，与使用紫外－可见光检测器时一样，由于各种物质的 Q 和 ε 数值不同，在定量分析中，不能简单地用峰高或峰面积归一化法来计算各组分的含量。

3. 激发光谱和发射光谱　荧光涉及光的吸收和发射两个过程，因此任何荧光化合物都有两种特征的光谱：激发光谱（excitation spectrum）和发射光谱（emission spectrum）。

荧光属于光致发光，需选择合适的激发光波长（E_x）以利于检测。激发波长可通过荧光化合物的激发光谱来确定。激发光谱的具体测绘办法是通过扫描激发光单色器，使不同波长的入射光激发荧光化合物，产生的荧光通过固定波长的发射光单色器，被光检测元件检测，最终得到的荧光强度对激发光波长的关系曲线就是激发光谱。在激发光谱曲线的最大波长处，处于激发态的分子数目最多，即所吸收的光能量也是最多的，能产生最强的荧光。当只考虑灵敏度时，测定时应选择最大激发波长。

一般所说的荧光光谱，实际上仅指荧光发射光谱。它是在激发光单色器波长固定时，发射光单色器进行波长扫描所得到的荧光强度随荧光波长（即发射波长，E_m）变化的曲线。荧光光谱可供鉴别荧光物质，并作为在荧光测定时选择合适的测定波长的依据。

激发波长和发射波长是荧光检测的必要参数。选择合适的激发波长和发射波长，对检测灵敏度和选择性都很重要，尤其是可以较大程度地提高检测灵敏度。

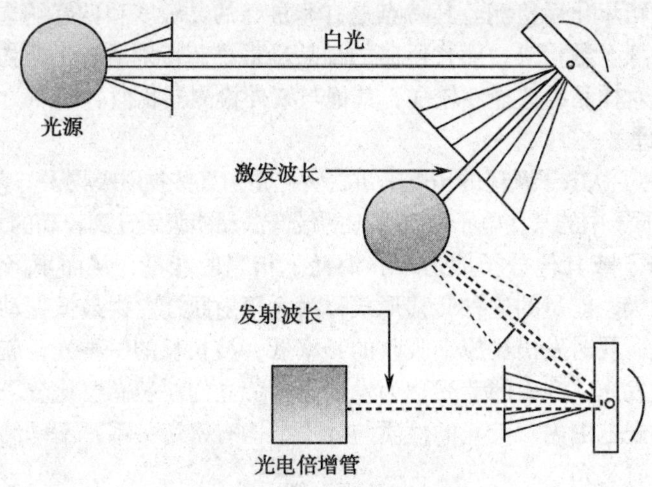

图 3-5　荧光检测器示意图

（二）激光诱导荧光检测器

激光诱导荧光检测器（laser induced fluorescence detector，LIFD）作为一种新型的高灵敏度的高效液相色谱检测器得到了广泛的应用，尤其是用在测定生物体中的超痕量生物活性物质和环境中的有机污染物方面。与其他现有的检测方式相比，激光诱导荧光检测器具有最高的灵敏度（10^{-12}~10^{-9}mol/L）。

与普通的荧光检测器一样，激光诱导荧光检测器主要由光源、光学系统、检测池和光检测元件组成，两者最重要的区别是激光诱导荧光检测器的光源是激光器。

三、蒸发光散射检测器

蒸发光散射检测器（evaporative light-scattering detector，ELSD）是基于溶质的光散射性质的检测器，由雾化器、加热漂移管（溶剂蒸发室）、激光光源和光检测器（光电转换器）等部件构成（图 3-6）。色谱柱流出液导入雾化器，被载气（压缩空气或氮气）雾化成微小液滴，液滴通过加热的漂移管时，流动相中的溶剂被蒸发掉，只留下溶质，激光束照在溶质颗粒上产生光散射，光收集器收集散射光并通过光电倍增管转变成电信号。

散射光的强度（I）与组分的质量（m）有下述关系：

$$I=km \text{ 或 } \lg I = b\cdot \lg m + \lg k \qquad \text{式（3-3）}$$

式中，k 和 b 为与蒸发室（漂移管）温度、雾化气体压力及流动相性质等实验条件有关的常数。

因为散射光强只与溶质颗粒大小和数量有关，而与溶质本身的物理和化学性质无关，所以 ELSD 属通用型和质量型检测器，适合于无紫外吸收、无电活性和不发荧光的样品的检测，其灵敏度与载气流速、汽化室温度和激光强度等参数有关。与示差折光检测器相比，它的基线漂移不受温度影响，信噪比高，也可用于梯度洗脱。检测任何不挥发性样品，提供精确的样品组分和几乎相同的响应因子，灵敏度高于 RID、低波长紫外检测器和其他 ELSD，不需要日常维护，可与 HPLC、GPC 和 SFC 联用。缺点是流动相不能含有不挥发性组分（可使用有机酸碱替代）。

ELSD 最大的优越性在于能检测不含发色团的化合物，如碳水化合物、脂类、聚合物、未衍生的脂肪酸和氨基酸、表面活性剂、药物，并可在没有标准品和化合物结构参数未知的情况下检测未知化合物。响应不依赖于样品的光学特性，任何挥发性低于流动相的样品均能被检测，不受其官能团的影响。ELSD 的响应值与样品的质量成正比，因而能用于测定样品的纯度或者检测未知物。

ELSD 检测只要分为 3 个步骤：①用惰性气体（一般是用 N_2）雾化脱洗液；②流动相在加热管（漂移管）中蒸发；③样品颗粒散射光后得到检测。

ELSD 的影响因素包括①雾化室温度：影响不大。②氮气流速：气体流速增大，使响应值减小，故最佳气体流速是在可接受噪声的基础上产生最大检测响应值的最低气体流速。③漂移管温度：温度过低则流动相得不到充分挥发，使基线水平较高；温度过高则可能带来更大的噪声。最佳温度是在流动相基本挥发的基础上产生可接受噪声的最低温度。④流动相流速。

盐对基线噪声的影响：对于高浓度的盐，盐的不完全挥发会造成基线增高，使样品响应值受气体流速的影响相对变小；对于低浓度的盐，盐的完全挥发使响应值受其影响较大。所以，对用作缓冲液的盐，既要容易挥发，又要具有好的纯度。一般盐的挥发性越大，所需的气体流速和漂移管温度越低。

第一台 ELSD 是由澳大利亚的 Union Carbide 研究实验室的科学家研制开发的，并在 20 世纪 80 年代初转化为商品。20 世纪 80 年代以激光为光源的第二代 ELSD 面世。现在 ELSD 越来越多地作为通用型检测器用于高效液相色谱法、超临界色谱法（SFC）和逆流色谱法中。

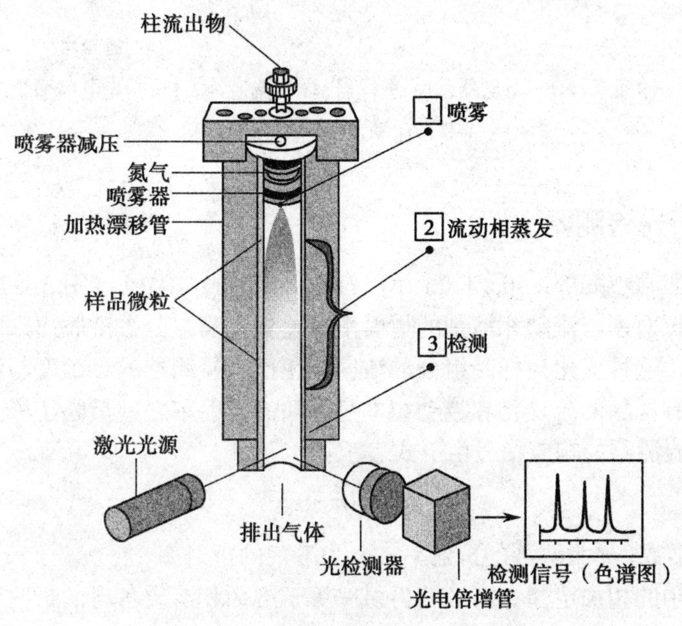

图 3-6　蒸发光散射检测器示意图

四、化学发光检测器

化学发光检测器（chemiluminescence detector，CLD）是近年来发展起来的一种快速、灵敏的新型检测器，其具有设备简单、价廉、线性范围宽等优点。化学发光检测器是基于某些物质在常温下进行化学反应，生成处于激发态的反应中间体或反应产物，当它们从激发态返回基态时，就会发射出光子。由于物质激发态的能量来自于化学反应，所以称为化学发光。当分离组分从色谱柱中洗脱出来后，立即与适当的化学发光试剂混合，发生化学反应，导致发光物质产生辐射，其光强度与该物质的浓度成正比。

这种检测器不需要光源，也不需要复杂的光学系统，只要有恒流泵将化学发光试剂以一定的流速泵入混合器中，使之与柱流出物迅速而又均匀地混合产生化学发光，通过光电倍增管将光信号变成电信号，就可进行检测（图 3-7）。化学发光检测具有高灵敏度，加上 HPLC 的高效分离，适合于痕量和超痕量组分的测定。按照机制化学发光试剂常可分为两类，一类是反应的高能中间体发光，如鲁米诺等；另一类是高能中间体激发另一物质发光，如双（2，4，6- 三氯苯基）草酸二酯（TCPO）。

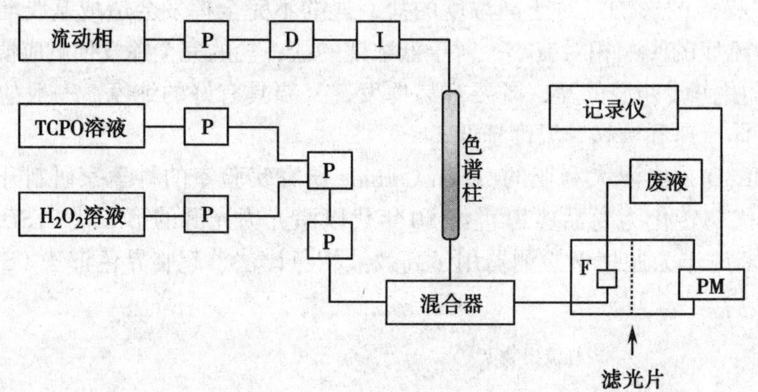

P—输液泵；D—阻尼器；I—进样器；F—流通池；PM—光电倍增管。

图 3-7　化学发光检测器示意图

五、示差折光检测器

示差折光检测器（differential refractive index detector，RID）（图 3-8）的检测原理是基于样品组分的折射率与流动相溶剂的折射率有差异，当组分被洗脱出来时，会引起流动相折射率的变化，这种变化与样品组分的浓度成正比。检测器的灵敏度与溶剂和溶质的性质都有关系，溶有样品的流动相和流动相本身之间的折射率之差反映了样品在流动相中的浓度。示差折光检测器的响应信号由下式表示：

$$R = Z(n - n_0) \qquad \text{式（3-4）}$$

式中，Z 为仪器常数；n 为溶液的折射率；n_0 为溶剂的折射率。

根据稀溶液中的相加定律，溶液的折射率等于溶剂和溶质各自的折射率乘以各自的摩尔浓度之和。

$$n = c_0 n_0 + c_i n_i$$ 式（3-5）

示差折光检测器根据其设计原理可分为反射型（根据 Fresnel 定律）、折射型（根据 Snell 定律）、干涉型和克里斯琴效应示差折光检测器。示差折光检测法也称折射指数检测法，特点是绝大多数物质的折射率与流动相都有差异，所以 RID 是一种通用的检测方法。虽然其灵敏度比其他检测方法相比要低 1~3 个数量级，但对于那些无紫外吸收的有机物（如高分子化合物、糖类、脂肪烷烃）是比较适合的。在凝胶色谱法中是必备检测器，在制备色谱法中也经常使用。缺点是灵敏度很低、不能用于梯度洗脱系统。

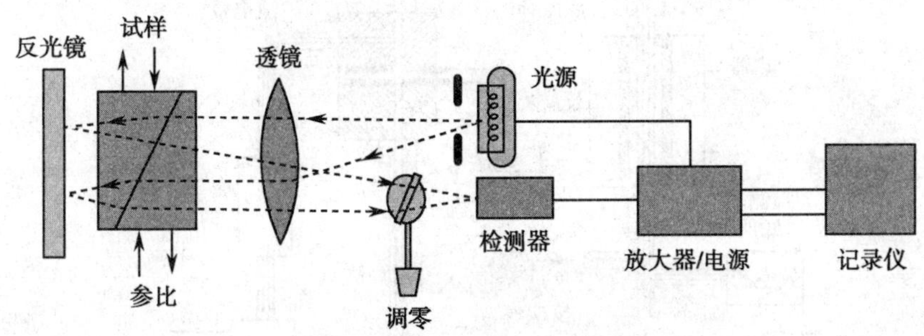

图 3-8 示差折光检测器示意图

六、电化学检测器

（一）工作原理

电化学检测器（electrochemical detector，ECD）是根据电化学原理和物质的电化学性质进行检测的。具有氧化还原性质的化合物，如含硝基、氨基等的有机化合物及无机阴、阳离子等物质可采用电化学检测器。

（二）类型

电化学检测器可分为极谱、库仑、安培和电导检测器等。前 3 种统称为伏安检测器，用于具有氧化还原性质的化合物的检测；电导检测器主要用于离子的检测。其中安培检测器（amperometric detector，AD）的应用较广泛，更以脉冲式安培检测器最为常用。

安培检测器主要由工作电极、参比电极和辅助电极组成。多以碳糊、玻璃碳电极作为工作电极，饱和甘汞电极为参比电极，辅助电极有铂电极等。该检测器可以用于具有氧化还原性物质的检测以及离子色谱法的检测，结构简单、池体积小、响应快、噪声低、灵敏度高、选择性好。

电导检测器（ELCD）是对含卤素、硫、氮化合物具有高选择性和高灵敏度的电化学检测器。它是将被测组分变成杂原子氢化物或氧化物，在去离子的溶剂中电离，据溶剂电导率的变化来检测原组分的含量。近年电导池体积已大大缩小，可与毛细管柱相连。它作为元素选择性检测器，在环境保护、医药卫生和生物医学等领域中得到广泛的应用。

图 3-9 为 ELCD 的系统示意图。泵将溶剂吸入，经离子交换树脂除去离子和保持一定的 pH 后，注入电导池。未进样时该去离子溶剂的电导率很低，此信号为基线。被测组分与反应气在反应器底部混合后进入微反应管，被加热到高温，含卤素、硫和氮化合物分别被催化分解成可电离的气体（HX、SO_2、NH_3）。这些气体产物通过传输管进入电导池，被

不断流动的去离子溶剂吸收，电离成离子，使溶剂的电导率增大，经放大后输出。信号大小与被测组分中卤（硫、氮）的质量成正比。卤素模式的灵敏度为 0.1~0.2pg Cl/s，氮模式的灵敏度为 0.4pg N/s，硫模式的灵敏度 0.5~1.0pg S/s。检测后的溶剂流回溶剂槽中，循环使用。近年有些 ELCD 对含卤素化合物的检测限已与 ECD 相当，而且还有对不同的卤代烃响应一致的特性，不像后者随电负性大小响应值变化较大。

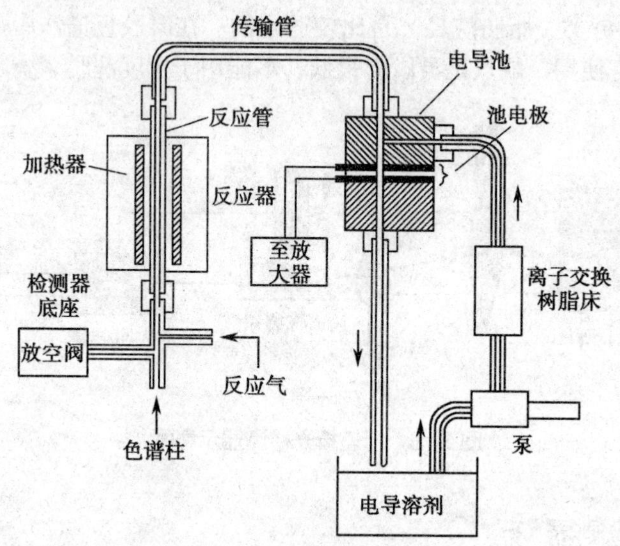

图 3-9 电导检测器的系统示意图

七、其他检测器

电雾式检测器（CAD）是一种独特的技术，HPLC 洗脱液经雾化器中的氮气而雾化，其中较大的液滴在碰撞器的作用下经废液管流出，较小的溶质（分析物液滴）在室温下干燥，形成溶质颗粒。同时用于载气的氮气分流形成的第二股氮气流经过电晕式装置形成带正电荷的氮气颗粒，与溶质颗粒反相相遇时经碰撞使溶质带正电。为消除带有过多正电荷的氮气所引起的背景电流，在含溶质颗粒的气流流入静电检测计之前，通过一种称为离子肼的装置，使迁移率较大的颗粒的电荷被中和，而迁移率小的带电颗粒将它们的电荷转移给一个颗粒收集器，最后用一个高灵敏度的静电检测计测出带电溶质的信号电流，由此产生的信号电流与溶质（分析物质）的含量成正比。

多角度激发光散射检测器是对大分子的绝对性能表征的先进仪器。它作为检测色谱法分离之后的连续流路中组分的检测器，可用于测定聚合物和生物高聚物的分子质量，分子质量范围可达 10^3~10^9Da。在检测器流通池四周放置了 18 个分离的光电探测器，形成一种独特的几何形状，保证了测量可以在宽广的散射角范围内（通常为 10°~160°）同步进行。此检测器已将光度计、比浊计和测角计的多种特点结合起来，它可以在更短的时间内提供更多可重现的数据，目前是用于测量大分子绝对性能的最佳仪器。

此外，傅里叶变换红外检测器（FTIR）、质谱检测器（MSD）、核磁共振检测器（NMRD）等新型检测器和 HPLC 联用，是复杂样品中微量组分定性、鉴定的有力工具。

多种检测器的比较见表 3-6。

表 3-6　多种检测器的比较

	紫外	荧光	折光	安培	电导	化学发光	蒸发光散射
测量参数	吸光度	荧光强度	折光率	电流	μ/Ω	发光强度	散射光强度
类型	选择性	选择性	通用	选择性	选择性	选择性	通用
池体积 /μl	1~10	3~20	3~10	<1	1	60	–
噪声	10^{-4}	10^{-3}	10^{-7}	10^{-9}	10^{-3}	10^{-2}	–
最小检出量 /g	10^{-10}	10^{-12}	10^{-8}	10^{-12}	10^{-9}	10^{-13}	10^{-9}
线性范围	10^{5}	10^{3}	10^{4}	10^{5}	10^{4}	10^{5}	–
温度影响	小	小	大	大	大	小	小
流速影响	无	无	有	有	有	有	无
梯度洗脱	能	能	否	否	否	否 / 能	能

第五节　高效液相色谱法的分离模式及分类

高效液相色谱法根据分离原理的不同，可分为液 – 固吸附色谱法、液 – 液分配色谱法、化学键合相色谱法、离子交换色谱法、离子对色谱法、尺寸排阻色谱法等。

一、液 – 固吸附色谱法

色谱分离是基于吸附效应的色谱法称为吸附色谱法。以固体吸附剂为固定相、以液体为流动相的色谱法称为液 – 固吸附色谱法（liquid-solid adsorption chromatography，LSD），简称液 – 固色谱法。

（一）基本原理

液 – 固吸附色谱法以流动相为液体、固定相为吸附剂，这是根据物质吸附作用的不同来进行分离的。溶质分子被固定相吸附，将取代固定相表面上的溶剂分子。如果溶剂分子的吸附性更强，则被吸附的溶质分子将相应减少。吸附性大的溶质最后流出色谱柱（图 3–10）。

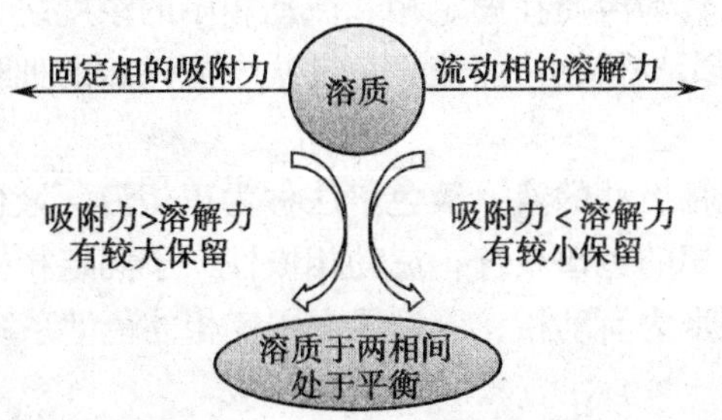

图 3–10　液 – 固吸附色谱法的保留机制

（二）常用固定相

优良的固定相应具备以下特性：表面具有极性活性基团即吸附位点；形状适宜，最好呈微米级微球形，且粒径分布均匀；多孔且比表面积大，载样量大；化学性质稳定；机械强度高；价格合理。

在吸附色谱法中最常用的吸附剂是硅胶，其次是氧化铝，还有高分子多孔微球（有机胶）、分子筛及聚酰胺等。固定相按极性大小分为极性吸附剂和非极性吸附剂（如活性炭）。极性吸附剂又可分为酸性吸附剂（如硅胶、硅酸镁）和碱性吸附剂（氧化铝、氧化镁）。

硅胶表面主要存在硅醇基（silanol，或称硅羟基）和暴露于表面的Si–O–Si键，还有一些硅醇基可能与水存在氢键键合。硅醇基的表面浓度在液－固吸附色谱法中非常重要，通常认为硅醇基是强吸附位点，而Si–O–Si是疏水性的。

氧化铝与硅胶相似，但对水溶液、酸性或碱性水溶液更加不稳定，因此极少用作键合固定相的基质。氧化铝适宜分离溶于有机溶剂的极性、弱极性的非强解离型化合物，尤其适用于分离芳香族化合物。

（三）常用流动相

液－固吸附色谱法的流动相可为各种有机溶剂，主要为非极性的烃类（如己烷、庚烷），某些有机溶剂（如二氟甲烷、甲醇、三乙胺等）可加入其中以调节流动相的溶剂强度、极性及pH，即进行所谓的正相色谱法。流动相溶剂的极性越大，洗脱能力越强，溶质保留越小；反之，流动相溶剂的极性越小，洗脱能力越弱，溶质保留越大。

（四）主要应用

液－固色谱法适用于分离相对分子质量中等的脂溶性样品，对具有不同官能团的化合物和异构体有较高的选择性。凡能用薄层色谱法成功地进行分离的化合物，亦可用液－固色谱法进行分离。可用于异构体的分离、生物样品的纯化等。缺点是由于非线性等温吸附常引起峰的拖尾现象。

二、液－液分配色谱法

（一）基本原理

液－液分配色谱法（liquid–liquid chromatography，LLC）或称液－液色谱法，流动相和固定相都是液体。试样溶于流动相后，在色谱柱内经过分界面进入固定液（固定相）中，由于试样组分在固定相和流动相之间的相对溶解度的差异，使溶质在两相间进行分配而分离。和气－液分配色谱法有相似之处：分离顺序决定于分配系数的大小，分配系数大的组分保留值大；分配系数为溶质在固定相和流动相中的浓度之比。但是气相色谱法中流动相的性质对分配系数的影响很小，而液相色谱法中流动相的种类对分配系数却有较大的影响。

流动相极性小于固定相极性的液－液色谱法称为正相液－液色谱法，如以烷烃为流动相、以含水硅胶作为固定相的色谱系统；流动相极性大于固定相极性的液－液色谱法称为反相液－液色谱法，如以水为流动相、以烷烃为固定相的色谱系统。

（二）常用固定相

多用化学键合固定相，通常使用温度不高于60℃、在pH 2~9范围内。现在有特制柱可在pH 1~14范围内。极性化学键合相常用作正相色谱法的固定相，非极性化学键合相常用作反相色谱法的固定相，离子交换键合相用于离子色谱法。常见的HPLC的部分化学键合相见表3–7。

表 3-7 常见的 HPLC 的部分化学键合相

类型		品牌名称	官能团	粒度 /μm	形状
极性键合相	弱极性	Nucleosil-NMe_2	二甲氨基	5、10	s
	中等极性	YWG-CN	氰基	10	i
	强极性	LiChrosorb NH_2	氨基	5、10	i
非极性键合相	长链	YWG-$C_{18}H_{37}$	C_{18} 硅烷	10	i
	短链	Nucleosil C_8	C_8 硅烷	5、10	s
离子交换键合相	阳离子	Partisil 10 SCX	磺酸基	10	i
	阴离子	Vydac 301 TP	季铵基	10	s

（三）常用流动相

在液 - 液分配色谱法中，所采用的流动相一般为与固定液性质相差很大的不相混溶的溶剂，流动相在固定液中的溶解度应尽可能小，因此固定液和流动相的性质往往处于两个极端。流动相使用前常需经固定液预先饱和，或者在分析柱前增加预饱和柱，以避免固定液流失。

（四）主要应用

应用范围极为广泛，包括极性、非极性化合物及水溶性、脂溶性化合物等均可。

三、化学键合相色谱法

（一）基本原理

采用化学键合相作固定相的液相色谱法称为化学键合相色谱法（bonded phase chromatography，BPC）。化学键合相是利用化学反应通过共价键将有机分子键合在载体（硅胶）表面，形成均一、牢固的单分子薄层而构成的固定相。其分离机制为吸附和分配两种机制兼有。对多数键合相来说，以分配机制为主。通常，化学键合相的载体是硅胶，硅胶表面有硅醇基，它能与合适的有机化合物反应，获得各种不同性能的化学键合相。

1. 正相键合相色谱法的分离原理 正相键合相色谱法的固定相是极性键合相，是以极性有机基团如胺基（$-NH_2$）、氰基（$-CN$）等键合在硅胶表面制成的，组分分子在此类固定相上的分离主要靠范德瓦耳斯力中的定向力、诱导力及氢键作用。流动相的极性增大，洗脱能力增强，组分的 K 值减小。

2. 反相键合相色谱法的分离原理 反相键合相色谱法的固定相是极性较小的键合相，是以极性较小的有机基团如苯基、烷基等键合在硅胶表面制成的，流动相的极性大于固定相，其分离机制可用疏溶剂作用理论来解释。这种理论认为，一方面键合在硅胶表面的非极性或弱极性基团具有较强的疏水性，当用极性溶剂作流动相时，组分分子中的非极性部分与极性溶剂相接触相互产生排斥力（疏溶剂斥力），促使组分分子与键合相的疏水性基团产生疏水缔合作用，使其在固定相上产生保留作用；另一方面当组分分子中有极性官能团时，极性部分受到极性溶剂的作用，促使它离开固定相，产生解缔作用并减小其保留作用。所以，不同结构的组分在键合固定相上的缔合和解缔能力不同，决定了不同组分分子在色谱法分离过程中的迁移速度不同，从而使得各种不同的组分得到分离。

（二）常用流动相

在正相键合相色谱法中，主体溶剂为正己烷或环己烷，以一氯甲烷、二氯甲烷、三氯甲烷或丙酮等为调节性溶剂，调整流动相的极性；在反相键合相色谱法中，主体溶剂为水或缓冲盐的水溶液，再加一定比例的能与水混溶的甲醇、乙腈或四氢呋喃等调节性溶剂。

（三）常用固定相

由于键合相表面的固定液官能团一般多是单分子层，类似于“毛刷”，因此也称具有单分子层官能团的键合相为“刷子”型键合相。

目前，化学键合相广泛采用全多孔硅胶为基体，按固定液（基团）与载体（硅胶）相结合的化学键类型，可分为Si-O-C、Si-N、Si-C及Si-O-Si-C键型键合相。其中Si-O-Si-C键型键合相的稳定性好、容易制备，是目前应用最广的键合相。制备方法是用氯代硅烷或烷氧基硅烷与硅胶表面的游离硅醇基反应，形成Si-O-Si-C键型键合相。按极性可分为非极性、中等极性与极性3类。

1. 非极性键合相 十八烷基键合相（octadecylsilane，简称ODS或C_{18}）是最常用的非极性键合相。将十八烷基氯硅烷试剂与硅胶表面的硅醇基经多步反应脱HCl生成ODS键合相。

由于不同生产厂家所用的硅胶、硅烷化试剂和反应条件不同，具有相同键合基团的键合相其表面有机官能团的键合量往往差别很大，使其产品性能有很大的不同。键合相的键合量常用含碳量（C%）来表示，按含碳量的不同，可分为高碳、中碳及低碳型ODS键合相。若R_1、R_2是2个甲基，则构成高碳型ODS键合相［$Si\text{-}O\text{-}Si\text{-}(CH_3)_2\text{-}C_{18}H_{37}$］，高碳型ODS键合相的载样量大、保留能力强；若$R_1$是氢、$R_2$是氯，氯与硅胶的另1个硅醇基脱HCl，则生成中碳型ODS键合相［$(Si\text{-}O\text{-})_2Si(H)\text{-}C_{18}H_{37}$］；若$R_1$、$R_2$都是氯，与硅胶的另2个硅醇基再脱2分子HCl，生成低碳型ODS键合相［$(Si\text{-}O\text{-})_3Si\text{-}C_{18}H_{37}$］。含碳量与键合反应及表面覆盖度有关。

所谓覆盖度是指参与反应的硅醇基数目占硅胶表面硅醇基总数的比例。在硅胶表面，每1nm^2约有5或6个硅醇基可供化学键合。由于键合基团的立体结构障碍，使这些硅醇基不能全部参加键合反应。覆盖度的大小决定键合相是分配还是吸附占主导。Partisil5-ODS的表面覆盖度为98%，即残存2%的硅醇基，分配占主导；Partisil10-ODS的表面覆盖度为50%，既有分配又有吸附作用。

2. 中等极性键合相 常见的有醚基键合相。这种键合相既可作正相色谱法又可作反相色谱法的固定相，视流动相而定。进口产品如Permaphase-ETH（载体为表孔硅胶），国产产品如YWG-ROR′。这类固定相应用较少。

3. 极性键合相 常用的氨基、氰基键合相为极性键合相，分别将氨丙硅烷基［$\text{-}Si\text{-}(CH_2)_3\text{-}NH_2$］及氰乙硅烷基［$\text{-}Si\text{-}(CH_2)\text{-}CN$］键合在硅胶上而制成，可作正相色谱法的固定相。氨基键合相是分离糖类最常用的固定相，常以乙腈-水为流动相；氰基键合相与硅胶类似，但极性比硅胶弱，对双键异构体有良好的分离选择性。国产产品有YWG-CN及YWG-NH（5μm、10μm）、YQG-CN及YQG-NH_2（5μm、10μm）；进口产品有Nucleosil CN或NH_2（球形，5μm）、Zorbax-CN（球形，4~6μm）、Lichrosorb NH_2（无定形，10μm）等。

（四）主要应用

正相键合相色谱法适用于分离中等极性的化合物，如脂溶性维生素、甾族、芳香醇、芳香胺、脂、有机氯农药等。反相键合相色谱法的应用最广泛，因为它以水为底溶剂，在水中可以加入各种添加剂以改变流动相的离子强度、pH 和极性等，提高选择性，而且水的紫外吸收截止波长低，有利于痕量组分的检测；反相键合相的稳定性好，不易被强极性组分污染，且水廉价易得、安全。

四、离子交换色谱法

（一）基本原理

离子交换色谱法（ion exchange chromatography，IEC）是基于离子交换树脂上可电离的离子与流动相中具有相同电荷的溶质离子进行可逆性交换，依据这些离子对交换剂具有不同的亲和力而将它们分离的一种方法。

离子交换色谱法以离子交换树脂为固定相，树脂上具有固定离子基团及可交换的离子基团。当流动相带着组分电离生成的离子通过固定相时，组分离子与树脂上可交换的离子基团进行可逆性交换，根据组分离子对树脂的亲和力不同而得到分离。

阳离子交换：M^{+}+（$Na^{+}SO_3^{-}$ – 树脂）＝（$M^{+}SO_3^{-}$ – 树脂）+Na^{+}

阴离子交换：X^{-} +（$Cl^{-}R_4N^{+}$– 树脂）＝（X–R_4N^{+}– 树脂）+Cl^{-}

分配系数 D_x 越大，说明溶质离子与离子交换剂的作用愈强，越易保留而难于洗脱。容量因子 k 正比于分配系数 D_x。另外通过控制流动相中反离子（Y^{+} 或 Y^{-}）的浓度、离子强度和离子类型等，亦可调整分析组分的 k 值，从而获得好的选择性和柱效。凡是在溶剂中能够电离的物质通常都可以用离子交换色谱法来进行分离，该方法特别适用于分离离子型和可离解的化合物如氨基酸、核酸等。

（二）常用流动相

离子交换色谱法所用流动相大都是一定 pH 和盐浓度（或离子强度）的缓冲液。通过改变流动相中盐离子的种类、浓度和 pH 可控制 k 值，改变选择性。如果增加盐离子的浓度，则可降低样品离子的竞争吸附能力，从而降低其在固定相上的保留值。

一般，对于阴离子交换树脂来说，阴离子的滞留次序为枸橼酸离子 $>SO_4^{2-}>C_2O_4^{2-}>I^{-}>NO_3^{-}>CrO_4^{2-}>Br^{-}>SCN^{-}>Cl^{-}>HCOO^{-}>CH_3COO^{-}>OH^{-}>F^{-}$，所以用枸橼酸离子洗脱要比用氟离子快；阳离子的滞留次序大致为 $Ba^{2+}>Pb^{2+}>Ca^{2+}>Ni^{2+}>Cd^{2+}>Cu^{2+}>Co^{2+}>Zn^{2+}>Mg^{2+}>Ag^{+}>Cs^{+}>Rb^{+}>K^{+}>NH_4^{+}>Na^{+}>H^{+}>Li^{+}$，但差别不如阴离子明显。

关于 pH 的影响，要视不同情况而定。例如分离有机酸和有机碱时，这些酸碱的离解程度可通过改变流动相的 pH 来控制。增大 pH 会使酸的电离度增加，使碱的电离度减少；降低 pH，其结果相反。但无论属于哪种情况，只要电离度增大，就会使样品的保留值增大。

（三）常用固定相

经典的离子交换树脂主要是聚苯乙烯和二乙烯基苯的交联聚合物，分为微孔型和大孔型 – 薄膜性及表层多孔型树脂。

1. 薄膜型离子交换树脂　它是在直径约为 30μm 的薄壳玻珠上涂 1~2μm 厚的树脂层。

2. 离子交换键合固定相　它是用化学反应将离子交换基团键合到惰性载体表面。也分为两种类型：离子交换键合固定相薄壳键合型、微粒硅胶键合型（键合离子交换基团）。后者是一种优良的离子交换固定相，它的优点是机械性能稳定，可使用小粒度固定相和高柱压来实现快速分离。树脂类别包括阳离子交换树脂（强酸性、弱酸性）和阴离子交换树脂（强碱性、弱碱性）。

（四）主要应用

离子交换色谱法主要用来分离离子或可离解的化合物，它不仅用于无机离子的分离，例如稀土化合物及各种裂变产物，还用于有机物的分离。20 世纪 60 年代前后，已成功地分离了氨基酸、核酸、蛋白质等，在生物化学领域中得到了广泛的应用。

五、离子对色谱法

离子对色谱法（ion-pair chromatography，IPC）是将一种（或多种）与溶剂分子电荷相反的离子（称为对离子或反离子）加到流动相或固定相中，使其与溶质离子结合形成离子对化合物，从而控制溶质离子的保留行为。

离子对色谱法可以分为正相和反相离子对色谱法。正相离子对色谱法以含水硅胶作为固定相，对离子存在于含水固定相中，有机溶剂为流动相；反相离子对色谱法多以化学键合相作为固定相，对离子存在于流动相中。正相离子对色谱法现已经很少使用，目前所使用的多为反相离子对色谱法。

对离子的浓度是控制反相离子对色谱法溶质保留值的主要因素，通常对离子的浓度为 5mmol/L。常用的有季铵类如四丁基铵、磺酸盐类如庚烷磺酸盐和烷基硫酸盐类如十二烷基硫酸盐等。

离子对色谱法特别是反相离子对色谱法解决了以往难分离混合物的分离问题，诸如酸、碱和离子及非离子的混合物，特别对一些生化样品如核酸、核苷、儿茶酚胺、生物碱以及药物等的分离。另外还可以借助离子对的生成给样品引入紫外吸收或发荧光的基团，以提高检测灵敏度。

六、尺寸排阻色谱法

（一）基本原理

尺寸排阻色谱法（size exclusion chromatography，SEC）又称分子排阻色谱法或凝胶色谱法，主要用于较大分子的分离。它的分离机制与其他色谱法完全不同。它类似于分子筛的作用，但凝胶的孔径比分子筛要大得多，一般为数纳米到数百纳米。溶质在两相之间不是靠其相互作用力的不同来分离，而是按分子大小进行分离。其固定相为化学惰性多孔物质——凝胶，它类似于分子筛，但孔径比分子筛大。凝胶内具有一定大小的孔穴，体积大的分子不能渗透到孔穴中去而被排阻，较早地被淋洗出来；中等体积的分子部分渗透；小分子可完全渗透入内，最后被洗脱出色谱柱。尺寸排阻色谱法可以分为亲水性排阻色谱法（GFC，又称凝胶过滤色谱法）和疏水性排阻色谱法（GPC，又称凝胶渗透色谱法）。

（二）常用流动相

排阻色谱法所选用的流动相必须能溶解样品，并必须与凝胶本身非常相似，这样才能润湿凝胶。当采用软质凝胶时，溶剂也必须能溶胀凝胶。另外，溶剂的黏度要小，因为高黏度的溶剂往往限制分子扩散作用而影响分离效果，这对于具有低扩散系数的大分子物质的分离尤需注意。分离高分子有机物常用的流动相有四氢呋喃、甲苯、三氯甲烷、二甲基甲酰胺和水等。

（三）常用固定相

排阻色谱法的固定相一般可分为软质、半硬质和硬质凝胶 3 类。所谓凝胶，指含有大量液体（一般是水）的柔软而富于弹性的物质，它是一种经过交联而具有立体网状结构的多聚体。

1. 软质凝胶 如葡聚糖凝胶、琼脂糖凝胶都具有较小的交联结构，其微孔能吸入大量的溶剂，并能溶胀到它们干体的许多倍。它们适用以水溶性溶剂作流动相，只适宜用在常压排阻色谱法中。

2. 半硬质凝胶 如高交联度的聚苯乙烯，比软质凝胶稍耐压，溶胀性不如软质凝胶。常以有机溶剂作流动相。用于高效液相色谱法时，流速不宜过大。

3. 硬质凝胶 如多孔硅胶、多孔玻珠等。它们既可用水溶性溶剂，又可用有机溶剂作流动相，可在较高的压强和较高的流速下操作。化学稳定性、热稳定性、机械强度好，会产生吸附，需进行特殊处理。

（四）主要应用

亲水性排阻色谱法可用于分离与纯化蛋白质等生物大分子；疏水性排阻色谱法适合于分离蛋白质类的样品，对于高聚物、低聚物的分子量测定有独特的优点。

七、亲和色谱法

亲和色谱法（affinity chromatography）是利用或模拟生物分子之间的专一性作用，从复杂试样中分离和分析能产生专一性亲和作用的物质的一种色谱方法。许多生物分子之间都具有专一的亲和特性，如抗体与抗原、酶与底物、激素或药物与受体、RNA 与和它互补的 DNA 等。将其中之一（如酶、抗原）固定在载体上，构成固定相，则可用于分离和纯化与其有专一性亲和作用的物质（如该酶的底物、抗体)。

亲和色谱法是基于试样中的组分与固定在载体上的配基之间的专一性亲和作用而实现分离的。当含有亲和物的试样流经固定相时，亲和物就与配基结合形成亲和复合物，被保留在固定相上，而其他组分则直接流出色谱柱。然后改变流动相的 pH 或组成，以减弱亲和物与配基的结合力，将亲和物以很高的纯度洗脱下来。

亲和色谱法是各种分离模式的色谱法中选择性最高的方法，其回收率和纯化效率都很高，是生物大分子分离和分析的重要手段。

八、手性色谱法

手性色谱法是利用手性固定相或手性流动相添加剂分离与分析手性化合物的对映异构体的色谱法。此外，还可用间接法分析手性化合物的对映体，即将试样与适当的手性试剂（单一对映体）反应，使其一对对映异构体转变为非对映异构体，然后用常规 HPLC 方法分离分析。

实现手性拆分的基本原理是对映异构体与手性选择剂（固定相或流动相添加剂）形成瞬间非对映立体异构“配合物”，由于一对对映异构体形成的“配合物”的稳定性不同，因而得到分离。手性固定相的种类繁多，它们与对映体的作用力也各不相同。如 π- 氢键型固定相与手性化合物之间一般认为有 3 种作用力，即 π–π 相互作用、氢键作用和偶极间相互作用，化合物与固定相之间的作用部位至少有 1 个受对映体立体构型的影响。环糊精（CD）也是一种手性选择剂，CD 手性固定相的手性分离机制有多种解释，但均认为主要是由于其分子内疏水空腔的大小和多手性中心的作用，如果对映体能被空腔紧密包络，而且与 CD 分子外沿的仲醇基作用，则被固定相保留。如果一对对映体与 CD 的作用程度不等，则产生对映体选择性分离。

九、化学衍生化色谱法

在一定条件下，利用某个试剂（化学衍生化试剂）与样品组分在分离前或分离后进行化学反应，反应的产物有利于色谱检测或者分离，这种方法称为化学衍生化色谱法。

简言之，化学衍生化主要有以下目的：提高对样品的检测灵敏度；改善样品混合物的分离度；适合于进一步做结构鉴定。

化学衍生化反应应该满足反应条件不苛刻，迅速、定量进行；对于某种样品生成一种衍生物；化学衍生化试剂方便易得、通用性好。常见的衍生化试剂有邻苯二甲醛（OPA）、丹酰氯（DNS–Cl）等。

第六节　高效液相色谱法色谱条件的选择与优化

一、基本参数

1. 对称因子或拖尾因子　正常峰与非正常峰可用对称因子（f_s）或拖尾因子（T）来衡量。f_s=0.95~1.05 为正常峰，f_s<0.95 为前沿峰，f_s>1.05 为拖尾峰。

2. 保留时间　从进样开始到某组分的色谱峰顶的时间间隔称为该组分的保留时间（t_R）。

3. 保留体积　又称洗脱体积。流动相携带样品进入色谱柱，从进样开始到柱后某个样品组分出现浓度极大值时所通过的流动相的体积称为保留体积（V_R）。

4. 保留指数　保留指数（I）用以表示化合物在一定温度下在某种固定液上的相对保留值。

5. 峰宽　自色谱峰两侧的拐点做切线在基线上的截距称为峰宽（W 或 Y）。

6. 半峰宽　半峰宽（$W_{1/2}$ 或 $Y_{1/2}$）又称半宽度或区域宽度，即色谱峰峰高一半处的峰宽。

7. 理论塔板数　理论塔板数（n）取决于固定相种类、性质（粒度、粒径分布）、填充或涂渍情况，以及柱长、流速及测定柱效所用的物质的种类。

为了消除色谱柱中的死体积对柱效的影响，常用有效理论塔板数表征色谱柱的实际柱效，即应用调整保留时间 t_R' 计算理论塔板数，所得的值称为有效理论塔板数（$n_{有效}$）。

$$n_{有效}=\left(\frac{t'_R}{\sigma}\right)^2=5.54\left(\frac{t'_R}{W_{1/2}}\right)^2=16\left(\frac{t'_R}{W}\right)^2 \qquad 式（3–6）$$

8. 理论塔板高度　理论塔板高度（H）的计算公式为：

$$H=L/n \quad \text{式（3-7）}$$

$$H_{有效}=L/n_{有效} \quad \text{式（3-8）}$$

式中，L 为柱长。

9. 分离度　分离度（R_s）是衡量两种组分分离是否成功的最重要的因素。色谱柱的分离度与很多因素有关。

$$R_s=\frac{\sqrt{n}}{4}\left(\frac{\alpha-1}{\alpha}\right)\left(\frac{k_2}{1+k_2}\right) \quad \text{式（3-9）}$$

（a）（b）（c）

式中，（a）项取决于柱效，柱效高，该项大。在 HPLC 中（b）项主要受流动相极性的影响，（c）项主要受柱温的影响。在选定流动相种类后，调整其比例可改变（c）项。n、α、k_2 对 R_s 的影响不同，n 影响峰的宽窄、α 影响峰间距、k_2 影响峰位。

10. 分配系数　分配系数（K）是指在一定的温度、压力下，组分在固定相和流动相中的平衡浓度比值。

11. 容量因子　容量因子（k）也称分配容量，其定义为在平衡状态下组分在固定相与流动相中的质量比。

色谱基本参数见表 3-8。

表 3-8　色谱基本参数

类别	参数
色谱峰	对称因子或拖尾因子
定性参数	保留时间
	保留体积
	保留指数
柱效参数	峰宽
	半峰宽
	理论塔板数
	理论塔板高度
分离参数	分离度
相平衡参数	分配系数
	容量因子

二、色谱条件的选择与优化

（一）分离条件选择

根据不同的分析对象来选择相应的适宜的分离条件，可参照表 3-9。

表 3-9　HPLC 分离条件选择

拟分析对象	分离模式	流动相	色谱柱
溶于水－有机溶剂的中性、弱酸性或弱碱性化合物	反相 HPLC	水－有机溶剂	C_{18}、C_8、苯基、氰基、三甲基硅烷（TMS）
酸碱性化合物或离子型化合物	离子对 HPLC	水－有机溶剂、缓冲液和离子对试剂	C_{18}、C_8、氰基
难溶或不溶于水－有机溶剂的亲脂性化合物、异构体等	正相 HPLC	有机溶剂的混合溶剂	氰基、氨基、二醇基、硅胶
蛋白、多肽、核酸，无机离子	离子交换色谱法	缓冲液	阴离子或阳离子交换树脂
大分子化合物、蛋白质或聚合物等	尺寸排阻色谱法	水相（GFC）、纯有机溶剂（GPC）	GFC：二醇基；GPC：聚苯乙烯或硅胶
生物大分子	亲和色谱法	缓冲液	亲和配基、非成键作用力、分子识别
光学异构体	手性色谱法	水－有机溶剂	多种手性填料

（二）分离条件优化

分离条件的优化应包括合理缩短分析时间，提高灵敏度、分离度，优化成本等。

1. 正相色谱法的流动相通常采用烷烃加适量极性调节剂。例如以正己烷作为基础溶剂，与异丙醚组成的二元流动相，通过调极性调节剂异丙醚的浓度来改变溶剂强度 P'，使试样组分的 k 值在 1~10 范围内。若溶剂的选择性不好，可以改用其他组别的强溶剂如三氯甲烷或二氯甲烷，与正己烷组成具有相似 P' 值的二元流动相，以改善分离的选择性。若仍难以达到所需要的分离选择性，还可以使用三元或四元溶剂系统。

2. 反相键合相色谱法的流动相一般以极性最强的水为基础溶剂，加入甲醇、乙腈等极性调节剂。极性调节剂的性质以及其与水的混合比例对溶质的保留值和分离选择性有显著影响。一般情况下，甲醇－水已能满足多数试样的分离要求，且黏度小、价格低，是反相键合相色谱法最常用的流动相。乙腈的溶剂强度较高，且黏度较小，其截止波长（190nm）比甲醇（205nm）的短，更适合于利用末端吸收进行检测。

可选择弱酸（常用乙酸）、弱碱（常用氨水）或缓冲盐（常用磷酸盐及乙酸盐）作为抑制剂，调节流动相的 pH，抑制组分的解离，增强保留。但 pH 需在固定相所允许的范围内。

调节流动相的离子强度也能改善分离效果，在流动相中加入 0.1%~1% 乙酸盐、磷酸盐等可减弱固定相表面残余硅醇基的干扰作用，减少峰的拖尾，改善分离效果。

3. 在反相离子对色谱法中，影响试样组分的保留值和分离选择性的主要因素有离子对试剂的性质和浓度、流动相的 pH 以及流动相中所含有机溶剂的种类和比例等。

离子对试剂所带的电荷应与试样离子的电荷相反。分析酸类或带负电荷的物质时，常用烷基磺酸盐（或硫酸盐）作离子对试剂，离子对实际的浓度一般在 3~10mmol/L。调节 pH 使试样组分与离子化试剂全部离子化，将有利于离子对的形成，改善弱酸或弱碱试样的保留值和分离选择性。与一般反相 HPLC 相同，流动相中所含有机溶剂的比例越高，组分的 k 值越小。被测组分或离子对试剂的疏水性越强，需有机溶剂的比例越高。

第七节　高效液相色谱法的应用

一、高效液相色谱法类型的选择

高效液相色谱法有几种不同的分离类型，每一种分离类型都不是万能的，它们各自适用于一定的分离对象。在完成某项分离任务时要先根据分析的样品本身的特性来选择一种最合适的分离方法，一般可根据样品的分子量范围、溶解度、分子结构进行分离方法的初步选择。

（一）根据分子量选择

分子量十分低的样品其挥发性好，适用于气相色谱法分离。标准液相色谱法类型（液 - 固、液 - 液及离子交换色谱法）最适合的相对分子质量范围是 200~2 000，而 >2 000 的则用分子排阻色谱法。利用排阻色谱法可以很快地判定样品中高分子量的聚合物，以及分子量的分布情况。

（二）根据溶解度选择

弄清样品在水、异辛烷、苯、四氯化碳、异丙醇中的溶解度是很有用的，溶于水能离解的物质以采用离子交换色谱法为佳；如果是可以溶解的烃类（如苯或异辛烷），则多用液 - 固吸附色谱法；一般芳香族化合物在苯中的溶解度较高，脂肪族化合物在异辛烷中有较大的溶解度，如果样品溶于四氯化碳，则多用常规的分配和吸附色谱法分离；样品如果既溶于水又溶于异丙醇时，常常用水和异丙醇的混合液作为液 - 液分配色谱法的流动相，以憎水性化合物作固定相；分子排阻色谱法适用于溶解于任何溶剂的物质。

用红外光谱法可以预先简单地判断样品中存在什么官能团，从分子结构中存在（或缺少）某种官能团就可以判断用什么分离方法最合适。酸碱化合物用离子交换色谱法；同系物的不同官能团及强氢键用液 - 液分配色谱法。

二、药物样品的前处理方法

针对不同的药剂可采用以下几种前处理方法。

1. 片剂、糖衣药或胶囊　采用热溶剂提取法，如索氏抽提法，选择合适的溶剂提取药效组分，残渣留在滤筒内。

2. 油膏状药物制剂　必须先除去被分析药物中含有的大量脂肪。常用的方法有：①将油膏先溶于亲油性溶剂中，然后用甲醇提取其中有药效的组分；②用硅胶薄层板，先用乙醚展开，使油脂与有效组分分开。

3. 植物类药物 由于天然药物的组成是很复杂的，在用高效液相色谱法测定其中的少量药效成分时，必须排除主要基质成分或色素等的干扰。经常有这种情况，在分离药物标准品时很成功的色谱条件用于测定植物提取液时就遇到了困难。因此，将植物提取液进行进一步的净化，富集其中的有效组分就成了色谱法测定前必须重视的工作。例如为了分析精油中的有效组分，其预处理方法是先将植物进行水蒸气蒸馏，再将二氯甲烷相通过硅胶柱分离，获得有效组分。

对于生物碱类药物，靠酸碱分配方法从植物基体中提取出来，并同时进行纯化及浓缩。然而在很多情况下，只要用甲醇提取、浓缩，即能满足分析要求。皂苷类药物在分析之前必须先用丁醇提取，然后纯化。强心苷类药物在分析之前先用乙醇将它们从植物中提取出来，但在提取液中经常附有大量黄酮类化合物，常采用乙酸铅来沉淀这些干扰物以纯化。至今，还没有一种通用的净化方法能适用于各类药物，因此在色谱法分析前必须研究各种有效组分的富集和纯化问题。

通过使用预柱清除杂质的方法可将样品直接进样。此外，也可使用双柱进行分离，进样后先通过前柱去除杂质，再将待测组分切换进分析柱进行分析。使用这种方法需要切换装置及准确地控制系统。直接进样适用于较高浓度（1mg/L）且具有强紫外吸收的样品，否则仍需富集及使用更灵敏的检测方法。

三、应用实例

（一）高效液相色谱法在药品分析中的应用

【实例 1】有关物质测定。

熊苗苗等采用高效液相梯度洗脱法测定阿托伐他汀钙片中的有关物质。

色谱条件：色谱柱采用 Apollo C_{18} 柱（4.6mm × 250mm，5μm）；流动相为乙酸铵缓冲液（A）（称取乙酸铵 1.54g，置 1 000ml 水中，超声使溶解，用冰醋酸调节 pH 至 4.5 ± 0.05）– 乙腈（B）（70 : 30），梯度洗脱；检测波长为 244nm；流速为 1.1ml/min；柱温为 40℃；进样量为 20μl。

测定的 HPLC 图见图 3–11。

【实例 2】中药成分分析。

刘婷婷等应用高效液相色谱法测定钩藤提取物中的钩藤生物碱。

色谱条件：色谱柱采用 Xtimate C_{18} 分析柱（250mm × 4.6mm，5μm）；流动相 A 为乙腈，流动相 B 为水（含 0.01% 三乙胺，1% 磷酸调 pH 至 7.5）；梯度洗脱程序：0~10min A 35%，10~15min A 35%~45%，15~45min A 45%~50%；流速为 1.0ml/min；进样体积为 20μl；柱温为 30℃；检测波长为 245nm。

钩藤提取物的 HPLC 色谱图见图 3–12。

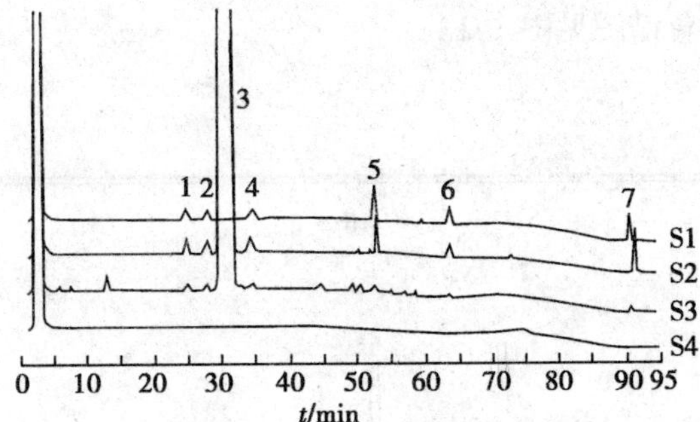

S1—混合杂质对照品；S2—系统适用性溶液；S3—供试品；S4—空白对照。
1—杂质 A；2—杂质 B；3—阿托伐他汀；4—杂质 C；5—杂质 H；6—杂质 D；7—杂质 I。

图 3-11　溶液的 HPLC 图

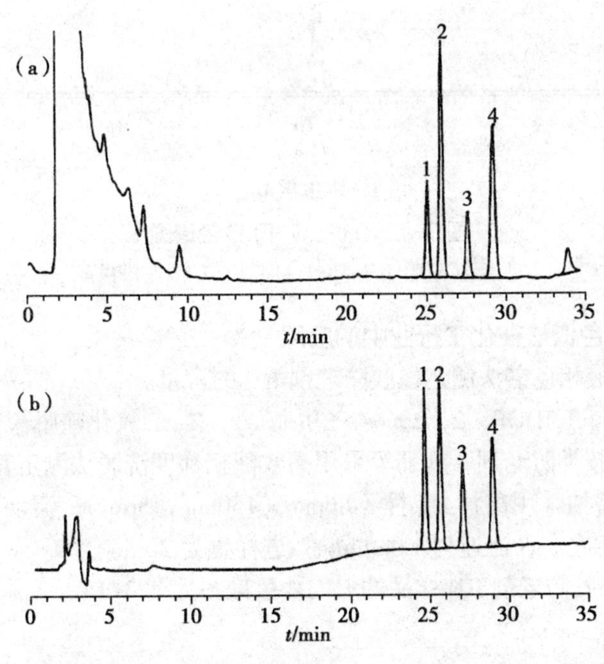

1—去氢钩藤碱；2—异去氢钩藤碱；3—异钩藤碱；4—钩藤碱。

图 3-12　钩藤提取物的 HPLC 色谱图

（a）样品　（b）标准品

（二）高效液相色谱法在食品分析中的应用

【实例 3】维生素 B_2 的含量测定。

韦广辉等用高效液相色谱 - 荧光检测法测定维酶素片中维生素 B_2 的含量。

色谱条件：色谱柱采用 PAK C_{18} 柱（250mm × 4.6mm，5μm）；流动相为甲醇 -0.02mol/L 乙酸铵（35 : 65）；流速为 1.0ml/min；激发波长为 450nm，发射波长为 522nm；柱温为 25℃；进样量为 10μl。

测定的 HPLC-FLD 色谱图见图 3-13。

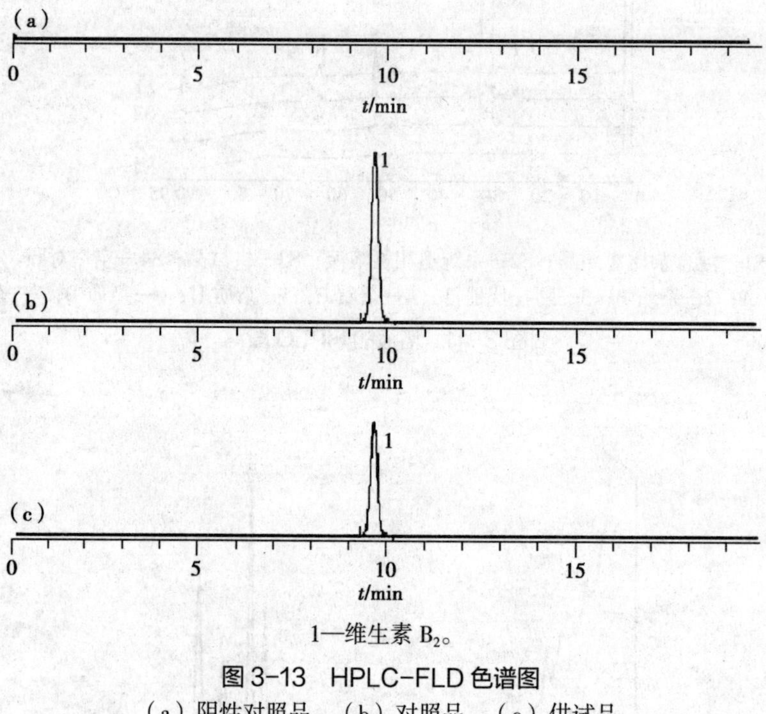

1—维生素 B_2。

图 3-13　HPLC-FLD 色谱图

（a）阴性对照品　（b）对照品　（c）供试品

（三）高效液相色谱法在化工行业中的应用

【实例 4】高效液相色谱法测定橡胶防老剂 RD 的含量。

橡胶防老剂 RD［TMDQP；2，2，4- 三甲基 -1，2- 二氧化喹啉聚合体；$(C_{12}H_{15}N)_n$，$n = 2\sim4$］是一种酮胺类防老剂，刘郁等采用高效液相梯度洗脱法测定其含量。

色谱条件：色谱柱采用岛津 C_{18} 柱（4.6mm × 150mm，5μm）；流动相为甲醇 - 水，梯度洗脱；柱温为 25℃左右；流速为 1.0ml/min；进样量为 20μl。

不同生产厂家橡胶防老剂 RD 样品的 HPLC 色谱图见图 3-14。

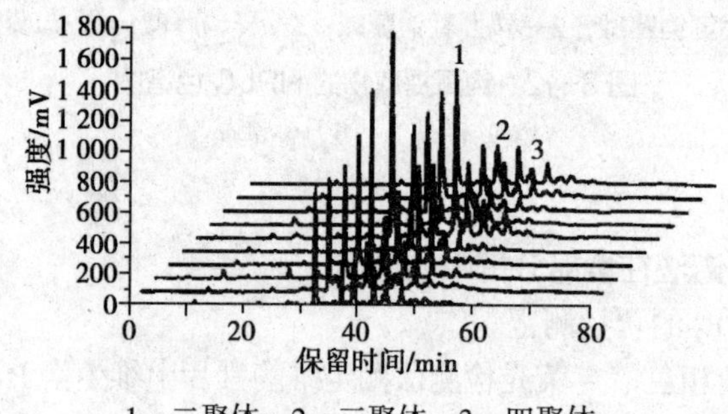

1—二聚体；2—三聚体；3—四聚体。

图 3-14　不同生产厂家橡胶防老剂 RD 样品的 HPLC 色谱图

第八节　超高效液相色谱法

一、基本原理

随着科学技术的进步，液相色谱法用户对液相色谱技术的要求也不断提高，他们需要“更快地得到更好的结果”，因此超高效液相色谱法（ultra performance LC，UPLC）概念的提出也就十分自然。简单地说，UPLC 是用 HPLC 的极限作为自己的起点，将分离科学推向一个新领域。沃特世公司引入 UPLC 的概念是由研究著名的 van Deemter 方程式及其曲线开始的。

由 van Deemter 曲线可以得到以下几点启示：首先，颗粒度越小柱效越高；其次，不同的颗粒度有各自最佳柱效的流速；最后，更小的颗粒度使最高柱效点向更高流速（线速度）方向移动，而且有更宽的线速度范围。所以降低颗粒度不但能提高柱效，同时还能提高分析速度。使用更高的流速会受到色谱柱填料耐压及仪器耐压的限制。反之；如果不用到最佳流速，小颗粒度填料的高柱效就无法体现。此外，更高的柱效需要更小的系统体积（死体积）、更快的检测速度等一系列条件的支持，否则小颗粒度填料的高柱效同样无法充分体现。因此，要真正创建一个全新的分离科学领域——UPLC，必须解决以下几个问题①大幅提高色谱柱的性能：第一要解决小颗粒填料的耐压问题，第二要解决小颗粒填料的装填问题，包括颗粒度的分布以及色谱柱的结构；②高压溶剂输送单元（超过 15 000psi）；③完善的系统整体性设计，降低整个系统的体积，特别是死体积，并解决超高压下的耐压及渗漏问题；④快速自动进样器，降低进样的交叉污染；⑤高速检测器，优化流动池以解决高速检测及扩散问题；⑥系统控制及数据管理，解决高速数据采集、仪器控制问题。

图 3-15 是 UPLC 装置图。

图 3-15　UPLC 装置图

二、新型的色谱填料及装填技术

UPLC 分离只有在新型的、耐压而且颗粒度分布范围很窄的 1.7μm 颗粒填料合成出来之后才有可能实现。色谱柱技术应该涵盖几个方面的内容：首先是填料的合成，以得到高质量的填料颗粒，包括耐高压、耐酸碱等；其次是颗粒的筛选，选出颗粒度分布尽可能窄的填料；最后是装填技术，以保证既能堵住颗粒不使其外流，又不至于引起反压的大幅升高。

沃特世公司的 ACQUITY UPLC ® BEH 色谱柱使用了更严格的筛分技术，使 1.7μm 填料的分布很窄，并且使用了全新筛板（专利申请中）及其他色谱柱硬件（柱管及其连接件），在超过 20 000psi 的压力下装填。沃特世公司为此安装了一条新的色谱柱装填生产线及新的测试设备，因此 ACQUITY UPLC 色谱柱的性能及质量比目前的 HPLC 柱有了质的飞跃。基于 1.7μm 小颗粒技术的 UPLC，与人们熟知的 HPLC 技术具有相同的分离原理。不同的是 UPLC 不仅比传统 HPLC 具有更高的分离能力，而且结束了人们多年来不得不在速度和分离度之间忍痛割舍的历史。使用 UPLC 可以在很宽的线速度、流速和高反压下进行高效的分离工作，并获得优异的结果。

三、应用实例

UPLC 凭借其突出的优点被广泛应用于药品、食品、化工、环境等领域，尤其是与质谱技术的联用，更扩大了其应用范围。

【实例】UPLC 测定亮丙二醇。

单晨啸等采用 UPLC 测定大鼠血浆中的亮丙二醇浓度。

色谱条件：色谱柱采用 ACQUITY UPLC HSS T3 柱（2.1mm × 100mm，1.8μm）；流动相为甲醇 - 水（28 : 72）；流速为 0.4ml/min；柱温为 30℃；检测波长为 278nm；进样量为 5μl。

测定的 UPLC 色谱图见图 3-16。

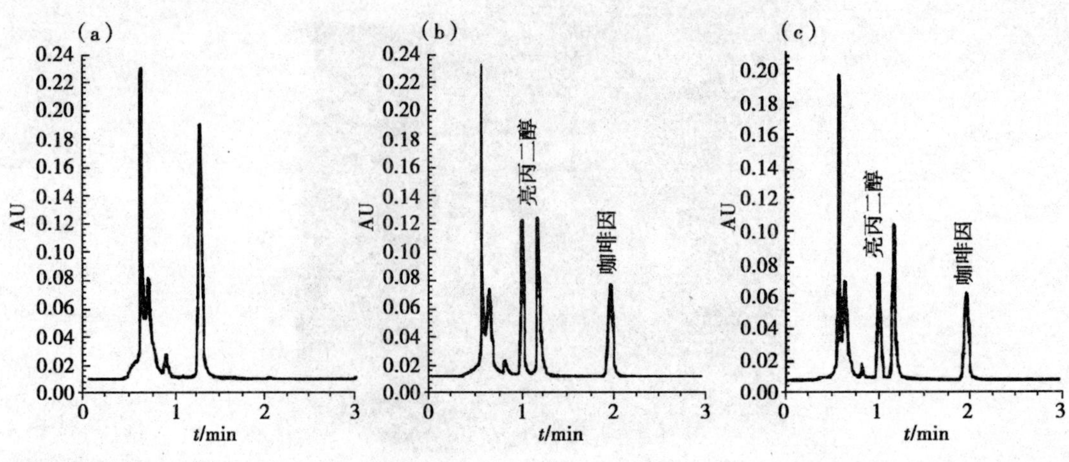

图 3-16　UPLC 色谱图

（a）空白血浆　（b）含亮丙二醇（13.1mg/L）的血浆　（c）给药 30min 后的血浆

第九节　高效液相色谱法新进展

近年来，高效液相色谱技术飞速发展，液相色谱仪在硬件方面的突破即是推出了UHPLC或UPLC系统，同时在柱填料及形式方面也呈现出一些新技术。

一、新型检测器

在传统检测器的基础上改进的一些新型检测器促进了HPLC的发展与应用，如多种新型质谱技术、新型Flexar PDA Plus检测器等。

黄思玉等采用高效液相色谱－喷壁/薄层安培检测器（图3-17）同时测定5种环境优先污染酚。

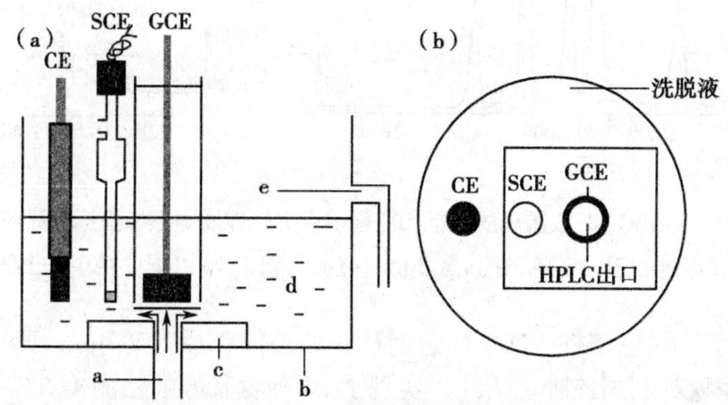

a—HPLC出口；b—塑料烧杯；c—有机玻璃板；d—电解液；e—洗脱液出口。

图3-17　喷壁/薄层安培检测器结构图

（a）侧面观　（b）顶面观

二、色谱柱填料新技术

近年来逐渐涌现出各种混合基质的色谱柱填料，并且追求更小的粒径。逐渐发展的亚2μm填料进入分析工作者的视野。

根据色谱速率理论，粒径越小，柱效越高，而且当粒径小到亚2μm左右时，线速度提高，其分离度不再降低，此正是这种填料的优势所在。

Waters于2010年首次推出了基于UPLC技术的200Å孔径的尺寸排阻色谱柱。这种尺寸排阻UPLC（SE-UPLC）色谱柱由亚2μm直径的亚乙基桥杂化（BEH）颗粒组成，与纯硅胶基质颗粒相比，这种颗粒的结构和化学性质更稳定。然而，小颗粒和窄内径（4.6mm）的SE-UPLC色谱柱并不适用于HPLC系统。Waters现已推出填充有3.5μm BEH颗粒、孔径为200Å或450Å、内径为7.8mm的色谱柱，并尝试用于蛋白质的分析(图3-18)。

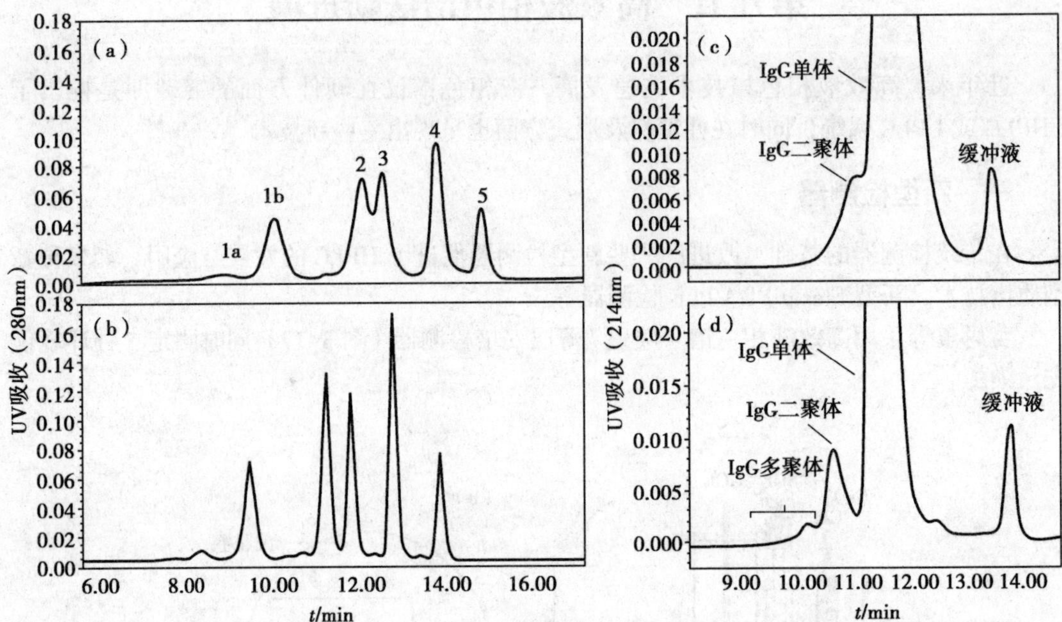

图 3-18　沃特世 BEH450 SEC 蛋白质混标和完整单克隆抗体质量数检查标准品在 450Å 硅胶基质 5μm［（a）和（c）］以及 450Å BEH 3.5μm［（b）和（d）］SEC 色谱柱上的分离效果对比

新型核 - 壳型填料色谱柱（HALO 色谱柱）的整体粒径为 2.7μm，其中多孔外壳的大小为 0.5μm。陈建秋等利用该种色谱柱，实现了 20 种氨基酸的检测（图 3-19）。

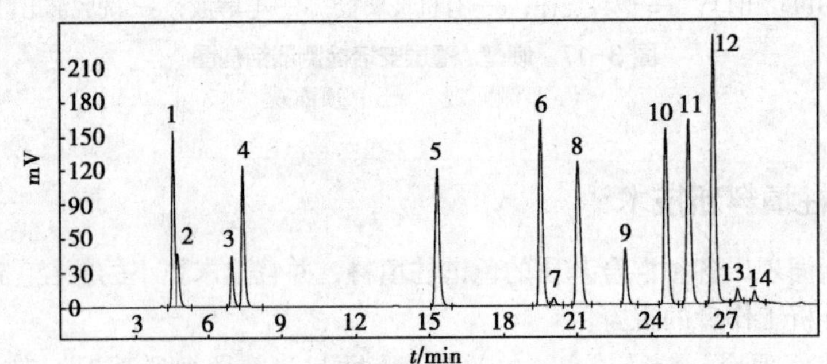

1—Gly；2—Ser；3—Thr；4—Ala；5—Pro；6—Lys；7—His；
8—Met；9—Arg；10—Val；11—Ile；12—Leu；13—Phe；14—Trp。

图 3-19　复方氨基酸注射液的 HPLC-ELSD 色谱图

三、色谱柱填充新技术

曾国城等设计并研究了一种以毛细作用作为主要驱动力的新型逆向锥形液相制备色谱柱及其技术（图 3-20）。在一定的实验条件下，与具有相同柱长、相同负载能力的圆柱形色谱柱相比，逆向锥形柱节省填料 50% 以上、节省流动相 60% 以上，且色谱峰值比圆柱形柱高 2.7%、柱效高 18.6%。与相同规格的正向锥形柱相比，逆向锥形柱的柱效高 6.6%、色谱峰值高 3.5%。

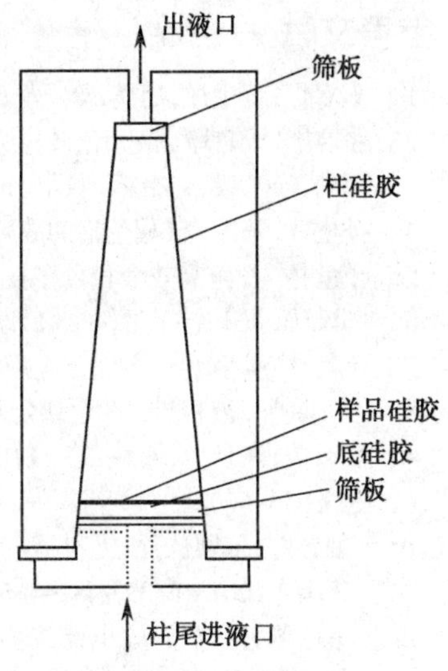

图 3-20 逆向锥形色谱柱示意图

四、整体柱

整体柱（monolith）是一种用有机或无机聚合方法在色谱柱内进行原位聚合和类似于浇铸的连续床固定相，它作为继多聚糖、交联与涂渍、单分散之后的第四代分离介质，具有制备简单、重现性好、多孔性优越、能实现快速与高效分离等优点。

整体柱按其制备方法可分为两大类：硅胶整体柱和有机聚合物整体柱。硅胶整体柱是以硅胶为基质的无机整体柱，具有理想的机械强度，比表面积大，在孔结构控制方面表现出明显的优势，同时具有大孔和中孔结构，孔隙率 >80%；其缺点是抗溶剂性能差，适用的 pH 范围较小。根据制备方法的不同，硅胶整体柱又分为溶胶 - 凝胶整体柱和以填充柱为基础的硅胶整体柱。有机聚合物整体柱的制备是将单体混合物及致孔剂注入空柱中，经热、紫外线或射线引发使单体混合物在柱内聚合，然后用合适的溶剂除去柱体内的致孔剂和残留的单体。在聚合混合物中加入特定的单体或在聚合后进行化学修饰可改善色谱柱的选择性。其特点是选材广泛、pH 应用范围宽以及制备较简单。根据材料和功能分类，聚合物整体柱主要包括分子印迹整体柱、聚甲基丙烯酸酯类整体柱、聚苯乙烯类整体柱和聚丙烯酰胺整体柱等。

随着整体柱技术的发展和完善，整体柱可以应用于不同的色谱法系统，根据柱径分为微系统和常规系统，并且由于整体柱可实现高流速、低压降的快速分离，其在制备色谱法中的应用也备受关注。Dalibor S 等还将整体柱与连续进样装置联用，从而避免使用常规色谱法设备，降低应用成本。固相萃取（SPE）作为样品前处理技术已受到广泛重视，整体柱作为 SPE 分离介质有其独到之处，Tan A 等将芯片整体柱 SPE 用于人尿样和药物新陈代谢诱导混合产物的预浓缩，表明整体柱在 SPE 中的应用具有很大的发展潜力。

五、二维液相色谱法

多维色谱法（multi-dimensional chromatography，MDC），即样品在第一根色谱柱的洗脱液依次注入后续的色谱柱进行分离的色谱柱联用技术。多维色谱技术可以根据样品组分的性质差别来选择具有较好分离效果的几种色谱法分离模式组合，实现对样品的分离。

二维液相色谱法（2D-LC）是多维色谱法中最常用的一种。分离机制不同而又相互独立的两支色谱柱串联起来，样品经过第一维色谱柱后进入切换口中，通过接口的富集、浓缩以及切割后进入第二维色谱柱继续分离。二维液相色谱法通常采用两种不同的机制来分析样品，即利用样品的不同性质如分子量、等电点、亲水性、特殊分子间作用等将复杂混合物进行分离。

（刘晓丹 王利苹 段更利）

参考文献

[1] 陈立仁，蒋生祥，刘霞，等．高效液相色谱基础与实践[M]．北京：科学出版社，2001.

[2] 张晓彤，云自厚．液相色谱检测方法[M]．北京：化学工业出版社，2000.

[3] 邓勃，宁永成，刘密新．仪器分析[M]．北京：清华大学出版社，1991.

[4] 孙生才，张冰．液相色谱的故障排除——自动进样器的维护[J]．色谱，1998，16(1)：35-37.

[5] 于世林．图解高效液相色谱技术与应用[M]．北京：科学出版社，2009.

[6] 邹汉法，张玉奎，卢佩章．高效液相色谱法[M]．北京：科学出版社，1998.

[7] 于世林．亲和色谱方法及应用[M]．北京：化学工业出版社，2008.

[8]（英）库斯．液相与气相色谱定量分析使用指南[M]．陈小明，译．北京：人民卫生出版社，2010.

[9] 熊苗苗，汪秋兰，谢斌，等．高效液相梯度洗脱法测定阿托伐他汀钙片有关物质[J]．医药导报，2013，5(32)：656-660.

[10] 刘婷婷，郁颖佳，段更利，等．离子液体－微波辅助提取钩藤中生物碱的工艺研究[J]．中国新药与临床杂志，2013，6(32)：482-486.

[11] 韦广辉，何林飞，周小雅．高效液相色谱－荧光检测法测定维酶素片中维生素 B_2 的含量[J]．中国药师，2014，9(17)：1515-1516.

[12] 刘郁，陈静，李鑫，等．高效液相梯度洗脱法测定橡胶防老剂 RD 含量[J]．广州化工，2013，5(41)：139-140.

[13] 单晨啸，李伟，文红梅，等．UPLC 法测定大鼠血浆中 Liguzinediol 浓度以及动力学研究[J]．中国药理学通报，2011，27(5)：709-712.

[14] 黄思玉，周亚平，李奏，等．高效液相色谱－喷壁/薄层安培检测器用于同时测定 5 种环境优先污染酚[J]．应用化学，2014，1(31)：96-101.

[15] 陈建秋，王玉红，李鹏，等．核壳液相色谱－蒸发光散射检测法直接检测 20 种氨基酸[J]．上海医药，2015，11(36)：75-79.

[16] 曾国城，梁冰．逆向锥型制备液相色谱技术的研究[J]．合肥大学学报，2013，9(36)：1110-1114.

[17] ISHIZUKA N, KOBAYASHI H, MINAKUCHI H, et al. Monolithic silica columns for high-efficiency separations by high-performance liquid chromatography [J]. Journal of Chromatography A, 2002, 960(1): 85-96.

[18] ŠATINSKÝ D, SOLICH P, CHOCHOLOUŠ P, et al. Monolithic columns—a new concept of separation in the sequential injection technique [J]. Analytica Chimica Acta, 2003, 499(1): 205-214.

[19] TAN A, BENETTON S, HENION J D. Chip-based solid-phase extraction pretreatment for direct electrospray mass spectrometry analysis using an array of monolithic columns in a polymeric substrate [J]. Analytical Chemistry, 2003, 75(20): 5504-5511.

第四章

高效薄层色谱法

第一节 概 述

高效薄层色谱法（high performance TLC，HPTLC）是20世纪70年代中期由常规TLC发展形成的，也称为毫微（克）量薄层色谱法（nano-TLC）。

一、高效薄层色谱法的特点

薄层色谱法按所用薄层板的分离效能可分为经典薄层色谱法（TLC）和高效薄层色谱法2类。高效薄层色谱法具有快速、高效、灵敏的特点，与经典薄层色谱法的比较见表4-1。

表4-1 HPTLC与TLC的比较

项目	HPTLC	TLC
板尺寸 /（cm × cm）	10 × 10	20 × 20
颗粒直径 /μm	5、10	10~40
颗粒分布	窄	宽
点样量 /μl	0.1~0.2	1~5
原点直径 /mm	1~1.5	3~6
展开后的斑点直径 /mm	2~5	6~15
有效塔板数	<5 000	<600
有效板高 /μm	~12	~30

续表

项目	HPTLC	TLC
点样数 / 板	18 或 36	10
展开距离 /cm	3~6	10~15
展开时间 /min	3~20	30~200
最小检测量：吸收 /ng	0.1~0.5	1~5
荧光 /pg	5~10	50~100

二、高效薄层色谱法的分类

（一）棒状薄层色谱法

棒状薄层色谱法（FD-TLC）是用石英棒作支持物涂上硅胶，点样、溶剂展开。样品在色谱棒上分离后，将棒通过适当的机械传动装置穿过氢火焰离子化检测器的火焰中心，使化合物燃烧裂解，形成离子碎片和自由电子，再由电极收集并产生与化合物量成正比的电流信号，从而测出各物质的含量（图 4-1)。其优点为灵敏度高、操作简便、可反复使用、通用性好，可用于非挥发性、无可见及紫外吸收、没有荧光以及衍生化困难的有机化合物的定性与定量分析。

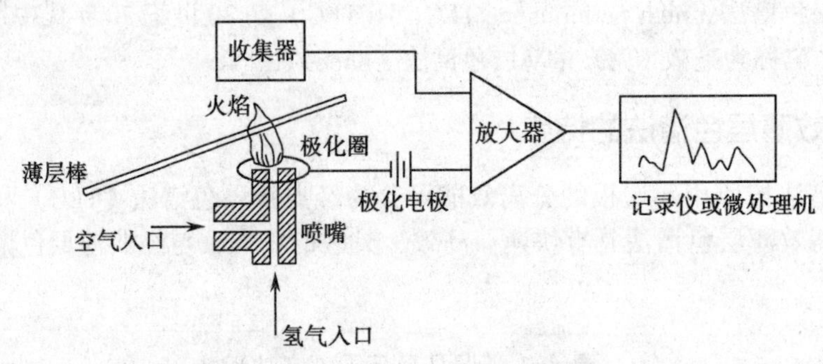

图 4-1　棒状薄层氢火焰扫描仪示意图

（二）加压薄层色谱法

加压薄层色谱法（OPLC）是指在水平的薄层色谱板上施加一弹性气垫。展开剂不是靠毛细作用力，而是靠泵压被强制流动，因此可以采用更细颗粒的吸附剂和更长的色谱板，分离所需的时间缩短，扩散效应减小，分离效果更好。

（三）离心薄层色谱法

离心薄层色谱法（CTLC）又叫旋转薄层色谱法，是一种离心型连续洗脱的环形薄层色谱法分离技术，主要是在经典薄层色谱法的基础上运用离心力促使流动相加速流动。离心力用于分离可以减少破坏，对沸点高、分子量大的化合物有利，可用于分离 100mg 左右的样品。使用商品化生产的离心薄层色谱仪，仪器结构简单。尽管其分辨率低于制备型 HPLC，但操作简便、分离时间短且不需将吸附剂刮下即可将产物洗脱下来，广泛应用于合成和天然产物的制备分离。

（四）胶束薄层色谱法

胶束薄层色谱法（M-TLC）又分为正相胶束薄层色谱法和反相胶束薄层色谱法2种。胶束薄层色谱法能使一些结构相似、难溶于水的化合物得到较好的分离。微乳液与胶束同属于低黏度的缔合胶体，同样存在表面活性。与胶束相比，微乳液是由表面活性剂、助表面活性剂、油和水等在一定的配比下自发形成的无色透明、低黏度的热力学稳定体系，具有更大的增溶量和超低的界面张力。微乳液作为展开剂，对待测成分具有独特的选择性和富集作用，更有利于提高色谱法效率，可同时分离亲水性、疏水性物质及带电、非带电成分等。胶束薄层和微乳液薄层主要用于三次采油、痕量金属离子的回收和生物碱分析。胶束薄层色谱法最大的优点是很少使用有毒、易挥发、易燃、易造成污染的有机溶剂且使用方便、操作简单和经济。

（五）包合薄层色谱法

包合薄层色谱法（ICC）由于其特殊的结构，能够在它的疏水空腔中选择性地包结各种客体分子，形成具有不同稳定性的包结配合物，从而达到分离效果。β-环糊精还可作为薄层色谱法的展开剂和增敏剂。这种包合薄层避免了使用有毒、易挥发、易燃的有机溶剂，具有较高的选择性，适用于分离普通化合物、同分异构体及光学异构体。

（六）二维薄层色谱法

二维薄层色谱法（2D-TLC）是分离多组分复杂混合物的一种有效方法，基于在薄层板两个垂直的方向上进行相同或不同机制的展开。将样品点在薄层板的一个角上，展开至适当的距离后取出，挥干溶剂，再将板以与原展开方向呈90°角的方向展开，第一次展开被分离的组分斑点成为第二次展开的原点。二维薄层色谱法的优点在于可以用不同的流动相二次展开，并且在二次展开前，可以用其他方式处理薄层和已实现分离的样品。

三、吸附剂粒度与分离效能

TLC的分离效能很大程度上受到吸附剂颗粒大小、颗粒均匀程度及薄层质量的影响。吸附剂颗粒直径小，流动相流速慢，易达到平衡，展开过程中的传质阻力小，斑点比较圆整。用100μm左右的硅胶微粒制成的薄层板，其有效塔板数为200左右。从表4-1看出，用20μm制成的TLC板和用5μm制成的HPTLC板，有效塔板数可达600和5 000以上。因此，使用5~10μm的吸附剂制成的板称为高效薄层板。

四、高效薄层预制板

预制薄层板厚度均匀，使用方便，适合于定量分析。国外产品有HPTLC Silica Gel 60 F_{254}、HPTLC Cellulose F_{254}（Merck）、Sil-20 UV_{254}、$KC_{18}L$ Whatman（反相薄层板）等；国内产品有山东烟台化工研究所、上海化学试剂总厂、北京西红门化工厂等出售的10cm × 10cm的高效薄层预制板。

第二节　高效薄层色谱系统

一、薄层色谱法的基本材料及设备

无论是纸色谱法、经典薄层色谱法还是仪器化薄层色谱法，其操作步骤都是相同的，见

图 4-2。

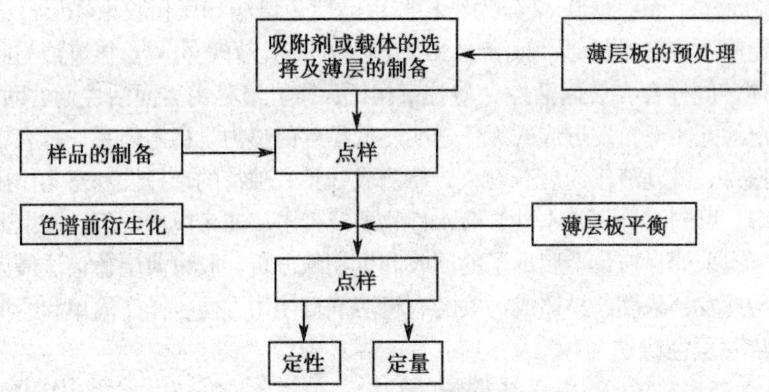

图 4-2　薄层色谱法操作流程图

薄层色谱法因设备简单、操作方便，目前已发展到自动化和高效化，也有比较昂贵的自动化设备出售。如果不具备这些现代化仪器，一般实验室只要有以下基本材料及设备，也可开展薄层色谱法工作。

（一）滤纸及薄层板

纸色谱法需要用一定规格、一定尺寸的色谱用滤纸；薄层色谱法需根据组分的性质选择不同的固定相涂布在一定大小的载板上，制成均匀的薄层；也可用预制板。

（二）涂布器

自制薄层板时，需要用涂布器将固定相涂布于载板上，涂布器分为手工、半自动或全自动等数十种。

（三）点样器

定性时可用毛细管，定量时应使用微量注射器或微量毛细管。

（四）展开室

根据纸或薄层板尺寸以及展开方式的不同，用不同规格及形式的展开室。纸色谱法一般用圆形展开室，薄层色谱法最常用的是不同尺寸的水平式和直立式 2 种玻璃展开室。

（五）显色器

展开后的纸或薄层板上被分离的组分需要用适当的方法使斑点显色，常用的显色器有 2 种，一种是喷雾器，另一种是浸板器，这 2 种显色器均有手工或自动的。

（六）薄层扫描仪

显色后的纸或薄层板上各组分的斑点可用薄层扫描仪进行斑点原位光谱扫描，根据其吸收曲线及最大吸收与已知化合物对照以进行定性；也可进行斑点的色谱扫描，根据斑点面积或峰高与已知量的对照品比较以进行定量。

二、吸附剂的选择

常规薄层色谱法使用的吸附剂有硅胶、氧化铝、硅藻土、纤维素、聚酰胺、离子交换纤维素、葡聚糖凝胶等。与柱色谱法相同，为了使混合物有较好的分离，应根据被分离物的性质选择固定相。通常，分离亲脂性化合物常选择氧化铝、硅胶及聚酰胺；分离亲水性化合物常选择纤维素、离子交换纤维素、硅藻土及聚酰胺等。

吸附剂的颗粒大小对分离效应、展开速度以及 R_f 值都有一定的影响。硅胶、氧化铝等无机吸附剂的粒度一般为 140~200 目；纤维素、聚酰胺等有机吸附剂的粒度为 70~140 目。通常颗粒较细、粒度范围窄的吸附剂分离效能好，斑点圆而集中，但粒度过小则展开速度太慢，而且分离效能也不一定就好。

三、展开剂的选择

薄层色谱法中展开剂的选择直接关系到能否获得满意的分离效果，是薄层色谱法的关键。展开剂也可称为溶剂系统、流动相或洗脱剂，是在薄层色谱法中用作流动相的液体。点样后的纸或者薄层要用适当的展开剂使样品中的各组分随着展开剂的流动，选择性地保留在薄层的原点到溶剂前沿之间。

溶剂强度可将洗脱顺序的概念定量化。一般认为溶剂的洗脱能力是溶剂的一种物理性质，洗脱能力强的溶剂称为强溶剂。通常先用单一溶剂展开，根据被分离物质在薄层板上的分离效果，进一步考虑改变展开剂的极性。用单一溶剂不能分离时，可用 2 种以上的多元展开剂，并不断地改变多元展开剂的组成和比例。R_f 值在 0.3~0.5 为最佳效果。TLC 与 HPLC 的 R_f 值的适用与最佳范围比较见表 4–2。

表 4–2　TLC 与 HPLC 的溶剂系统的范围及最佳范围

		TLC	HPLC
适用范围	k	0.1~4	1~10
	R_f	0.2~0.9	0.09~0.5
最佳范围	k	1~2.3	2~5
	R_f	0.3~0.5	0.2~0.3

如果 R_f 值较大，则应加入适量极性小的溶剂，以降低展开剂的极性；如果 R_f 值较小，则应加入适量极性大的溶剂。

常用展开剂的极性次序可用溶剂的溶剂强度参数 ε^0 衡量。ε^0 越大，洗脱能力越强，即为强极性溶剂；反之，洗脱能力弱，极性弱。

每种溶剂在展开过程中其作用有所不同，如：①展开剂中比例较大的溶剂其极性相对较小，起溶解物质和基本分离的作用，一般称之为底剂；②展开剂中比例较小的溶剂其极性较大，对被分离物质有较强的洗脱力，帮助化合物在薄层板上移动，可以增大 R_f 值，但不能提高分辨率，可称之为极性调节剂；③展开剂中加入少量酸、碱时，可抑制因某些酸、碱性物质或其盐类的解离而产生的斑点拖尾，故称之为拖尾抑制剂；④展开剂中假若有丙酮等中等极性的溶剂可促使不相混合的溶剂混溶，并可降低展开剂的黏度，加快展速。

薄层色谱法展开剂的选择，第一步是选择一种合适的溶剂强度的展开剂，使样品中的各组分多落在最佳或至少是可用 R_f 范围内；第二步是进一步提高展开剂的选择性，即使样品中的各组分有合适的分离度。亦即首先要求各组分都能分开，其次要求各组分间的分离度足够大。对于未知混合物，则要求分离斑点数越多越好。

Snyder将常用的溶剂根据极性参数分成选择性不同的8个组，因此若某一溶剂作为展开剂其分离效果不好，则选择相同组中的另一溶剂不可能对色谱法分离有明显的改变，而选择溶剂强度相同、选择性不同组的另一溶剂可能改变色谱法分离情况。

选择展开剂的方法一般有以下3种：

（一）三角形法

按照展开剂、固定相及被分离物质三者之间的相互影响设计了三因素的组合，见图4-3。

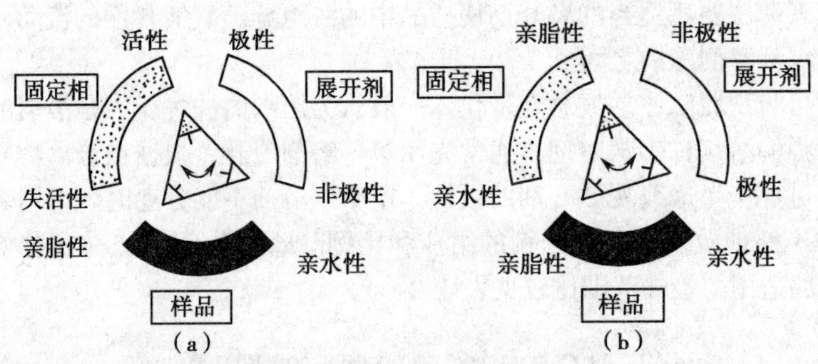

图4-3　色谱法分离条件的选择

（a）吸附色谱法　（b）分配色谱法

（二）点滴试验法

将被分离物质的溶液间隔地点在薄层板上，待溶剂挥干后，用吸满不同展开剂的毛细管点到不同样品点的中心，借毛细管作用，展开溶剂从圆心向外扩展，这样就出现了不同的圆心色谱，经比较就可以找到最合适的展开剂及吸附剂。图4-4所示苯是最合适的展开剂。

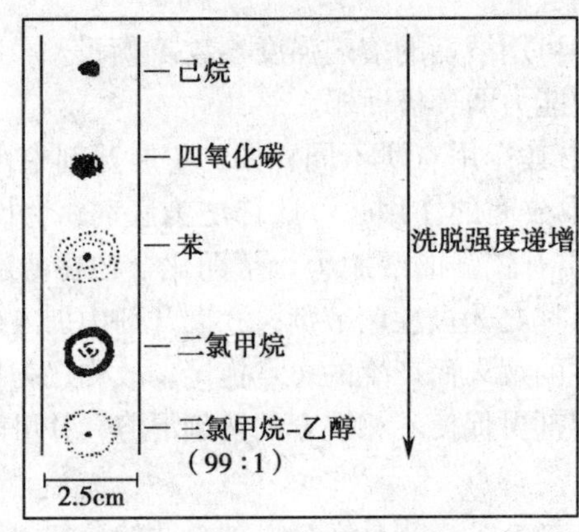

图4-4　点滴试验法

（三）CAMAG-VARIO-KS 展开室

这种展开室至少有 5 个溶剂室，可以在同一薄层板上同时筛选至少 5 种展开剂。

四、薄层板的制备

（一）薄层板的几种制备方法

薄层板一般采用厚 2~3mm、厚度均匀、边角垂直平滑的窗玻璃作载板，在其上涂以吸附剂。正规薄层板的大小应是 200mm × 200mm 或 100mm × 200mm。这种大小的薄层板分离效果较好，但速度较慢。为了提高分析速度并节约人力和物力，往往用 50mm × 150mm 或 50mm × 100mm 的薄层板，也可以得到满意的结果。甚至用更小的 76mm × 25mm 的载玻片，也能做某些简单的实验。

涂制薄层板的方法大致可分为以下 4 种：

1. 使用涂布器 即将吸附剂按一定比例加水调匀后，倒入涂布器浆槽中，在特制的涂布板上涂敷。

2. 倾倒涂层 将薄层用玻璃板排成一条，两侧放同样厚度的垫有垫片的支持用玻璃板，垫片的厚度与要涂制的薄层厚度相当。再将干吸附剂或调水后的吸附剂浆料倒在玻璃板上，随即用玻璃棒沿玻璃板表面刮推，使吸附剂平整地铺于板上。

3. 浸涂 将玻璃板浸入吸附剂浆料中，然后用均匀的速度提出来，使吸附剂附于玻璃板上。

4. 喷涂 以喷雾器将调好的吸附剂浆料均匀地喷在玻璃板上。

上面所列举的 4 种方法，以第二种方法即倾倒涂层法最为简便，但是采用这种方法很难得到均匀的薄层；第三种方法使用小型玻璃板，如显微镜载玻片或棒状薄层；第四种方法使用不多。相比之下，还是第一种方法即使用涂布器的方法较为实用，用这种方法可以很方便地制得厚度均匀的薄层。

（二）手工制板

手工制板一般分为不含黏合剂的软板和含有黏合剂的硬板 2 种。软板是将吸附剂或载体直接涂布于玻璃板上，用干法涂成均匀的薄层即可使用。但软板疏松、操作不方便，目前已很少使用，主要用硬板。

手工制板所用的玻璃板要求板面平整，洗净后排列在薄层板放置架上备用。然后用手动或自动涂布器将已调制好的固定相均匀地涂铺在玻璃板上，手动涂布器常因推进速度的不同使薄层厚度不均匀，因此最好用自动涂布器如 CAMAG 自动涂布器，但因其价格昂贵，一般实验室较少购置。手工简易涂布器及制备吸附剂梯度的涂布器见图 4-5 及图 4-6。

制备含黏合剂的硬板，必须先制备固定相的匀浆，由于固定相及黏合剂类型不同、性能也不相同，匀浆时的加水量也不相同。不同类别薄层制备时的用水量及活化条件见表 4-3。

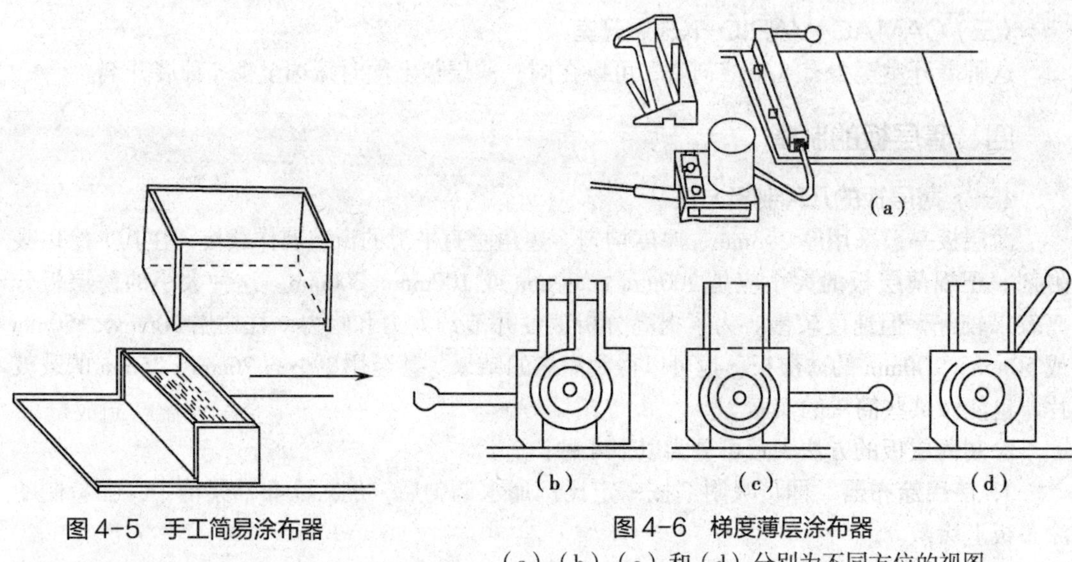

图 4-5　手工简易涂布器

图 4-6　梯度薄层涂布器

（a）、（b）、（c）和（d）分别为不同方位的视图

表 4-3　加黏合剂铺层处理方法

薄层类型	固定相 /g：水用量 /ml	活化
硅胶 G	1∶2 或 1∶3	80 或 105℃ 0.5~1h 或阴干
硅胶 CMC-Na	1∶3（0.5%~0.1% CMC-Na 水溶液）	80℃ 20~30min 或阴干
硅胶 G CMC-Na	1∶3（0.2% CMC-Na 水溶液）	80℃ 20~30min 或阴干
氧化铅 G	1∶2 或 1∶2.5	110℃ 30min
氧化铅 - 硅胶 G（1∶2）	1∶2.5 或 1∶3	80℃ 30min
硅胶 - 淀粉	1∶2	105℃ 30min
硅藻土 G	1∶2	110℃ 30min
纤维素	1∶5	

调制固定相的匀浆时，可以将一定量的固定相按比例加入适量蒸馏水中，在研钵中用研杵研磨或在烧杯中用玻璃棒顺一个方向搅拌至开始凝固，搅拌或研磨时间因固定相种类及黏合剂不同而有所不同，根据具体情况而定。涂布时间要短，以避免固定相过度凝固给涂布带来困难，涂布速度要求均匀，自动涂布器可以保持涂速均匀，涂布后的薄层应水平放置，室温晾干备用，晾干过程中应避免因通风而导致层面产生裂纹；定性与定量时用的薄层厚度为 0.2~0.3mm，制备薄层的厚度要求为 0.5~2mm。

（三）预制板

预制板使用方便、涂布均匀、薄层光滑、有很好的牢固程度效果，因此越来越受青睐。预制板用玻璃板、塑料片作为载板，使薄层吸附在上面。预制板不仅使用方便，而且薄层质量高，所以分离效果以及定量重现性等方面也较手工制薄层板好。

预制板或不是利用吸附作用进行分离的手工制薄层板不需要活化。手工制硅胶或氧化铝薄层板涂布后水平放置晾干即可，一般可以直接使用，但有时必须活化，活化的温度及时间可根据活度要求变化。

（四）烧结薄层板

烧结薄层板是一种经一次制备可以多次使用的薄层板。它的制备方法为取石英玻璃在球磨机中磨碎，然后用 1∶1 的盐酸洗涤，再用蒸馏水反复洗至中性，洗涤时不断搅拌，静置，倾去浮在水面上的玻璃细粉，最后倒去上层水液，将玻璃粉移入搪瓷盘中以 160~180℃烘 1h，过 200~300 目筛备用。另取 200~300 目氧化铝，以 1∶2.5 的重量比例与上述玻璃粉混合均匀，用无水乙醇调成浆料，按通常方法涂板，涂层厚度为 0.25~0.30mm，在空气中自然干燥，干燥后放在约 5mm 厚的硬石棉板上，在高温炉中加热至 750~780℃，关闭电路，自然冷却后取出备用。也可用硅胶 H 按 1∶2.5 的重量比例与玻璃粉制成烧结板，但加热不能超过 750℃，超过后就会出现薄层龟裂现象，而且薄层的硬度也较差，易受损伤。

用普通玻璃粉代替石英玻璃粉制得的烧结薄层板同样可以使用，但因其能吸收波长为 300nm 的紫外线，所以在用于荧光激发显色时灵敏度有所降低（表 4–4）。

表 4–4　烧结薄层板的配制比例及烧结条件

吸附剂	黏合剂	配制比例	烧结条件	
			温度 /℃	时间 /min
硅胶	玻璃粉	1∶2~1∶5	470~770	7~10
氧化铝	玻璃粉	1∶1~1∶4	470~870	7~10
硅藻土	玻璃粉	1∶1~1∶6	470~770	7~10

荧光烧结薄层板的制备方法与普通烧结薄层板基本相同。以结晶性玻璃粉为黏合剂，见表 4–5，加入适当比例的吸附剂（如硅胶），按上述制备方法制成后在 450~750℃烧制 5~10min。

烧结薄层板可以反复使用，但在再次使用前，需将薄层板浸入硝酸 – 过氧化氢混合液（15%~20% 硝酸与 5% 过氧化氢的混合液）或硫酸 – 浓硝酸（1∶1）中至原有斑点消失，取出用水冲洗，再于 110℃活化 30~60min。如将已使用过的烧结薄层板置于 400~500℃加热 1~2h，使薄层板上的有机物全部分解后亦可反复使用。

表 4–5　结晶性荧光玻璃的组成

荧光玻璃种类	玻璃组成									
	SiO_2	Na_2O	Al_2O_3	CaO	ZnO	WO_3	B_2O_3	CdO	MnO	PbO
$ZnSiO_4$/Mn	60.0	10.0	3.7	–	26.0	–	–	–	0.3	–
$CaWO_4$/Mn	56.0	8.0	–	24.0	–	10.7	–	–	0.3	1.0
$Cd_2B_2O_5$/Mn	10.0	–	2.0	–	–	–	26.0	61.7	0.3	–

五、点样

在薄层色谱法中，点样是造成定量误差的主要因素。除由于个人操作熟练程度的差异而使定量结果有很大的变动外，不同的点样器也会导致结果偏高或偏低。此外，样品溶液的配制或不同的净化条件、原点的直径、点样体积等如果处理不当，也会导致薄层色谱法不能重现及造成定量误差。

（一）样品溶液的制备

在用薄层色谱技术分析样品前，首先必须将样品制备成一定浓度的溶液，以便于点到纸或薄层板上，才能进行色谱法分离。制备固体或液体的纯品溶液只需要将纯品直接溶于单一或混合溶剂中，并稀释至一定浓度即可点样。对于生物样品中某些成分的分离测定时，要先将样品中的被测成分定量地提取出来，根据含量高低稀释或浓缩成一定浓度的样品溶液。因为薄层吸附剂不必反复使用，且色谱法过程同时也有净化作用，所以多数情况下样品溶液可以直接点样，不必预处理。如果样品中的待测成分含量太低、杂质太多或供试液中的杂质使展开后的色谱背景太深或影响分离及测定时，对样品溶液用萃取、吸附或点样前衍生化等方法进行预处理是必要的。

（二）点样设备和技术

配制样品时应选用合适的溶剂，不同的溶剂对样品的洗脱能力不同。若样品在溶剂中的溶解度很大，点样时的原点将变成空心环，Kaiser 称之为“点样环形色谱效应”，这种效应对随后的线性展开会造成不良影响。溶剂的黏度不宜过高，以便于点样。溶剂的沸点要适中，沸点过低由于挥发会改变样品溶液的浓度，导致较大的误差；沸点过高则样品溶液的溶剂会在原点残留。目前，最常用的溶剂为甲醇和乙醇，也有用丙醇。点样后，必须将溶剂全部除去后再进行展开。要避免高温加热，以免改变待测成分的性质。

点样方式、点样量及点样设备的选择决定于分析的目的、样品溶液的浓度及被测物质的检出灵敏度。点样体积，经典薄层一般为 1~5μl，高效薄层为 100~500nl。样品溶液的浓度一般在 0.015%~1.00% 范围内。经典薄层的原点直径最大不得超过 5mm，一般 3mm 较为合适；高效薄层的原点直径为 1~2mm；尽可能避免多次点样，原点直径过大会降低分辨率及分离度。经典薄层的起始线距底边约 15mm，高效薄层为 10mm；展距前者为 100~150mm，后者为 50~70mm，对于难分离的化合物用多元展开剂展开时，要注意原点与展开剂的距离每次要保持一致。点与点的间距经典薄层为 10~20mm，高效薄层为 0.5mm。

在点样前，应将薄层板放在日光或紫外线下检查板面有无损坏或污染，选择合格的薄层板后决定用点状点样还是用带状点样。

1. 点状点样　用薄层色谱法定性，一般采用内径为 0.5mm 的管口平整的毛细管或微量注射器将样品溶液点在距薄层底边 5mm 处，点间距为 10~15mm。若要用来定量，借毛细管作用吸样的定量管有 2 种，一种是容积为 0.5μl、1μl、2μl、3μl、4μl 及 5μl 的定量毛细管，另一种是 100μl 及 200μl 的铂铱合金定量毛细管。注射器式的可变体积的点样器可用于需要调节体积及没有毛细作用的键合相薄层的点样。

2. 带状点样　当样品溶液体积大、浓度稀时，采用 CAMAG Linomat Ⅳ型自动点样设备进行带状点样。定量分析的点样范围为 1~99μl，制备型分离的点样范围为 5~490μl。绘制定量标准曲线时，可用同一标准溶液自动点上不同的体积，故快速简便。使用时样品溶液吸在微量注射器中，点样器不接触薄层，而是用氮气将注射器针尖的溶液吹落在薄层板上，薄层板在针头下定速移动点成 0~199mm 的窄带。

3. 自动点样 Automatic TLC Sampler Ⅲ型（ATS Ⅲ）全自动点样装置结合了现代最先进的电子及机械技术，能进行点状或带状自动点样。

六、展开

将点样后的薄层板下端浸入展开剂中展开，其目的是使混合物分离。分离后斑点在薄层板上的位置用比移值表示。薄层色谱法的展开有 3 种几何形式：线性、环形及向心，见图 4-7。

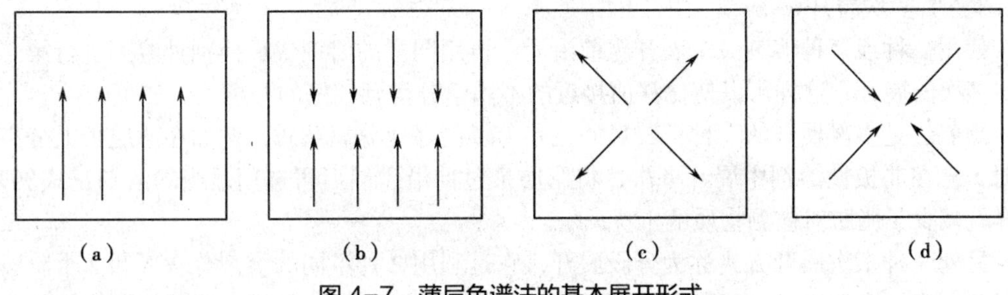

图 4-7 薄层色谱法的基本展开形式
（a）、（b）线性 （c）环形 （d）向心

（一）线性展开

1. 上行展开 将点样后的薄层板的底边置于盛有展开剂的直立型的多种规格的平底或双槽展开室中，展开剂由薄层板下端借助于毛细管作用上升至前沿。这种展开方式适合于含黏合剂的硬板的展开，是薄层色谱技术中最常用的展开方式。

在使用平底展开室时，可将展开室一端垫高，使展开剂集中在薄层板点有样品的一端；如果薄层板需要用展开剂饱和，可以将薄层板放在垫高的一端，饱和后展开时可将另一端垫高，薄层板就可以接触展开剂进行展开，见图 4-8；如果用与展开剂不同的溶剂蒸气（如挥发性酸或碱等）饱和薄层板时，可在平底展开室中放置盛有某种挥发性溶剂的小杯，效果非常理想。

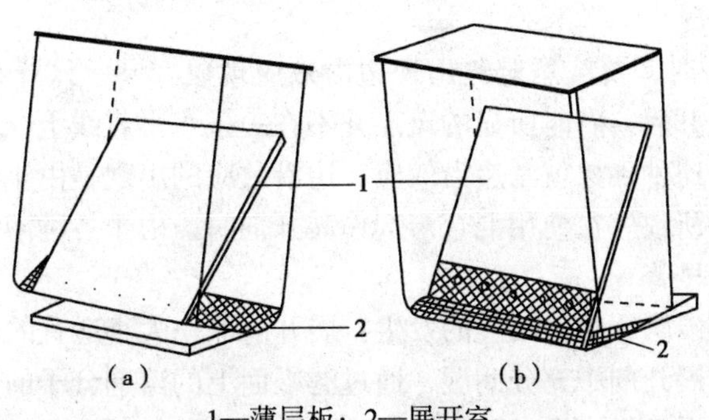

1—薄层板；2—展开室。

图 4-8 用平底展开室进行薄层板的预饱和
（a）饱和 （b）展开

另一种上行展开方式是夹心式展开。将点样后的薄层板的两边垫以玻璃窄条，上面覆

盖一块同样大小的玻璃盖板，并使其稍短于薄层板 20mm，以便于使展开剂浸到薄层板的边沿，2 片玻璃板用不锈钢夹子固定，放入展开剂中展开，这种方式不需要饱和。

2. 下行展开 这种展开方式多用于纸色谱法。将点样后的滤纸悬放在展开剂槽中，用粗玻璃棒压纸以固定，展开室底部可放饱和滤纸用的溶剂，展开剂从上而下流动。下行法中展开剂除毛细管作用外，还有重力作用，展速比上行法相对较快。

（二）近水平展开

将适量展开剂倾入长方形的玻璃展开室中，将点样后的薄层板下端浸入展开剂 5mm，薄层板上端垫高，使薄层板与水平呈 5°~10° 的角度，这样展开剂就由下而上进行展开。这种展开方式适用于不含黏合剂的软板的展开。

（三）多次展开

使用一种或多种溶剂一次展开至前沿后，再用同样的溶剂或另换别种溶剂进行第二次或更多次的展开，这样可以使比移值接近的不同组分得到较好的分离。

预展法是多次展开的一种，其目的也是为了更好地分离杂质。例如在薄层板上分离脂肪时，先在非极性溶剂中展开一次，将脂肪推过前沿，然后再选用适当的溶剂正式展开，这样就减少了脂肪对被测物质的干扰。

另外一种多次展开方式称为分段展开，它是利用 2 种不同的溶剂分 2 次和 2 个阶段进行展开。第一次只展开一段距离，第二次则换用另一种溶剂展开至更远的前沿，以便于使被测物质得到较好的分离。

一般展开时间从大约 15min（对薄层色谱法）到几小时（对下行法的纸色谱法）不等。除了上述方法外，还有一些特殊的技术①程序化多级展开：板自动循环经过若干个展开过程；②溢流技术：这种方法也可增加 R_f 值；③双向展开技术：在一个方形板上，第一次展开完成并干燥后，第二种溶剂在垂直于第一种溶剂流动的方向上进行展开；④薄层色谱法程序升温的专门方法。

物质在展开后的比移值大小主要受展开剂极性大小的影响，但是展开剂的其他理化性质对比移值也有影响。例如将奶油黄、苏丹红和靛酚蓝混合染料用正己烷 - 乙酸乙酯（9∶1）展开时，比移值的次序为奶油黄 > 靛酚蓝 > 苏丹红。但若用二氯甲烷展开，则三者的次序为奶油黄 > 苏丹红 > 靛酚蓝。这里，如果纯粹是展开剂极性的影响，就不会发生比移值相互错位的情况。

在薄层板上展开时，要注意避免出现边沿效应现象。同一试样在同一薄层板上滴加多个并列的样点，展开后，有时所显的斑点并不在一条水平直线上，近边沿较高，中间偏低，形成凹形弧线，这种现象就是边沿效应。边沿效应的出现是由于展开剂的蒸气密度在展开室内分布不均匀所致。在使用混合溶剂作展开剂时，由于各种溶剂的极性、蒸气密度不同，这种现象更为显著。

采用以下措施可以防止边沿效应的发生：展开前取一大小适宜的洁净滤纸折成 L 形衬入展开室内壁，浸在展开剂中充分润湿，通过滤纸面上的溶剂分子的扩散，使溶剂蒸气在展开室内达到饱和，再将薄层板以板面朝向滤纸放入展开室内展开。

七、显色方法和显色剂

许多物质组分在薄层板上通过展开得到分离后，其斑点色谱图并未显现，这时可采用下列方法进行显色。

（一）显色方法

1. 首先在日光灯下观察，画出有色物质的斑点位置。

2. 在紫外线灯（254nm 或 365nm）下观察有无暗斑或荧光斑点，并记录其颜色、位置及强弱。有荧光的物质或少数有紫外吸收的物质可用此法检出。

3. 荧光薄层板检测适用于有紫外吸收的物质。荧光薄层板是在硅胶中搀有少量荧光物质制成的板，在 254nm 紫外线灯下，整个薄层板呈黄绿色荧光，被测物质由于吸收了部分照射在此斑点位置的紫外线，而呈现各种颜色的暗斑。

4. 既无色又无紫外吸收的物质可采用显色剂显色。

（二）显色剂

1. 有机化合物的通用试剂

（1）碘蒸气：在浅黄色背景上，很多有机化合物吸附碘，可逆性地产生棕色至黄色斑点，不少化合物的检测灵敏度可达 0.5~1μg。

（2）10% 硫酸乙醇溶液：喷雾后，在 105℃加热 10~15min，在日光或紫外线下观察。大多数有机化合物呈现有色斑点，如红色、棕色、紫色等，在碳化以前，不同的化合物将出现一系列颜色的改变，被碳化的化合物常出现荧光。

（3）高锰酸钾 – 硫酸溶液：配制方法为将 500mg 高锰酸钾溶解在 15ml 浓硫酸中。注意要少量地慢慢混合，因为锰的七氧化物有爆炸性。结果为粉底本色上产生白色斑点。

（4）25% 高氯酸水溶液：喷雾后，加热至 150℃观察。

（5）10%~20% 五氯化锑四氯化碳溶液或三氯化锑乙醇饱和溶液：喷雾后，在 100~120℃加热，在日光或紫外线下观察。这也是有机化合物的通用试剂，和很多有机化合物反应产生不同的颜色。

2. 专属性显色剂

（1）0.3% 溴甲酚绿 –80% 甲醇溶液（每 100ml 中预先加入数滴 NaOH 溶液）：在绿色背景上显黄色斑点，表示脂肪族羧酸。

（2）5% 磷钼酸乙醇溶液：喷后于 120℃烘烤，还原性物质显蓝色斑，再用氨气熏，背景变为无色。

（3）2% 2，4– 二硝基苯肼乙醇溶液：喷后于 120℃加热 3min，醛、酮在黄橙色背景上显红色或橙色斑点。

（4）0.3% 茚三酮丁醇溶液（含有 3% 的乙酸）：用来检测氨基酸及脂肪族伯胺类化合物，在白色背景上显粉红色至紫色斑点。

（5）三氯化铁 – 铁氰化钾溶液：由 0.1mol/L $FeCl_3$ 和 0.1mol/L $K_3Fe(CN)_6$ 溶液临用前混合配成，用来检测酚类、芳香族类及甾族化合物。

显色剂种类繁多，总数达 300 多种，这里不多介绍，如有需要，可以参阅有关专著。

很多显色剂具有毒性，因此若采用喷雾操作，要在通风良好的装置中进行。紫外线照射显色法比较简单，只需将展开后的薄层板放在特制的紫外线灯箱中照射便可，但照射时间、光亮强弱、长短波的选用及放置薄层板的位置和距光源的距离等都对显色效果有影响，要在实验过程中调整和摸索。

紫外线对眼有刺激作用，观察荧光反应时应戴上防护眼镜。

第三节　薄层色谱法参数

混合样品在薄层板上被分离的原理与柱色谱法类似，样品能够被分离的前提是首先样品与固定相之间的相互作用（吸附、分配、离子交换）是可逆性的；其次是相互作用的平衡常数 k 不相等，即各组分存在差速迁移。这样各组分分别与展开剂竞争与固定相上的作用位点，由于不同组分的作用力不同，从而达到分离。但薄层色谱法与柱色谱法的操作不同，故其技术参数也不完全相同。本节介绍薄层色谱法的主要技术参数。

一、定性参数

（一）比移值

比移值（R_f）是用来描述样品中的各组分在薄层板上移行的距离与溶剂移行的距离之比的参数。由于 R_f 值与样品、固定相、展开剂的性质有关，因此 R_f 值可以作为组分的定性参数。其定义式如下：

$$R_f = \frac{L_1}{L_0} \qquad 式（4–1）$$

式中，L_1 为原点中心到斑点中心的距离；L_0 为原点中心到溶剂前沿的距离。

R_f 值示意图见图 4–9。

由分离原理可知，平衡常数 K 大的组分在薄层板上移动较慢，其 R_f 值较小；反之 R_f 值较大。当 R_f 值为 0 时，表示组分留在原点未被展开，即组分在固定相上的保留很牢固，完全不溶于流动相；当 R_f 值为 1 时，表示组分随展开剂移行至溶剂前沿，完全不被固定相保留。所以比移值 R_f 值只能在 0~1，在实际操作中一般要求 R_f 值在 0.2~0.8。

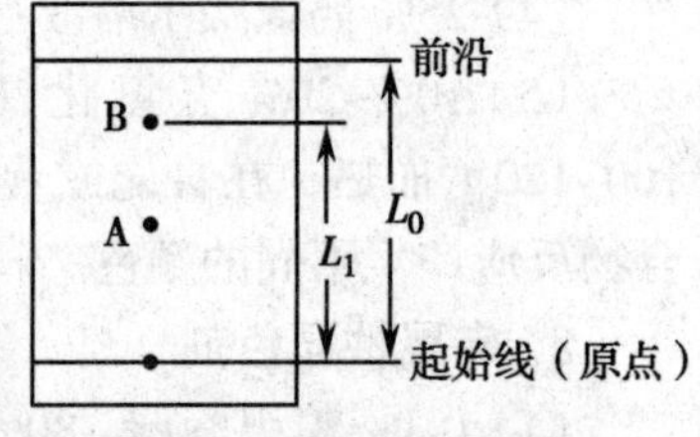

图 4–9　R_f 值示意图

（二）相对比移值

由于 R_f 值受到诸多因素的影响，在不同的色谱条件下很难加以比较，控制色谱条件也很有限，要在不同实验室、不同实验者间进行 R_f 值的比较是很困难的。采用相对比移值（relative R_f，R_r），由于参考物质和组分在完全相同的条件下展开，能消除系统误差，因此其可比性和重现性均比比移值好。参考物质可以是加入样品中的纯物质，也可以是样品中的某一已知组分。由于相对比移值表示的是组分与参考物质的移行距离之比，显然其值的大小不仅与组分和色谱条件有关．而且与所选的参考物质有关。与 R_f 值不同，相对比移值 R_r 值可以大于 1 也可以小于 1。其定义式如下：

$$R_r = \frac{R_{f(i)}}{R_{f(s)}} \qquad 式（4–2）$$

式中，$R_{f(i)}$ 和 $R_{f(s)}$ 分别为组分 i 和参考物质 s 在同一平面、同一展开条件下所测得的 R_f 值。

（三）保留常数值

保留常数值（R_M）的定义式如下：

$$R_M = \lg\left(\frac{1}{R_f} - 1\right) \qquad 式（4–3）$$

上式表述了保留常数与化合物的 R_f 值之间或与被测化合物的结构之间存在的关系，1966 年 Gaspanri 等提出了 R_M 值的定义，利用此式可以推测同系物的 R_M 值或鉴定同系物。

（四）环形展开比移值

环形展开比移值（R_{fc} 或 R_{R_f}）为被分离物质由原点迁移的半径与溶剂由原点至前沿半径的比值。由于直线展开时的移行距离与环形展开时的半径的平方根相当，所以：

$$(R_{fc})^2 = R_f \qquad 式（4–4）$$

环形展开适用于 R_f 值小的化合物，因为环形展开时，在高比移值的范围，斑点扁平，较为分散；而在低比移值的范围，斑点集中，分离度好。

二、相平衡参数

（一）分配系数

分配系数（partition coefficient，K）表示在色谱法分析过程中，两相达到平衡时，某组分在固定相中的浓度（C_s）与在流动相中的浓度（C_m）之比。

$$K = \frac{C_s}{C_m} \qquad 式（4–5）$$

一般来说，在浓度低时，K 为常数，与体积无关，与温度有关。温度升高 30℃，分配系数约下降 1/2。对于不同的色谱法机制，分配系数的含义不同，有不同的名称，在吸附色谱法中 K 称为吸附系数，在离子交换色谱法中 K 称为离子交换系数。

（二）容量因子

容量因子（capacity factor，k）是衡量固定相对待测组分的保留能力的重要参数。其定义式为：

$$k = K\frac{V_s}{V_m} \qquad 式（4–6）$$

将分配系数代入上式可得：

$$k = \frac{C_s V_s}{C_m V_m} = \frac{W_s}{W_m} \qquad 式（4–7）$$

即说明容量因子 k 是指在两相达到平衡时，某组分在固定相中的量（W_s）与在流动相中的量（W_m）之比。因此，容量因子也被称为质量分配系数。当容量因子 k 较大时，表示被固定相保留的程度大，在薄层板上移行得慢；反之，移行得快。

（三）K、k 与 R_f 的关系

设 R' 为在单位时间内 1 个分子在流动相中出现的概率（即在流动相中停留的时间分数）。若 $R' = 1/3$，则表示这个分子有 1/3 的时间在流动相，而有 2/3 的时间在固定相。对于待测组分的大量分子而言，则表示有 1/3（R'）的分子在流动相，有 2/3（$1 - R'$）的分子在固定相。组分在固定相和流动相中的量可分别用 C_sV_s 和 C_mV_m 表示，C_s 为组分在固定相中的浓度，C_m 为组分在流动相中的浓度；V_s 为薄层中固定相所占的体积，V_m 为薄层中流动相所占的体积。所以有下式：

$$\frac{1-R'}{R'}=\frac{C_s V_s}{C_m V_m}=K\frac{V_s}{V_m} \qquad 式（4–8）$$

整理上式可得：

$$R'=\frac{1}{1+k} \qquad 式（4–9）$$

同理，R' 也可以表示组分分子在薄层板上移行的速度。若 $R' = 1/3$，则表示组分分子的速度（μ）为流动相分子的速度（μ_0）的 1/3（μ/μ_0），即该组分移行至前沿的时间为流动相的 3 倍。由此可得，$R' = L/L_0 = \mu t/\mu_0 t$。在薄层色谱法中，组分分子与流动相分子的移行时间是相同的，所以 $R_f = R'$，即可得出比移值与分配系数、容量因子的关系式如下：

$$R_f=\frac{1}{1+KV_s/V_m}=\frac{1}{1+k} \qquad 式（4–10）$$

或

$$k=\frac{1-R_f}{R_f} \qquad 式（4–11）$$

由上式可知，R_f 为 1 的组分，K 与 k 为 0，表示该组分不被固定相保留；R_f 为 0 的组分，K 与 k 趋于 ∞，表示该组分不溶于流动相，不能被流动相洗脱而停留在原点，完全被固定相保留。在吸附色谱法或分配色谱法中，改变流动相的极性可改变容量因子，以达到分离组分的目的。

三、分离参数

（一）分离度

分离度（resolution，R）是薄层色谱法的重要分离参数，是两个相邻斑点的中心距离与两斑点平均宽度的比值。其关系式如下：

$$R=\frac{d}{(W_1+W_2)/2} \qquad 式（4–12）$$

式中，d 为两个斑点的中心距离；W_1、W_2 分别为两个斑点的宽度。在薄层扫描图上，d 为两个色谱峰的峰间距，W_1、W_2 分别为两个色谱峰的峰宽（图 4–10）。显然，薄层色谱法中相邻两个斑点之间的距离越大，斑点越集中，分离度越大，分离效能越好。

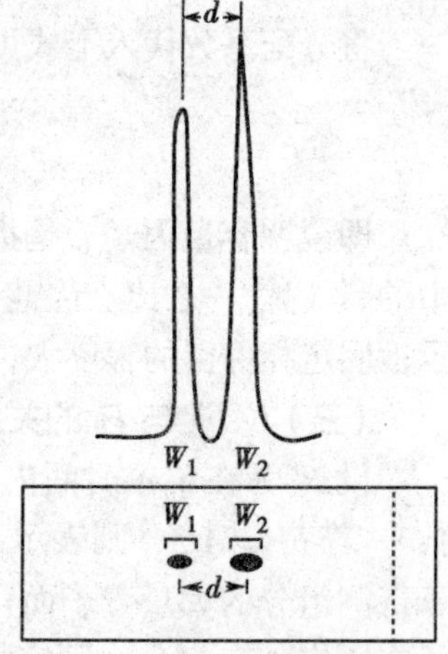

图 4–10　平面色谱法的分离度示意图

（二）分离数

分离数（separation number，SN）是衡量薄层色谱的分离容量的主要参数，也是面效的评价参数。分离数的定义是在相邻斑点的分离度为 1.177 时，在 $R_f = 0$ 和 $R_f = 1$ 的两组分斑点之间能容纳的色谱斑点数。SN 越大，平面的容量越大。一般薄层板的 SN 在 10 左右，高效薄层板可达 20。SN 的表达式如下：

$$SN = \frac{L_0}{b_0 + b_1} - 1 \qquad 式（4–13）$$

式中，b_0 和 b_1 分别为薄层扫描所得的 R_f = 0 和 R_f = 1 的组分的半峰宽。实际上，b_0 和 b_1 均不能由薄层扫描图上得到，而是通过测量其他组分的 R_f 值和半峰宽，而这在一定点样范围内呈直线关系，由回归方程外推而得。经典薄层板的分离数在 7~10，高效薄层板的分离数在 10~20 范围内。

四、板效参数

（一）理论塔板数

理论塔板数（number of theoretical plate，n）是反映组分在固定相和流动相中的动力学特性的色谱技术参数，是色谱法分离效能的指标。在薄层色谱法中的理论塔板数主要取决于色谱系统的物理特性，如固定相的粒度、均匀度、活度以及展开剂的流速和展开方式等。理论塔板数的表达式如下：

$$n = 16\left(\frac{L}{W}\right)^2 \qquad 式（4–14）$$

式中，L 为原点到斑点中心的距离；W 为组分斑点的宽度；n 越大表示该薄层板的效能越高，斑点集中，扩散小。普通 TLC 的 n 通常为 600，高效 TLC 可达 5 000 或更大。

（二）理论塔板高度

理论塔板高度（height of theoretical plate，H）是由理论塔板数及原点到展开前沿的距离（L_0）计算出的单位理论塔板的长度，以下式表示：

$$H = \frac{L_0}{n} \qquad 式（4–15）$$

由上式可知，H 与 n 成反比，n 越大，H 越小，板效越高。

第四节 薄层色谱法定性与定量方法（含薄层扫描法）

一、定性方法

色谱法是一种分离与分析技术，样品得到分离并不是其最终目的，最终目的是确定样品的成分和测定其含量。众所周知，色谱法是用于有机混合物组分定量分析的最普遍的技术，但它却不是一种很好的定性技术。薄层色谱图基本上是一条在展开方向轴上的响应信号分布曲线。该信号的大小只依赖于有响应信号的物质总量，不一定是对组分的，也不一定与物质的分子结构或分子内的个别基团有关（选择性检测器除外）。色谱法本身所提供的定性信息只有保留值，对 TLC 来说，就是 R_f 值。由于色谱法分离能力的限制，利用保留值定性只是相对的，所以薄层色谱法定性一般多利用保留值与化学反应，将选择性检测及联用技术结合起来进行。

（一）利用保留值定性

在特定的色谱系统中，化合物的 R_f 值的准确性受到诸多因素的影响，显然利用相对保留值进行鉴定可消除一定的影响因素，提高重现性。文献中有时报道一些物质的“标准”R_f 值，由于很难重复文献中的色谱条件，因此其参考意义远不如 GC 中的保留指数那么重要。实践中，为了增加利用保留值定性的可靠性，往往改变色谱系统的选择性，重复测定同一化合物的保留值。在 TLC 中既可通过变换固定相来改变选择性，也可通过改变流动相来改变选择性。若在不同的色谱体系中比较保留值，仍得到肯定的结果，那么其可靠性就大大增加了。因此，色谱技术在未知混合物的定性中起着重要作用。

R_M 值在一定程度上反映物质的组成，例如—CH_2—数目与它们的 R_M 值之间一般呈线性关系。利用这种线性关系可以推测化合物的结构，如果能在多种色谱体系中测定这种关系，鉴定的可靠性将大大增加。

（二）利用板上的化学反应定性

利用板上的化学反应定性主要有两种方式：①反应后生成预期特征颜色的化合物，以此鉴定；②反应后生成复杂的、无法鉴定成分的混合物，但可根据生成物的“指纹”特征加以鉴定。

可以用于板上的反应有乙酰化、浓硫酸脱水、偶氮化、酯化、卤化、酸碱水解、异构化、硝化、氧化还原、热解和光化学反应等。在利用板上的反应定性时，可以采用加热、辐射等手段；也可以通过液体喷雾方法施加反应试剂；还可以将反应试剂载在固定相或流动相中。在薄层色谱技术的展开中，可以在单向展开前或后实现化学反应，也可以在双向第一次展开前反应或 2 次展开之间反应或每次展开前反应，也可以多种方法同时进行，以获得多种信息。

板上化学反应定性与保留值相结合，将增加定性的可靠性。

（三）利用板上的光谱图定性

现代薄层扫描仪一般都具有直接测定薄层板上的紫外或可见吸收光谱图的功能，有的还能够记录荧光激发光谱图，这是很重要的定性信息。但是，一般来说，只有利用与平行点加的标准样品斑点的谱图进行对照，这种信息才是可靠的。随着色谱技术的仪器化和自动化，很容易获得具有良好再现性的结果。这就有可能建立不同类化合物在标准条件下的板上光谱图库，并由计算机进行检索定性。图 4-11 是 2 种药物板上光谱图计算机检索的结果。

另外，CAMAG Scanner Ⅱ/IBM 计算机系统可将展开距离、吸光度和波长绘制成三维光谱 - 薄层色谱图，同时提供关于定性、定量及分离状况的直观信息，见图 4-12。由于薄层色谱法的离线性和斑点被固定在薄层板上，可任意对同一斑点用不同波长进行重复扫描，因而对检测器的响应速度没有特殊要求。

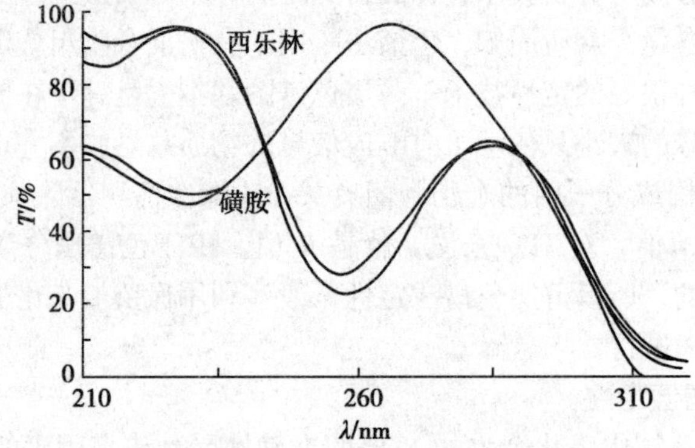

图 4-11 板上紫外吸收光谱图计算机检索

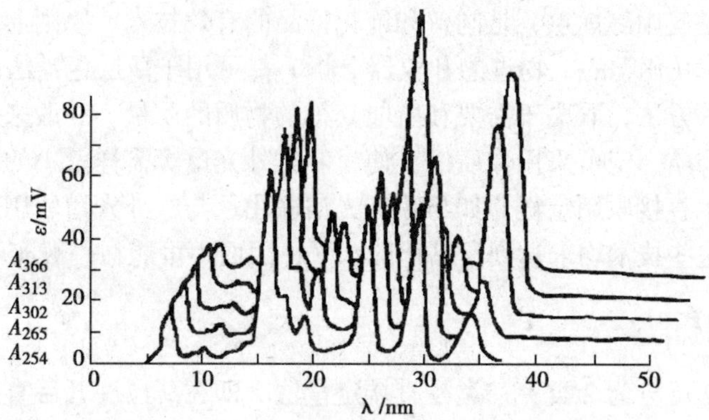

图 4-12 几种磺胺药物的三维薄层扫描图

（四）与其他技术联用定性

薄层色谱法是一种离线技术，它可很方便地与其他特征定性技术间接联用。在间接联用中，薄层色谱法实际上被用作一种快速获得微量纯物质的制备技术。只要待制备物质具有足够的化学稳定性，薄层色谱法即是首选的制备方法。制备薄层色谱法的原理和操作技术与分析薄层色谱法大同小异。常用的制备薄层色谱法有 2 类：常规展开法和离心展开法。

与分析薄层色谱法的主要差别在于常规制备薄层色谱法所用的薄层板更厚些，一般为 0.5~2.0mm，常用的制备薄层色谱法的制备量为 10~500mg，板大小有 5cm × 20cm、10cm × 20cm、20cm × 20cm 和 20cm × 40cm 等。制备薄层色谱法的分离条件一般都用分析薄层色谱法选择优化，必要时需略加修正。展开后若被分离组分是有色物质，凭眼睛观察即可定位；若组分物质无色，但有紫外线吸收或发射荧光，可将薄层色谱图在适当波长的紫外线下观察定位；若组分既无颜色又无紫外线吸收，则可采用硅胶 GF_{254} 板，展开后通过荧光淬灭进行谱带定位［荧光指示剂不能被洗脱而引起样品污染，在含有荧光剂的硅胶板（如硅胶 GF_{254} 板），在紫外光灯（254nm）下观察板面上该成分形成的荧光淬灭色谱］。上述定位方法都不会造成组分物质的破坏，另一种非破坏性定位是碘蒸气显色定位。大多数吸附碘而显示棕色的化合物都是可逆性吸附，仅有些是非可逆性吸附。因此，最好是薄层色谱图部分显色，即将薄层色谱图大部分用玻璃板覆盖，只留出与展开方向平行的一条边（或两边）部分显色后，即可确定整个色谱图上谱带的位置。

如果上述方法均无法定位，就需要化学显色定位。由于化学显色都是破坏性的，因而决不能对整个薄层色谱图喷洒化学试剂。若显色反应不需要加热，可用玻璃板或硬纸板将薄层色谱图大部分盖住，只留出与展开方向平行的一小条用于喷洒显色试剂。为防止化学试剂渗入盖住的薄层，应将待喷试剂的部分划开，并将划线处的吸附剂去掉。若显色反应要求加热，为防止拟制备的组分因加热变性而遭到破坏，就必须小心将待显色的小条裁下，单独显色。定位后，将待收集的组分斑点吸附剂小心转移到适当大小的试管中，用适当的溶剂（如三氯甲烷、丙酮和甲醇等，在溶解度允许的情况下，尽量用极性较小的溶剂）洗脱吸附剂中的组分物质。若组分物质的热稳定性良好，也可采用索氏抽提器提取。过滤洗涤液，一般应洗脱 2~3 次，合并滤液。用旋转蒸发器或氮气流蒸发挥去溶剂，残留物经洗涤或重结晶，即可得该纯物质。

离心展开法具有分离效率高、速度较快、适于连续分离、处理量较大（可达数克级），以及薄层板可反复使用等优点，是制备和纯化样品的有效技术。原则上，一切能用于鉴定物质的方法及技术（化学的、物理的和仪器分析）都可用于薄层色谱法制得的纯物质的鉴定。究竟采用何种方法，取决于需要和所能获得的物质的质量。一般来说，对于样品来源受到限制的微量物质，宁可采用像质谱、傅里叶红外光谱等需样量小的技术。薄层色谱技术还可与其他技术直接联用定性，如与荧光光谱联用、与红外光谱联用或与核磁共振波谱联用等。但是，这些技术均未达到商品化的水平，因而不可能在一般实验室中普及使用。

二、定量分析

薄层定量方法可分为 2 类：一类是直接定量法，即在薄层展开后直接在板上进行定量测定，如目视比色法和薄层扫描法；另一类是间接定量法，也称洗脱法，它是将被测定的化合物自薄层板上洗脱下来，再选择合适的方法测定，因此间接法定量分析的关键是薄层斑点的定量洗脱。

（一）目视法

配制一系列浓度由低到高的标准品溶液，与同体积的样品一起分别点在同一薄层板上，展开、显色后，目视比较斑点颜色的深浅和面积大小，求出未知物含量的近似值。一般来讲，目视比色法属半定量法，不能用于精确的定量分析。但是，该法常应用于各国药典中，作为原料药中杂质限度检查的方法。

【实例 1】硫酸长春碱的纯度检查。

色谱条件：采用硅胶 GF_{254} 制成的薄层板，展开剂为石油醚 - 三氯甲烷 - 丙酮 - 二乙胺（12∶6∶1∶1），根据硫酸长春碱的结构，在紫外线灯（254nm）下检测。

取硫酸长春碱，加甲醇制成每 1ml 含 1mg 的溶液作为供试品溶液；准确量取适量，加甲醇稀释成每 1ml 含 0.2mg 的溶液作为对照溶液。吸取上述 2 种溶液各 5μl，分别点在同一薄层板上，用上述展开剂展开后，晾干，置于紫外线灯下检测。供试品溶液如果显杂质斑点，不得超过 2 个，其颜色与对照品溶液的主斑点比较，不得更深。

（二）洗脱法

样品经薄层分离后，用适当方法测定出斑点或色带的位置，然后将薄层斑点吸附剂取下，转移到适当的容器中，用溶剂将化合物洗脱、萃取后进行测定。

1. 定位　如果化合物有颜色或在紫外线灯下发出荧光，斑点定位可直接进行。但是，大多数化合物是无色的，必须选用一个不影响下一步测定的定位方法。

（1）直接定位法：可用荧光薄层检测出对紫外线有吸收的化合物，所用荧光剂应当不干扰测定。碘蒸气显色是较常用的方法，用碘蒸气显色的时间应尽量短些，只要能看出色斑位置，就可将薄层板取出，记下色斑位置，放置于空气中挥发除去碘。如果板在碘蒸气中放置时间太久，背景吸附剂也吸附碘，而使斑点的信噪比降低。与碘能够发生作用的化合物或残留的微量碘影响测定时，则不能用本法定位。

（2）对照定位法：直接定位法不适用时，可用对照定位法。即在同一薄层板上随同样品至少再点一个标准点作对照。展开后，将所要测定的样品点部分用玻璃板或硬纸盖住，标准品斑点用显色剂喷雾显色，由显色后对照斑点的位置来确定未显色的待测组分斑点的位置，将该位置的吸附剂取下，洗脱测定。

2. 洗脱测定　湿板的色点或色带用小刀直接刮下，然后用洗脱液洗脱。洗脱液应选择对被洗脱的化合物有较大溶解度的挥发性溶剂，常用的有乙醚、乙醇、甲醇、三氯甲烷和丙酮等，同时必须保证薄层斑点定位中的物质不发生破坏性变化。

【实例 2】TLC-UV 法测定长春花草中长春碱的含量。

薄层板的制备：硅胶 GF_{254} 33g 加 100ml 0.75% CMC-Na 液（含 0.1mol/L NaOH）调成黏糊，超声 20min 去除气泡，铺板，自然晾干，105℃活化 1h，放干燥器中备用。

长春花草中长春碱的提取：取粉碎的长春花草 100g，用体积分数为 0.7% H_2SO_4 500ml 浸泡 24h，放出浸泡液，再用 500ml 水浸泡 12h，重复 3 次，合并浸泡液，用石油醚萃取 3 次，弃去石油醚层，水层用 NH_3–H_2O 调至 pH 为 8，用三氯甲烷萃取 3 次，萃取液减压蒸馏，用三氯甲烷定容于 5ml 量瓶中。

展开剂：三氯甲烷 – 甲醇 – 石油醚（9∶1∶5）。

标准曲线的绘制：准确吸取长春碱标准液（1μg/μl）50.0μl、100.0μl、150.0μl、200.0μl 和 250.0μl 分别点于板上或 2cm 均匀带状展开，在紫外线灯下观察，标出吸收带，刮下吸收带部分的硅胶于小玻璃管中，分别用甲醇洗脱至 5ml 量瓶中，以相同区域的空白硅胶作空白，于 264nm 波长处测定吸光度。Y 为吸光度，X 为点样量（mg），回归方程为 $Y = 2.97X+0.0025$（$r = 0.9999$）。吸光度与点样量呈线性关系，可测出样品含量。

样品含量测定：在薄层板上分别点样品液和标准溶液各 100μl，按标准曲线的绘制项下操作，用比较法计算长春碱的含量。

（三）薄层扫描法

用薄层扫描仪（TLC scanner）或薄层密度计（TLC densimeter）对薄层板上被分离的化合物进行直接定量的方法称为薄层扫描法。本法简便、快速、结果准确、灵敏，适用于多组分物质和微量组分的定量测定。

1. 基本原理　用一束长宽可以调节的、一定波长、一定强度的光照射到薄层斑点上，进行整个斑点的扫描。用仪器测量通过斑点时光束强度的变化，从而达到定量的目的。

2. 薄层扫描仪的光束系统　薄层扫描仪的种类很多，如岛津 910、Camag TLC 扫描仪（瑞士）和 Cs–930 型薄层扫描仪。我国目前应用较多的是日本岛津 Cs–930 型双波长单光束扫描仪。从仪器的构造来看，可分为单光束、双光束及双波长 3 种。

（1）单光束：光源通过分光器出来的一束光照射到薄层板上进行斑点测定。仪器结构简单、维修方便，但基线不稳，扫描结果与光源稳定性的关系较大，因此电源必须经过稳压。Camag 薄层扫描仪属此类。

（2）双光束：在上述光束光路中加上一个同样波长的光，分别同时扫描斑点及邻近的空白薄层，测得的是消除薄层空白的值。该系统可补偿因光源不稳而引起的误差，增加了仪器的稳定性，得到了较平稳的基线。Cs–920 型薄层扫描仪属此类。

（3）双波长：从光源发出的光通过分光器得到两束不同波长的光，一束用来测定样品，称为样品波长 λ_1；另一束为对照，称为参比波长 λ_2。这两束光通过斩波器以一定的频率交替照射到薄层斑点上，测得在此两个波长下的吸光度差值 ΔA，这样可消除斑点处薄层背景散发的干扰，基线明显改善。Cs–930 型薄层扫描仪就是单光束双波长的薄层扫描仪。

双波长法波长的选择：测定待测斑点的吸收曲线，以曲线上的最大吸收波长为样品波长 λ_1，以吸收曲线上吸光度较低部位对应的波长为参比波长 λ_2。

图 4–13 为上述 3 种类型仪器的光学系统简图。图 4–14 为岛津 Cs–930 型薄层扫描仪。

3. 测量方式

（1）吸光度测量：可见区（370~700nm）用钨灯，紫外区（200~370nm）用氘灯。光源的转换是通过转动反射镜来完成的。光源的光通过固定的入口狭缝至分光器，从分光器出口狭缝射出的光，通过凹面镜向上反射，再通过平面镜向下反射，见图 4-15。吸光度测量适合于本身有颜色或有紫外吸收的化合物，以及通过色谱前或后衍生成上述类型的化合物的样品组分的扫描测定。

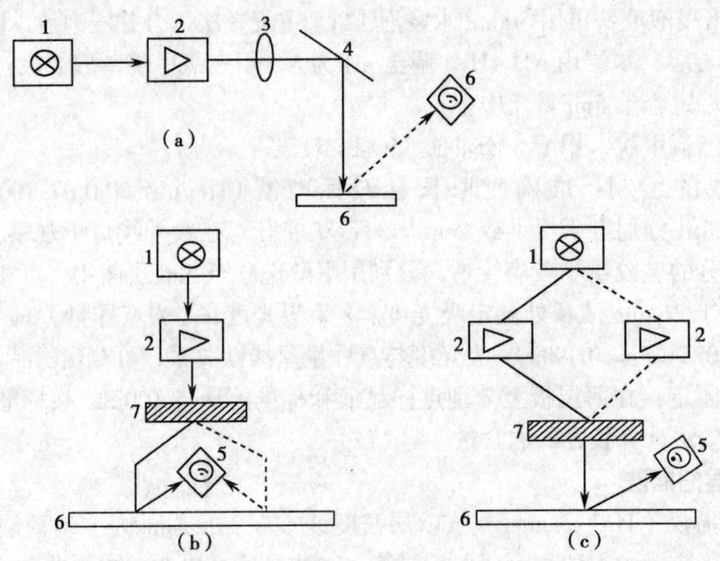

1—光源；2—单色器；3—透镜；4—反射镜；5—光电倍增管；6—薄层板；7—斩波器。

图 4-13　薄层扫描仪的光学系统简图

（a）单光束　（b）双光束　（c）双波长

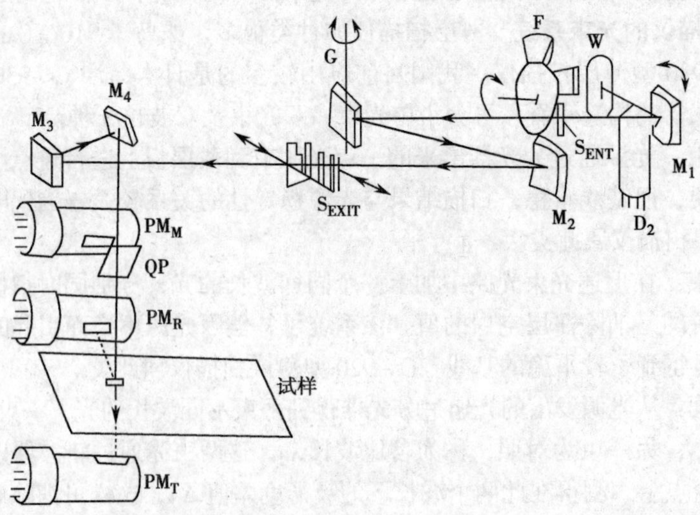

M_1—光源转换镜；M_2—单色器准直镜；M_3—凹面镜；M_4—平面镜；S_{ENT}—入口狭缝；S_{EXIT}—出口狭缝；W—钨灯；D_2—氘灯；F—滤光片；G—衍射光栅；PM_M—检测用光电倍增管；PM_R—反射光光倍增管；PM_T—透射光光电倍增管；QP—石英平板。

图 4-14　Cs-930 型薄层扫描仪的光学系统结构示意图

（2）荧光测量：以汞灯或氙灯（200~700nm）为光源。荧光测量适合于受紫外光激发而发出荧光的化合物（如多环芳烃等）。测定时，先在紫外区选择最大吸收波长作为该化合物的激发波长后，再选择合适的波长为发射波长。在荧光测量中，应在检测器和薄层板间加一滤光片（图 4-16），以截去反射激发光，只让发射荧光抵达检测器。

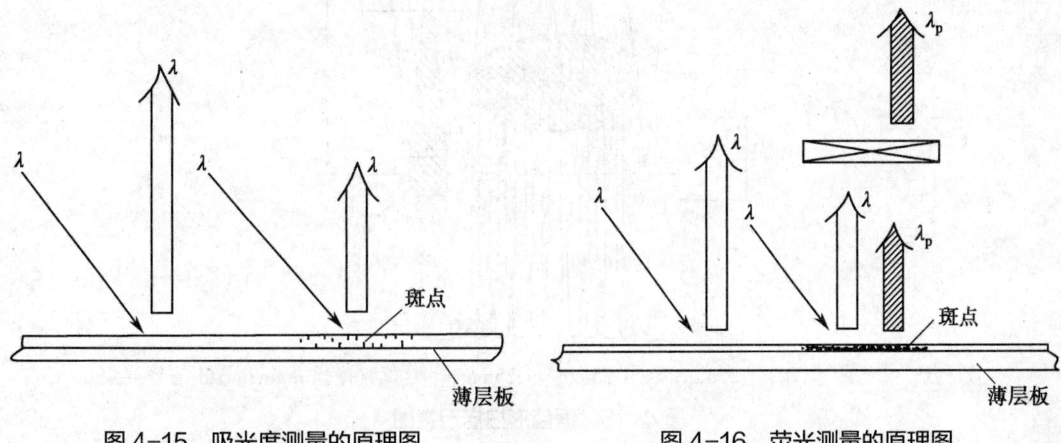

图 4-15　吸光度测量的原理图　　图 4-16　荧光测量的原理图

（3）反射测量：反射测量时，光束照射到样品前的光，一部分被石英平板 QP 反射，由检测用光电倍增管 PM_M 接收；另一部分光照射到样品上，除部分光被样品吸收外，其散射光被反射光光电倍增管 PM_R 所接收，两检测器输出信号之比经对数转换器转换后，作为吸光度信号。反射法的灵敏度低，受薄层板表面均匀度的影响大，但对薄层板厚度的要求不高，基线稳定，信噪比大，重现性好。

（4）透射测量：若将上述反射光光电倍增管 PM_R 由透射光光电倍增管 PM_T 代替，利用光束照射到薄层斑点上，测量透射光强度，透射光光电倍增管的输出信号与检测用光电倍增管的输出信号之比经对数转换后，得到透射测定的吸光度信号。一般来说，透射测量具有较高的灵敏度，但是由于薄层板介质的透明度极差，使测量的噪声大。因此，薄层色谱技术应用更多的是反射测量。

4. 扫描方式　根据扫描时光束（或光点）轨迹的不同，有下述几种方式扫描方式。

（1）直线形扫描：用一束比斑点稍长的光束进行单向扫描。在扫描过程中，光束固定，薄层板相对于光束运动。样品斑点为带状时，光带长度应为样品带的 2/3。直线形扫描对于斑点形状不规则时，测量误差大。因此，这种扫描方式适合于仪器点样的圆形斑点或条状样带，标准斑点与样品斑点的大小必须一致，光源稳定均匀。所能测定斑点的大小以仪器的光带长度为限。如 Cs-930 型薄层扫描仪，出射狭缝的最大长度为 6mm，只能测定小于 6mm 的斑点。直线形扫描示意图见图 4-17。

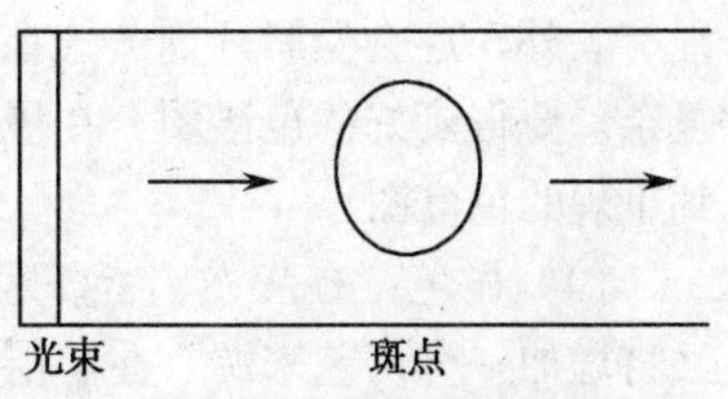

图 4-17　直线形扫描示意图

（2）锯齿形扫描：用截面积为 1.25mm × 1.25mm 的正方形光束照射薄层板，光束的运动轨迹为锯齿形，见图 4-18。Cs-910 型薄层扫描仪即是此扫描方式。由于光束来回通过斑点，吸光度积分值比直线形扫描大，重复性好，适合于不规则斑点的定量。从不同方向扫描，积分值差别不大，但扫描速度慢是其特点。目前，只有飞点扫描性能的薄层扫描仪可将扫描速度大大提高。

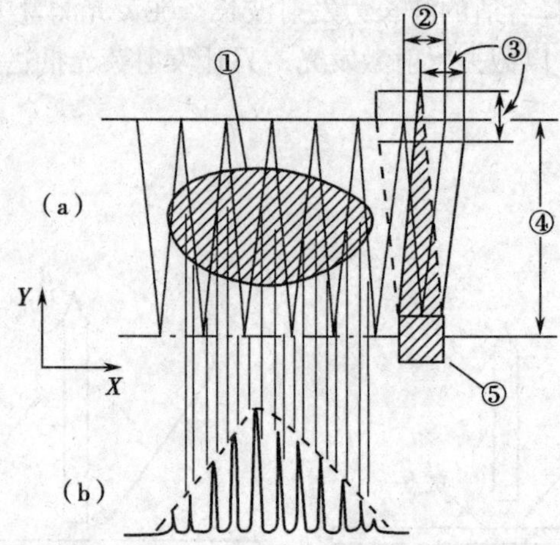

①斑点；②齿距（ΔY）1.25mm；③ 1.25mm × 1.25mm；④摆动行程 30mm；⑤正方形光束。

图 4-18　锯齿形扫描示意图

（a）扫描轨迹　（b）锯齿图

5. 影响薄层扫描定量的因素

（1）吸附剂性能以及薄层质量

1）吸附剂颗粒大小、均匀程度都影响分离度和检出限。颗粒小且分布均匀的吸附剂分离度好，灵敏度高。同一实验要用同一规格的吸附剂。

2）薄层厚度常用 0.25mm，薄层厚度均匀时 R_f 值的重现性好。若厚度减小，斑点扩散较严重。另外，由于溶剂蒸气能部分取代薄层板上的水分，而使薄层板的活度增加，这种取代水分的能力厚板比薄板慢，因此厚板的活度降低而 R_f 值增大。

3）薄层板的表面均匀程度对测定有影响。在铺板前先脱气，将混入吸附剂中的气泡除去，使铺板表面均匀，而不至于造成粗糙的表面，对扫描定量的重现性有较大的影响。

（2）点样技术：点样是造成定量误差的主要因素，除因个人操作熟练程度的差异而使定量结果有较大的改变外，不同的点样器也会导致结果偏高或偏低。配制样品液应选用对组分溶解度相对较小的溶剂，这可避免原点组分的扩散，造成展开后斑点不规则，影响峰及定量结果。原点直径要适宜，并非直径越小则分离效果就越高，一般普通板以 2~3mm 为宜，HPTLC 以 0.5~1.5mm 为宜。

（3）展开条件：与柱色谱法不同的是除固定相（吸附剂）、流动相（展开剂）与分离过程有关外，还会受展开剂蒸气在薄层展开过程中的吸附程度不同的影响，因此展开过程较复杂。要得到好的色谱图，在展开前应选用展开剂预饱和 0.5h，克服边沿效应，以便于得到重现的色谱图。

（4）显色：有荧光、紫外吸收的物质可用荧光薄层直接扫描定量，若用显色剂显色，又将增加一种误差来源。在薄层定量中应注意几点：①显色要均匀，背景尽可能浅；②显色加热要均匀；③试验显色产物的稳定性。

第五节　高效薄层色谱法的应用与进展

一、应用实例

（一）定性鉴别

【实例1】复方制剂。

吴樱等采用 HPTLC 建立了三黄止痒搽剂的薄层定性鉴别方法。以不同的展开系统分别对处方中的黄柏、黄芩、大黄、苦参进行薄层定性鉴别，所建立的方法斑点清晰、分离度较好，可以快速、准确地对处方中的药材进行定性检测。

【实例2】中药指纹图谱。

高俊丽等采用 HPTLC 对广陈皮及其近缘种药用植物进行了研究。应用硅胶 GF_{254} 高效预制薄层板，挥发油成分以石油醚－三氯甲烷（2∶8.5）为展开剂展开，喷以 5% 香草醛硫酸溶液，105℃加热至斑点清晰，日光下观察；黄酮类成分以乙酸乙酯－甲醇－水－甲酸（10∶1.7∶1∶0.5）和甲苯－乙酸乙酯（5∶5）为展开剂，二次展开，喷以 5% 三氯化铝乙醇液，置于 365nm 下检视。将显色后的薄层色谱图导入 CHROMA P1.5 色谱指纹图谱系统解决方案软件后生成共有模式，进行测试分析（图 4-19）。

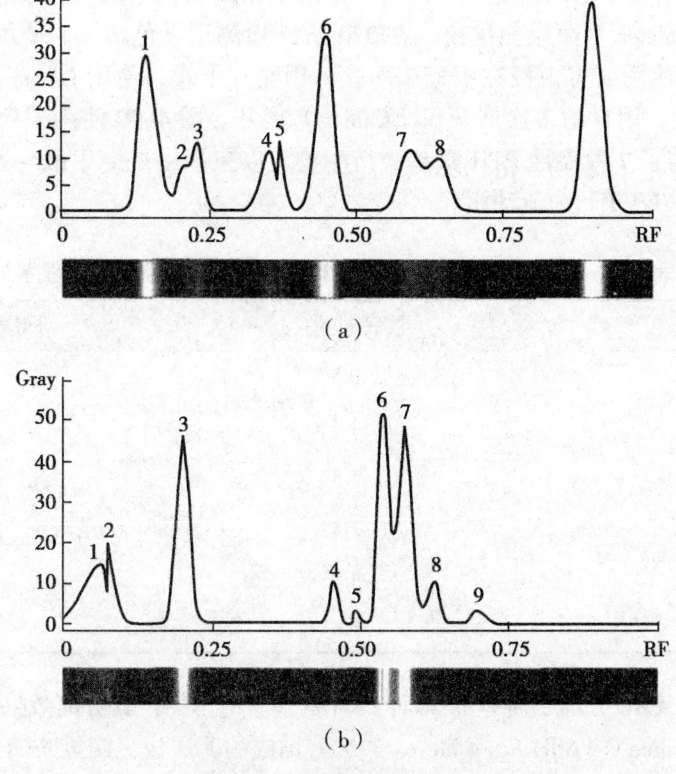

图 4-19　指纹图谱共有模式

（a）广陈皮挥发油成分指纹图谱共有模式　（b）广陈皮黄酮类成分指纹图谱共有模式

（二）含量测定

【实例 3】化药成分。

王美多等建立了高效薄层色谱法测定妇康片中的盐酸水苏碱含量的方法。薄层的展开剂为丙酮 – 无水乙醇 – 盐酸（10∶6∶1），展开距离为 90mm，在室温下展开，取出，晾干，105℃加热 15min 使薄层板上的盐酸完全挥尽，放冷，喷以 10% 硫酸溶液，在 105℃烘干，喷以稀碘化铋钾试液 –1% 三氯化铁乙醇溶液（10∶1）的混合溶液至斑点显色清晰，扫描波长为 527nm。结果：盐酸水苏碱在 4~40mg 内呈良好的线性关系（$r = 0.9989$），*RSD* 为 2.5%。其所建的方法操作简单、重复性好，可作为妇康片中盐酸水苏碱的定量分析方法。

【实例 4】中药成分。

魏琦等采用高效薄层色谱法（HPTLC）检测箣竹属、牡竹属及刚竹属 11 种竹叶中的牡荆苷、异牡荆苷、荭草苷、异荭草苷和苜蓿素。采用自动多级展开法，5 种黄酮类化合物的分离效果良好，回收率在 79.01%~106.85%。3 属 11 种竹叶中黄酮类化合物的种类和含量具有差异，紫竹中的 5 种黄酮含量总和最高，为 0.132%；麻竹中的 5 种黄酮含量总和最低，为 0.015%。

二、进展

Belay 等在 HPTLC 板上用自动多次展开方式（automated multiple development，AMD）分离了氨基酸，用苯基乙内酰硫脲（PTH）作衍生化试剂，生成 PTH 氨基酸衍生物后在板上分离，用 Scanner Ⅱ薄层扫描仪，在 270nm 下检测记录色谱图。使用 Whatman Silica Gel H_p–K 平板，使用前将板浸在甲醇中净化，用氮气干燥，使用 Linomat Ⅳ点样器，样品点成 8mm 带状，用自动多次展开仪（Camag）展开。图 4–20 使用了表 4–6 上的程序，以 AMD 方式分离了 7 种极性 PTH 氨基酸衍生物。以三氯甲烷 – 甲酸 – 乙酸乙酯 – 乙酸（90∶8∶2.5∶2，*V/V/V/V*）为流动相。

表 4–6　以 AMD 方式分离 7 种极性 PTH 氨基酸衍生物的程序

步数	展开时间 /h	干燥时间 /h
1	0.5	3
2	1.0	3
3	1.8	3
4	2.8	4
5	4.2	4
6	5.8	10

Belay 等还以 AMD 分离了所有的 20 种 PTH 氨基酸衍生物，其分离效果与 HPTLC 相似。Quintens 等采用 Silica Gel 60H F_{254}（Merck 7750）铺成的薄层板，四氢呋喃与乙酸 – 乙酸铵缓冲液（pH 6.2）以 9∶1 和 8∶2 等不同的配比分离了 30 种头孢菌素。图 4–21 为以 AMD 方式分离了 13 种非极性和中等极性的 PTH 氨基酸衍生物。

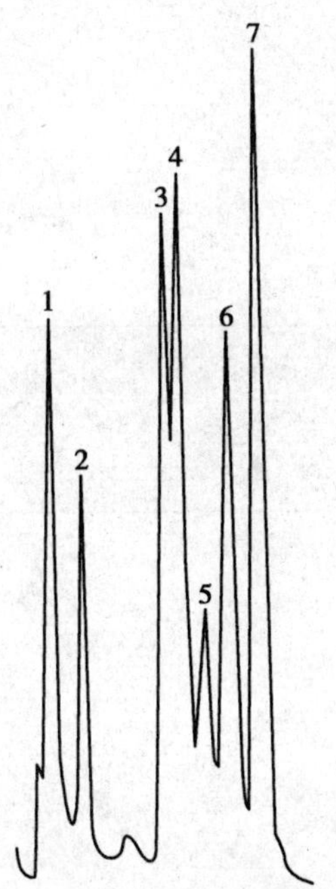

1—PTH-精氨酸（Arg）；2—PTH-组氨酸（His）；3—PTH-天冬酰胺（Asn）；4—PTH-谷氨酰胺（Gln）；5—PTH-半胱氨酸（Cys）；6—PTH-天冬氨酸（Asp）；7—PTH-谷氨酸（Glu）。

图 4-20 极性 PTH 氨基酸衍生物色谱图

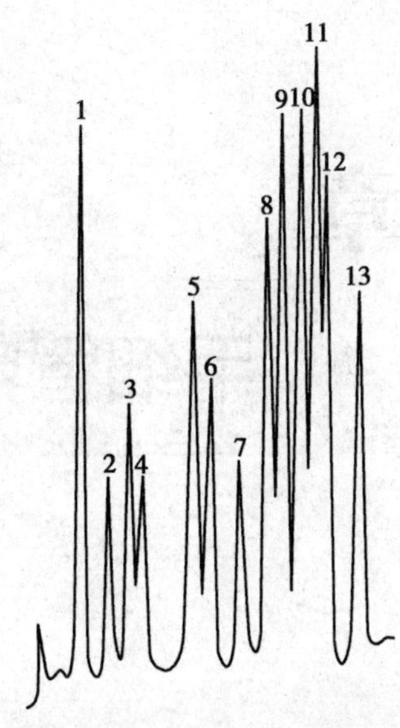

1—PTH-天冬氨酸（Asp）；2—PTH-谷氨酸（Glu）；3—PTH-丝氨酸（Ser）；4—PTH-甘氨酸（Gly）；5—PTH-组氨酸（His）；6—PTH-苏氨酸（Thr）；7—PTH-丙氨酸（Ala）；8—PTH-精氨酸（Arg）；9—PTH-脯氨酸（Pro）；10—PTH-酪氨酸（Tyr）；11—PTH-蛋氨酸（Met）；12—PTH-半胱氨酸（Cys）；13—PTH-赖氨酸（Lys）。

图 4-21 以 AMD 方式分离非极性和中等极性的 PTH 氨基酸衍生物

（李发洁 李 嫣）

参考文献

[1] 杜斌，张振中．现代色谱技术[M]．郑州：河南医科大学出版社，2001.

[2] 严拯宇．中药薄层色谱分析技术与应用[M]．北京：中国医药科技出版社，2009.

[3] 吴樱，贾安，周海凤，等．三黄止痒搽剂薄层定性鉴别方法研究[J]．中医药导报，2013，2(19)：97-99.

[4] 高俊丽，邵艳华，李倩，等．广陈皮及其近缘种药用植物的 HPTLC 研究[J]．中国现代中药，2015，17(10)：1020-1025.

[5] 王美多，温畅．高效薄层色谱法测定妇康片中盐酸水苏碱的含量[J]．内蒙古石油化工，2014，18：20-21.

[6] WEI Q，YUE Y D，TANG F，et al.Comparison of Flavonoids in the Leaves of Three Genera of Bamboo [J]. Scientia Silvae Sinicae，2013，10：127-134.

第五章 毛细管电泳

毛细管电泳（capillary electrophoresis，CE）又称高效毛细管电泳（high performance capillary electrophoresis，HPCE），是20世纪80年代中期问世的一种高效液相分离法，是经典电泳技术与现代微柱分离相结合的产物。这是离子或荷电粒子以电场为驱动力，在毛细管中按其淌度和/或分配系数不同进行高效、快速分离的一种电泳新技术，可用于其他分析方法不易分离的手性化合物、中药及中成药制剂、多肽和蛋白质、多糖以及药物代谢动力学的研究。特别在研究和分析蛋白类药物时，可对影响其生物活性的脱酰胺产物、二硫键的还原产物、聚合物以及去糖基化产物等非活性物质进行良好的分离。毛细管电泳法在生命科学、生物技术、医药卫生和环境保护等领域中显示了极为重要的应用前景。

第一节　概述及分类

一、概述

（一）毛细管电泳的定义

电泳是指在电场作用下，带电粒子在电解质溶液中向电荷相反的电极迁移的现象，凭借带电质点的电荷符号、电荷数量、质点大小的差别，造成不同质点的迁移速率不同而分离。而电泳技术则是利用这种电泳现象进行定性、定量的分离与分析方法；毛细管电泳则是在毛细管中进行的电泳，它解决了经典电泳中存在的散热问题，改善了分离质量，它是以高压电场为驱动力，以毛细管为分离通道，依据试样中的各组分之间淌度和分配行为上的差异而实现分离、分析物质的一类液相分离与分析技术。

（二）毛细管电泳的特点和优点

1. 毛细管电泳的特点　CE和HPLC相比，相同处是两者都是高效的分离技术，同是液相分离与分析技术，彼此遵循各自的分离机制，均有多种分离模式，仪器操作均可自动化，在很大程度上两者互为补充。但是两者仍有许多不同之处：

（1）CE 用迁移时间取代 HPLC 的保留时间，分离速度快，分析时间通常不超过 30min。

（2）理论塔板数高，一般达 10^5~10^6/m，对扩散系数小的生物大分子其柱效可达 10^7/m。

（3）所需的样品量少，一般为 1~50μl。

（4）溶剂消耗少，且大多数情况下均在水溶性介质中进行，可减少环境污染，并可用低于 200nm 的波长检测，适用于测定分子中不带生色基团的化合物，提高检测灵敏度。

（5）CE 具有很大的分离选择性，从离子到中性分子、小分子到大分子物质，特别是手性化合物、糖肽等都能得到有效的分离，而要达到同样的目的，用 HPLC 就要消耗价格昂贵的色谱柱和有机试剂。但是，毛细管电泳采用柱上检测，光径长度短，线性范围和重现性均不如 HPLC，在一定程度上限制了它在精确定量方面的使用。

2. 毛细管电泳的优点　CE 与传统电泳相比，其突出的优点是：

（1）由于毛细管具有良好的散热效能，可以采用比一般电泳高 10~100 倍甚至更高的电压，使分离操作在很短的时间内完成，并达到很高的分辨率。

（2）可用紫外、荧光等多种检测器在柱上直接检测，经色谱法处理系统得到各组分的分离图谱，进行定性和定量分析，而不像常规电泳，必须将支持介质（如纸、凝胶）从电泳槽中取出进行染色或紫外扫描。

（3）定量分析的精度优于常规电泳，实验消耗仅仅为几毫升缓冲液，运行成本低。

（4）自动化程度比常规电泳法高，是目前自动化程度最高的分离方法之一。

（5）可供选择的分离模式多，根据样品的不同理化特性选择合适的分离模式，因此 CE 的应用范围极为广泛，从无机离子到整个细胞、病毒，均可实现分析。

其缺点是不能像平板电泳那样通过一次实验同时分离多个样品。

二、分类

高效毛细管电泳按管中有无填充物可分为空管（自由溶液）和填充管（非自由溶液）毛细管电泳；按机制可分为电泳型、色谱型和电泳 / 色谱型 3 类。常见的毛细管电泳包括毛细管区带电泳（capillary zone electrophoresis，CZE）、胶束电动毛细管色谱法（micellar electrokinetic capillary chromatography，MECC）、毛细管凝胶电泳（capillary gel electrophoresis，CGE）、毛细管等电聚焦（capillary isoelectric focusing，CIEF）电泳、毛细管等速电泳（capillary isotachophoresis，CITP）以及电泳与色谱法相结合的毛细管电色谱法（capillary electrochromatophoresis，CEC）。

另外还包括分离异构体的环糊精电动毛细管色谱法（cyclodextrin electrokinetic capillary chromatography，CDECC）、分离疏水性化合物的非水毛细管电泳（non-aqueous capillary zone electrophoresis，NACE）等。

第二节　毛细管电泳的原理

一、双电层与 Zeta 电位

双电层是浸没在液体中的所有表面都具备的一种性质，固体与液体接触时，固体表面分子离解的离子和表面吸附溶液中的离子在固－液界面上形成双电层。以熔融石英毛细管为例，在碱性和微酸性（pH>2.5）溶液中，石英表面的硅羟基（Si–OH）电离成 SiO^-，使表面带负电荷，负电荷表面吸引溶液中的正离子，形成双电层。按照近代双电层模型（图 5–1），在双电层溶液一侧正离子的排布分为两部分，一部分紧密地排列在负离子表面，称为吸附层，又称为 stem 层或紧密层（compact layer），该层在电泳过程中不会移动；另一部分正离子从 stem 层一直排布到本体溶液中，称为扩散层（diffuse layer），扩散层中正离子的数量随距离呈指数下降。stem 层与扩散层之间形成滑动面（或切动面），滑动面处的电势称为电动电势（electrokinetic potential）或 ζ 电势（Zeta potential）。扩散层在电泳过程中会发生迁移。Zeta 电位决定了电渗速度的大小，Zeta 电位越大，电渗流的迁移速率越快。

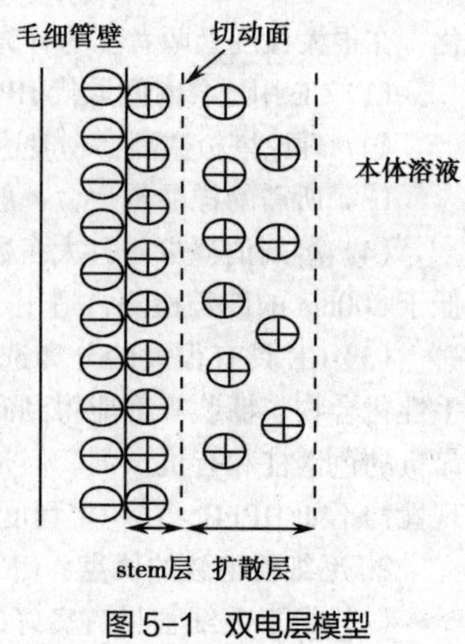

图 5–1 双电层模型

二、电渗流

电渗现象（electroosmosis）是毛细管内壁表面电荷所引起的管内液体相对于带电的管壁整体移动的现象，这种整体移动的管内液体即为电渗流（electroosmotic flow，EOF）。电渗流的产生和双电层有关。当毛细管内充满缓冲液时，熔融毛细管内壁的 Si–OH 解离为硅氧基 $(Si–O)^-$ 与 H^+，H^+ 与 H_2O 形成 H_3O^+，这样就使毛细管壁带上负电荷与溶液形成双电层，在毛细管的两端加上直流电场后，带正电的溶液就会整体向负极端移动，形成电渗流（图 5–2）。

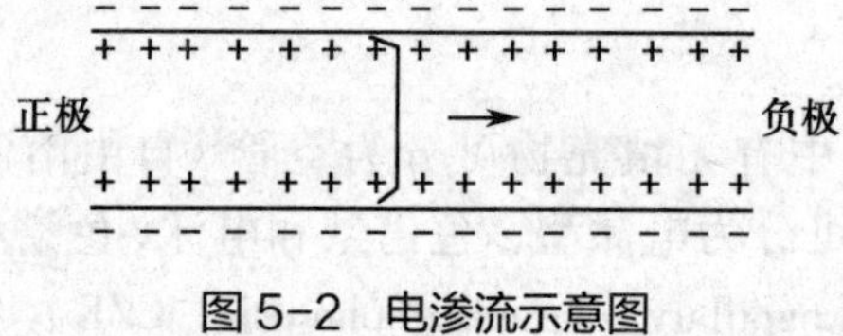

图 5–2 电渗流示意图

1. 电渗流的大小 可用淌度（mobility）表示。电渗流的迁移速率 V_{eo} 和电场强度成正比，单位电场强度的电渗速率称为电渗淌度 μ_{eo}。

$$V_{eo} = \mu_{eo} E = \frac{\varepsilon \zeta E}{\eta} \quad \text{式（5–1）}$$

$$\mu_{eo} = \frac{\varepsilon \zeta}{\eta} \quad \text{式（5–2）}$$

式中，V_{eo} 为电渗速率；μ_{eo} 为电渗淌度；ε 为缓冲液的介电常数；η 为缓冲液的黏度；ζ 为管壁的 Zeta 电势。

电渗淌度与硅氧层表面的电荷密度成正比，与离子强度的平方根成反比。电泳淌度与 ζ 电势有关，而 ζ 电势主要取决于毛细管表面电荷的多少。一般来说，pH 越高，表面硅氧基的解离程度越大，电荷密度越大，电渗流速率越大。

2. 方向 电渗流的方向取决于毛细管内表面电荷的性质，内表面带负电荷，溶液带正电荷，电渗流流向阴极；内表面带正电荷，溶液带负电荷，电渗流流向阳极。对于石英毛细管，其内表面带负电荷，故电渗流流向阴极。

3. 流形　毛细管电泳中，电渗流的流动为平流，塞式流动，谱带展宽很小；而液相色谱法中的溶液流动为层流，抛物线流形，管中心处的速度与靠近管壁处的流速有较大的差别，引起的谱带展宽较大（图 5-3）。因此，CE 的柱效远高于 HPLC。

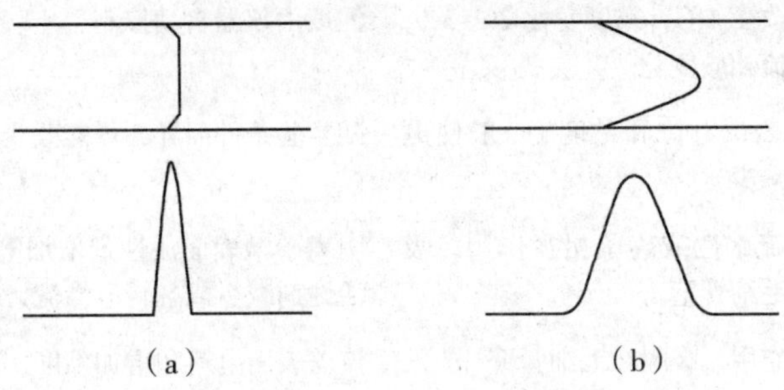

（a）　　　　　　（b）

图 5-3　毛细管电泳和液相色谱法的流形

（a）电渗流为塞流，谱带展宽很小　（b）液相流动相为层流，谱带展宽较大

4. HPCE 中电渗流的作用　由于离子的电渗淌度一般为电泳淌度的 5~7 倍，故即使当离子的电泳方向和电渗流方向相反时，仍然可以使其沿电渗流方向迁移。中性分子由于不带电荷，随电渗流一起运动。这样，在一次进样分析中，就可以完成阳离子、阴离子、中性粒子的分离。电渗流大小和方向的改变可改变分离效率和选择性，影响结果的重现性。在 HPCE 中，对电渗流的控制尤为重要。

5. 电渗流的控制　在毛细管电泳中电渗流是“分离”的主要驱动力，但在实际操作中，并非电渗流愈大愈好。例如在高 pH 的溶液中，由于电渗流过大，样品未经分离即随电渗流一起流出。又如在分离蛋白质的实验中，毛细管壁的负电荷愈多，电渗流愈大，吸附作用也愈明显。有些碱性蛋白质用未涂层毛细管分离时，甚至完全被吸附。用涂层毛细管分离蛋白质时，由于减少了壁表面的电荷密度，在减小电渗流的同时，屏蔽了表面的吸附位点，减少了蛋白质吸附，得到较高的分离效率和较好的峰形。由此可见控制电渗流是优化分离条件的重要参数，对提高分离效率、改善分离度，特别是提高重现性具有重要的意义。此外，毛细管等电聚焦电泳、毛细管等速电泳、毛细管凝胶电泳也要控制和减少电渗流。总之，要根据不同的实验类型、样品性质及实验要求来控制电渗流，以期得到最佳分离效果。目前控制电渗流最常用的方法是改变缓冲液的 pH、组成及浓度，加入表面活性剂、有机溶剂等添加剂，用化学或物理方法涂层或动态去活改变管壁的负电荷，从而控制电渗流，也可通过改变温度或电场强度等方法控制电渗流（表 5-1）。

表 5-1　控制电渗流的方法

方法	结果	说明
电场强度	与电渗流成正比	电场强度降低，引起分离效率和分离度下降；电场强度增加，焦耳热增加
缓冲液的 pH	低 pH 时电渗流减少；高 pH 时电渗流增加	调节 pH 是改变电渗流的最方便有用的方法，但可能引起溶质的电荷和结构发生变化

续表

方法	结果	说明
缓冲液的离子强度	离子强度增加，Zeta 电位降低，电渗流降低	离子强度增加，电流增加，焦耳热增加；低离子强度会使样品吸附；导电性与样品不同，引起峰形畸变；离子强度低，限制样品堆积
温度	温度改变 1℃，黏度变化 2%~3%，电渗流相应变化	温度由仪器自动控制
有机改性剂	改变 Zeta 电位和黏度（一般使电渗流减少）	随实验条件而异，可能改变选择性
表面活性剂	改变疏水性或离子相互作用，吸附在毛细管壁	阴离子型表面活性剂增加电渗流；阳离子型表面活性剂减少或翻转电渗流，改变选择性
中性亲水性聚合物	疏水作用，吸附在毛细管壁	掩盖表面电荷和增加黏度，减小电渗流
共价涂层	化学键融合到毛细管壁	可进行修饰（亲水的或带电的），但涂敷物的稳定性存在问题

三、表观迁移速率与表观淌度

在毛细管电泳中离子被观察到的淌度是离子的电泳淌度 μ_e 和背景电解质溶液的电渗淌度 μ_{eo} 之和，称为表观淌度 μ_{ap}。

$$\mu_{ap} = \mu_e + \mu_{eo} \qquad \text{式（5-3）}$$

$$V_{ap} = V_e + V_{eo} = (\mu_e + \mu_{eo})E = \mu_{ap}E \qquad \text{式（5-4）}$$

式中，μ_{ap} 为离子的表观淌度（apparent mobility）；μ_e 为待测物的电泳淌度；μ_{eo} 为电渗流的淌度；V_{ap} 为离子的表观迁移速率；V_e 为待测物的电泳迁移速率；V_{eo} 为电渗速率；E 为电场强度。

表观迁移速率 V_{ap} 是在毛细管电泳中由实验测定的实际的离子迁移速率，可由下式计算：

$$V_{ap} = \frac{1}{t} \qquad \text{式（5-5）}$$

$$\mu_{ap} = \frac{V_{ap}}{E} = \frac{1/t}{V/L} = \frac{Ll}{tV} \qquad \text{式（5-6）}$$

式中，l 为毛细管进样端至检测窗口的长度，称为有效长度；t 为粒子从进样端迁移至检测窗口所需要的时间，称为迁移时间；L 为毛细管总长度；E 为电场强度；V 为外加电压。

表观淌度的规律：对于正离子，电泳和电渗流两种效应的运动方向一致，所以在负极最先流出；中性粒子无电泳现象，仅受电渗流影响，故在阳离子后流出；而对于阴离子，两种效应的运动方向相反，由于离子的电渗淌度一般为电泳淌度的 5~7 倍，故阴离子仍在负极最后流出。

四、分离效率与分离度

毛细管电泳基于溶质淌度的差异，将不同的组分进行分离。在毛细管电泳中，溶质在介质中的扩散会引起区带展宽而影响分离度。对高斯峰而言，峰的扩散程度可用基线宽度 W 表示：

$$W = 4\sigma \qquad 式（5-7）$$

式中，σ 为峰的标准差（可以用时间、长度或体积表示）。和色谱法分析一样，毛细管电泳的分离效能也可用理论板数表示。

$$n = \left(\frac{l}{\sigma}\right)^2 \qquad 式（5-8）$$

式中，l 为毛细管有效长度；n 为理论板数。

在理想的条件下（即很小的进样长度、没有溶质与管壁间的相互作用等），在毛细管电泳中溶质带的展宽主要由纵向扩散引起，因毛细管中的电渗流呈"平流型"，径向扩散对区带扩散几乎无影响。且毛细管有抗对流特性，对流引起的扩散亦不重要。与分离效率有关的分子扩散可用下式表示：

$$\sigma^2 = 2Dt_{\mathrm{m}} = \frac{2DlL}{\mu_{\mathrm{a}}V} \qquad 式（5-9）$$

式中，D 为溶质的扩散系数，t_{m} 为迁移时间，l 为毛细管有效长度，L 为毛细管总长度，μ_a 为表观淌度，V 为外加电压。

将式（5-9）代入式（5-8）中，则：

$$n = \frac{\mu_{\mathrm{a}}Vl}{2DL} = \frac{\mu_{\mathrm{a}}El}{2D} \qquad 式（5-10）$$

由式（5-10）可知，使用高电场能获得高的分离效能。在高电场下，溶质在毛细管中的迁移时间缩短，扩散减少。蛋白质、DNA 等大分子物质的扩散系数比小分子物质低，区带展宽小，因此可达到很高的理论板数。

在实际操作中，理论板数亦可直接从图谱中通过下式计算测得：

$$n = 5.54\left(\frac{t_{\mathrm{m}}}{W_{1/2}}\right)^2 \qquad 式（5-11）$$

式中，t_{m} 为迁移时间；$W_{1/2}$ 为半峰宽。

分离度（resolution）又称分辨率，是指将各组分分离的能力，它是毛细管电泳中重要的性能指标。分离度（R）的计算公式如下：

$$R = \frac{2(t_2 - t_1)}{W_1 + W_2} \qquad 式（5-12）$$

式中，t_1、t_2 分别为溶质 1 和溶质 2 的迁移时间；W 为基线宽度（以时间为单位）。

在 CE 中可分离得到非常窄的溶质带，当各溶质间的淌度相差很小时（甚至 <0.05%）也能得到完全分离。通常在电泳图谱中读出两相邻峰的迁移时间和各自的基线宽度，可按式（5-12）计算各组分的分离度。

分离度与柱效有关，柱效愈高，分离愈好。分离度与柱效的关系如式（5–13）所示。

$$R=\frac{n^{1/2}(\mu_2-\mu_1)}{4(\bar{\mu}\pm\mu_{\mathrm{EOF}})}$$ 式（5–13）

式中，μ_1 和 μ_2 分别为两溶质的淌度；$\bar{\mu}$ 为（μ_1+μ_2）/2，μ_{EOF} 为电渗流的淌度。

式（5–13）中的 μ 也可用 t_m 代替，将式（5–10）代入式（5–13）中，则：

$$R=\left(\frac{1}{4\sqrt{2}}\right)(\Delta\mu)\left(\frac{V}{D(\bar{\mu}\pm\mu_{\mathrm{EOF}})}\right)^{1/2}$$ 式（5–14）

式中，$\Delta\mu=\mu_2-\mu_1$。

由式（5–14）可知，分离度与电压的平方根成正比，电压增加到 4 倍，才能使分离度得到成倍增加，过高电压产生的焦耳热又限制了电压的增加。分离度还与 μ_{EOF} 有关，当 $\bar{\mu}$ 和 μ_{EOF}（或以迁移时间代替 μ）相等而方向相反时，可获得无限大的分离度，但分析时间也将变得无限大。因此，必须优化操作系统和实验条件，使之能在尽可能短的分析时间内获得良好的分离度。

溶质的扩散、焦耳热引起的温度梯度、样品塞长度、溶质与毛细管壁之间的相互作用（如吸附）等因素都将影响区带的增宽，从而影响分离效能和分离度。

下面分别讨论导致区带增宽的各种因素：

（1）纵向扩散的影响：在 HPCE 中，纵向扩散引起的峰展宽为：

$$\sigma^2=2Dt$$ 式（5–15）

区带展宽由扩散系数 D 和迁移时间 t 决定。一般溶质的扩散系数与其相对分子质量成反比，故大分子的扩散系数小，所以大分子的蛋白质和 DNA 将比小分子的区带扩散小，可获得更高的分离效率。

（2）焦耳热与温度梯度的影响：因电流通过电解质离子流而产生的热称为焦耳热（也称自热）。焦耳热通过管壁向周围环境散逸时，在毛细管内形成径向温度梯度，管壁温度低于管中心温度，从而导致操作缓冲液的径向黏度梯度，产生离子迁移速度的径向不均匀分布，破坏了区带的扁平流型，导致区带展宽，分离效率降低。

控制焦耳热和温度梯度的常用方法是降低电场强度、减小毛细管内径、降低缓冲液的离子强度或浓度、用物理方法控温等。

（3）吸附效应：毛细管电泳中的吸附一般是指毛细管内壁与被分离物质粒子的相互作用。引起毛细管内壁表面吸附的主要原因有 2 个：一是阳离子溶质和带负电的管壁离子相互作用，二是疏水相互作用。毛细管内表面积和体积之比越大，吸附的可能性也越大。因此，细管径的毛细管虽然有利于导热，但不利于降低吸附。吸附问题在蛋白质和多肽分子的分离中表现得最为明显，因为它们多为带电和疏水的粒子，管壁的硅羟基与其产生强烈的相互作用，从而对组分区带的展宽以及分离效率的影响极大，必须尽可能地予以抑制。

抑制或消除吸附的常用方法有：①在低 pH（2~3）或高 pH（>9）的缓冲液中进行分离，这样可以抑制管壁硅羟基的离解或使被分析物质带负电，与管壁相斥，吸附受到抑制；②增加缓冲液的浓度，加入中性盐或两性离子化合物，降低表面有效电荷，抑制吸附作用，但离子强度过高会产生过量的焦耳热；③对管壁内表面的涂层修饰。

第三节　毛细管电泳的基本装置

一、高效毛细管电泳仪

高效毛细管电泳装置由进样系统、毛细管柱系统、直流高压电源、温度控制系统、检测系统及工作站等主要部分组成。毛细管中充满缓冲液，将毛细管入口端插入样品槽，吸入一定量的样品，再移至阳极槽。在阴、阳极槽间的电压为20~30kV的高压直流电。各样品中的离子因迁移速率不同而分离（图5-4）。

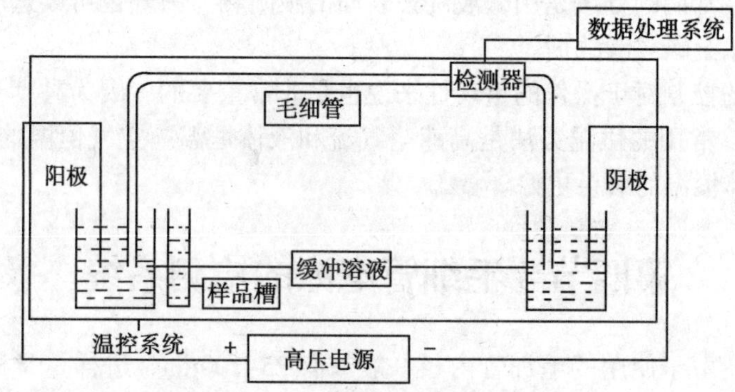

图5-4　高效毛细管电泳仪示意图

二、高压电源

高效毛细管电泳的特点在于毛细管能有效散热，因而可外加高电压，从而大大提高了分离效率并缩短了分析时间。在毛细管电泳中常用的高压电源电压为30kV，电流为200~300μA。为保持迁移时间的重现性好，要求电压的稳定性在±0.1%。高压电源其电源极性应该易切换。正常条件下，电渗流方向是由正极向负极，但当电渗流被减弱、反转时，就需要将电极极性转换，使用双极性的高压电源。高压电源有恒压、恒电流或恒功率等方式，以恒压最为常用。

三、柱系统

毛细管电泳的柱系统由毛细管柱、卡盒、柱温箱及缓冲液槽等组成。毛细管电泳的分离过程是在毛细管柱内完成的，因此毛细管柱是毛细管电泳的核心部件。

高效毛细管电泳的核心是在高电场下进行电泳分析，实现高电场的关键部件是小内径毛细管电泳柱。在相同的电压下，毛细管内径越小，产生的焦耳热越少，同时散热效果越好；但是内径小，样品负载小，增加检测、进样、清洗等操作上的困难，而且小内径毛细管的吸附作用更大，同时考虑到检测灵敏度对毛细管内径的要求，目前最常用的毛细管是内径25~75μm、外径350~400μm的石英毛细管。一般常用的柱长为30~100cm，最常用的有效柱长为 50~75cm。总长度一般根据仪器的尺寸，比有效柱长多 5~15cm。

理想的毛细管材料应是化学和电学惰性的，可透过紫外线，韧性好，强度高，价格便宜。目前所用的基本上是圆管形弹性熔融石英毛细管，柱外涂敷一层高聚物（聚酰亚胺）薄膜，使其柔软有弹性，不易折断。石英玻璃透明，可透过短 UV 光，剥去一小段聚酰亚胺薄层后，即可用作光学检测器窗口。

用物理吸附或化学键合方法对内壁表面进行涂渍处理（改性），覆盖上一层“永久性”聚合物薄膜，能有效地屏蔽硅羟基，减少吸附并改变电渗流大小。这些涂层提高了对生物大分子分离的效率。物理涂层法适合于吸附性强、黏性大的试剂，比如环氧树脂、聚乙烯醇、聚乙烯亚胺、聚谷氨酸甲酯、蛋白质、纤维素。化学涂层技术的核心是利用毛细管内表面上硅羟基的化学性质，使之与涂层材料分子化合成键。

在毛细管电泳中，获得好的重现性的一个重要因素是对毛细管进行老化处理，即对毛细管进行清洗，最常用的方法是用碱液洗去表面的吸附物。另外也可以选用强酸、有机溶剂如甲醇、二甲基亚砜或清洗剂。

毛细管温度的控制对于操作的重现性来说也是非常重要的，因为黏度对进样量和迁移时间的影响很大。常用的恒温方法是高速空气流和液体恒温。空气恒温的仪器装置简单、使用方便，而液体恒温的效果更好。

第四节　毛细管电泳的检测系统

在 HPCE 中，由于使用的毛细管内径一般只有 25~100μm，进样量又极小，因此如何既对组分进行灵敏的检测，又不使微小的区带展宽是其突出问题。紫外 - 可见分光检测器、激光诱导荧光检测器、电化学检测器和质谱检测器均可用作毛细管电泳的检测器，其中紫外 - 可见光检测器和荧光检测器是目前使用最广的两种检测手段。两者相比，紫外 - 可见光检测器的灵敏度低一些，但是它的通用性好，包括单波长、程序波长和二极管阵列检测器。将毛细管接近出口端的外层聚合物剥去约 2mm 的一段，使石英管裸露，毛细管两侧各放置一个石英聚光球，使光源聚焦在毛细管上，透过毛细管到达光电池。对无光（或荧光）吸收的溶质的检测还可以采用间接测定法，即在操作缓冲液中加入对光（或荧光）有吸收的添加剂，在溶质到达检测窗口时出现反方向的峰。激光诱导荧光检测是所有检测方法中灵敏度最高的，但对于大多数样品来说需要衍生，操作较麻烦。质谱检测器的灵敏度也较高，能给出分子结构信息，实现了纳克级试样的分子结构分析和相对分子质量的测定，但是 CE-MS 的缓冲液中不得含有非挥发性缓冲盐，极大地影响了 CE 的分离效果。此外，还有电化学检测器、拉曼光谱检测器等。

毛细管电泳中常用的检测器及其特点如表 5-2 所示。

表 5-2　毛细管电泳中常用的检测器及其特点

检测方法	检出限 /（mol/L）	特点
紫外 - 可见光	10^{-8}~10^{-5}	应用广泛，常规应用
荧光	10^{-9}~10^{-7}	灵敏，但试样通常要衍生
激光诱导荧光	10^{-16}~10^{-14}	高灵敏度，价格昂贵，要衍生化

续表

检测方法	检出限 /（mol/L）	特点
安培	10^{-11}~10^{-10}	选择性好，灵敏，只用于电活性组分，需用专门的电子元件和毛细管改性柱
电导	10^{-8}~10^{-7}	通用性，需用专门的电子元件和毛细管改性柱
质谱	10^{-9}~10^{-8}	仪器复杂，可获得结构信息，灵敏度高
间接紫外、荧光	比直接法小 10~100 倍	通用，比直接紫外法的灵敏度低

注：假定进样体积为 10μl。

一、紫外 – 可见光检测器

紫外 – 可见光检测器是目前在 CE 中应用最广的检测器。CE 所用的紫外 – 可见光检测器的光源和 HPLC 相同，可采用汞灯（150~380nm）或氘灯（190~600nm）和钨灯（380~800nm）作光源。与 HPLC 不同的是，毛细管电泳是柱上检测，透光窗口直接开在毛细管上，故不存在因死体积和组分混合而引起的峰展宽，因而提高了分离效率。但也存在毛细管内径小、光路短以及圆柱形毛细管表面曲率引起的光散射等诸多不利因素直接影响灵敏度和背景噪声。

因光路长度极短，对 CE 的紫外 – 可见光检测器的要求是光束应全部聚焦以最大的光量通过毛细管到达检测器而只有最小的偏离光，这是保证灵敏度和线性的重要因素。目前多数商品化的 UV 检测器采用球镜（蓝宝石）聚焦，可将光束聚焦到 0.2μl 的小体积，也可用笔式线光源镉灯将光聚焦到毛细管以提高检测灵敏度。为获得高效，检测区的宽度应少于溶质的区带宽度，因此要根据毛细管大小设计狭缝，在 CE 中一般峰宽为 2~5mm，狭缝长度一般不能超过峰宽的 1/3。

二、二极管阵列检测器

二极管阵列检测器（DAD）也属紫外检测器，DAD 可进行单波长或多波长检测。它是由消色差透镜将光聚焦至毛细管，光束通过衍射光栅散射至光电二级阵列管，每个阵列管包括很多个二极管，每个二极管可测量某个窄带的光谱。

DAD 可大大简化电泳数据的分析，当建一个新电泳方法时，常常缺少检测条件的信息，尤其是最佳波长的选择，在使用传统的可变波长检测器时，必须重复进样，每次都改变波长，从而保证所有的溶质被检测。而用 DAD 时，只要做 1 次分析，在选定的波长范围内（例如 190~600nm），所有溶质均被检出。当所有的峰都被检出后，DAD 能测出每个溶质的最大吸收波长，经微机处理得到时间 – 波长 – 吸收度三维图谱。因为 DAD 可以用 1 个以上的波长检测样品，对最大吸收波长不同的各组分的鉴定十分有用，可方便地用于复杂样品的分离。

DAD 还可用于峰纯度的鉴定。常用的方法是在峰流出的过程中记录光谱图，然后通过对图谱进行比较，若测得的图谱完全一致，可认为是纯峰。对于非对称峰，例如在毛细管电泳中因溶质和缓冲液的电导不同而使峰形发生偏斜，此时很容易被误认为是由于含有不纯物使峰形发生变化，亦可用 DAD 对峰纯度作出鉴定。

此外，DAD 还可用于鉴定未知物。除用迁移时间和淌度进行定性外，DAD 检测器还可自动绘出光谱图，与贮存的谱库进行比较，通过自动比较计算出匹配因子，从而给出峰定性的统计概率，对样品进行定性鉴别。

三、荧光检测器

荧光检测器是毛细管电泳中应用较多的检测器，和紫外 – 可见光检测器相比，检测限可降低 3~4 个数量级，是一类高灵敏度和高选择性的检测器，可分为以下几种。

（一）普通荧光检测器

采用氘灯（低波长 UV 区）、氙弧灯（UV 到可见光区）和钨灯（可见光区）作为激发光源，对荧光黄的检测限可达 2ng/ml。

（二）激光诱导荧光检测器

激光具有高光通量、单色性和聚光性好的特点，它可聚焦到接近于衍射极限，适用于窄孔径柱，通过光纤或合理的光学设计使聚焦在毛细管中心，既提高了激发效率，又减少了光的散射，是理想的激发源。常用的激光器有氦 – 镉激光器（325nm）和氩离子激光器（488nm）。自激光诱导荧光检测器（LIFD）引入毛细管电泳后，已成为目前毛细管电泳检测器中灵敏度最高的一种检测技术，在多数情况下，比常规紫外 – 可见光检测器的检测限低几个数量级。

四、电化学检测器

电化学检测器（ECD）可避免毛细管电泳中光学检测器遇到的光程太短的问题，特别是对吸收系数小的无机离子和有机小分子（如羧酸）不能用紫外 – 可见光检测器测定时，用电化学检测器仍能进行高灵敏度的检测，为微体积样品的检测提供了高灵敏度的方法。然而用电化学检测时，要求溶质具有电活性，检测范围局限在那些容易氧化或还原的溶质。

电化学检测器有 3 种基本模式：安培检测法、电导检测法和电位检测法。

（一）安培检测法

安培检测法是测量溶质在电极表面氧化还原中失去或得到电子，产生与溶质浓度成正比的电极电流。安培检测法是 3 种模式中应用最普遍的一种方法。为不降低分离度，最好用柱内检测，将电极直接插入分离毛细管内。但在 CE 中，用作分离的高电场产生的电流比检测电流高几个数量级，由电场产生的电流若有微小的波动都将给电化学检测带来非常高的噪声，故难于实现。离柱检测可用连接器或柱端检测，将分离毛细管与检测毛细管隔离，以排除高场的干扰，用连接器相连的离柱检测法关键是连接器接口。常用的连接器接口有管式接口（如多孔玻管、多孔石墨管）、柱上烧结玻璃接口及膜接口（如醋酸纤维素膜）。离柱检测的另一种方法是柱端（end-column）检测，此法适用于小内径（<5μm）的毛细管柱，此时高电压对柱端的背景噪声可以忽略不计，不需接口，直接将电极放在正对毛细管出口端外部，当电极直径比毛细管内径大 2 倍时，氧化 – 还原效率提高，灵敏度也随之提高。用柱端检测方式简易、方便，但电极与毛细管的相对位置对灵敏度有很大影响，并影响重现性。当毛细管柱内径 >25μm 时，分离电压对噪声的影响大，必须采用连接器接口进行离柱检测。

电化学安培检测法的灵敏度高、检测体积小、仪器设备简单，是一种有发展前景的毛细管电泳检测方法，但其应用面较窄。采用金属电极使某些不能直接用碳纤维电极测定的糖类、硫化物、胺类、氨基酸等得以测定（也可用间接电化学法和化学衍生化法）。许多无电活性的溶质可用间接法测定，即将电活性物质加至缓冲液中，产生固定的背景电流，当非活性溶质通过检测器时，背景电流降低，得到负峰；亦可将电活性基团标记到无电活性的溶质上，再做测定。

（二）电导检测法

电导检测法是测量两电极间由于离子化合物的迁移引起的电导率变化，由此电导率检测器是非选择性检测器，信号来自于载体电解质离子和溶质离子的当量电导差，而这种差异往往很小，因此灵敏度不如安培检测法。

电导检测法也分柱内检测和柱端检测。柱内检测是在毛细管壁用激光钻 2 个孔，插入 2 根铂电极，将孔封住后，通过细导线与检测器相连。柱端检测同安培检测法。柱端电导检测器可直接安装在 CE 上，可与 UV 检测器同时使用，也可与安培检测器相连组成双检测系统。

（三）电位检测法

原理同电导检测法，以电位检测器测量电位变化，因灵敏度低，在毛细管电泳中很少使用。

五、质谱检测器

CE 的高效分离和能提供组分结构信息的质谱联用，使之能用 10^{-9}L 级的样品进行分子结构分析和分子量的准确测定，成为微量样品分离与分析的最有效的方法。MS 用作 CE 检测器有离线检测和在线检测 2 种方式。离线检测是将 CE 分离的组分送到 MS 进行分析，在线检测是将毛细管直接与 MS 相连。CE–MS 在线联用，接口系统是关键部件，既要保持 CE 的高效性，又要满足 MS 分析的进样要求，需要考虑样品的离子化技术和 CE–MS 的接口设计。目前用于 CE–MS 的离子化技术主要是电喷雾（ESI）或离子喷雾（ISP）。接口设计有同轴夹套液接口和液体连接接口两大类。用上述接口其检测限为 10^{-9}~10^{-5}mol/L。而在生物化学研究和生物样品分析时，往往还需要更高的灵敏度。可用预浓缩、细内径毛细管柱或用在线毫微电喷雾接口提高检测灵敏度。

第五节　毛细管电泳的操作方法

一、进样方式

毛细管电泳所使用的毛细管内径只有几十微米，进样体积一般在纳升级。在毛细管电泳中，最常用的进样方式有流体力学进样方式和电动进样方式两种。

（一）流体力学进样方式

流体力学进样方式的应用最为广泛，具体方法有以下 3 种：一是在进样端加压；二是在出口端抽真空；三是利用虹吸现象，调节进样端小瓶和出口端小瓶之间的相对高度，使之产生压差，将样品引入（图 5–5）。在流体力学进样中，进样体积 V 是毛细管尺寸、缓冲液黏度、外加压力及进样时间的函数，即：

$$V=\frac{\Delta P\pi r^4 t}{8\eta L} \qquad 式（5–16）$$

式中，ΔP 为加在毛细管两端的压差；r 为毛细管内径；η 为溶液黏度；L 为毛细管长度；t 为进样时间。

此式表明，流体力学进样的进样量和通过毛细管截面的压差、样品浓度、进样时间及管径的 4 次方成正比，与黏度及管长成反比。同时，进样量与组分的淌度无关，因此不存在下述电动进样中的“歧视”效应。

对于虹吸进样产生的压差 ΔP 可由下式计算：

$$\Delta P=\rho g\Delta h \qquad 式（5–17）$$

式中，ρ 为缓冲液的密度；g 为重力加速度；Δh 为两端口之间的高度差。

一般虹吸进样是根据具体条件，将试样池水平抬高 5~10cm，进样时间为 10~30s。

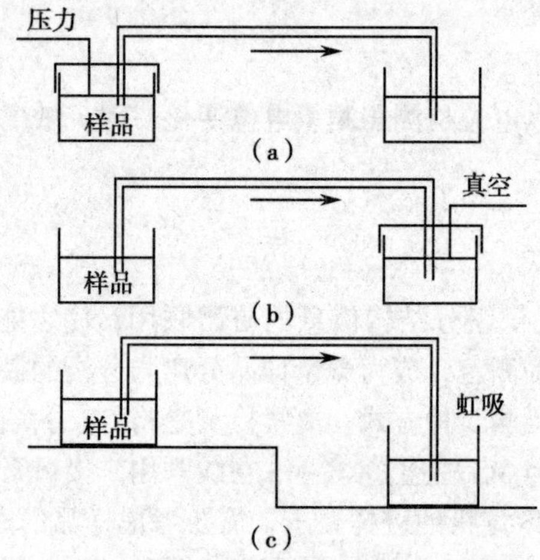

图 5–5 流体力学进样

（a）在进样端加压 （b）在出口端抽真空 （c）利用虹吸现象

（二）电动进样方式

电动进样也称为电迁移进样（图 5–6），在这种进样方式下，毛细管的进样端先不和缓冲液接触，而直接置于样品溶液中，然后在很短的时间内施加进样电压，使样品通过电迁移进入毛细管。此时，电迁移是溶质的电泳迁移和毛细管中电渗流带动的综合结果。

电动进样中，实际进样量 Q 可由下式计算：

$$Q=\frac{(\mu_e+\mu_{eo})\pi r^2 cVt}{L} \qquad 式（5–18）$$

式中，V 为进样电压；r 为毛细管半径；L 为毛细管长度；c 为样品浓度；t 为进样电压施加的时间；μ_e 和 μ_{eo} 分别为溶质的电泳淌度和电渗淌度。

式（5–18）表明，通过改变进样电压和时间可以控制进样量；同时，进样量还与淌度有关。因此，在电迁移中，对被迁移的溶质有一种“歧视”效应，即对淌度较大的组分进样量会大一些，反之则要小一些。进样“歧视”是电动进样最大的缺点，因此电动进样的重现性一般不如流体力学进样，但电动进样是一种非常简单的进样方法，不需附加的装置。当用黏性介质或凝胶时，流体力学进样不能使用，只能使用电动进样。

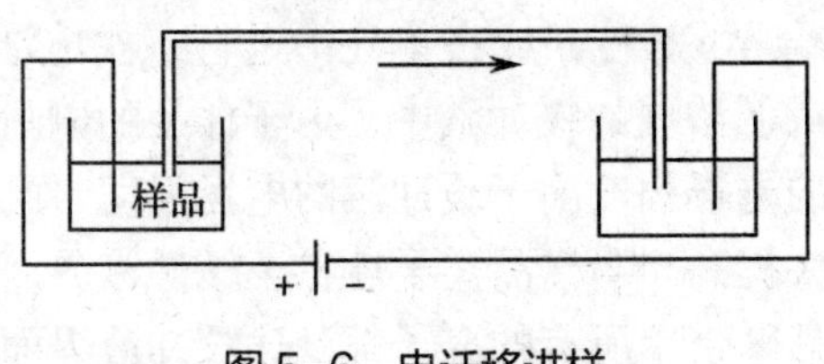

图 5-6　电迁移进样

无论使用哪一种进样方式，都要注意避免进样过多而引起的区带扩散，以免影响分离度。

（三）样品预浓缩技术

细内径毛细管的应用极大地提高了毛细管电泳的分离效能，但因毛细管内径小，导致检测光程短、检测灵敏度低。商品化仪器所配备的紫外－可见光检测器其灵敏度仅为约 10^{-5}mol/L，使 CE 在许多实际应用中特别是微量或痕量分析中远远不能满足要求。目前提高检测灵敏度的方法有：①设计特殊类型的检测池，增加光路长度；②采用高灵敏度的检测器（如荧光检测、电化学检测）；③采用样品预浓缩技术，即将大体积样品中的微量或痕量组分经预浓缩后再用毛细管柱分离，而仍能用紫外法检测。相对而言，样品预浓缩技术是一种最简单且行之有效的提高灵敏度的方法，目前样品预浓缩技术用得最多的是等速电泳浓缩和场放大堆积，此外还有膜富集浓缩、固相萃取浓缩等其他浓缩方法。

1. 等速电泳浓缩　在恒流下进行的等速电泳，样品中各组分的浓度只与先导电解质溶液的浓度有关，与样品的组分和初浓度无关。因此可通过调节先导电解质溶液的浓度，使低浓度的样品与先导离子浓度一致产生浓缩效应。等速电泳的另一特点是可以用内径大的毛细管，样品负载体积大，进样量可达微升级。故此法是迄今为止浓缩倍数最高的一种预浓缩技术，使被分析物的检测灵敏度提高 3 个数量级。

等速电泳作为毛细管电泳的一种浓缩技术，需要采用特殊的装置进行偶合后，将浓缩的样品充入毛细管进行 CE 分离。偶合方式有对接式偶合、套接式偶合和单柱浓缩。对接式偶合是用 2 根内、外径相同的毛细管对接，以接口为界，接口的一端毛细管做等速电泳（ITP），另一端做 CE，均分别装有检测器 D1 和 D2。样品注入 ITP 毛细管后开始 ITP 浓缩，当区带经检测器 D1 到达接口处时，需瞬间中断电流，然后通过接口控制阀将经浓缩的样品转移到 CE 毛细管中。这种装置有较高的浓缩效果，可将进样体积浓缩 100~1 000 倍，大大减少 CE 的进样体积，降低浓度检测限，非常适用于复杂生物体中微量成分的分离。但此法的重现性差，在很大程度上受 ITP 影响。电泳缓冲液需同时满足 ITP 和 CE 的要求，增加了缓冲液选择的困难。套接式偶合是将分离用毛细管插入大孔径（500μm i.d.）的 ITP 毛细管中，CE 毛细管的进样端尽可能接近 ITP 检测器，并使两管液面相等。先将稀样品吸入 ITP 毛细管中，经 ITP 浓缩后等区带到达检测器时，停止 ITP，再将样品吸入

CE 毛细管中，这种装置的优点是 ITP 和 CE 系统相对独立，可用各自的缓冲液分离。但经 ITP 浓缩后的样品进入 CE 系统的量与两毛细管柱的截面积之比有关，两者的截面积愈接近，进入 CE 系统的样品量愈多。为消除 ITP 的电渗流影响，ITP 的分离柱内径至少要比分离毛细管柱的内径大 10 倍。

2. 场放大堆积　场放大堆积是一种毛细管电泳柱上样品的浓缩技术。与 ITP 不同的是，不需将浓缩的样品偶合至 CE 柱，或在单柱中进行二次电泳（一次浓集，一次分离）。具体方法是将样品溶于水或低浓度的缓冲液中，由于样品的电阻大于缓冲液，当施加高压后，使分配在样品区带中的电场强度高于缓冲液的电场强度，此时样品区带中的离子在高电场下，电泳迁移速度大大提高。当样品离子迁移至缓冲液界面时，电场强度减低，电泳速度降低，一直持续到样品区带中所有的离子都到达缓冲液界面，使样品溶液在高浓度缓冲界面处堆积形成一条窄的区带，样品离子得到浓缩。此过程称场放大堆积效应，即场放大堆积进样。理论上讲，样品离子的堆积率正比于样品溶液与缓冲液的电阻率之比。也就是说，如果将样品溶于水中，此时与缓冲液的电阻率相差最大，可使样品中的各组分得到最大程度的“堆积”，但在实际操作中样品溶液和缓冲液的浓度相差愈大使峰愈展宽。故一般可将样品溶于低浓度的缓冲液（例如稀释 100 倍的缓冲液）中，用压力或电动进样，“堆积”将自动进行，此法可将样品浓缩 10 倍以上，如果样品溶液和缓冲液的电导相等时，在导入样品前先导入一小段水，再吸入样品进行浓缩，特别是在电动进样时，在进样前加一段水柱，不仅可使样品溶液和缓冲液的界面更加清晰，检测灵敏度得到提高，还可以在一定程度上减少电动进样时引起的样品“歧视”效应。为提高检测灵敏度，可采用大体积进样，即将样品溶液充满整个毛细管柱 50%~70%，然后采用 2 次反转电流的方法除去样品中的大部分基质。当正向电压进样时，使正离子得到浓集；反转电极，施以反向电压，使负离子浓集，用这种方法可使正、负离子同时得到浓集。场放大堆积法进行样品浓集时，最佳的浓集效果是缓冲液的浓度应比样品溶液大 10 倍以上。现在此法主要用于带电离子的浓集。在进行场放大堆积时，应注意由电场引起的区带温度升高，不适用于对热不稳定样品的浓集。

二、操作电压

操作电压是控制分离效率、分离度和分析时间的重要因素。在柱长一定时，随着操作电压的增加，迁移速率加快，柱效增加，但是同时焦耳热也增加，柱温升高，导致缓冲液的电导增加，电流增大，黏度减小，双电层增厚，且在毛细管内形成径向温度梯度，这些变化的综合效应又使柱效和分离度降低。因此，在一定的范围内，柱效随着电压的增大而增大，到极值点后，随着电压的增高，焦耳热的影响加剧，柱效反而下降，此极值点为最佳电压。在 CZE 分离条件优化时，建议除了采取有效的散热措施外，应综合考虑缓冲液等其他因素，在保证分离度及分离精密度的前提下，尽量选择较高的电压条件，但又不致产生过高的电流和过多的焦耳热。

三、缓冲液

缓冲液（buffer）是具有 pH 缓冲能力的均匀的自由溶液。缓冲液的种类、浓度、pH 不但影响电渗的大小，也同时影响样品组分的电泳行为，因此缓冲液的选择对于任何模式的毛细管电泳的成功分离都是最关键的。缓冲液的选择通常遵循以下要求：①在所选择的 pH 范围内有很好的缓冲能力；②在检测波长处无吸收或吸收值低；③自身的淌度低，即分子大而电荷小，以减少电流，从而降低焦耳热的产生；④为了达到有效的进样和合适的电泳淌度，如果组分的解离常数 K_a 已知，则应控制缓冲液的 pH 使 pK_a 为 pH ± 1，以使组分间的有效淌度之差最大。另外，在配制缓冲液时，必须使用高纯蒸馏水和试剂，用 0.45μm 的过滤器除去颗粒等。

缓冲液的 pH 是影响分离选择性的一大因素。对弱酸或弱碱溶质组分，改变 pH 会引起溶质的电荷和电泳淌度的变化，由于不同溶质的 pK_a 值不同，因此改变 pH 对不同溶质的影响不同，从而影响分离的选择性。当缓冲液的 pH 低于溶质的 pI 时，溶质带正电荷，朝阴极移动，和电渗方向相同，因此离子迁移的总速率比电渗要快；当缓冲液的 pH 高于溶质的 pI 时，溶质带负电荷，朝阳极移动，和电渗方向相反，因此粒子迁移的总速率比电渗要慢。缓冲液的 pH 要求适应于样品的性质，通常酸性组分选择碱性介质分离，而碱性组分选择酸性介质分离，蛋白质、多肽、氨基酸等两性物质既可以选用酸性介质（pH 2）亦可以选用碱性（pH>9）分离介质。羧酸及糖类等样品通常在 pH 5~9 能获得最佳分离。

缓冲液的浓度是一个重要指标，增加浓度，使溶液的离子强度增加，可以明显改变缓冲容量，减少溶质和管壁之间的相互作用，从而改善分离。在一定范围内，组分的柱效随缓冲液浓度的增加而增加，但缓冲液浓度过大会导致焦耳热增加，将影响分离效率。可见，缓冲液的浓度变化对分离效果的影响是一个复杂的过程，选择浓度时需要综合考虑。

四、添加剂

在毛细管电泳分离中，常常在缓冲液中添加某种成分，通过它与管壁或与样品溶质之间的相互作用，改变管壁或溶液的物理和化学性质，进一步优化分离条件，提高分离的选择性和分离度。

表面活性剂是毛细管电泳中使用最多的一种缓冲液添加剂。在 CZE 中可以使用多种类型的表面活性剂，阴离子型、阳离子型、两性离子型和非离子型表面活性剂都可以使用。在低于临界胶束浓度时，单个表面活性剂分子可作为疏水溶质的增溶剂、离子对试剂和管壁改性剂。溶质和单个表面活性剂的相互作用有 2 种方式：①表面活性剂分子的带电端与溶质疏水端之间的疏水作用；②表面活性剂的烷基碳链与溶质疏水端之间的疏水作用。除了与溶质相互作用外，表面活性剂还与毛细管壁相互作用，是很好的电渗流改性剂和管壁修饰剂。根据表面活性剂所带电荷的不同，电渗流可能增大、减小或者改变方向。

在缓冲液中加入高浓度的无机盐后，其包含的大量阳离子可竞争毛细管内壁的负电荷位置，因而可以降低甚至抑制管壁对蛋白质的吸附。但浓度过高又导致产生较多的焦耳热，使分离效率降低。用两性离子代替无机盐，可以克服过热的问题。常见的两性离子有强酸强碱型 $(CH_3)_3N^+CH_2CH_2CH_2SO_3^-$（磺酸甜菜碱）、$(CH_3)_3N^+CH_2COO^-$（甜菜碱）。由于两性离子既能保持高离子强度，缩短了迁移时间，同时又可降低电导，不产生较大的电流，减小自热，从而进一步提高蛋白质和多肽的分离效率，改善其分离度和重现性。

在毛细管电泳中，常常在缓冲液中加入一些有机溶剂（作为改性剂），以改变毛细管内壁和缓冲液的性能，最常用的是甲醇和乙腈。在非水毛细管电泳法中，则以甲醇、乙腈、四氢呋喃等有机溶剂为主体，加入电解质（如乙酸铵、甲酸），使在水中难溶而不能用CZE分离的对象在有机溶剂中有较高的溶解度而实现分离。

在毛细管电泳中，添加一定量的线性高分子聚合物有助于增大缓冲液的黏度，延长溶质的迁移时间，改善分离，利于构建各种电动色谱法。此外，线性高分子聚合物（如聚乙烯醇等）分子还可以强烈吸附在毛细管内壁上，改变其表面特征，从而影响电渗及分离过程，通过分子筛效应实现对生物大分子的电泳分离。

与使用大量的手性固定相来分离手性药物的手性色谱法分离相比，毛细管电泳手性分离十分简单，一般是在缓冲液中加入手性选择剂如环糊精、冠醚、糖类、蛋白质等。对手性药物分离的选择性可以通过调节手性添加剂的类型和浓度来实现，也可以通过加入修饰剂如醇类、表面活性剂、尿素和金属离子等来实现。

五、温度

因黏度是温度的函数，组分的淌度和电渗流的大小都与温度有关。商品化的仪器可以使分离在恒温下进行，通常仪器的温度范围可以在15~60℃内。采用制冷剂控制温度的精度可达0.1℃，主要目的是维持恒定的温度以逸散焦耳热，从而保证分离的重复性。常规操作温度多控制在20~30℃，具体温度需在实验中进行优化选择。

六、其他操作要点

1. 为确保有一个干净、重复性好的内壁，通常对未涂层的毛细管柱在每次实验前后均应用0.1mol/L NaOH溶液和水分别冲洗3~5min。在分析复杂样品如蛋白质等大分子样品或中药等复杂组分时，为防止管壁吸附而影响电渗，在每次分离之间均应采用NaOH溶液和分离缓冲液分别冲洗3~5min。如样品为简单组分，则每次运行之间只需用缓冲液冲洗即可。缓冲液的损耗会导致淌度和电渗的变化，要经常更换缓冲液，此时建议增加冲洗时间至5min以上，使毛细管适应新的缓冲体系。

2. 样品溶液的浓度与电泳峰形和分离均有关，一般除了需要检出微量杂质或组分吸收较弱等情况下不得不增大样品溶液浓度外，应尽量配制较小的浓度，控制试样溶液的离子强度，使其电导率等于或者小于本底电解质的电导率，这样可以改善峰形，提高分离度。最常用的溶剂为水，但实验表明，当样品溶液的浓度远低于缓冲液的浓度时，会导致样品区带展宽，影响分离，因此有时采用1∶10的缓冲稀释液作为溶剂以改善峰形。如果为水不易溶样品，可以采用一定比例的有机溶剂，但要考虑与缓冲体系的互溶性，否则只能改用其他分离模式如胶束电动毛细管色谱法（MEKC）或非水系统进行分离。试样和缓冲液的贮存器均要加盖，在使用有机溶剂时要特别注意挥发，为克服试样挥发及CE定量时的重现性问题，应采用内标。

第六节　毛细管电泳的主要分离模式

一、毛细管区带电泳

毛细管区带电泳（capillary zone electrophoresis，CZE）也称为毛细管自由区带电泳，是毛细管电泳中使用最为广泛的一种技术。通常可以将 CZE 看成其他各种操作模式的母体。CZE 是通过在充满电解质溶液的毛细管中，不同质荷比大小的组分在电场的作用下迁移速率的不同而实现分离的。当毛细管内壁带负电时，样品中带不同电荷粒子的流出顺序为阳离子、中性粒子、阴离子，而中性粒子不带电荷，彼此之间不能分开。质荷比大的离子电泳淌度大，先到达检测窗口；反之则后到达。毛细管区带电泳适于分离带电物质，如无机阴离子、无机阳离子、有机酸、胺类物质、氨基酸、蛋白质等，但不能分离中性化合物。

二、胶束电动毛细管色谱法

胶束电动毛细管色谱法（micellar electrokinetic capillary chromatography，MECC）是在操作缓冲液中加入表面活性剂，当溶液中的表面活性剂浓度达到临界胶束浓度（CMC）时，表面活性剂分子开始聚集在一起形成胶束（准固定相），胶束中分子疏水性的一端聚集在一起形成疏水内核，带电荷的一端则朝向缓冲液，在电场力的作用下，胶束在柱中移动，溶质基于在水相和胶束相之间的分配系数不同而得到分离。胶束电动毛细管色谱法具有电泳及色谱法的双重分离性能。MECC 可用于中性分子或中性分子与离子混合物的分离与分析，是最常用的毛细管电泳之一。

（一）基本原理

MECC 中存在着两相，一相是带电的离子胶束，是不固定在柱中的载体（准固定相），它具有与周围介质不同的电泳淌度，并且可以与溶质相互作用；另一相是导电的水溶液相，是分离载体的溶剂。溶质在这两相之间分配，并由于其在胶束中不同的保留能力而产生差速迁移。与毛细管区带电泳一样，如果采用的是中性或者碱性缓冲液，在电场作用下，整体溶液由电渗驱动流向阴极。离子胶束依其电荷极性不同，移向阳极或阴极。对于常用的十二烷基硫酸钠（SDS）胶束，因其表面带负电荷，电泳方向与电渗相反，朝阳极方向泳动。在多数情况下，电渗淌度大于胶束的电泳淌度，所以胶束的实际移动方向和电渗相同，都向阴极运动。中性溶质基于色谱法原理，在以电渗驱动的水溶液流动相和受到电泳阻滞、运动较慢的胶束相之间进行分配，疏水性较强的溶质与胶束的作用较强，结合到胶束中的溶质较多也较稳定，相对于疏水性较弱的溶质迁移较慢，保留时间长；而未结合的溶质则随电渗流出，保留时间短。因此，中性溶质按其疏水性不同，在两相间的分配系数不同而得到分离。带有一定疏水性基团的分子的出峰时间将介于与胶束无任何作用的组分（如水）和完全溶于胶束的组分之间。

（二）准固定相

表面活性剂间聚集而形成的胶束是 MECC 中的准固定相，对 MECC 的分离过程起着重要作用。MECC 常用的表面活性剂可以是阴离子型、阳离子型、非离子型或两性离子型的，其中用得最多的是前两类，而前两类中又以阴离子型表面活性剂十二烷基硫酸钠（SDS）与阳离子型表面活性剂十六烷基三甲基溴化铵（CTAB）和十二烷基三甲基溴化铵（DTAB）最常用。

表面活性剂的类型和浓度都会影响分离的选择性。不同的表面活性剂对溶质的作用力不同，使胶束有不同的溶解度，同时也使它们有不同的聚集度和形状，而且表面活性剂的类型还可以影响电渗流的大小，甚至方向；溶质在 MECC 中的保留行为也受到所使用的胶束浓度的影响，在临界胶束浓度以上，表面活性剂浓度的增加将增加胶束的浓度，这样溶质迁移时间增加，分离的选择性增加，但临界浓度太大会使溶液的电导率增高，产生不利的热效应，故表面活性剂的 CMC 不宜太高。表面活性剂的浓度需要在实验过程中优化选择。

（三）流动相

在 MECC 中还可以通过改变流动相来调节选择性，流动相的改变通常通过改变缓冲液的种类、浓度、pH 和离子强度或添加有机溶剂来实现。

除了对电渗的影响外，流动相的 pH 还会改变溶质与胶束之间的相互作用。如在较低的 pH 条件下，SDS 体系中的氨类溶质质子化带正电，溶质与胶束之间的静电引力增加，使迁移时间延长；反之，酸性溶质在高 pH 条件下与胶束之间会失去 H^+，成为带负点的粒子，因为与 SDS 胶束带相同的电荷，故形成静电排斥，使分配系数降低，溶解度减小，保留时间缩短。溶液的离子强度增大，将使表面活性剂的临界胶束浓度及电解质溶液的电阻降低，因此能抑制热效应。有机溶剂会降低 Zeta 电势，使电渗流降低，同时也会影响溶质在胶束和流动相之间的分配系数，削弱溶质与胶束之间的疏水性相互作用，同时也削弱维持胶束结构的表面活性剂分子间的疏水作用，使胶束疏松而加快溶质进出胶束的传质过程，提高分离效率。有机溶剂还能够减小毛细管壁的吸附作用，常用的有机溶剂为甲醇和乙腈，浓度一般以控制在 5%~25% 为宜。

（四）特点

与高效液相色谱法相比，MECC 的主要优点在于其分离效率高，HPLC 的分离效率（25cm 柱）为 5 000~20 000 理论塔板数，而 MECC 的分离效率可达 50 000~500 000 理论塔板数。另一个优点是速度快，分离时间通常小于 30min。MECC 之所以能达到高效、快速分离是基于以下 3 个原因：①电渗流为扁平塞流，大大减小了径向速率梯度；②毛细管柱的细管径使其能够快速高效地散热，从而减小了高电场强度导致的不利热效应；③胶束本是运动着的，因而溶质的传质速率加快。此外，MECC 还具有检测限低、样品用量及试剂消耗小的优点。

尽管对于由强极性或强疏水性组分组成的混合物来说，MECC 还存在一定的困难，但 MECC 的引入在很大程度上满足了毛细管电泳增加选择性的要求，特别是弥补了毛细管电泳在中性分子分离方面的不足，使这一技术的应用范围进一步扩大，而且 MECC 本身又可以通过改变流动相和准固定相的参数来改变其选择性。

三、毛细管凝胶电泳

毛细管凝胶电泳（capillary gel electrophoresis，CGE）是在毛细管中装入聚丙烯酰胺单体，在引发剂的作用下交联聚合生成凝胶，用凝胶物质作为支持物进行电泳的方式，故称为凝胶电泳。CGE 分为凝胶和无胶筛分 2 种，主要用于 DNA、RNA 片段的分离和排序，以及 PCR 产物分析及蛋白质等大分子的检测。

（一）基本原理

在毛细管凝胶电泳中，毛细管中充满了凝胶，凝胶在结构上类似于分子筛。当带电的溶质离子由电迁移通过毛细管时，原则上按照其分子大小进行分离，较小的分子迁移得快，而大分子迁移得较慢，因此分离主要是基于组分分子的尺寸及筛分机制。通常经处理的毛细管壁消除了电渗流，故溶质在毛细管中由于电泳的作用而进行迁移，并由于凝胶的筛分机制而进行分离。

（二）筛分介质

具有筛分功能的物质并不一定都是凝胶，在毛细管电泳中，筛分介质分为凝胶和无胶筛分介质两大类。毛细管凝胶电泳中的“凝胶”已不是传统意义上的凝胶，具有更广泛的含义。

CGE 中常用的凝胶为交联型凝胶，如交联聚丙烯酰胺及葡聚糖等。聚丙烯酰胺是丙烯酰胺与 *N*，*N′* - 亚甲基双丙酰胺的共聚物，具有三维网状多孔结构，透明而不溶于水，化学性质稳定，呈电中性，无吸附作用，机械强度好，在 CGE 中具有抗对流、减小溶质扩散、减小毛细管壁吸附和消除电渗流等作用。此外，其多孔性结构具有分子筛效应。增加交联度或降低丙烯酰胺的量都能增大孔径，大孔径适合于 DNA 序列反应产物的测定；反之，减小交联剂的量（降低交联度）或者增加丙烯酰胺的量均能使孔径变小，以适合于蛋白质和寡核苷酸的分离。

线性聚丙烯酰胺、甲基纤维素、羟丙甲纤维素、聚乙烯醇这一类亲水性线性或枝状高分子在水溶液中当浓度达到一定值时，会互相缠绕形成三维网状多孔结构而具有分子筛效应，称之为无胶筛分介质。无胶筛分电泳比凝胶柱便宜、简单，且化学性质稳定，受到越来越广泛的关注。

（三）特点

毛细管凝胶电泳依据在“凝胶柱”中的电泳行为与筛分 2 种作用而分离，因此 CGE 具有很高的分离性能，理论塔板数最高可达 10^7/m。它是当今分离度极高的一种电泳分离技术，是 DNA 排序分析的重要手段，成为近年来在生命科学技术和应用研究中极为得力的分析工具。

四、毛细管等电聚焦电泳

毛细管等电聚焦（capillary isoelectric focusing，CIEF）电泳是基于两性化合物等电点的不同，在 pH 梯度毛细管凝胶电泳中分离的技术。毛细管等电聚焦电泳具有极高的分辨率，可以分离等电点差异 <0.01 pH 单位的蛋白质，而且可以实现蛋白质等两性化合物的浓缩。

（一）基本原理

两性化合物分子中既有酸性基团又有碱性基团，当介质的 pH 正好是两性物质的等电点时，两性化合物显电中性，在电场中不移动；当介质的 pH 高于等电点时，两性化合物失去质子而带负电荷，在电场作用下向正极移动；当介质的 pH 低于等电点时，两性化合物带正电荷，在电场作用下向负极移动。

在 CIEF 电泳中，在毛细管中注入一种两性电解质溶液，在外加电压的作用下，带正电的电解质流向阴极，带负电的流向阳极，在毛细管内形成 pH 梯度。带净电荷的溶质（如蛋白质）按照 pH 梯度发生迁移，当迁移至 pH 和蛋白质等电点一致的区域，迁移停止，形成明显的区带而实现分离，此过程称为聚焦。聚焦后，用压力或改变检测器末端电极槽储液的 pH 使溶质通过检测器。

（二）分析过程

毛细管等电聚焦电泳有 3 个基本操作步骤，即进样、聚焦和迁移。

由于溶质与两性电解质一起引入毛细管柱，因此等点聚焦电泳的进样量远远大于毛细管电泳的其他操作模式，但是高浓度的蛋白质在区带内聚焦时会发生沉淀，这一点限制了CIEF电泳的载样量，常用的办法是部分充满毛细管柱。

在聚焦阶段，先加高压3~5min，电场强度通常为500~700V/cm，直到电流降到很低的值。在这一过程中，在毛细管的整个长度范围内建立了一个pH梯度，然后蛋白质在毛细管中向其各自的等电点处聚焦，形成明显的区带。

聚焦完成后使区带迁移通过检测器，从而实现对其进行检测。通常迁移可通过从毛细管一端施加压力或在一个电极槽中加入盐来实现。典型的做法是将NaCl（也可以是其他盐类）加入阴极槽，再加高压，一般为6~8kV，这时氯离子进入毛细管，在近检测器端引起梯度降低，使聚焦的蛋白质通过检测器，在这一过程中电流上升。

CIEF电泳已成功地用于测定蛋白质的等电点、分离蛋白质的异构体等方面。

五、毛细管电色谱法

毛细管电色谱法（capillary electrochromatography，CEC）是20世纪90年代发展起来的新型分离技术，是毛细管电泳或电动微分析系统的重要分支。它是毛细管电泳与高效液相色谱法的有机结合，根据溶质在流动相和固定相中的分配系数不同及自身电泳淌度的差异得以分离。

毛细管电色谱法是电渗流或电渗流结合压力（加压色谱柱pCEC）来推动流动相移动的一种微柱液相色谱分离法。由于它在毛细管中填充或在毛细管内壁涂布、键合或交联了色谱法固定相，因此它克服了毛细管电泳（CE）对电中性物质难分离的缺点，同时大大提高了液相色谱法的分离效率；并且结合了液相色谱法固定相和流动相选择性多的优点，形成了自己独特的高效、高选择性、高分辨率、微量、快捷的特点。CEC主要依靠电渗流驱动流动相，所以它具有塞流的优点，从而具有与CE相似的高效性。物质在CEC中，根据它们在固定相与流动相中分配系数的不同和自身电泳淌度的差异得以分离。正是由于结合了这2种分离机制，因此无论是中性物质还是带电物质，都可以用CEC达到理想的分离效果。

毛细管电色谱法的固定相主要依据HPLC的理论和经验选择，目前研究最多的是反相毛细管色谱柱，毛细管填充长度一般为20cm，多采用C_{18}或C_8为填料（3μm），以乙腈-水或甲醇-水等为流动相。与HPLC类似，CEC同样可采用改变流动相的组成比例、pH、散热能力及背景吸收等改善分离效果。CEC的局限性是易产生气泡、毛细管具有脆性等。

毛细管电色谱法目前在药物分析方面的研究主要集中在与药物相关的杂质分离和手性药物的分离，分析对象以中性药物和多环芳香化合物为主。随着毛细管电色谱技术的不断完善和提高，CEC将有更广泛的应用前景。

六、毛细管等速电泳

毛细管等速电泳（capillary isotachophoresis，CITP）是一种不连续介质毛细管电泳技术，又称移动边界电泳技术。它采用2种不同的缓冲液系统，一种是先导电解质，充满整个毛细管柱，其有效淌度高于任何样品组分；另一种称为尾随电解质，其有效淌度低于任何样品组分，置于一端的电泳槽中，被分离的组分按其淌度的不同夹在两者之间，并以相同的速率迁移，在电场梯度下各组分离子按其有效淌度的差异而实现分离。如分离阴离子，先导电解质的有效淌度最高，速度最快，紧接着是淌度最大的被分离组分，排在最后的是尾随电解质，所有的阴离子形成各自独立的区带，按照有效淌度的大小依次向阳极移动，实现分离。

进行等速电泳分离必须满足 2 个条件：①具有一定 pH 缓冲能力的先导电解质和尾随电解质；②背景电流要小到足以克服区带电泳效应。毛细管等速电泳分离所需的毛细管必须经过处理以消除电渗流的影响。

毛细管等速电泳可以用于各种离子，包括无机离子、有机离子以及核苷酸、氨基酸、蛋白质等的分离与分析。由于其具有区带锐化效应和区带浓缩效应，常常被用作其他毛细管电泳分离模式的预浓缩手段。

七、非水毛细管电泳

非水毛细管电泳（non-aqueous capillary electrophoresis，NACE）是以有机溶剂作为电泳缓冲液进行的毛细管电泳。NACE 使许多疏水性化合物可以用 CE 分析，应用最多的是对生物样本与药物代谢产物的分析、中草药中结构相似成分的分析、化学合成药物的分析及手性药物的分离与分析。由于非水介质的导电能力差、焦耳热弱，因此可施加较高的电压，从而增加分离效率。NACE 常用介电常数较高、黏度较小的有机溶剂，如甲醇、乙腈及四氢呋喃、甲酰胺等。在实际应用中，NACE 常通过加入不同的电解质以调节 pH 和改变分离的选择性，如酸及其铵盐、碱等。

第七节　毛细管电泳的应用

一、定性分析

毛细管电泳常用的定性方法与 HPLC 相同，也用迁移时间与对照品对比定性，即将试样与标准品在相同的操作条件下进行电泳分离，将电泳流出曲线中组分特征峰的保留值与标准品的保留值进行比较。如果数值在允许的误差范围内，则可推定此组分与标准品组分可能一致。在 CE 中，为了克服简易型毛细管电泳仪重复性差的缺点，宜采用相对迁移时间对比定性。目前，高效毛细管电泳 - 质谱联用法（HPCE-MS）是最新的定性分析方法。

二、定量分析

高效毛细管电泳的重复性不如 HPLC，故宜采用内标法或叠加对比法（叠加法）进行定量分析。若难以找到合适的内标物或样品组分峰太多，无法插入内标物，则采用叠加对比法定量。在样品的 HPCE 图中，找一个迁移时间和峰面积与待测组分相当且稳定的特征峰，作为内参比峰代替内标峰。叠加对比法的特点是不需内标物但具有内标法的优点，可减少进样量不准确或实验条件不稳定的影响。内标法及叠加对比法进行定量分析的重复性一般 $RSD \leqslant 3\%$。

三、应用实例

高效毛细管电泳以其微量、快速、高效、经济等特点，在化学、生命科学、药学、临床医学、法医学、环境科学、农学及食品科学等领域中具有重要的应用价值，已广泛应用于中药材、中药制剂、化学药、复方制剂及生化药等的分离、鉴定和分析，以及蛋白质及DNA的分离检测、临床药物检测和药物代谢研究、滥用药物分析、毒物分析、手性分离等诸多方面，已经成为一种很有前途的分析手段。

【实例1】毛细管电泳在蛋白组学中的应用。

包日煌等利用毛细管电泳技术建立了人血清蛋白质毛细管电泳分析方法，对比了正常人与肝硬化患者血清蛋白质含量的差异。

分析条件：毛细管总长度为53cm，有效长度为50cm；电动进样，进样电压为20kV，进样时间为10s；电泳缓冲液为10mmol/L硼砂缓冲液，pH 9.6；电泳电压为20kV；滤光片为500~540nm带通滤光片；光源是中心波长为470nm的LED。

所有样品上机测试前均超声脱气，用0.45μm微孔滤膜过滤。溶液配制过程中均使用重蒸水。

经分析，在肝硬化患者的血清蛋白质中比在正常人的血清蛋白质中多检测到2个蛋白质峰，可能是和肝硬化发生相关的特异性蛋白质；肝硬化患者与正常人的血清蛋白质电泳谱图的差异有统计学意义。该方法能实现人血清蛋白质的分离，可为临床诊断肝硬化提供参考。

电泳图谱如图5-7所示。

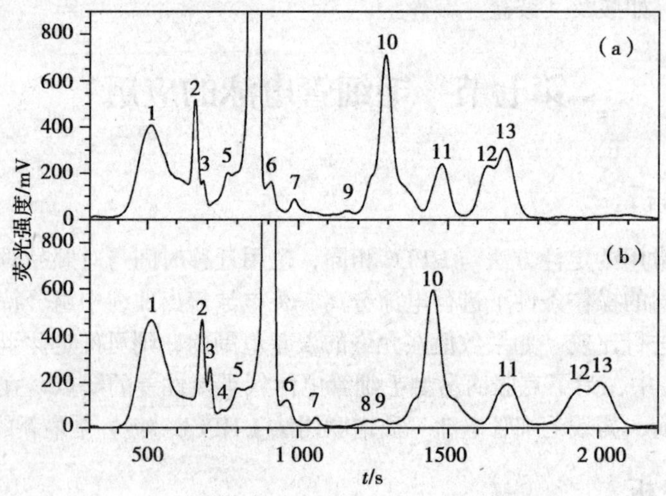

图5-7　正常人（a）和肝硬化患者（b）血清蛋白质的电泳图谱

【实例2】毛细管电泳在中药分析中的应用。

惠阳等对高良姜黄酮类成分的毛细管电泳特征图谱进行了分析，建立海南本地中药材高良姜黄酮类提取物的毛细管电泳特征图谱。

分析条件：采用HPCE分析，使用未涂敷的石英毛细管柱（48cm × 50μm），缓冲液成分为20mmol/L硼砂、30mmol/L十二烷基硫酸钠、体积分数10%的乙腈（pH 8.7），运行电压为20kV，紫外检测波长为208nm。

方法测定了14批海南本地不同市县高良姜药材样品的HPCE图谱，包括分离条件的优化、电泳峰的指认与标定、相似度评价及方法稳定性、精密度、重现性测定等。建立了由 15 个共有峰组成的海南高良姜黄酮类提取物的高效毛细管电泳特征图谱，并鉴定了其中 6 个主要特征峰。结果表明采摘的海南岛不同市县的高良姜药材中的黄酮类成分及含量有一定差别，依据电泳图谱中特征峰的迁移时间和峰面积能有效地鉴别不同产地的高良姜药材。采用该方法建立海南高良姜的高效毛细管电泳图谱，进样量少，样品处理简单，分离效率高，污染小，结果可靠，重复性好。

14 批不同产地的高良姜药材样品的 HPCE 图谱如图 5-8 所示。

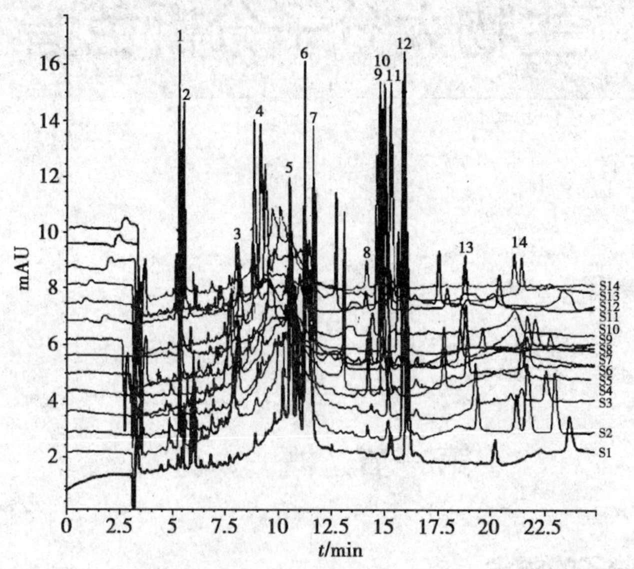

图 5-8　14 批不同产地的高良姜药材样品的 HPCE 图谱

（江洁冰　李 嫣）

参考文献

[1] 陈义 . 毛细管电泳技术及应用[M]. 北京：化学工业出版社，2006.

[2] 武汉大学化学系 . 仪器分析[M]. 北京：高等教育出版社，2005.

[3] 季一兵 . 中药毛细管电泳分析技术与应用[M]. 北京：中国医药科技出版社，2009.

[4] 包日煌，范清杰，宋珑，等 . 毛细管电泳 – 发光二极管诱导荧光检测法分析肝硬化及正常人血清蛋白质的差异[J]. 色谱，2014，33(2)：201-206.

[5] 惠阳，仲佳明，武晓雪，等 . 高良姜黄酮类成分的毛细管电泳特征图谱分析[J]. 中药材，2017，40(1)：69-72.

第六章

生物大分子分析色谱法

第一节 概 述

一、生物大分子的概念

生物大分子是指分子量达上万或更多的有机分子，包括蛋白质、核酸、多糖以及高相对分子量的碳氢化合物，是构成生命的基础物质。

二、生物大分子的特点

生物大分子是生物体的重要组成成分，不但分子量较大，而且有生物功能，其结构也比较复杂。在生物大分子中除主要的蛋白质与核酸外，还有糖、脂类和它们相互结合的产物，如糖蛋白、脂蛋白、核蛋白等。它们的分子量往往比一般的无机盐类大百或千倍，蛋白质的分子量为 1 万至数万，核酸的分子量有的可达上百万。这些生物大分子的复杂结构决定了它们的特殊性质，它们在体内的运动和变化体现着重要的生命功能，如进行新陈代谢供给维持生命需要的能量与物质、传递遗传信息、控制胚胎分化、促进生长发育、产生免疫功能等。

三、生物大分子的高效液相色谱法分离模式

根据生物大分子的作用力和生物活性的性质，可用于分离与分析生物大分子的液相色谱法分离模式如表 6-1 所示。

表 6-1　生物大分子的性质及相应的高效液相色谱法分离模式

分类	分离模式	生物活性保持	纯化因子	生物大分子的性质
尺寸排斥	凝胶色谱法	高	2~20	尺寸和形状
静电和分子作用	离子交换色谱法	高	2~40	静电荷
	疏水作用色谱法	高	2~30	疏水性
	反相液相色谱法	低	2~200	疏水性
亲和	生物亲和色谱法	高	50~10 000	生物活性
	免疫亲和色谱法	高	20~2 000	抗原性
	凝集素亲和色谱法	高	2~10	糖基含量
	共价色谱法	高	2~10	自由巯基含量
	金属络合亲和色谱法	高	2~20	表面组氨酸
	络合亲和色谱法	高	2~10	表面金属活性特点
	羟基磷灰石色谱法	高	2~10	表面结构
	染料亲和色谱法	高	2~40	表面结构

凝胶色谱法主要基于生物大分子的尺寸和构型的差别达到分离纯化的目的。该分离模式的分离效率和柱容量都较低，但能很好地保持被分离物质的生物活性。如根据生物大分子表面电荷或疏水性的不同，可以选择离子交换色谱法或疏水和反相液相色谱法进行分离纯化。离子交换和疏水作用色谱法对生物大分子的分离纯化因子基本相近，而且能很好地保持被分离生物大分子的生物活性，因此是生物大分子分离纯化最常用的分离模式。反相液相色谱法和疏水作用色谱法对生物大分子的分离都是基于生物大分子与流动相和固定相之间的疏水作用力的差别，但反相液相色谱法通常采用改变流动相中的有机溶剂浓度来完成分离，而疏水作用色谱法主要通过改变流动相中的盐浓度以改善分离结果，因此疏水作用色谱法的操作条件比反相液相色谱法温和得多。尽管反相液相色谱法的分离纯化因子较疏水作用和离子交换色谱法要高得多，但由于在分离过程中采用了大量的有机溶剂，所以往往会使许多生物大分子失去生物活性。另一类色谱法分离技术主要基于折叠蛋白质表面氨基酸分布的不均匀性，如利用表面暴露的组氨酸或与金属离子配位活性点结合，达到生物大分子分离纯化的金属络合和络合亲和色谱法。羟基磷灰石色谱法、凝集素和染料亲和色谱法以及共价色谱法也都是基于生物大分子可接触表面的一些特异性官能团或空间结构的差异达到分离纯化目的的分离技术。最后一类色谱法分离模式为利用生物大分子的生物活性进行分离纯化的生物亲和及免疫亲和色谱技术，其分离选择性在所有色谱法模式中是最高的。因此，根据被分离纯化生物大分子的性质和可以接受的操作成本，可以选择各种色谱法分离模式或多种模式集成技术实现对生物大分子的分离纯化。

第二节　尺寸排阻色谱法

尺寸排阻色谱法（size exclusion chromatography，SEC）是利用多孔凝胶固定相的特性而产生的一种主要依据分子尺寸大小的差异来进行分离的方法，它又称为分子排阻色谱法（molecular exclusion chromatography）、凝胶色谱法。根据所用凝胶的性质，分为使用水溶液的凝胶过滤色谱法（gel filtration chromatography，GFC）和使用有机溶剂的凝胶渗透色谱法（gel permeation chromatography，GPC）。凝胶过滤色谱法适于分析水溶液中的多肽、蛋白质、生物酶、寡聚或多聚核苷酸、多糖等生物分子；凝胶渗透色谱法主要用于高聚物（如聚乙烯、聚丙烯、聚苯乙烯、聚氯乙烯、聚甲基丙烯酸甲酯）的相对分子质量测定。近年来对石油产品、油脂、塑料助剂等多种中、低分子样品的分析应用也日益增多。

一、原理

排阻色谱法是一种溶质与固定相或流动相之间无相互作用的分离模式。柱填料有不同的孔径和孔网络，溶质分子按照它们的动力学尺寸，即大小和形状，或者保留，或者流出。因此，固定相能有效地按分子量大小分离样品。

样品通过柱时，溶质分子能够被柱填料的孔径分离。大分子不能进入孔，穿过柱填料的相对开阔区，以与流动相流速相同的速度洗脱出柱；小分子扩散进入柱填料的孔，最后流出色谱柱。介于大分子和小分子之间的中等分子只能进入一些较大的孔，而不渗入另外的一些小孔，其结果是推迟向下流动，在介于大分子和小分子之间的时间流出柱。用多孔柱填料装填的排阻色谱柱，应被认为是一种可改变通道长度的柱。对分子比柱填料孔径大的溶质来说，它是短柱；但对分子比填料孔径小的溶质来说，它又是长柱。

二、尺寸排阻色谱法的保留作用

尺寸排阻色谱法的分离机制是分子的尺寸排阻，样品组分和固定相之间原则上不存在相互作用，色谱柱的固定相是具有不同孔径的多孔凝胶，只让临界直径小于凝胶孔开度的分子进入（保留），其孔径对溶剂分子来说是很大的，所以溶剂分子可以自由地出入。高聚物分子在溶液中呈无规则的线团，线团的尺寸和分子量有一定的线性关系，不同大小的溶质分子可以渗透到不同大小的凝胶孔内的不同深度，小的溶质分子大、小孔都可以进去，甚至渗透到很深的孔中。所以大的溶质分子保留时间短，洗脱尺寸小；而小的溶质分子保留时间长，洗脱尺寸大。按洗脱体积的定义：

$$V_R = V_o + K_S V_I \qquad \text{式（6–1）}$$

式中，V_R 为洗脱溶质的保留尺寸；V_o 为色谱柱内凝胶颗粒之间的空间尺寸；V_I 为凝胶内孔尺寸，即溶质分子可以渗透进去的尺寸；K_S 为尺寸排阻色谱法的分配系数。

$$K_S = (V_R - V_o)/V_I \qquad \text{式（6–2）}$$

K_S 定义为溶质分子渗入凝胶内孔尺寸的分数，其数值介于 0~1，对完全不能进入孔内的分子其 $K_S = 0$，对能自由出入的分子其 $K_S = 1$。因此，所有溶质分子只能在 V_o 和 V_o+V_I 的洗脱尺寸之间洗脱出来。

三、尺寸排阻色谱法的固定相和流动相

商品化的尺寸排阻色谱法固定相有 2 种类型：半刚性的交联聚合物凝胶和刚性的具

有一定孔径的玻璃或硅胶。半刚性材料有溶胀性，用它装填的柱床有压缩性，使用时要考虑压力限制，最大压力不超过 300psi。苯乙烯－二乙烯基苯交联聚合物能够在分子量 5×10^8~100×10^8 的范围内分级。部分磺化的聚苯乙烯小球适用于含水体系，未磺化的聚苯乙烯小球适用于非水体系。由粒径 5μm 或 10μm 的苯乙烯－二乙烯基苯聚合物装填的商品柱，柱压可用到 6 000psi。另一类疏水多孔柱填料为 2- 羟乙基异丁烯酸与乙烯基二甲基异丁烯酸的悬浮共聚物，这种填料的操作压力可到 3 000psi，在含水体系和各种极性的有机溶剂中都能使用。

与液相色谱法的其他分离模式相比，排阻色谱法的流动相是最简单的，在分离过程中，流动相除对样品起携带作用外，基本没有其他作用。但是为了提高分离效率和消除非排阻效应，选择的流动相应满足以下几点：

1. 选择的流动相应能对样品有充分的溶解能力，黏度小，且能与检测器相匹配。

2. 选择的流动相应与柱填料相匹配。如对苯乙烯－二乙烯基苯聚合物装填的商品柱应选择非极性流动相；而对多孔硅胶柱填料应选择极性较强的流动相，而且 pH 应为 2~7.5。

3. 为了消除分离过程中的非排阻效应，针对不同的柱填料，流动相中应加一定量的盐，以保持一定的离子强度。此外，还应选择与柱填料的作用比样品强的溶剂作流动相。

四、尺寸排阻色谱法的特点

尺寸排阻色谱法与其他类型的液相色谱法相比具有许多明显的优越性：①分离时间短，不需梯度洗脱；②色谱峰窄，便于检测；③根据分子大小可预测分离时间；④分离过程中无样品损耗和反应性；⑤柱几乎不失活。

但由于温度、流速和静电引力等的影响，尺寸排阻色谱法中溶质的保留平衡过程是受熵的大小来支配的。从这个机制考虑，可以得知溶质在填料微孔外的扩散是迅速的，这样的迅速扩散显然是与流速的大小有关的。不同的溶质类型在平衡分配过程中的影响也不同，因此在分离定量过程中必须考虑用校准的校正曲线。

五、尺寸排阻色谱法在生物大分子分离与分析中的应用

抗体药物蛋白质在细胞培养和纯化生产工艺流程中会聚集产生多聚体。另外，抗体保存条件、自身稳定性对多聚体的产生有着不同程度的影响。多聚体具备免疫原性，抗体蛋白质的检测尤其是多聚体寒冷的检测较为重要。目前，检测抗体蛋白质药物纯度有 2 种常用方法：非还原蛋白质电泳和尺寸排阻色谱法。非还原蛋白质电泳需要在变性条件下操作，一般会影响多聚体含量的检测；而尺寸排阻色谱法的检测条件比较温和，不会对蛋白质的天然形态有大的影响。因此，应用尺寸排阻色谱法能较准确地检测出药物蛋白质中多聚体的含量。

许燕等采用尺寸排阻高效液相色谱法测定重组溶葡萄球菌酶理化对照品及成品蛋白质的含量。由于选择了尺寸排阻高效液相法，洗脱程序变得简化，以含氯化钠的磷酸缓冲液作为流动相。该方法在一定条件下，可以将重组溶葡萄球菌酶和人血白蛋白有效分离。与反相高效液相色谱法相比，尺寸排阻高效液相色谱法能更好地分离重组溶葡萄球菌酶和人血白蛋白，线性范围比反相高效液相色谱法更宽，准确性比反相高效液相色谱法更好，精密度远高于反相高效液相色谱法，且稳定性良好。在重组溶葡萄球菌酶成品蛋白质的含量

测定上，尺寸排阻高效液相色谱法比反相高效液相色谱法更加简便、准确，更适用于重组溶葡萄球菌酶成品蛋白质的含量测定。

分析条件：色谱柱采用TSK Gel 2000SWXL（7.8mm × 30cm，5μm）；流动相为20mmol/L磷酸缓冲液（pH 7.0）+0.3mol/L NaCl；流速为0.5ml/min；柱温为25℃；检测波长为280nm。

结果显示，重组溶葡萄球菌酶在2~32μg范围内与峰面积呈良好的线性关系（$r^2 = 1$）；低、中、高3种浓度的重组溶葡萄球菌酶理化对照品空白的平均加标回收率为102.9%，成品的平均加标回收率为102.1%；3种不同的上样量在不同的时间内测定，蛋白含量的*RSD*<1%；每隔1h测定同一支供试品溶液，蛋白含量的*RSD*为0.98%；同一批供试品溶液取6份进样，蛋白含量的*RSD*为1.71%。实验结果表明，采用尺寸排阻高效液相色谱法简便，准确性、精密度、稳定性及重复性好，可用于重组溶葡萄球菌酶成品蛋白质的含量测定。

测定的色谱图见图6-1。

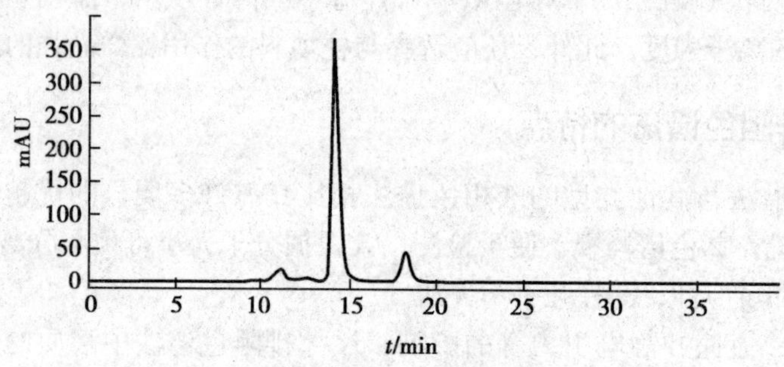

图6-1　重组溶葡萄球菌酶的色谱图

第三节　离子交换色谱法

离子交换色谱法是利用阳离子或阴离子交换树脂作固定相，以具有不同pH的缓冲液作流动相，来进行阳离子或阴离子的含量测定。离子交换固定相采用高交联度（>40%）的苯乙烯－二乙烯基苯共聚物作基体，可承受高压，并可制成单分散5~20μm的微球，其交换容量大大提高。经改进，离子交换色谱柱连接抑制柱后大大改善了电导检测器的灵敏度，虽使用高离子强度的缓冲液进行洗脱，但仍可获得高灵敏度、高分离度和高柱效的分离结果，因此将这种不同于经典的常压离子交换色谱法的方法称为高效离子色谱法（high performance ion chromatography，HPIC）或离子色谱法（IC）。

一、原理

离子交换色谱法的固定相表面含有如SO_3^{2-}、COO^-、NH_3^+（NR_3^+）、NR_4^+等离子功能团，因此带有电荷，这种电荷被流动相中带相反电荷的离子中和。当样品进入色谱柱后，样品离子便与流动相离子相互竞争固定相表面的电荷位置。依据这种竞争力的差异，可使样品组分得到分离。

二、离子交换色谱法的保留作用

用离子交换色谱法进行分离是靠在一定的酸度下被分离的离子和固定相上的离子交换剂基团的相互作用，被分离离子的电荷密度和等电点（pI）与色谱柱上的离子交换剂的离子容量大小决定保留能力的强弱。例如样品离子 X 和流动相离子 Y 与固定相上的等电基团 R 之间的简单离子交换：

$$X^- + R^+Y^- \longrightarrow Y^- + R^+X^- \quad \text{式（6–3）}$$

$$X^+ + R^-Y^+ \longrightarrow Y^+ + R^-X^+ \quad \text{式（6–4）}$$

式（6–3）为阴离子交换色谱法，样品离子 X^- 与流动相离子 Y^- 争夺离子交换剂上的交换中心 R^+。式（6–4）为阳离子交换色谱法，样品离子 X^+ 与流动相离子 Y^+ 争夺离子交换剂上的交换中心 R^-。与离子交换剂产生的交换中心作用力强的样品离子保留时间长，反之则短。

三、离子交换色谱法的固定相

离子交换色谱柱的填料有阳离子交换剂和阴离子交换剂 2 种。阳离子交换剂带有负电荷，用于阳离子的分离；阴离子交换剂带有正电荷，用于阴离子的分离。阳离子交换剂最常用的功能团是磺酸盐型，阴离子交换剂最常用的功能团是季铵型。磺酸盐型交换剂是 H 型时，具有强酸性质，所以也叫强酸型交换剂。同样，季铵型交换剂是强碱型交换剂，因为以 -OH 型存在时具有强碱性质。功能团是全解离的，因此交换容量（单位重量的交换剂中有用的功能团的数目）是恒定的，不会因 pH 的变化而改变。

除强离子交换剂外，还有弱离子交换剂，它们的交换功能团具有弱酸或弱碱性质。羧酸（-COOH）交换剂是一种弱阳离子交换剂，只有在 pH 高到使 -COOH 解离时才能起交换作用。叔胺基（$-NR_3$）交换剂是弱阴离子交换剂，只有在酸性介质中才有交换作用。

四、离子交换色谱法的流动相

离子交换色谱法一般用含盐的水溶液作为流动相。选择离子交换色谱法的流动相应满足以下几个条件：①应能够充分溶解各种盐并提供离子交换必需的缓冲液；②具有合适的离子强度，以便于控制样品的保留值；③对被分离对象有选择性。

流动相通常是缓冲液，有时还加入适量的与水混溶的有机溶剂，如甲醇、乙腈等。流动相的离子强度、选择性与缓冲离子和其他盐的类型、浓度、pH，以及加入的有机溶剂的种类都在不同程度上影响样品的保留值。常用于高效离子交换色谱法的缓冲液有甲酸盐、硼酸盐和三羟甲基氨基甲烷等。

五、离子交换色谱法的影响因素

（一）填料孔径

填料孔径和样品分子的大小直接影响色谱柱的分离度和柱容量。

（二）柱长

柱长对蛋白质分离度的影响是很小的，差不多 25cm 和 5cm 的柱对蛋白质的分离度是一样的。短柱分析蛋白质的优点为：

1. 洗出蛋白质的体积小，其浓度相应比较高。
2. 由于浓度高，因此灵敏度提高约 6 倍。
3. 柱的负载问题少。
4. 操作压力小。
5. 柱寿命长。
6. 较便宜。5cm 柱的容量可以达到几毫克。实际上 5cm 的分离度是 30cm 柱长的 75.8%，其下降的原因主要是柱体积减少。

（三）流速

关于流速对峰扩张和分离度的影响，Giddings 已有详细的论述。他指出分子扩散系数减少，使扩散到填料孔内和孔外的分子随之减少。分子量增大，扩散系数降低，传质的问题也随之突出，因此增加柱中的流速只会恶化传质。

（四）pH

离子交换剂的交换容量随洗脱液 pH 的变化而改变（表 6-2）。如果 $pH<4$，弱阳离子交换剂（$-COOH$）不离解，固定相的交换容量很小，甚至为 0。当 $pH>8$ 时，阳离子交换剂完全离解，官能团离子能够与样品分子充分相互作用，产生最大的交换容量。pH 在 4~8 范围内，弱阳离子交换剂仅仅部分离解。弱阴离子有类似的模式，只是当 $pH>8$ 时不全离解，交换容量很小，甚至等于 0。当 $pH<6$ 时才完全离解，交换容量达到最大值。强阳离子交换剂在 $pH>3$ 时交换基团完全离解，而强阴离子交换剂在 $pH<9$ 时则完全离解。

表 6-2 不同类型的离子交换剂的容量与 pH 的关系

离子交换剂的类型	全交换容量
强阳离子交换剂	$pH>3$
弱阳离子交换剂	$pH>8$
强阴离子交换剂	$pH<9$
弱阴离子交换剂	$pH<6$

六、离子交换色谱法在生物大分子分离与分析中的应用

王建山等基于一种强阳离子交换 - 疏水色谱法（SCX-HIC）双功能色谱柱构建了在线单柱二维液相色谱法（2DLC-1C），分离系统实现了自动控制，可在线进行样品收集、二维进样和二维色谱分离。SCX-HIC 的双功能式色谱填料在低盐浓度下表现出 SCX 的性质，在较高的盐浓度下表现出 HIC 的性质。采用 SCX-HIC 2DLC-1C，在 120min 内可将 8 种标准蛋白完全分离，并成功地应用于鸡蛋清中 3 种活性蛋白质的分离纯化。结果表明，利用在线 2DLC-1C 技术可在 70min 内完成对鸡蛋清中的溶菌酶、卵清蛋白和卵转铁蛋白 3 种活性蛋白的快速分离纯化，其纯度分别为 95%、93% 和 97%。该方法减少了样品处理步骤，对样品的污染小，纯化速度快，操作简单，易于实现自动化和放大。

色谱条件：HIC 模式——流动相 A 液为 3.0mol/L $(NH_4)_2SO_4$ + 0.02mol/L KH_2PO_4，pH

6.5；B 液为 0.02mol/L KH_2PO_4，pH 6.5。SCX 模式——流动相 A 液为 0.02mol/L KH_2PO_4，pH 6.5；B 液为 0.02mol/L KH_2PO_4 + 1.0mol/L NaCl，pH 6.5。

色谱分离图见图 6-2。

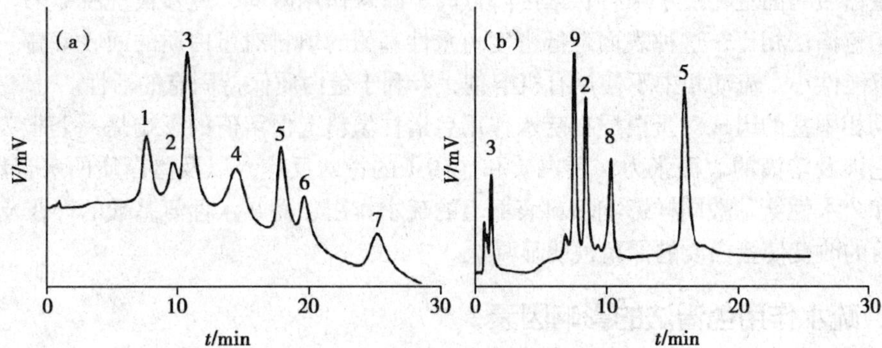

图 6-2　SCX-HIC 双功能色谱柱在疏水作用色谱法（a）和强阳离子交换色谱法模式（b）下对蛋白的色谱分离图

第四节　疏水作用色谱法

疏水作用色谱法是利用样品中的各组分具有不同的疏水作用的性质进行分离的方法，主要分离对象是蛋白质。蛋白质是生物大分子，它们的分子量大，有生理活性，要分离蛋白质就必须适应它们的这 2 个特性，也就是说在分离蛋白质时既要能将这些生物大分子分离，又不能使它们失活。

一、原理

疏水作用色谱法的固定相表面为弱疏水性基团，它的疏水性要比反相色谱法用的固定相低几十到几百倍，而流动相为高离子强度的盐溶液。蛋白质分子在这样的固定相和流动相中进行分配，蛋白质分子上的疏水性基团和固定相的疏水性基团作用而被保留。当用流动相洗脱时逐渐降低流动相的离子强度，蛋白质分子按其疏水性的大小被依次洗脱出来，疏水性小的先流出，疏水性大的后流出。在这样的高盐水溶液中，蛋白质不会失活。

二、疏水作用色谱法的固定相和流动相

经典疏水作用色谱法的固定相是软质凝胶，它的颗粒大、刚性差、分离速度和柱效都比较低，主要有 2 种：①在琼脂糖凝胶上键合弱疏水性基团；②甲基丙烯酸酯共聚物。

高效疏水作用色谱法的固定相有以下几种：

1. 将排阻色谱法中使用的固定相改性，用作疏水作用色谱法的固定相。

2. 以硅胶为基质，络合各种弱疏水性基团。

（1）在硅胶表面上键合一层亲水性聚合物，再在亲水性聚合物上键合羟丙基、丙基、苄基、异丙基、苯基和戊基。蛋白质的保留值按上述次序递增。

（2）在硅胶表面上键合聚酰胺。

(3) 在硅胶表面上键合长链醚。

(4) 在硅胶表面上键合聚醚（如 PEG1500）。

流动相一般为 pH 6~8 的盐水溶液如（NH_4）$_2SO_4$，做盐浓度梯度冲洗。在高盐浓度条件下，蛋白质与固定相疏水缔合；浓度降低时，疏水作用减弱，逐步被洗脱下来。和普通反相液相色谱法相比，这种表面带低密度疏水性基团的填料对蛋白质的回收率高，蛋白质变性的可能性小。流动相中不使用有机溶剂，有利于蛋白质保持固有的活性。

流动相中盐的组成对蛋白质在疏水作用色谱柱填料上保留值的影响是一个非常复杂的过程，它涉及溶液的表面张力、蛋白质和盐离子的特殊反应，以及蛋白质的水合作用等。亲水性和疏水性氨基酸同样影响填料表面上的疏水作用，而亲水性氨基酸的存在及填料表面上电荷的改变使蛋白质的保留值明显降低。

三、疏水作用色谱法的影响因素

（一）固定相的疏水性

疏水作用色谱法固定相的疏水性要比反相色谱法的疏水性低 10~100 倍，否则会引起不可逆性吸附。

（二）流动相的离子强度

洗脱剂的离子强度大则洗脱能力强，K 值大，选择性好，峰形尖锐。

（三）酸度

pH 变化对蛋白质的溶解度和活性都不利，现在疏水作用色谱法都用中性缓冲液，如磷酸盐、乙酸盐缓冲体系等。

（四）温度

对大多数蛋白质来说，温度升高会增大保留作用，但也会使它们的溶解度和生物活性降低。

第五节　亲和色谱法

亲和色谱法是利用生物大分子和固定相表面存在某种特异性吸附而进行选择性分离的一种生物大分子分离方法。通常是在载体（无机或有机填料）表面先键合一种具有一般反应性能的所谓间隔臂（如环氧、联氨等），随后再连接上配基（如酶、抗原或激素等）。这种固载化的配基将只能和与其有生物特异性吸附的生物大分子相互作用而被保留，没有这种作用的分子不被保留而先流出色谱柱。此后改变流动相条件（如 pH 或组成），将保留在柱上的大分子以纯品形态洗脱下来。例如若在间隔臂链段上分别加上抗原、蛋白质 A 或磷脂酰胆碱，便可分离和回收到相应的抗体、免疫球蛋白或膜蛋白。亲和色谱法的选择性强、纯化效率高，实际上也可以认为是一种选择性过滤，往往可以一步法获得纯品。

一、原理

将一对能可逆性结合和解离的生物分子的一方作为配基（也称为配体），与具有大孔径、亲水性的固相载体相偶联，制成专一性的亲和吸附剂，再用此亲和吸附剂填充色谱柱，当含有被分离物质的混合物随着流动相流经色谱柱时，亲和吸附剂上的配基就有选择性地吸附能与其结合的物质，而其他蛋白质及杂质不被吸附，从色谱柱中流出，使用适当的缓冲液使被分离物质与配基解吸附，即可获得纯化的目标产物。

二、一般流程

亲和色谱法分离的通常是混合在溶液中的物质，比如细胞内容物、培养基或血浆等。待分离的分子在通过色谱柱时被固定相或介质上的基团捕获，而溶液中的其他物质可以顺利通过色谱柱。然后将固态的基质取出后洗脱，目标分子即刻被洗脱下来。如果分离的目的是去除溶液中的某种分子，那么只要分子能与介质结合即可，可以不必进行洗脱。

三、亲和色谱法的影响因素

（一）上样体积

若目标产物与配基的结合作用较强，上样体积对亲和色谱法的效果影响较小。若两者之间的结合力较弱，样品浓度要高一些，上样量不要超过色谱柱载量的 5%~10%。

（二）柱长

亲和柱的长度需要根据亲和介质的性质确定。如果亲和介质的载量高，与目标产物的作用力强，可以选择较短的柱子；相反，则应该增加柱子的长度，保证目标产物与亲和介质有充分的作用时间。

（三）流速

亲和吸附时目标产物与配基之间达到结合反应平衡需要一个缓慢的过程。因此，样品上柱的流速应尽量慢，保证目标产物与配基之间有充分的时间结合，尤其是两者之间的结合力弱和样品浓度过高时。

（四）温度

温度效应在亲和色谱法中比较重要，亲和介质的吸附能力受温度影响，可以利用不同的温度进行吸附和洗脱。一般情况下亲和介质的吸附能力随温度的升高而下降，因此在上样时可选择较低的温度，使待分离物质与配基有较大的亲和力，充分地结合；而在洗脱时刻采用较高的温度，使待分离物质与配基的亲和力下降，便于待分离物质从配基上脱落。例如一般选择在 4℃进行吸附，在 25℃下进行洗脱。

（吕燕平　江洁冰　郁颖佳）

参考文献

[1] 衷平海，张国文．生物化学品生产技术[M]．南昌：江西科学技术出版社，2007.

[2] 许燕，张宜涛，叶贵子，等．重组溶葡萄球菌酶成品蛋白含量测定方法的建立[J]．生物技术通报，2016，07：54-58.

[3] 王建山，夏红军，万广平，等．在线单柱二维液相色谱法对蛋清中三种活性蛋白的快速分离纯化[J]．化学学报，2016(03)：265-270.

[4] 田瑞华．生物分离工程[M]．北京：科学出版社，2008.

第七章 制备色谱法

制备色谱法是指采用色谱技术制备纯物质，即分离、收集一种或多种色谱纯物质。制备色谱法中的“制备”这一概念指获得足够量的单一化合物，以满足研究和其他用途。制备色谱法的出现，使色谱技术与经济利益建立了联系。制备量大小和成本高低是制备色谱法的 2 个重要指标。其中，气相制备色谱法主要用于石油化工产品和挥发性天然产物的色谱纯样品制备。目前用于制备色谱的技术主要有高速逆流色谱法、超临界流体色谱法等。

第一节　高速逆流色谱法

一、概述

高速逆流色谱法（high-speed counter current chromatography，HSCCC）是 20 世纪 70 年代由美国国立卫生研究院（National Institute of Health，NIH）的 Ito 博士首创的，并且在最近 10 年之内发展迅速，是一种可在短时间内实现高效分离和制备的新型液 - 液分配色谱技术，这项技术可以达到几千个理论塔板数。它具有操作简单易行、应用范围广、不需固体载体、产品纯度高、适用于制备型分离等特点。

自 1982 年第一台仪器问世，就开始了 HSCCC 的现代化进程。HSCCC 用于天然药物化学成分的分离始于 1985 年，到 1989 年达到一个高潮。自 2000 年 9 月起国际逆流研究领域每隔 2 年举行 1 次世界逆流色谱法学术会议。近几年，人们对健康的认识越来越深刻，更多的人追求天然绿色的健康理念，故 HSCCC 作为一种对提取物污染小的制备技术，它的应用越来越受到了人们的关注。鉴于 HSCCC 的显著特点，此项技术已被应用于生化、生物工程、医药、天然产物化学、有机合成、环境分析、食品、地质、材料等领域。

目前，HSCCC 已从制备型发展到了分析型，甚至是微量分析型，应用范围也十分广泛。高速逆流色谱技术在我国的应用较早，技术水平在国际也处于领先地位。目前，我国是世界上为数不多的高速逆流色谱仪生产国之一。我国的深圳市同田生化技术有限公司是全球第一家多分离柱高速逆流色谱仪的专业生产企业，公司拥有高速逆流色谱法的自主知识产权和专利技术，现已研制并生产出 TBE 系列分析型、半制备型 TBE 300/300A、制备型 TBE 1000 高速逆流色谱仪设备。

二、高速逆流色谱系统

高速逆流色谱法（HSCCC）是一种不用任何同态载体的液－液色谱技术，其分离原理是进行分离纯化时，首先选择预先平衡好的两相溶剂中的一相为固定相，并将其充满螺旋管柱，然后使螺旋管柱在一定的转速下高速旋转，同时以一定的流速将流动相泵入柱内。在体系达到流体动力学平衡后（即开始有流动相流出时），将待分离的样品注入体系，其中的组分将依据其在两相中的分配系数不同而实现分离。HSCCC 的分离效率高，产品纯度高；不存在载体对样品的吸附和污染；制备量大和溶剂消耗少；操作简单，能从极复杂的混合物中分离出特定的组分。

高速逆流色谱仪器的装置如图 7-1 所示。它的公转轴水平设置，螺旋管柱距公转轴 R 处安装，两轴线平行。通过齿轮传动，使螺旋管柱实现在绕仪器中心轴线公转的同时，绕自转轴做相同方向、相同角速度的自转。

在达到稳定的流体动力学平衡态后，柱中呈现两个完全不同的区域：在靠近离心轴心大约 1/4 的区域，呈现两相的激烈混合（混合区）；其余区域两溶剂相分成两层（静置区），较重的溶剂相在外部，较轻的溶剂相在内部，两相形成一个线状分界面。如图 7-2 所示。

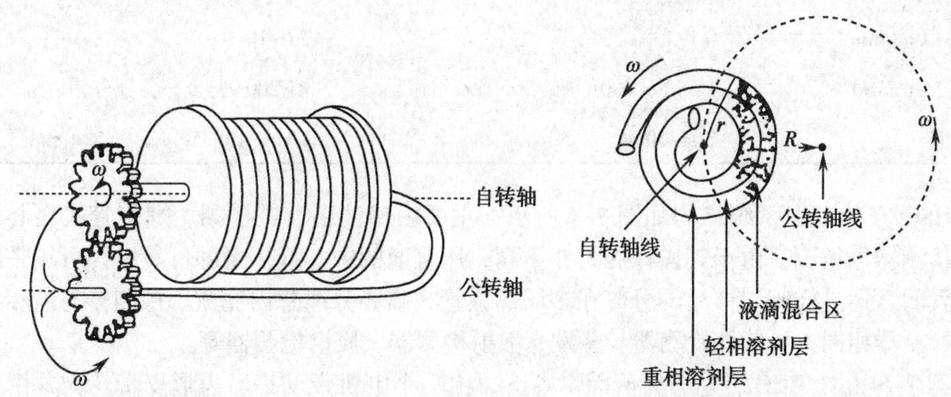

图 7-1　高速逆流色谱仪器的装置示意图

图 7-2　高速逆流色谱法螺旋管溶剂体系的区域分布图

图 7-3 为旋转一周混合区域的变化示意图，（a）给出盘旋螺旋管在绕仪器中心轴线公转一周的过程中的先后不同的位置。管柱每公转一周，同时绕自身轴线自转两周，在此过程中，混合区带始终处于靠近仪器中心的部分。（b）画出整直了的管柱，它们的标号Ⅰ～Ⅳ分别对应于上方相同标号的管柱位置，这样，可以看出混合区带在盘绕管柱中的移动，即各个混合区带都向盘绕管柱的首端行进，其行进速率和管柱的公转速率相同。每一混合区域以与柱旋转速度相同的速度向柱端移动。当流动相恒速通过固定相时，两相

溶剂都在反复进行混合和静置的分配过程，这一过程频率极高，当柱以 800r/min 旋转时，频率超过 13 次 /s，所以高速逆流色谱法有相当高的分配效率。

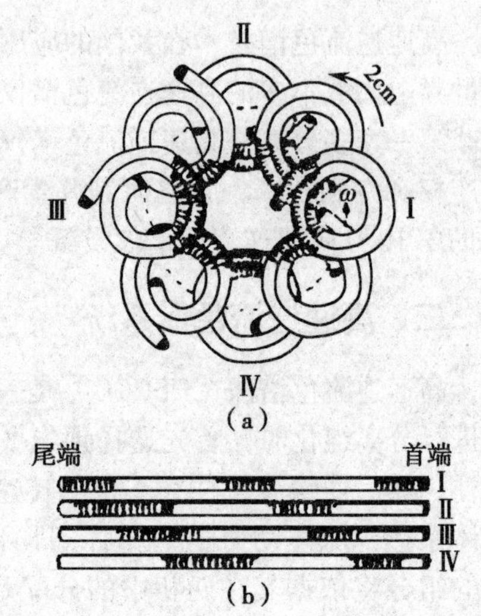

图 7–3　旋转一周混合区域的变化示意图

经过多年的开发应用，高速逆流色谱法在天然产物以及生物活性样品的分离与分析等领域取得了长足的进步，仪器设备硬件技术也得到了显著的发展。在逆流色谱法发展的早期阶段，人们主要侧重于制备型仪器，近年来对分析型 HSCCC 的应用报道逐渐增多。由于分析型 HSCCC 仪器具有体积小、分离速度快、溶剂消耗小等优点，因此在溶剂体系的快速优化、样品的小量制备以及分配系数的测定等方面得到了应用。表 7–1 比较分析了分析型仪器与制备型仪器及其操作参数。

表 7–1　分析型与制备型 HSCCC 的比较

项目	分析型	制备型
仪器类型	J 形多层螺旋管离心分析仪	J 形多层螺旋管离心分析仪
螺旋管内径 /mm	<1	>1，到 3~4
柱体积 /ml	1.5~50	>50，最大到 1 000
流速 /（ml/min）	0.1~1	2.0~10
转速 /（r/min）	1 500~4 000	<1 200
样品量	1μg~10mg	10mg~10g

HSCCC 的基本系统结构如图 7–4 所示，主要由输液泵、进样阀、螺旋管式离心分离管、检测器等组成。由于其操作压力并不高，用普通的中、低压泵即可。进样可用带有样品环管的六通进样阀。样品的分离在多层螺旋管式离心分离管内完成。检测器与液相色谱法的检测器相同，如紫外检测器、蒸发光散射检测器、质谱检测器等。

图 7–5 为 HSCCC 装置的横截面示意图，由一个电机带动一对齿形皮带轮，并由齿形皮带带动转动框架，转动框架将管柱支持件和配重组件对称地装在离心仪中心轴两边，在每个支持件的轴线上都装有一个行星齿轮，与中心管上的固定齿轮相啮合，这几个齿轮的尺寸和形状完全一样。为了保证仪器的机械稳定性，用一根短偶联管同轴地装设在转动框架的自由端，偶联管的另一头通过球轴承靠仪器的固定侧壁件

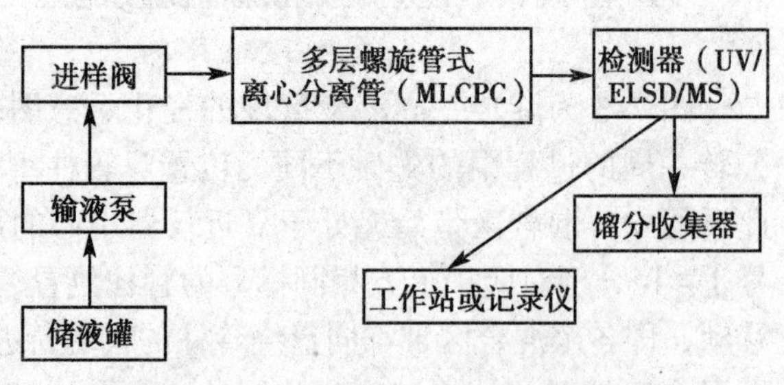

图 7–4　HSCCC 的基本系统结构

支撑，从绕制在支持件上的螺旋管引出的一对流通管，先穿过支持件转轴的中心孔，再穿过偶联管的侧孔到达中心固定管的开口，然后穿过此固定管，从仪器的另一端引出。流通管外采用油脂润滑和塑料套管保护措施，以避免与金属件直接摩擦。

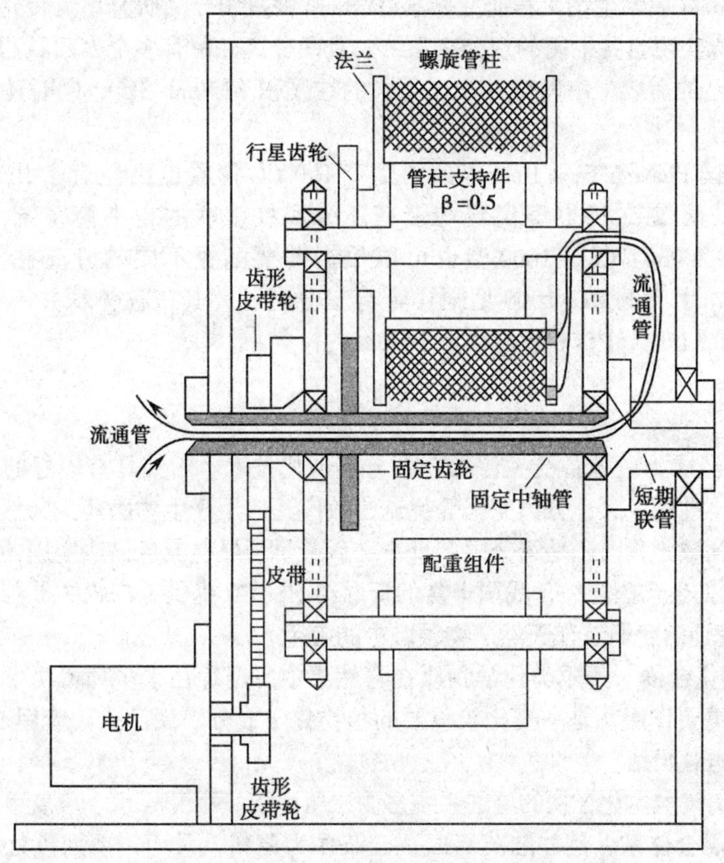

图 7-5　HSCCC 装置的横截面示意图

改进后的 HSCCC 仪有 3 个柱支持件，每个支持件上有 2 个齿轮，一个与装在中心离心轴上的行星齿轮相啮合，另一个与装在管支持件轴线上的齿轮相啮合，为避免流通管打绞，管支持件轴相对于柱支持件做反向转动。

目前，国内外商品化的 HSCCC 仪多为在单柱分离系统基础上的改进型，主要可以分为以下几类。

（一）GS 系列

由北京市新技术应用研究所张天佑教授领导的科研小组研制开发，是国内最早的色谱仪器。主要包括 GS10A 半制备型 HSCCC 仪（柱体积为 210~250ml，最高转速为 1 000r/min，单分离柱加配重件结构）以及 GS20 分析型 HSCCC 仪（柱体积为 35ml，最高转速为 2 000r/min）。

（二）TBE 系列

由深圳市同田生化技术有限公司负责开发。包括 TBE-300 型、TBE-300A 型以及 TBE-1000 型 3 种类型。采用三串联柱分离系统，其中 TBE-300 型以及 TBE-300A 型的柱体积设计为 300ml，PTFE 管径为 1.6mm，转速为 700~1 000r/min；TBE-1000 型的柱体积为 1 000ml，PTFE 管径为 2.6mm，转速为 400~600r/min。

（三）Quattro 系列

由英国 Brunel 大学生物工程研究所 Sutherland 教授领导的研究小组研究开发。该系列仪器设计了可以实现自我平衡的双分离系统，且两分离柱留有多个聚四氟乙烯管抽头，用户可以根据自己的需要，串联或并联出不同的柱体积（150ml~3L），同时还可以进行 2 个不同的分离过程。

另外，美国 Pharma Tech Rearch 公司生产 HSCCC 仪器也已经有十几年的历史，如 CCC-3000 型以及 CCC-1000 型仪器均带有三分离柱串联的自平衡系统，柱体积分别为 50ml 和 120~850ml。CCC-1000 型也可以根据需要配置不同的分离柱。美国 Conway Centrichrom 公司生产的 DU-1000 型同样带有三分离柱，其三柱体积并不相同，分别为 480ml、85ml 和 245ml，PTFE 管内径为 1.6mm。

三、应用

HSCCC 已经成为一种备受关注的新型分离纯化技术。因其具有较好的分辨性、固定相不需要载体、进样量大、分离完全等优点，被广泛应用于生物医药、天然产物、食品和化妆品等诸多领域。我国还是继美国、日本之后最早开展逆流色谱法应用的国家，也是世界上 HSCCC 仪的生产国之一，我国丰富的资源给 HSCCC 提供了广阔的平台。

（一）高速逆流色谱法在天然产物领域中的应用

1. 黄酮类化合物　黄酮类化学物质在自然界中广泛存在于多种植物中，且对于治疗多种疾病有着重要作用，是一类比较重要的植物化学成分。现已成功应用 HSCCC 分离提纯该类化合物的对照品。

常用的分离黄酮类化合物的溶剂系统多为二氯甲烷 – 甲醇 – 水、三氯甲烷 – 甲醇 – 水等一定比例的混合体系。例如陆英等以茯砖茶作为原料，采用一系列预处理方式制备粗提取物，接着用 HSCCC，以正丁醇 – 乙酸乙酯 – 乙腈 –0.5% 乙酸水溶液按 12∶2∶3∶15（*V*/*V*/*V*/*V*）组成的二相系统对粗提物进行了分离纯化，将茯砖茶提取物分成 7 个流分，各流分经制备液相分离，获得 19 个化合物，并利用波谱方法鉴定其中的 15 种黄酮类化合物。耿姗等在“大孔树脂 – 高速逆流色谱法分离纯化薇甘菊中的黄酮类化合物”一文中，高速逆流色谱法的溶剂体系为正丁醇 – 乙酸 – 水（4∶1∶5，*V*/*V*/*V*），成功从薇甘菊中分离到 4 种黄酮类物质。徐向君等将在最优工艺条件下制备的甘草总黄酮经初步纯化后，应用 HSCCC，以乙酸乙酯 – 甲醇 – 水（5∶3∶10）为两相溶剂体系进行分离提纯。Wang D 等用正丁醇提取忍冬，并采用 HSCCC，以甲基叔丁基醚 – 正丁醇 – 乙腈 – 水（0.5% 乙酸）（2∶2∶1∶5，*V*/*V*/*V*/*V*）组成的两相系统成功分离出 5 种组分，并经 HPLC 纯化得到 9 种单体混合物，纯度在 94% 以上。

2. 生物碱　大多数生物碱都具有较活泼的生物活性，故生物碱的 HSCCC 提取文献报道较多。较常用的溶剂系统主要是三氯甲烷 – 甲醇 – 酸性改性剂体系。姜艳等采用 HSCCC 从太白贝母中分离制备贝母辛，以正己烷 – 乙酸乙酯 – 甲醇 – 水（4∶5∶3∶5，*V*/*V*/*V*/*V*）为溶剂体系，结果从太白贝母总生物碱中经一次 HSCCC 分离可得到贝母辛，纯度为 96.3%，回收率为 87.2%；并利用高效液相色谱法 – 四极杆飞行时间质谱（HPLC-QTOF

MS）对贝母辛进行了结构确证。王婷等应用高速逆流色谱仪，以三氯甲烷－甲醇－0.1mol/L盐酸（4∶3∶2，*V/V/V*或4∶3∶4，*V/V/V*）上相为固定相、下相为流动相，组成溶剂系统对延胡索的生物碱进行分离纯化，分离得到4个生物碱，分别为非洲防己碱、黄连碱、巴马汀和去氢紫堇碱，纯度依次为91%、94%、92%和97%。刘永玲等采用高效液相色谱法（HPLC）测定目标化合物在两相溶剂中的分配系数，优化HSCCC分离铁棒锤根三氯甲烷提取物的溶剂体系，确定了以正己烷－三氯甲烷－乙醇－水（10∶1∶13∶2，*V/V/V/V*）为HSCCC的两相溶剂系统，以上相为固定相、下相为流动相的条件下进行分离制备，从粗样品中一步分离得到7.5mg高纯度的咪唑类生物碱，经HPLC检测其纯度达98%以上（峰面积归一化法）。

3. 有机酸　有机酸类是分子结构中含有羧基的一类化合物，在中草药的叶、根特别是果实中广泛分布。常见植物中的有机酸有脂肪族的一元、二元、多元羧酸，如酒石酸、草酸、苹果酸、枸橼酸、维生素C（即抗坏血酸）等；亦有芳香族有机酸，如苯甲酸、水杨酸、咖啡酸等。

陈秋平等用高速逆流色谱法（HSCCC）对油茶蒲的40%乙醇洗脱馏分（40F）以三氯甲烷－乙醇－水－乙酸（4∶3∶2∶0.01，*V/V/V/V*）为分离溶剂体系，上相为固定相，下相为流动相，在该条件下采用HSCCC对40F进行分离可以纯化得到鞣花酸和3-*O*-甲基鞣花酸-4′-*O*-葡萄糖苷，纯度均为95%以上。张敏等将杜仲叶用50%乙醇提取，乙酸乙酯萃取，减压浓缩得粗提物，绿原酸含量为16.15%，再进行HSCCC分离纯化，用HPLC考察了绿原酸在不同溶剂体系中的分配情况，选择正丁醇－乙酸乙酯－水（3∶1∶4，*V/V/V*）为HSCCC的溶剂体系，上相为固定相，下相为流动相，从100mg杜仲粗提物中分离到8.27mg绿原酸，经HPLC分析绿原酸的质量分数为86.20%。吴秋霞等采用pH-区带精制逆流色谱法（pH-ZRCCC）与常规高速逆流色谱法（HSCCC）结合技术分离制备大黄粗提物中的化学成分，首先采用pH-ZRCCC分离大黄粗提物，溶剂体系为石油醚－乙酸乙酯－甲醇－水（3∶7∶4∶6，*V/V/V/V*），上相加TFA（10mmol/L）作为固定相，下相加NaOH（15mmol/L）作为流动相，得到桂皮酸、大黄酸和尾吹物。将尾吹物采用常规HSCCC进一步分离，溶剂体系为石油醚－乙酸乙酯－甲醇－水（7∶3∶7∶4，*V/V/V/V*），经用HPLC检测纯度，用ESI-MS、^{1}H-NMR鉴定结构得到大黄素（纯度为96.5%）和芦荟大黄素（纯度为94.6%）。

4. 蒽醌类及其他　Yang等把大黄富集产物用HSCCC分离，两相溶剂系统由乙醚和去离子水按合适比例组成，并成功得到了芦荟大黄素、大黄素、大黄酚和大黄素甲醚。Guo Shuying采用正己烷－乙醇－水（18∶22∶3，*V/V/V*）两相溶剂体系，从羊蹄中提取分离得到了大黄素、大黄酸和大黄素甲醚，纯度分别为99.2%、98.8%和98.2%。

（二）高速逆流色谱法在药物中的应用

与传统液相色谱法相比较，HSCCC具有分离效率高、溶剂用量少、无吸附、样品回收率高、重现性好和适用范围广等优点。由于HSCCC的溶剂系统组成与配比可以是无限多的，理论上任何极性范围的样品都可用它进行分离；而且HSCCC对样品的预处理要求低，仅需简单的提取，甚至不用前处理都可达到很好的分离效果。它的这种特点非常适用于中药成分的分离和分析。许多研究证明，HSCCC能分离用HPLC难以分离的成分。Schaufelberger等用正己烷－乙醇－水（6∶5∶5，*V/V/V*）溶剂系统分离含有长春胺、长春碱和长春新碱等的样品，与用HPLC的分离效果相似，这3种成分之间均能达到基线分离；

但采用 HSCCC 还能将用 HPLC 难以分离的长春新碱对映异构体分开。HSCCC 在中草药研究方面的应用尚处在起步阶段，目前主要用于中草药有效成分的分离和标准品的制备。

1. 制备中药化学成分对照品 国内外学者已采用 HSCCC 分离提纯了许多中药化学成分对照品，如从金银花中分离绿原酸（纯度为 94.8%），从黄芪中分离异黄酮苷（纯度为 95%），从紫草中分离紫草宁（纯度为 98.9%），从二氢杨梅素粗提物中纯化二氢杨梅素（纯度为 99%），从虎杖中分离白黎芦醇（纯度为 99%），从肉苁蓉中分离阿克苷（纯度为 98%），从丹参中分离隐丹参酮（纯度为 98.8%），从大黄中分离大黄素甲醚、芦荟大黄酸、大黄酸、大黄粉、大黄素（纯度为 98%），从毛柳苷粗提物中纯化毛柳苷（纯度为 98%）等。

2. 分离蛋白质和多肽 HSCCC 用于分离制备蛋白质和多肽，需要强极性并具有较高黏度的溶剂系统，为了获得合适的固定相保留值，大部分都采用 X 型 CPC。目前，聚合物双水相溶剂体系、新型 PCCC 以及 ICCC 的出现和发展则为成功分离蛋白质和多肽提供了有利条件。用 HSCCC 分离的有卵白蛋白、乙醇脱氢酶（ADH）、乳酸脱氢酶（LDH）、DNA 结合蛋白、脂蛋白、短杆菌肽、杆菌肽、黏菌素、缩胆囊素等。

3. 分离抗生素 由于可以直接向 HSCCC 中进粗品，因此抗生素的分析和制备分离也可采用 HSCCC。美国 FDA 及世界卫生组织也采用此项技术进行抗生素成分的分离检定。HSCCC 分离制备抗生素时，进样量通常为 1mg~5g，溶剂系统一般采用疏水性体系。用 HSCCC 分离的抗生素实例有环孢素、WAP-8249A、伊维菌素、螺旋霉素、子囊霉素及依罗霉素、道诺红菌素衍生物、普那霉素、放线菌素、杀念菌素、尼达霉素等。

4. 分离手性化合物 随着 HSCCC 的发展，其应用范围逐步拓展，已有用 HSCCC 分离外消旋对映体手性化合物的报道。如已用于分离缬氨酸、亮氨酸、苯丙氨酸等手性氨基酸对映体，也有报道从紫胶染料、喹啉黄、食品红等染料中分离手性化合物。随着高选择性的手性添加剂的发现，相信将有更多的手性物质通过 HSCCC 拆分。

（三）高速逆流色谱法在药物分析中的应用

1. HSCCC 与其他色谱法联用进行中药的定性、定量分析 分析型 HSCCC 与各种检测器联用可以用于中药化学成分的定性、定量分析，或者将分析型与制备型 HSCCC 联用。还可以将 HSCCC 与其他色谱法如 HPLC、MS 和 NMR 联用，从而充分发挥 HSCCC 高速、高效的优点与其他色谱灵敏度高的优点，更好地用于中药的分析鉴定。

2. 利用 HSCCC 建立中药指纹图谱 中药质量可控是中药现代化的一个重要内容，中药以及复方因其复杂的成分和未明的作用机制，阻碍着中药现代化的进程。中药指纹图谱技术已成为研究中药有效成分及作用机制，控制中药质量，推动中药业走向世界的关键技术。HSCCC 具有很好的分辨率和重现性，加上不存在固体载体吸附，对样品的前处理要求不高或不用前处理，不存在分离过程丢失成分和成分变性的问题，因而可用于中药有效成分的定性或半定量分析，并整理出中药材的特征峰和指纹谱，制定标准图谱，用于中药的质量控制和测定。在 HSCCC 指纹图谱研究方面，目前已对大黄、沙棘、何首乌等一些中药进行了研究。

20 世纪 90 年代以来，HSCCC 的有关技术有了较大的发展，且已经在天然药物、生物医药研究中获得了广泛的应用。也有人研究用 HSCCC 分离手性化合物的外消旋对映体。有理由相信，HSCCC 在药物的分离鉴别、质量控制、定量分析等方面会有更加广阔的应用前景。

（四）高速逆流色谱法的优缺点

HSCCC虽仅有20余年的发展历史，但作为一种具有独特优势的液－液分配色谱技术，HSCCC的发展可谓迅猛，技术也日臻全面和完善，在天然产物有效成分的分离纯化领域中有着独特的优势并且获得了广泛的应用。逆流色谱分离法在黄酮类化合物分离纯化的应用中几乎没有限制，可以用于各种黄酮类化合物的分离。这主要是由于HSCCC有足够多的两相溶剂体系以供选择应用，其洗脱方式灵活多样，既可以使用单一流动相，也可以一次使用不同的流动相，甚至可以使用两相溶剂同时双向流动，实现真正连续的逆流色谱过程。此外，HSCCC还可以实现多种形式的梯度洗脱过程，既可用于天然植物粗提物去除杂质，也可用于最后产物的精制，甚至直接从未经处理的粗提物一步纯化得到纯品。所有这些优点在上面所述的应用实例中都有具体体现。作为一种新兴的、备受关注的分离纯化技术，随着越来越多的研究者的加入，HSCCC必将得到更加广泛的应用和发展。

尽管HSCCC具有其他色谱法不可替代的优点，但是HSCCC更广泛的应用还受到一些因素的制约。首先在溶剂体系的选择上还没有非常系统、成熟的理论来指导，虽然已经有学者建立了几种经验性的溶剂系统筛选方法，但这些方法均为经验性的规律总结，如何选择一种具有良好分离效果的溶剂体系还依赖于操作者的经验，通常都需要多次实验才能筛选出较佳的溶剂系统。另外尽管目前的HSCCC已经能实现上百毫克甚至数十克级的制备分离，但是还未达到数百克级甚至千克级的制备能力。此外，HSCCC在中试规模和产业化当中的应用还需要对逆流色谱法的分离机制从理论上做更深入的探讨，还需要解决现有仪器设备在放大过程中的一些关键性技术问题。目前，已有科技人员着手这方面的研究，相信在不久的将来HSCCC将发展成为一种更加成熟的可产业化的高效分离技术。

四、高速逆流色谱法的应用前景

（一）HSCCC的微型化以及与多种分析技术的联用

近年来，分析型HSCCC的柱系统越来越向微型化发展，如螺旋管柱体积可小到3~5ml、柱内径小到0.3~0.4mm，并可以通过各种接口技术与多种检测器和化合物结构分析技术相结合。尤其是HSCCC与MS联用，将HSCCC分离的灵活性、多样性与MS的高灵敏度检测和结构分析特性良好地结合在一起，在天然活性成分的快速分离和鉴定方面显示了其独特的优势，很有发展前景。同时，要将HSCCC发展成为一种高通量分离技术，HSCCC的微型化也是必需的。

（二）HSCCC在药物工业化制备方面的应用和发展

HSCCC从根本上是一种制备型色谱法分离技术，目前实验室HSCCC的制备能力已经达到中试HPLC的制备规模。HSCCC与HPLC的放大过程相比，其分离过程简单，所用的溶剂量比HPLC要少75%，且所得的目标成分在分离成分中的浓度较高，易于回收或进行进一步的处理。HSCCC的放大过程不会改变其分离原理，分离过程可以采用典型的色谱法理论很好地进行描述和模型化。这种分离过程的可预测性、分离物质的高回收率以及不用固体支撑体等优点，使得HSCCC成为一种可用于工业化分离的很有前途和吸引力的分离制备方法。但是，逆流色谱法的真正工业化应用还有很多问题需要研究解决。大制备量仪器的研制首先要搞清放大倍数、产量、分离效率与柱体参数的关系，在理论指导下进行有目的的可预测的放大。近年来，英国Brunel大学生物工程研究所的Sutherland教授研究小组及其合作者在这方面进行了一系列的研究，他们对一些试验样品的分离，在分离柱体积从 5ml 放大到 5L，上样量扩大 1 000 倍的情况下，可以几乎在同样的时间（<10min）内实现同等效率的分离结果，分离谱图基本吻合，为 HSCCC 仪器的工业化放大奠定了良好的基础。

（三）HSCCC 在生物药物高效分离中的应用和发展

HSCCC 在大环内酯类和环肽类等抗生素药物的分离制备中的应用早有报道。在氨基酸和肽类衍生物等生物药物成分的分离纯化方面也有应用，并且采用 pH- 区带精制逆流色谱法等新型分离纯化技术可以使酸性或碱性的这类物质达到 10g 量级的制备。但是采用 HSCCC 对蛋白质等生物大分子药物的分离制备还存在一些问题。主要是目前商业化的 HSCCC 仪器对于分离小分子药物所需要的含有机相的两相溶剂体系有较高的固定相保留，而对于分离生物大分子所需要的聚合物双水相体系的保留能力较差，而固定相的保留值是关系到分离效率高低的重要参数之一。因此，研究和开发高效的分离生物大分子的 HSCCC 仪器和方法是近年来人们研究关注的又一个热点问题，是制约 HSCCC 在药物研发中广泛应用的关键问题。首先，HSCCC 是一种相对较新的分离纯化技术，尽管它具有许多与生俱来的优点，但是人们对它的认识和理解还需要一个逐步深入的过程，因而从某种程度上影响了它的应用；其次，HSCCC 的广泛应用还需要有更为成熟稳定的仪器设备条件的支撑。目前国内只有一两家专门从事逆流色谱法仪器研发和生产的机构，主要生产可用于实验室半制备分离的仪器。另外国家对该项技术研发的投入和支持也很有限，缺乏对该项技术和相关设备的系统性的研究，目前国内可用于大规模生产的商业化仪器设备的研制和开发还处于起步阶段。国外已有工业化仪器设备面世，但由于技术保密等方面的顾虑，目前还没有投放国内市场，且价格昂贵。因此，HSCCC 的工业化大规模应用还需要国家和有关行业的投入和支持。另外，HSCCC 是一种高效分离纯化技术，其优势更多地体现在高纯度目标成分的分离纯化和制备方面。尽管其成本普遍低于其他色谱分离技术，但在一些传统药物的研发中人们首先还是会考虑采用其他更为成熟廉价的传统提取分离技术。这些因素在很大程度上都制约了逆流色谱法在药物研发和生产中的大规模应用。

第二节　超临界流体色谱法

色谱法是用于样品组分分离的一种方法，组分在两相间进行分配，一相为固定相，另一相为流动相。固定相可以是固体或涂于固体上的液体，而流动相可以是气体、液体或超临界流体。超临界流体色谱法（supercritical fluid chromatography，SFC）就是以超临界流体作流动相，依靠流动相的溶剂化能力来进行分离、分析的色谱过程。它是 20 世纪 70 年代发展起来的，集气相色谱法和液相色谱法的优势于一体的一种色谱分离技术。超临界流体色谱法不仅能够分析气相色谱法不宜分析的高沸点、低挥发性的试样组分，而且具有比高效液相色谱法更快的分析速率和更高的柱效，因此得到迅速发展。

一、概述

（一）超临界流体及其特性

自从 1869 年 Andrews 首先发现临界现象以来，各种研究工作陆续展开，包括 1879 年

Hannay 和 Hogarth 测量了固体在超临界流体中的溶解度、1937 年 Michels 等人准确测量了二氧化碳临界点的状态等。对于某些纯净物质而言，根据温度和压力的不同，呈现出液体、气体、固体等状态变化，即具有三相点和临界点。纯物质的相图如图 7-6 所示。

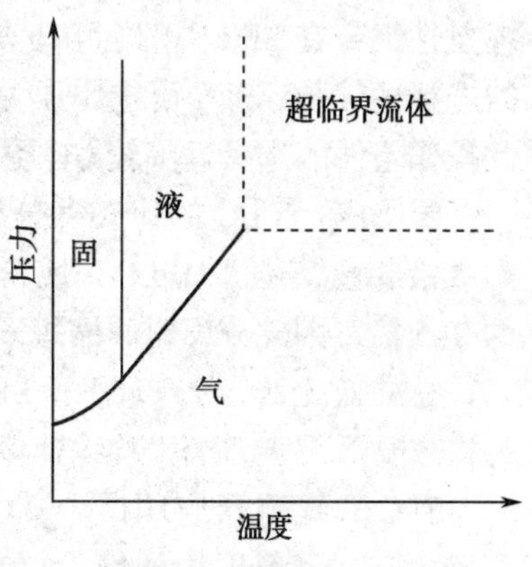

图 7-6　纯物质的相图

在温度高于某一数值时，任何大的压力均不能使该纯物质由气相转化为液相，此时的温度即被称之为临界温度 T_c；而在临界温度下，气体能被液化的最低压力称为临界压力 P_c。在临界点附近，会出现流体的密度、黏度、溶解度、热容量、介电常数等物理性质发生急剧变化的现象。当物质所处的温度高于临界温度，压力大于临界压力时，该物质处于超临界状态。温度及压力均处于临界点以上的液体称为超临界流体（supercritical fluid，SF）。

超临界流体由于液体与气体分界消失，它的流体性质兼具液体与气体的性质，如表 7-2 所示。从表 7-2 中的数据可知，超临界流体的扩散性能和黏度接近于气体，因此溶质的传质阻力较小，能更迅速地达到分配平衡，获得更快速、高效的分离。此外，超临界流体的密度与液体相似，这样可以保证超临界流体具有与液体相似的溶解度，因此在较低的温度下仍然可以分析热不稳定性和分子量大的物质，同时还能增加柱子的选择性。超临界流体的扩散系数、黏度等都是密度的函数，通过改变液体的密度就可以改变流体的性质，达到控制流体性能的目的。

表 7-2　气体、液体和超临界流体的物理性质比较

名称	密度 ρ/（g/ml）	黏度 η/［g/（cm · s）］	扩散系数 D/（cm^2/s）
气体常压（15~60℃）	（0.6~2）×10^{-3}	（1~3）×10^{-4}	0.1~0.4
超临界流体 T_c，P_c	0.2~0.5	（1~3）×10^{-4}	0.7×10^{-3}
$-T_c$，$4P_c$	0.4~0.9	（3~9）×10^{-4}	0.2×10^{-3}
液体（有机溶剂、水，15~60℃）	0.6~1.6	（0.2~3）×10^{-2}	（0.2~2）×10^{-2}

（二）超临界流体色谱法及其特点

超临界流体具有与液体相似的溶解能力，溶解能力比气体大，能溶解固体物质，这种溶解性质被用于分离过程，最先用于萃取技术——超临界流体萃取（supercritical fluid extraction，SFE）。后来，将超临界流体用作色谱法的流动相，建立了超临界流体色谱法。

SFC 因其超临界流体自身的一些特性，使得 SFC 的某些应用方法具有超过 LC、GC 两者的优点，有其独到之处，但它并不能取代这两类色谱，而是它们的有力补充。

1. SFC 与 GC 的比较　SFC 可以用比 GC 更低的温度，从而实现对热不稳定性化合物进行有效的分离。由于柱温降低，分离的选择性改进，可以分离手性化合物。由于超临界流体的扩散系数比气体小，因此 SFC 的谱带展宽比 GC 要小。SFC 的溶剂能力强，许多非

挥发性组分在SFC中的溶解度较大，可分析非挥发性的高分子、生物大分子等样品。SFC的选择性较强，SFC可选用压力程序、温度程序，并可选用不同的流动相或者改性剂，因此操作条件的选择范围较GC更广。

2. SFC与LC的比较 分析时间短，由于超临界流体的黏度低，可使其流动速率比高效液相色谱法（HPLC）快得多，在最小理论塔板高度下，SFC的流动相速率是HPLC的3~5倍，因此分离时间缩短。

总柱效比LC高，毛细管SFC的总柱效可高达百万，可分析极其复杂的混合物，而LC的柱效要低得多。当平均线速率为0.6cm/s时，SFC的柱效可为HPLC的4倍左右。

SFC的检测器应用广。SFC可连接各种类型的GC、LC检测器，如氢火焰离子化检测器（FID）、氮磷检测器（NPD）、质谱（MS）、傅里叶变换红外光谱（FTIR）以及紫外（UV）、荧光检测器（FLD）等。

流动相消耗量比LC更低，操作更安全。

通常，在SFC中由于极性和溶解度的局限，使用单一的超临界流体并不能满足分离要求，需要在超临界流体中加入改性剂。在SFC中，选择性是流动相和固定相两者的函数；在GC中溶质的保留受流动相压力及其性质的影响较小，故选择性基本上是固定相的函数；在LC中可用梯度洗脱，改变流动相的性质，从而影响溶质的保留。在SFC中流动相的极性也可采用梯度技术（加入改性剂）加以调整，达到与LC同样的梯度效果。同时，SFC中的压力程序（通过程序升压实现流体的密度改变，以达到改善分离的目的）相当于GC中的程序升温技术。

（三）超临界流体色谱法的分类

超临界流体色谱法根据所用的色谱柱不同可分为2种，用填充柱的称为填充柱超临界流体色谱法（packed column supercritical fluid chromatography，pcSFC），用毛细管柱的称为毛细管超临界流体色谱法（capillary supercritical fluid chromatography），两者各有所长并已建立了相应的方法和理论。相比较而言，毛细管SFC具有更多的优点，但目前填充柱SFC的应用更广泛些。超临界流体色谱法中的填充柱可使用普通HPLC中的色谱柱，目前已有部分商品化的专用于SFC的填充色谱柱。

根据色谱法过程的用途，也可分为2种，即分析型SFC和制备型SFC。分析型SFC主要用于常规分析。制备型SFC常用超临界二氧化碳作为流动相，由于二氧化碳便宜、环保、安全，因而得到广泛应用；而且二氧化碳在常温下易除去，样品的后处理过程较制备型HPLC简单，因此制备型SFC的应用广泛，特别是在手性制备的领域。

（四）超临界流体色谱法的发展

用超临界流体作色谱法流动相是由Klesper等人于1962年首先提出的，他们首先报道了用二氯二氟甲烷和一氯二氟甲烷超临界流体作流动相，成功地分离卟啉衍生物，之后发展了填充柱SFC的技术，用以分离聚苯乙烯的低聚物。随后Sie和Rijnderder等人又进一步研究了SFC的方法，研究了二氧化碳、异丙醇、正戊烷等作流动相的问题，并以此技术分析了多环芳烃、抗氧化剂、燃料和环氧树脂等样品。20世纪60年代末，由于Sie和Giddings等人的卓越工作，解释了SFC在各个方面的应用潜力，使得SFC的前途极其光明。这个时间也是HPLC高速发展的时期，而SFC的发展却不如HPLC那么迅速，这主要是在使用超临界流体时遇到了一些实验方面的问题，所以发展较慢。直到80年代初，SFC才开始焕发出新的光辉，得到了日趋完善的发展。自20世纪90年代以来，每年发表在SCI

上的关于 SFC 的文章数如图 7-7 所示。

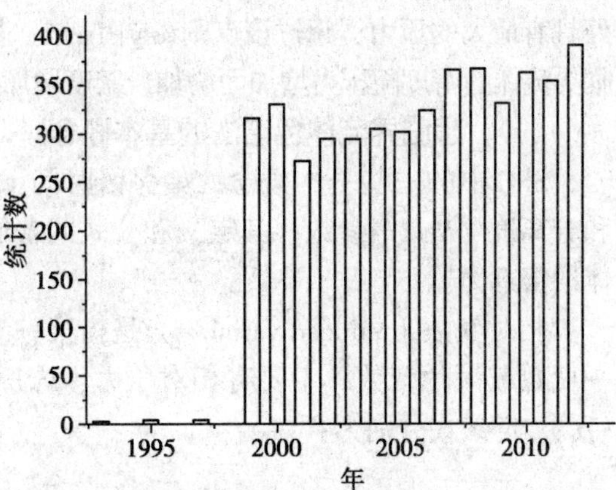

图 7-7 20 世纪 90 年代以来 SFC 在 SCI 上的每年发表文章统计

1981—1982 年惠普公司在匹兹堡会议上发布了 SFC 色谱仪，在此期间 Berger 和 Gere 等人进行了一系列的研究。此后这一技术得到了迅猛发展，研究论文数急剧增加，其他科学公司也相继推出了超临界流体色谱法的商品化仪器。SFC 在发展之初，着重于毛细管柱的使用，当时的主要研究者来自于 GC 领域而非 HPLC 领域。但是，随后 SFC 的发展遇到瓶颈，毛细管 SFC 很难满足药物中极性化合物的分析，而且该技术的一些固有的缺点使得仪器条件要求比较高，因而未能普及应用。此后，填充柱色谱逐渐受到研究者的青睐，它使用与 HPLC 类似的装置，而且在超临界流体中加入改性剂，增加了流体对化合物的溶解能力，大大增加了 SFC 的应用对象。近些年 SFC 的应用主要集中在填充柱 SFC 上。

（五）超临界流体色谱法的一般流程

SFC 的一般流程如图 7-8 所示。超临界状态流体源（二氧化碳）在进入高压泵之前预冷却，高压泵将液态流体经脉冲抑制器注入在恒温箱中的预柱，进行压力和温度的平衡，形成超临界状态流体，进入色谱柱。要保持整个系统的压力，在泄压口处装限流器或背压控制器，这也是 SFC 仪器与普通 HPLC 仪器最大的差别之处。

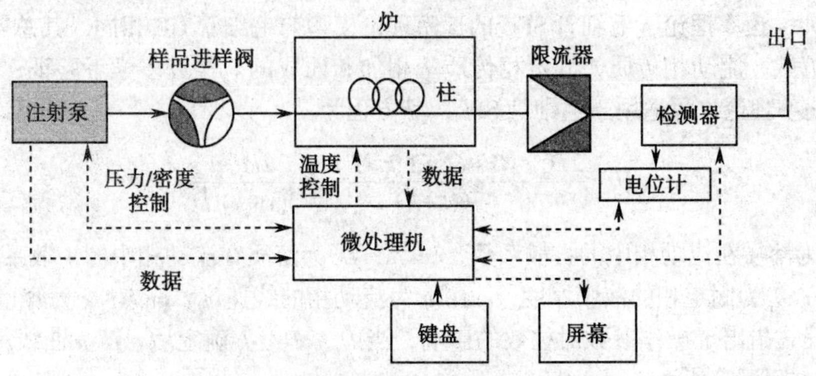

图 7-8 超临界流体色谱法的一般流程

二、超临界流体色谱系统

SFC 的流动相主要采用二氧化碳、一氧化氮和氨气等，其中主要使用二氧化碳作为超临界流体。SFC 的固定相可采用固体吸附剂（硅胶）或键合到载体（或毛细管壁）上的聚合物，现在研究比较多的是液相色谱法的柱填料。

分离机制：吸附与脱附，组分在两相间的分配系数不同而被分离。

压力效应：SFC 的柱压降大（比毛细管色谱大 30 倍），压力对分离有显著影响（柱前端与柱尾端的分配系数相差很大，产生压力效应）。SFC 流体的密度受压力影响显著，在临界压力处具有最大的压力，超过该点则影响小，超过临界压力 20% 则柱压降对密度的影响较小。超临界流体的密度随压力增加而增加，密度增加提高溶剂效率，色谱峰的出峰时间缩短。

（一）超临界流体色谱法的基本概念

SFC 中的一些基本概念，如保留时间（t_R）、容量因子（k）、选择性（α）、柱效（N）和分离度（R）等参数，其定义和公式同普通的 LC 和 GC。本节简述相对变数和超临界流体的溶剂力。

相对变数（reduced variable）是指某一参数与其临界变数之比值，也叫折合变数、归一变数或简化变数，主要有相对压力（P_r）、相对体积（V_r）、相对温度（T_r）和相对密度（ρ_r），定义式分别为：

$$P_r = \frac{P}{P_c} \qquad V_r = \frac{V}{V_c} \qquad T_r = \frac{T}{T_c} \qquad \rho_r = \frac{\rho}{\rho_c} \qquad \text{式（7-1）}$$

式中，P_c、V_c、T_c 和 ρ_c 分别为临界压力、临界体积、临界温度和临界密度。

超临界流体的溶剂力目前还没有一个严格的定义，但可给出一个合理的分度表。Gidding 认为，溶剂力主要由“状态效应”（如密度、分子间距离等）和“化学效应”（极性、酸碱性、氢键亲和力等）组成，可以用 Hildbrand 溶度参数（δ）表示。

$$\delta = \frac{\sqrt{a}}{V} \qquad \text{式（7-2）}$$

式中，a 为分子间引力；V 为摩尔体积；δ 为溶度参数，cal/cm^3 或者 J/cm^3。

（二）超临界流体色谱法的速率理论及系统

实验发现，描述流速对柱效影响的 van Deemter 方程和 Golay 方程仍适用。

1. Golay 速率理论　毛细管 SFC 的速率理论模型与毛细管 GC 相同，其总塔板高度也是由分子扩散、流动相传质、固定相传质三相加和而成的。经许多学者验证，Golay 涂壁开管柱的速率理论方程适用于毛细管 SFC，其方程为：

$$H = \frac{2D_m}{u} + \frac{(1+6k+11k^2)r^2u}{96(1+k)^2D_m} + \frac{2kd_f^2u}{3(1+k)^2D_s} \qquad \text{式（7-3）}$$

式中，D_m 为溶质在流动相中的扩散系数，cm^2/s；D_s 为溶质在流动相中的扩散系数，cm^2/s；r 为柱内径；d_f 为固定相的液膜厚度，cm；u 为流动相的线速度，cm/s；k 为容量因子。

该方程式指出了操作参数对柱效的影响，当 D_m、D_s、k 确定后，H–u 曲线就成为双曲线，Golay 方程可简化为：

$$H = \frac{B}{u} + C_m u + C_s u \qquad \text{式（7-4）}$$

式中，B/u 为纵向扩散对塔板高度的贡献；$C_m u$ 为流动相传质对塔板高度的贡献；$C_s u$ 为固定相传质对塔板高度的贡献。

2. 填充柱的速率方程　对填充柱 SFC，目前尚未给出一个精确的塔板高度方程。一些研究沿用了普通 HPLC 中的范式方程，有一定的借鉴意义。方程式为：

$$H = A + \frac{B}{u} + Cu \qquad \text{式（7-5）}$$

式中，A 为色谱柱中的多路径效应对塔板高度的贡献；B/u 为纵向扩散对塔板高度的贡献；

Cu 为传质阻力对塔板高度的贡献。

Knox 给出适合填充柱 SFC 的折合塔板高度方程，方程式为：

$$h = Av^{1/3} + \frac{B}{v} + Cv \qquad \text{式（7-6）}$$

式中，h 和 v 分别为折合塔板高度和折合线速度；A、B 和 C 为特征常数。其特征值 A = 1~2、B = 2、C = 0.05~0.5，而 h 和 v 的值在实践中常分别为 3 和 10。

3. 影响塔板高度的因素　结合速率方程可知，影响塔板高度的因素主要有线速度、柱直径、液膜厚度和密度，对填充柱 SFC 而言还包括色谱柱的粒径和填充的均匀度。

（1）流动相线速度对塔板高度的影响：由图 7-9 中曲线的最低点处的线速度即为最佳线速度 u_{opt}，对应的塔板高度为最小塔板高度 H_{min}。在 H_{min} 处，色谱柱有最佳的柱效，但最佳线速度却不是很高。对于 SFC，塔板高度随线速度的增加而缓慢增加，特别是在流动相密度较低时，增加更加缓慢，曲线趋于平滑。因此，在实际操作中可采用 3~5 倍的最佳线速度为操作线速度，从而加快了分析速度。

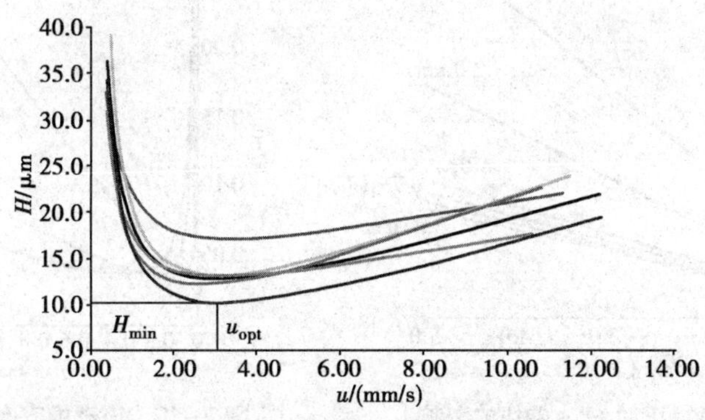

图 7-9　SFC H-u 曲线

（2）柱径对塔板高度的影响：Lee 等采用直径为 0.25μm 的 SE-54 石英交联柱研究柱径对柱效的影响，最佳线速度反比于柱径，塔板高度则与柱径成正比，降低柱径将导致塔板高度降低，有利于提高柱效。此外，柱径还影响压差，在毛细管 SFC 的实践中，限制使用长柱子的因素之一是通过柱子的压差。压差是柱长的函数，反比于柱径的平方。图 7-10 和图 7-11 表示了柱径和柱长与压差的关系，柱径 <50μm 显示出较大的压差，这就限制了特细色谱柱的应用。而一般常用的柱压差为 3%，这表明柱内径 >50μm 时可使用较长的色谱柱而无压差大之虑。事实上，控制线速度的是阻力器，而阻力器产生了约 80% 的压差。

（3）固定相液膜厚度对柱效的影响：固定相液膜厚度对塔板高度的影响如图 7-12 所示。对不同 k 值（k=1~5）的组分，液膜厚度在 0.25~1.0μm 范围内变化对 H 的影响很小，甚至可用更厚的液膜，这取决于所能允许的分离度的损失。最佳流速随液膜厚度的增加而降低，且曲线更加陡峭。在 SFC 中可采用比 GC 更厚的液膜，承受更大的样品容量，以补偿检测器灵敏度的不足。

（4）流动相密度对塔板高度和最佳线速度的影响：在 SFC 中实际上是流动相密度而不是压力控制着各种色谱柱参数。密度 ρ 对塔板高度和最佳线速度的影响如图 7-13 所示。当操作条件一定时，随流动相 ρ 值的增加，最佳线速度在减小，而且曲线变陡。但其 H 值保持不变，说明程序升密度时并不影响柱效。

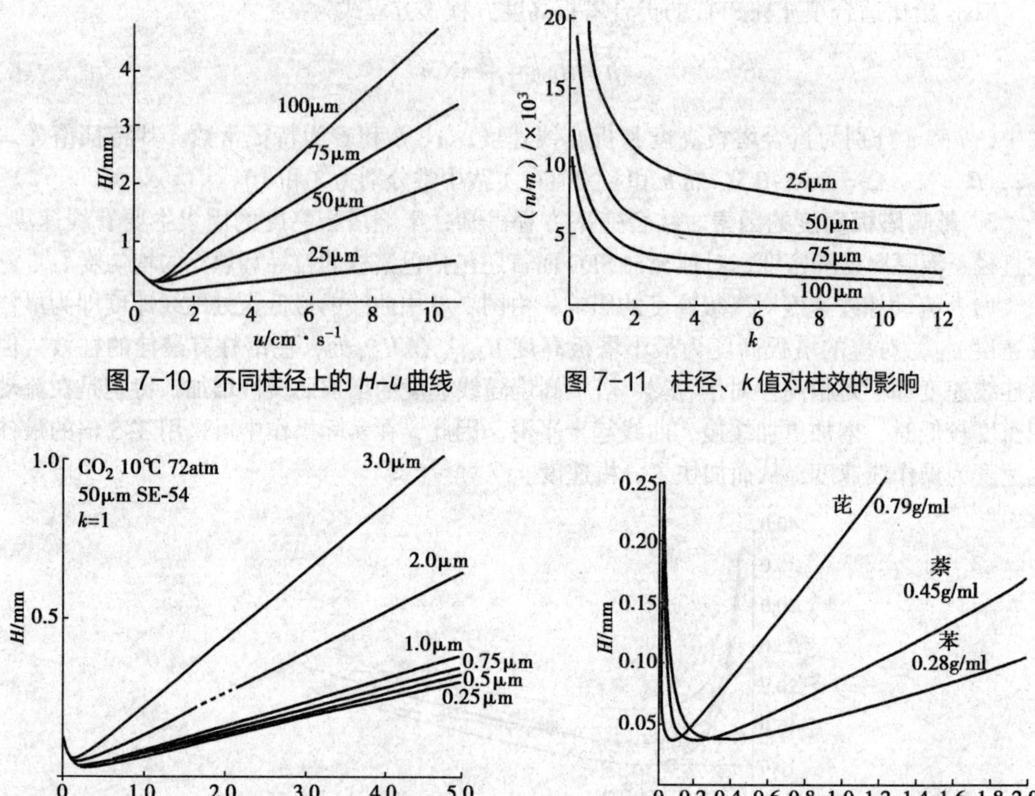

图 7-10　不同柱径上的 H–u 曲线　　图 7-11　柱径、k 值对柱效的影响

图 7-12　液膜厚度对 H–u 曲线的影响　　图 7-13　流动相密度对 H–u 曲线的影响

4. 超临界流体色谱法的操作条件　超临界流体色谱法的操作条件根据填充柱和毛细管柱的不同，进而选择适合的操作条件，主要有固定相和液膜厚度、流动相及其线速、压力和密度、柱温和检测室温度，还有柱径、柱长、阻力器和检测器的选择。

（1）超临界流体色谱法的色谱柱：不论是毛细管柱还是填充柱，SFC 对固定相的要求首先是抗溶剂冲刷，即在大量溶剂冲淡、加压和降压、体积膨胀和收缩后其稳定性好；其次是化学稳定性好、选择性高，即固定相不与组分发生化学反应，且带有一定的基团，呈现出良好的选择性；再次是热稳定性好，使用温度范围较宽。同时固定相的选择也要考虑流动相的性质。

（2）填充柱：虽然在 20 世纪 80 年代初主要是发展了毛细管 SFC，但是填充柱 SFC 也得到一定的发展。而填充柱 SFC 色谱柱几乎使用了所有的反相和正相 HPLC 键合相填料，固定相有非极性、中等极性和极性，使用最多的是硅胶和烷基键合硅胶，正相色谱填料中的二醇基、氰基、2- 乙基吡啶等键合硅胶也有不少应用。

在 SFC 中，流动相的密度对保留值有很大的影响，溶质的保留性能要靠流动相的压力来调节。在填充柱 SFC 中，由于柱压降很大，比毛细管柱要大 30 倍，因而在填充柱 SFC 色谱柱的入口处和出口处其保留值有很大的差别，也就是说在柱头由于流动相的密度大、溶解能力大，而在柱尾则溶解能力变小。但是超临界流体的密度受压力的影响在临界压力处最大，超过此点以后影响就不是太大了，所以在超过临界压力 20% 的情况下，柱压降对填充柱 SFC 结果的影响就不那么明显了。

在填充柱 SFC 中，由于色谱柱的相比（β）小、固定相和样品接触和作用的概率比较大，所以要针对所分析的样品很好地选择固定相。在用填充柱 SFC 分析极性和碱性样品时，常会出现不对称峰，这是由于填料的硅胶基质残余的硅醇基所引起的离子作用。如果使用封尾填料制成的色谱柱，就会在一定程度上解决这一问题。但是由于基团的立体效应，不可能将硅胶表面所有的硅醇基全部反应。用各种低聚物和单体处理硅胶，并将这些低聚物和单体聚合固定化到硅胶表面上。这样就大大改善了色谱峰的不对称现象。

在超临界流体色谱法中也有用微级和亚微级填充柱的，填充 1.7~10μm 的填料，内径为几毫米。还有用内径为 0.25mm 的毛细管填充柱的，填充 3~10μm 的填料。

（3）毛细管色谱柱：在毛细管超临界流体色谱法中使用的毛细管柱主要是细内径的毛细管柱，内径为 50μm 和 100μm。SFC 的操作温度比 GC 低，因此 SFC 可用的固定相较 GC 多。但由于 SFC 的流动相是具有溶解能力的液体，所以毛细管柱内的固定相必须进行交联，并且在老化处理中加长老化时间，以使液膜牢固。所使用的固定相有聚二甲基硅氧烷、苯甲基聚硅氧烷、二苯甲基聚硅氧烷、含乙烯基的聚硅氧烷、正辛基、正壬基聚硅氧烷等，在手性分离中使用了连接手性基团的聚硅氧烷。

在毛细管 SFC 中，液膜厚度主要受样品的挥发性和检测器的灵敏度限制。薄液膜毛细管柱快速高效，适合分析非挥发性样品，但样品容量低、检测器灵敏度要求高。厚液膜毛细管柱的样品容量大，柱效损失小，可接各种检测器，对于一般样品的分析，柱效和柱容量能得到兼顾，应用面广。

5. 超临界流体色谱法的流动相和改性剂

（1）超临界流体的溶解性能：超临界流体色谱法的流动相特点主要是它在不同的压力下有不同的溶解各种样品的能力。溶剂的溶解能力常用溶解度常数 δ 来描述，定义式为：

$$\delta = \sqrt{\frac{E}{v}} \qquad \text{式（7–7）}$$

式中，E 是分子的摩尔内聚能；v 是分子的摩尔体积。

而 δ 和化合物临界参数的关系为：

$$\delta = 1.25\sqrt{P_c} \cdot \frac{\rho_c}{\rho_1} \qquad \text{式（7–8）}$$

式中，P_c 为临界压力；ρ_c 为和 P_c 相对应的密度；ρ_1 是化合物在液态形式下的密度。

式中 $1.25\sqrt{P_c}$ 的项称为化学效应项，它和分子中的内部作用力有关；而 $\frac{\rho_c}{\rho_1}$ 项称为状态效应项，它和分子的摩尔体积有关。从方程中可以看出溶解度常数随超临界流体密度的增加而增加。研究经验表明，当两个组分的 δ 值之差的绝对值 $<2.04\text{MPa}^{1/2}$ 时，两者的互溶性就好；或者说两个组分的 δ 值越接近，其互溶性就越好。二氧化碳超临界流体的 δ 值可用下式进行计算：

$$\delta = 8.54\rho \qquad \text{式（7–9）}$$

计算误差约为10%。

（2）流动相的选择原则：SFC的流动相为压缩状态下的流体，有较多的气体或液相可供选择，其选择原则为临界常数越低越好；对样品有合适的溶解度；化学惰性，不与样品等作用；能与检测器相匹配；还需安全，不易爆炸；价格便宜、方便易得等。

（3）常用的流动相：SFC可以使用的超临界流体列于表7-3中。由表7-3可见，二氧化碳的临界温度（T_c）和临界压力（P_c）均较低，且无毒、化学惰性、热稳定性好、便宜，并能用于大多数检测器，但样品中含有氨或者氨基时能发生反应，因而不能使用。但是二氧化碳并不是SFC的理想超临界流体，主要是因为它的极性太弱，对一些极性化合物的溶解能力差。在表7-3中的下半部分是极性的超临界流体。氨也可用作流动相，主要用于碱性化合物，氨能与六氟化硫一起使用，但不能与二氧化碳一起使用。但是氨的溶解能力太强，不适合于硅胶类固定相，甚至一些仪器的部件也能溶解。在高压下，正戊烷、二乙醚、甲醇和异丙醇等加热至200℃时仍保持稳定，也可作流动相。在实际使用中仍然以二氧化碳最多。有研究者进行过系统的研究认为，下列常用超临界流体的溶解能力在相同的压力下其次序为：乙烷＜二氧化碳＜氧化亚氮＜三氟甲烷；在同样的情况下，分离能力按下列次序增加：二氧化碳＜氧化亚氮＜三氟甲烷≈乙烷。

早期的萃取研究表明，选择SFC流动相的另一个着眼点是和检测器相匹配。如果使用UV检测器，上述超临界流体均可使用。如果考虑到使用FID，流动相要不可燃，只有二氧化碳、六氟化硫和氙可以使用。氙适合于使用红外检测器，因为它是惰性气体，在检测波段处无红外吸收。另外，SFC-MS联用可用氙作流动相。二氧化碳是一种非极性溶剂，低分子量和非极性化合物可以在超临界二氧化碳流体中溶解，当极性和分子量增加时溶解度就下降。

表7-3 SFC中使用的超临界流体

超临界流体	T_c/℃	P_c/MPa	μ_c/g·cm^{-3}	δ/MPa$^{0.1}$
二氧化碳	31.05	7.29	0.466	15.3
氧化亚氮	36.4	7.15	0.452	14.7
六氯化硫	45.5	3.71	0.738	11.3
氙	16.5	5.76	1.113	12.5
乙烯	9.2	4.97	0.217	11.9
乙烷	32.2	4.82	0.203	11.9
正丁烷	152.0	3.75	0.228	10.8
异丁烷	134.9	3.8	0.221	
正丙烷	196.5	3.38	0.237	11.3
正已烷	234.7	2.93	0.233	10.0
乙醚	193.5	3.59	0.265	15.1
四氢呋喃	267.0	3.12	0.322	

续表

超临界流体	T_c/℃	P_c/MPa	μ_c/g·cm^{-3}	δ/MPa$^{0.1}$
乙酸乙酯	250.1	3.78	0.308	18.6
乙腈	274.8	4.77	0.253	24.3
甲醇	289.4	7.99	0.272	29.7
2- 丙醇	235.1	4.70	0.273	
氨	132.4	11.13	0.235	19.0
水	374.1	21.76	0.322	47.5

（4）改性剂：二氧化碳是最常见的流动相，由于它是非极性溶剂，欲增加其在 SFC 中对极性化合物的溶解和洗脱能力，常常在二氧化碳中加入少量的极性溶剂作改性剂。这些改性剂包括甲醇、异丙醇、乙腈、二氯甲烷、四氢呋喃、二氧六环、二甲基甲酰胺、丙烯、碳酸盐、甲酸和水等。最常用的改性剂是甲醇，其次是其他脂肪醇。在戊烷中加入甲醇或者异丙醇作为阻滞剂以减少吸附效应，使之较纯戊烷在相同的时间内可洗脱出更多的组分。在非极性流体中加入适量的极性流体，可以降低保留值，改进分离的选择性因子，达到改善分离的效果，并提高柱效。这种在流动相中加入改性剂的流动相可称为混合流动相。混合流动相目前研究仍较为活跃。

混合流动相的近似临界常数可用 Kay 法计算：

$$T_{c,M}=Y_A T_{c,A}+Y_B T_{c,B}$$ 式（7-10）

$$P_{c,M}=Y_A P_{c,A}+Y_B P_{c,B}$$ 式（7-11）

式中，$T_{c,M}$和$P_{c,M}$分别为混合流动相的近似临界温度和临界压力；$T_{c,A}$、$T_{c,B}$、$P_{c,A}$和$P_{c,B}$分别为纯组分的临界温度和临界压力；Y_A 和 Y_B 分别为各组分相应的摩尔分数。

对于改性剂的作用机制进行了大量的研究工作，除了增加溶质的溶解度以外，改性剂还可以起到如下色谱作用：掩盖了固定相上残留的硅醇基活性基团；改善了流动相与固定相的表面张力。对于中等极性的物质，在超临界二氧化碳中加入一定量的极性有机溶剂便可达到理想的分离目的；而对于强极性的化合物仅加入极性改性剂是不够的。为实现对强极性物质的 SFC 分离，在改性剂中加入了微量的强极性有机物（称之为添加剂），成功地分离了有机酸和有机碱。流动相中微量强极性添加剂的加入拓宽了 SFC 的适用范围。

（5）流动相的流速：流动相的流速是影响分离柱效和分析速度的操作参数。流动相流速选择的原则是快速、高效。如前所述，尽管 SFC 的最低塔板高度很低，但最佳线速度却很小，很难达到快速分析的目的。SFC 的流速可远大于 LC 的流速，多采用 3~5 倍的 LC 流速作为流动相的流速。

6. 超临界流体色谱法的温度

（1）色谱柱温度：色谱柱温度对保留值的影响是复杂的，一般要大于或等于超临界流体的临界温度。Chester 研究了柱温和保留的关系，导出了以下公式：

$$\lg k=0.43\frac{\Delta H_m}{RT}-0.43\frac{\Delta H_s}{RT}-\lg\beta$$ 式（7-12）

式中，k 为容量因子；ΔH_m为溶质在流动相中的溶解热；ΔH_s为溶质在固定相中的熔解热；β 为柱子的相比；R 为气体常数；T 为热力学温度。

式中的第 1 项为类似于 LC 溶解作用对保留的贡献，第 2 项、第 3 项为类似于 GC 挥发作用对保留的贡献。在理想情况下，lg$k$ 对 1/T 作图应为直线，但这种情况并不总是存在。一些研究表明，当温度区间范围较小时线性关系才成立，因为在小的温度范围内超临界流体的密度变化较小，溶解度变化不大。Takeuchi 等验证了柱温对芳烃、邻苯二甲酸二烷基酯的影响，并说明了可用正或负温度程序进行分离。柱温的选择：对于一般样品分析，柱温应先在高压 GC 区，为 100~125℃；当没有压力或密度程序时，在恒压 SFC 区（<70℃）可利用负温度程序分析多组分混合物；当有压力或密度程序时，在高压 GC 区（>100℃）可利用程序升温提高高沸物的扩散系数、黏度而改进分离。

（2）检测器温度：关于检测器的温度大致分为破坏型和非破坏型两类，其检测器温度应有所不同。

1）破坏型检测器：火焰型检测器如 FID、FPD、TID、RPD 等，为补偿流动相减压汽化所吸收的热量及高分子量物质汽化所需要的热量，必须给予足够的热量，一般应保持在 250~450℃，通常为 350~400℃。检测器温度基本上与 FID 的灵敏度无关，但有报道 FID 温度每增加 100℃则灵敏度提高约 1%，但检测器温度的提高还要受某些限制，如石英弹性阻力器的聚酰亚胺保护漆在 400℃以上会很快老化变质，并且 FPD 的温度增高则灵敏度下降等。

2）非破坏型检测器：光谱型非破坏型检测器如紫外、荧光检测器，其阻力器置于检测器之后，其温度一般为室温或柱温，而 FTIR 的阻力器出口则应加以冷冻等。

7. 压力和密度 流动相的压力和密度在每一温度下以同样的方式影响保留。在类似于 GC 区，增加压力，lg$k$ 值降低；在较低的温度下，类似于 LC 区，lg$k$ 随压力增加而增加。选择适当的密度程序可使多组分混合物得到最佳分离，提高分离速度（图 7-14）。

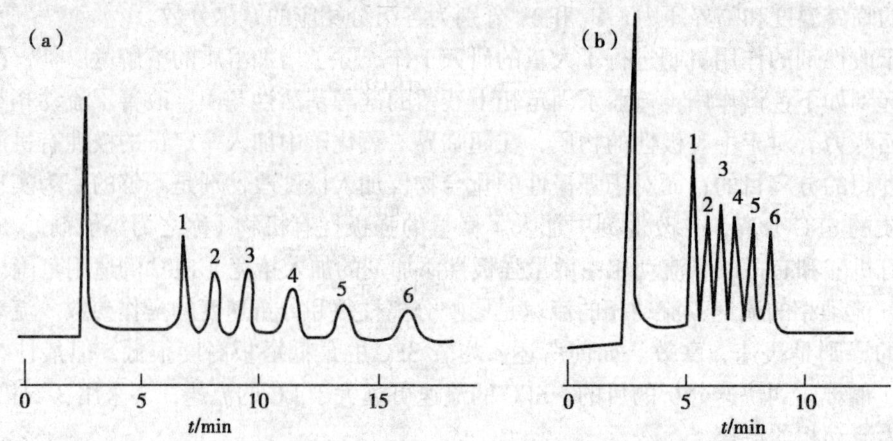

1—胆甾辛酸酯；2—胆甾辛葵酸酯；3—胆甾辛月桂酸酯；4—胆甾十四酸酯；5—胆甾十六酸酯；6—胆甾十八酸酯。

图 7-14 程序升压对 SFC 分离改善的效果图

（a）等压 （b）程序升压

（实验条件：采用 DB-1 色谱柱；流动相为二氧化碳；温度为 90℃；检测器采用 FID）

Chester 等研究了流动相的密度对保留值的影响，对于一个特定的溶质 lg$k$ 正比于流动相的密度 ρ。

$$\lg k = \lg k_0 + S\rho \qquad \text{式（7-13）}$$

式中，k_0 为 $\rho = 0$ 时的 k，k_0 是温度的函数；S 为比例常数。

密度程序是 SFC 的最重要的操作参数，一个非挥发性的多组分混合物能否分离好，关键是程序设计及选择。Fjeldsted 等研究了毛细管 SFC 的压力和密度程序，由于流动相的密度是两相间分配的重要因素，由压力密度数据，经 n 级多项式回归分析得到一个六元多项式逼近的压力、密度关系式。采用适当的软件控制，可建立任何希望的密度程序，包括线性压力、线性密度和非线性（渐近线）密度程序。实现程序升密度有 2 种方法，一种是改变温度，另一种是改变压力。改变压力的方法较为灵敏，并且容易控制，因此通常采用改变压力的方法。通过程序升压，可控制流动相的溶解能力，有利于提高选择性和分离效率，有利于对具有宽范围分子量的混合物进行快速分离。

SFC 中的程序设计有线性压力程序，线性密度程序，非线性密度程序，同步非线性密度程序、温度程序。一般根据样品要求具体对待。

8. 柱径、柱长和阻力器 柱径、柱长和阻力器是影响柱效、分析速度的操作参数。对填充柱来说，改变的余地较小，而对毛细管柱则有较大的选择性。

在毛细管 SFC 中柱径与柱效和最佳线速度成反比。降低柱径将导致最佳线速度增加和柱效提高，有利于分离，但是对同样液膜厚度的毛细管柱，柱径减低，将导致柱容量急剧下降和柱压差大幅增加，这就限制了特细内径高效柱的应用。一般直径 >50μm，柱压差 <3%，柱效和柱容量都较好，故毛细管 SFC 通常选用 >50μm 的柱径。对于一般分析应用，可选用 50μm 的毛细管柱，在已有的毛细管 SFC 应用中约占 60%。对于常规分析，也可选用 100μm 的毛细管柱，在已有的毛细管 SFC 应用中约占 20%。

在毛细管 SFC 中，柱长与总柱效和柱容量成正比，增加柱长将增加总柱效和柱容量，对分离多组分混合物很有利，但需要延长分析时间。因此在 SFC 中，对于常规分析，可选用 3~5m 的毛细管柱；对于一般分析应用，可选用 10m 的毛细管柱；对复杂的多组分分析，可选用 15~20m 的毛细管柱。

阻力器或背压调节器是 SFC 中影响分离的一个特殊部件。通常连接到色谱柱后，以保证超临界流体在整个色谱柱分离过程中和整个系统中始终保持为流体状态，而阻力器后的流动相压力就降为大气压。常用的阻力器有直管型、小孔型和多孔玻璃型。对于火焰型检测器，阻力器连接到色谱柱后和检测器喷嘴之间；对于光谱型检测器，则连接到检测器出口。对于复杂样品及一般应用，可选用多孔玻璃型阻力器，由烧结玻璃段的长短决定线速度，使用方便，效果好。对于一般样品分析，可选用小孔型及锥形阻力器。对于紫外、荧光检测器，可在出口接直管型阻力器，调整阻力器长短，能确定流动相线速度。

9. 超临界流体色谱仪 以超临界流体作流动相的色谱仪器称为超临界流体色谱仪，它与气相色谱仪和高效液相色谱仪类似，同样包括流动相、净化系统、高压泵、进样系统、色谱柱、检测器和数据处理系统。长期以来，SFC 仪器一直处于实验室自制水平，直到 20 世纪 80 年代才逐渐有商品化仪器。SFC 仪器主要包括 3 个组成部分（图 7-15）：输送系统，其功能为在超临界压力下输送流动相；精密的恒温箱，保证系统的恒温性；控制系统，以实现超临界压力或密度等变化及色谱柱柱温调节等。高压流体（如二氧化碳）由气源流经净化管及热平衡装置后，进入二氧化碳高压泵，然后和有机改性剂混合，经过热平衡进入进样阀，样品由进样阀导入系统，然后经色谱柱分离后进入检测器，最后经过阻力器，整个系统由计算机控制。

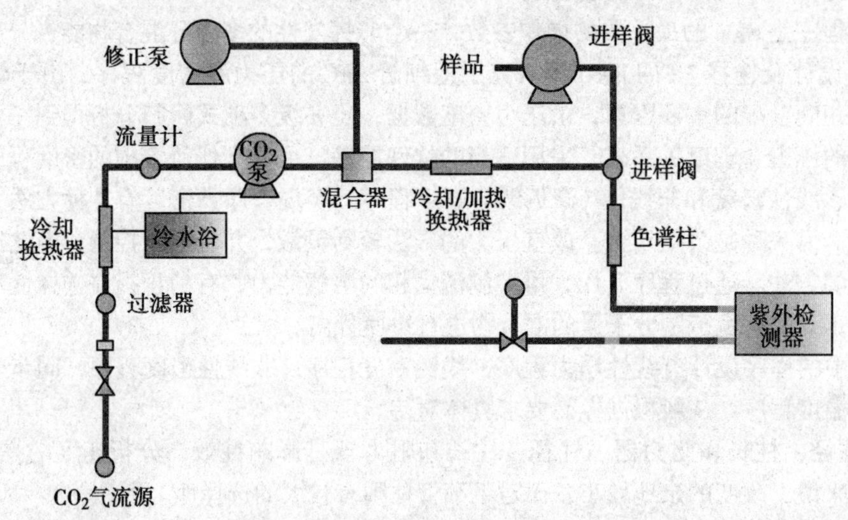

图 7-15 填充柱 SFC 仪器示意简图

它与气相、液相色谱法的主要区别是超临界流体色谱仪必须装有阻力器（或背压调节器）。它的作用是对系统维持一个合适的压力，使流体在整个分离过程中始终保持在超临界流体状态；通过它使流体转换为气体，实现相的转变。当使用氢火焰离子化检测器时，阻力器应放在检测器之前（以保证色谱柱的出口压力缓慢地降至常压）。使用其他（能承受高压的）检测器时，阻力器可放在检测器之后，如紫外检测器。为防止高沸点组分的冷凝，阻力器一般应维持在 300~400℃。

色谱柱应有精密的温控系统，以便于为流动相提供精确的温度控制。

整个 SFC 色谱仪器都处在足够的高压下，只有这样才能使流动相处于高密度状态，以提高洗脱能力。因此，超临界色谱仪必须有精密的升压控制装置。

当使用极性较弱的超临界流体（如二氧化碳）作为流动相，分离分析极性化合物或相对分子量高的化合物时，常需加入甲醇、乙腈等有机改性剂，以改善流动相对极性样品的溶解能力，扩大流动相的样品适用范围。

由于有机改姓剂的加入和流体流速对分离效果的影响明显，因此要求输送系统具有较高的精密度，以保证色谱法分离的重复性。

因此 SFC 仪器要求的操作条件很高，对仪器各部件的制造和连接都提出了新的要求。早期的理论或应用研究中，SFC 设备多由实验室改装气体色谱仪或液相色谱仪而成，目前已有多种商品化的 SFC 仪器问世。例如用 HPLC 进行改装时，只要在原有设备的基础上添加高压进样器和压力控制系统，并根据需要选择合适的高压检测器，即可将 HPLC 改装成简易的填充柱 SFC。因为 SFC 在高压状态下操作，因此改装时必须解决好压力控制问题，既要使流体在系统中保持超临界状态，又要防止管线堵塞和泄漏。商品化的 SFC 有 Berger

公司的 SFC 系列、Agilent 公司的 1200 SFC 系列和 Waters 公司的 UPSFC 系列等。与之前通过 HPLC 仪器组装的 SFC 仪器不同，现代 SFC 仪器越来越注重仪器的整体化，通过整体设计（系统体积小）、色谱柱技术的改进（色谱柱颗粒小），能使色谱分离在一个梯度条件下，不仅基线噪声极低，而且重复性好、峰形窄、峰宽一致。

10. 流动相输送系统 流动相输送系统或为高压泵系统是 SFC 的关键部件，对泵的要求是便于 SFC 的最佳操作。具体要求为无脉冲输送；泵体较大；能够精密控制压力和流量；具有线性或非线性压力密度程序；适用于超临界流体。目前应用的有注射泵和往复泵，在该系统中还有二氧化碳增压器和泵的程序控制。对于室温常压为气体的流动相，可将高压钢瓶中的流动相减压至所需的压力或用升压泵增压。对于室温常压为液体的流动相，通常采用无脉动注射泵输送。

在毛细管 SFC 中，由于所需的流量很低，大都采用注射泵。其优点是无脉冲，泵体 >150ml，充液一次可用几天，耐压性好，基本上符合泵的设计要求，因此被广泛推荐使用。缺点是其泵体有时需要冷却，更换溶剂时清洗困难，无法进行梯度（如加改性剂）冲洗。

当前 LC 中广泛使用的输液泵是往复泵，不仅易于操作、可快速更换溶剂、无限输送溶剂，而且可采用双泵系统，一泵输送流动相，另一泵加改性剂，进行梯度洗脱。但往复泵不能直接输送液体二氧化碳，需要对泵体加以改装，并用冷冻剂将泵头冷至 -8℃，才能输送液体二氧化碳。还可采用二氧化碳增压器，即增加液体二氧化碳的压力就可在室温下注入注射泵。国外都以氦气充入二氧化碳钢瓶，国内多以氢气代替氦气制成二氧化碳钢瓶，效果很好。一般是在二氧化碳钢瓶瓶嘴下焊一根不锈钢管，直插瓶底，装进二氧化碳后，接氦气或氢气钢瓶。

在 SFC 中，注射泵、往复泵的控制参数通常是压力而不是流量。泵的流出压力一般由计算机控制，以设定点压力与实际压力进行比较控制流出压力。实际压力是由泵出口处的压力传感器得到的，控制系统能控制流动相的压力或密度程序。密度程序是由有关流动相的压力及温度与密度的关系通过一定的算法而得到的，然后用密度作为控制参数。

11. 进样系统 一般来说，LC 的进样器都适合于 SFC 的仪器，特别是对填充柱 SFC，可用类似于 LC 的进样器。但毛细管 SFC 因其进样量很小，要求进样器的内管体积小、进样速度快，故常用分流进样法进样。通常采用四通、六通进样阀。在分流进样中也存在样品“失真”的问题，应特别注意。

（1）手动注射阀：LC 用的定量管体积为 10μl 的六通进样阀 SFC 也常用，采用半填充法，进样量为 0~10μl，重复性良好。这种阀无论接细孔径填充柱直接进样，还是由分流三通接毛细管柱进样，重复性和柱效都令人满意。在进样体积较大时，还可采用预柱浓缩样品，以提高柱效。

（2）气动转动注射阀：Lee Scientific 公司的 600 型 SFC-GC 及 Carlo Crba SFC-3000 系列都采用气动转动注射阀。这种注射阀设计新颖，可在注射位置停留一定时间，然后快速回到采样位置，定时进样时可由停留时间的长短控制进样量在 1~500μl。快速复位使进样真正达到脉冲进样，从而达到提高柱效的效果。

（3）定时分流注射阀：这种注射阀由 10MPa 的氢气压力驱动，阀内管体积为 0.2μl，停留时间为若干毫秒，由微机控制。进样时由注射头打进样品，过量的样品由废液容器收集，按动注射开关，阀在注射位置停留一定时间后很快复位，就可打进纳升级样品。大部分经分流阻力器或开关阀放空，小部分进入石英毛细管柱进行分离。分流与进柱流速比即为分流比，一般控制在 6 : 1~20 : 1 或更大些。分流比可由测量分流阻力器及柱后阻力器出口处的流速来测定。定时分流注射定量分析的重复性很好。

（4）不分流注射阀：可将毛细管柱直接插到进样阀的底部，在瞬间注入极小量的样品，因此可用不分流注射阀进样。不分流进样阀的定量重复性经实验证实也是令人满意的。

12. 色谱柱管理系统　一般 GC 色谱炉可以满足需要，但也有些较特殊的问题。

（1）低容量双柱双流路色谱炉：一般炉腔较大，便于安装色谱柱及阻力器，检测器插件能够容纳多重检测器。炉子两侧留有接 MS、FTIR 等的接口。

（2）多级温度程序：在 SFC 中由于组分随柱温的保留作用很复杂，故在不同的温度区间要求不同的温度控制程序。在低温区（<100℃）组分的保留值随柱温增加而增大，故对宽沸程样品分析，要求有负的温度程序，即在程序降温下进行分析；而在较高的温度区（>100℃），组分的保留随柱温增加而降低，则要求用程序升温进行分析。

（3）温度的稳定性：因为超临界流体的密度是与柱温直接相关的，故要求柱温控制精度要高，保证温度的稳定性。

（4）安全保护：在使用超临界流体时，如有渗漏，当炉子加热丝变红时，就会引起爆炸，故要求炉丝设计在最高温度时，电热丝不产生橘红色，并注意安全保护。

13. 阻力器　为使超临界流体在整个色谱柱分离过程中始终保持为流体状态，当用 FID、NPD、FPD、MS 时，在色谱柱出口和检测器之间需要一个阻力器（或称背压调节器），以保证色谱柱的出口压力缓和地降至大气压。当用紫外、荧光检测器时，因其本身可在高压下操作，故可在检测器出口接阻力器降压。阻力器大致分为 3 类，即直管型、小孔型和多孔玻璃型阻力器，下面分别进行简单的介绍。

（1）直管型阻力器：直管型阻力器是由一根内径为 5~10μm 的石英毛细管组成的，长度根据需要确定。这种阻力器结构简单，可由细管长度决定阻力大小。但非挥发性物质易凝结而使喷口阻塞，易产生毛刺而使样品“失真”。

（2）小孔型阻力器：小孔型阻力器可以单独做成，亦可作为石英毛细管的一端做成整体阻力器，使用方便，效果较好。

（3）多孔玻璃型阻力器：此种阻力器是由多孔二氧化硅烧结制成的，是由 Lee 公司据专利生产的。由内径为 100μm 的烧结玻璃（或陶瓷）构成，全长约 20cm，一端由对接连接器与毛细管柱相连，另一端接 FID，使用方便，效果好。

14. 检测器　在超临界流体色谱法中由于流动相具有惰性和流体性质，因此可连接 LC 的光度检测器，而流体流出了色谱柱可减压成气体，故可连接大部分 GC 检测器，尤其是氢火焰离子化检测器。流动相的这些特性使 GC 和 LC 检测器在 SFC 中得以通用，使其可利用的检测器大为扩展。其中最重要的检测器是高灵敏度的通用型 GC 检测器 FID，其次是 LC 检测器紫外和荧光检测器。实际过程中，检测器的选择要考虑不同的流体和检测方法的匹配问题。

（1）氢火焰离子化检测器：氢火焰离子化检测器（FID）因其死体积小、响应快，是毛细管柱 SFC 的理想检测器，但是要作为 SFC 的检测器要求其稳定性更好、灵敏度再提高。由此 Lee Scientific 公司推出新的 FID 设计，采用新的筒状收集电极，力求将全部产生的离子收集下来，可以显著提高检测器的效率；采用废气防空限流法，使火焰稳定性提高，噪声降低。FID 的检测限达 10^{-13}g/s。为满足超临界流体汽化时大量吸热，使高分子物质汽化，FID 具有大的加热器，并保持在 350~450℃。但 FID 属于破坏型检测器，有些场合并不适用。

（2）紫外和荧光检测器：紫外和荧光检测器是 LC 常用的检测器，它们在 SFC 中也很重要。当用正己烷、正戊烷等作流动相，或在超临界流体中添加改性剂梯度洗脱时，氢火焰离子化检测器不能使用，只能采用紫外和荧光检测器。在 SFC 中，紫外和荧光检测器是非破坏型检测器，因此可以用来制备微量样品或制备色谱。

（3）其他检测器：氮磷检测器（NPD）是测定含氮有机物的选择性检测器，可用于药物及氨基酸分析。双火焰光度检测器（FPD）是一种高灵敏度、高选择性的测定有机硫和有机磷化合物的检测器，这种检测器能够消除大量烃类对测定硫和磷的干扰。射频等离子体检测器（RPD）是一种高灵敏度、高选择性的多元素光谱检测器，有很好的发展前景。微波诱导等离子体检测器、无线电频率等离子体检测器及 ICP 检测器可用于金属有机化合物的检测，在 SFC 中也被广泛采用。电流检测器、电子捕获检测器及激光散射检测器等都作为检测手段在 SFC 中得到良好的应用。

15. 超临界流体色谱法联用技术 色谱-光谱联用技术仍是当今较为活跃的研究领域，其中联用最多的包括 SFC-MS 联用、SFC-FRIT 联用及 SFC-NMR 联用。

（1）SFC-MS 联用技术：色谱-质谱联用技术首先是由 GC-MS 联用发展起来的。MS 对单一组分有很强的鉴别能力，但不适用于多组分混合物的定性。相反，GC 是一种高灵敏度的分析手段，但对物质的鉴别能力低于 MS。所以将两者结合起来实行联用，正是扬其所长、避其所短的有效途径，从而可以取得在各自单独使用时无法得到的信息。MS 使 SFC-MS 联用技术成为近年来强有力的分析手段之一，是分析热不稳定、高分子量物质的重要分析方法。

SFC 像 GC 一样，与 MS 有共同之处。如色谱法的分离与质谱的检测都是在气相进行，两者的灵敏度都很高、温度范围相当、样品量及最小检测量接近，而且色谱法的出峰速度与 MS 的扫描速度也能相匹配。因此，联用时不需对两种仪器本身做任何改装。但两者之间存在着差异，如 SFC 是在压力条件下操作，而质谱是在真空条件下运转；而且 SFC 的流出物量往往大于质谱的泵容量。所以，必须采用接口（interface）装置才能实现联用。

图 7-16 为 SFC-MS 联用流程图。

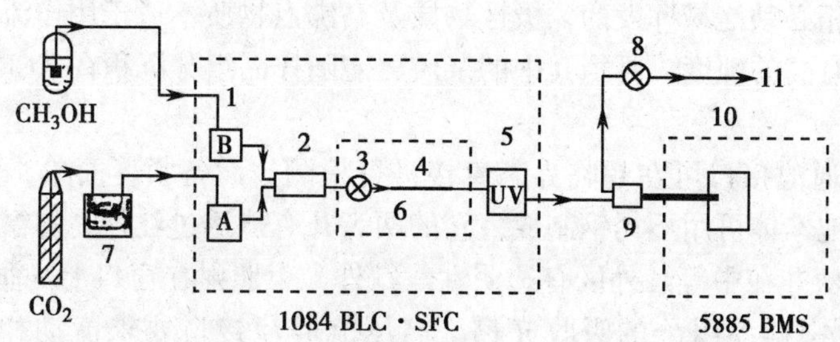

1—泵；2—混合器；3—进样器；4—柱子；5—检测器；6—炉子；7—冷却槽；8—反压调节器；9—探针；10—化学离子源；11—废气。

图 7-16 SFC-MS 联用流程图

图 7-21 的左边是用液相色谱仪改装的超临界流体色谱仪，右边是质谱仪，通过直接液体引入（DLI）接口连接起来，即成为 SFC-MS 联用仪。显然，接口是实现联用的关键部件。连接装置的探针（probe）中有一不锈钢隔膜，在隔膜中心用激光穿一小针孔（2.5~3.0μm）。为了保持探针中流体的超临界状态，小针孔的尺寸是非常重要的。同时，探针必须恒温在流动相的临界温度之上。进入质谱仪的流量可部分地由反压调节器调节，但主要是通过选择具有适当针孔尺寸的不锈钢隔膜进行控制。

在 SFC-MS 联用中，防止溶质在管壁上沉淀也是十分重要的。反压调节器后面的压力低于流体的临界压力，其中的流体已不是超临界流体，因而溶解能力显著下降，若出现沉淀会沉积于管壁而不能依次流出，显著影响分离效果。

SFC-MS 联用技术分别有 SFC 与四级杆质谱联用和 SFC 与高分辨质谱联用。目前 SFC-MS 采用的电离方式主要有 ESI、APCI 和 CI 等。SFC-MS 联用的研究和应用日渐增加，为发展高速、高分辨率、高灵敏度的分析方法提供了有效的途径。

（2）SFC-FTIR 联用技术：近年来，GC-FTIR 发展迅速，已成为分析挥发性混合物的有力工具，并能提供有价值的结构信息。然而，GC-FTIR 不能分析难挥发、易热解的高分子化合物。LC-FTIR 采用“溶剂消除”和扩散反射技术，虽然能分析难挥发、易热解的物质，但分析速度慢，而且 LC 用的流动相大部分在中等红外区具有强的吸收，因而限制了它的应用。SFC-FTIR 联用是最近发展起来的先进联用技术。由于 SFC 具有快速、高效和强溶解能力的优点，而且它所用的大多数流动相在中等红外区具有最少的吸收，这些固有的特性导致了 SFC-FTIR 的迅速发展。

SFC-FTIR 联用流程可简单地用图 7-17 表示。联用流程与一般 SFC 流程相似，FTIR 红外光谱仪作为检测器通过接口装置与 SFC 连接。当采用溶剂消除接口时，FTIR 接在阻力器之后；如采用高压红外流通池接口，则置于阻力器之前。流量限制器之前的体系都在超临界状态操作。

SFC-FTIR 中采用溶剂消除接口，接口装置为一条沉积有薄层 KCl 粉末的自动旋转带，置于距 SFC 阻力器 1mm 的地方。样品组分在色谱柱中实现分离后，随流动相通过流量限制器喷射在旋转带上，被分析组分则沉积在 KCl 粉末上，溶剂则挥发至大气中。与此同时，红外光束聚焦在带上，便可测定被分析组分的红外吸收光谱，根据吸收光谱，可重新构成色谱图。

采用溶剂消除接口可在常压下进行检测，而且检测灵敏度高，但接口在结构上较复杂；所用的流动相必须是易挥发的，极性物质及高沸点物质不适于用作流动相；作为流动相的物质必须具有高的纯度，否则其中的杂质可能随样品组分沉积在 KCl 粉末上而影响检测结果。

采用高压流通池接口可在超临界态直接进行检测，设备紧凑简单，但流通池必须有耐压能力。流通池本体可用不锈钢制成，它的两旁开有能透过红外光的窗口，窗口材料必须具有足够的强度并在中等红外区有透明性。红外光束照射在窗口上（垂直于流动方向），则可测量流通池中样品组分的吸收光谱。高压流通池接口要求流动相符合下列条件：①在中等红外区的吸收为最少；②对被分析组分具有强的溶解能力；③对溶质有高的扩散系数，以提供高的柱效；④具有高的选择性，选择性应随压力而变化。符合上述条件的流动相物质有丙烷、二氯二氟甲烷和二氧化碳等。

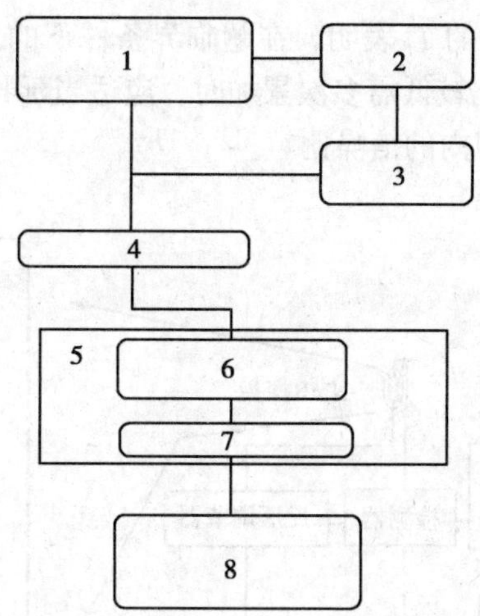

1—高压泵；2—程序升压器；3—压力传感器；4—进样器；5—炉子；
6—SFC 柱子；7—流量限制器；8—FTIP 分光计。

图 7-17 SFC-FTIR 联用流程图

SFC 是分析热不稳定、高分子量样品的分离技术，而 IR 则可提供物质的结构数据，故 SFC-FTIR 联用将是强有力的近代分析手段之一。当前 SFC-FTIR 联用的关键是采用能提高检测灵敏度的接口，已经报道的接口有 2 类。第一类为色谱流出物通过高压流动池，测量在流动相存在下的分离组分的透射光谱。这种接口的缺点是受流动相吸收光谱的干扰较大。第二类是在测量红外光谱前消除流动相的干扰。

（3）SFC-NMR 联用技术：在 SFC 中由于常用二氧化碳作为流动相，其分子中无质子，这大大方便了溶质 NMR 谱图的测定，也促进了 SFC-NMR 联用技术及其应用的发展。通过 SFC-NMR 联用可以一次性完成从样品的分离纯化到峰的检测、结构测定和定量分析，并提供混合物的组成和结构信息，从而提高了研究效率和灵活性。

由微机控制整个实验过程的 SFC-NMR 联用装置如图 7-18 所示。SFC 装置与一般 SFC 装置相似，常规检测器与 NMR 探头通过两个阀门连接在一起。在 NMR 探头后面连接有一个反压调节器，其作用是对压力和流速进行独立调节，以保证 NMR 探头中的流体维持在超临界状态。

NMR 探头是联用装置中最关键的部分。Dorn 等人在液相检测探头的基础上设计了一个适用于超临界工作条件的 NMR 探头，如图 7-18 中的放大部分所示。探头内部的玻璃管是一个外径为 5mm，内径为 3mm，体积为 120μl 的蓝宝石管。一个氢 - 氘双调锁线圈直接嵌在蓝宝石流动腔壁上，并将其置于常规探头玻璃器皿的中央。在探头中还插有一个热电偶，用于实时测量温度。

为了研究 SFC-NMR 联用装置的性能，Albert 等测定了 ^{1}H-NMR 探头在 ^{13}C 卫星峰高度时的 ^{1}H 谱线的线宽。在超临界状态下，所获得的 ^{1}H 谱线的线宽与 HPLC-NMR 联用装置在液态下所得的结果无明显差异。在匀场较好的情况下，谱线的线宽主要由自旋 - 自旋弛豫时间 T_2 决定。Albert 等发现即使在超临界条件下，谱线的线宽也基本不变，这意味着质子的 T_2 值无明显变化。然而与 T_2 不同，在超临界条件下作为流动相的二氧化碳随着压力的增大，黏度降低，自旋 - 晶格弛豫时间 T_1 明显增大。采用反转恢复法脉冲序列测量邻苯二甲酸正丁基苯酯 ^1H 谱的 T_1 表明，在超临界条件下的 T_1 值是同一温度下的液态 T_1 值的 2~3 倍。为此，当信噪比较低需多次累加时，应适当延长脉冲重复时间或设定较小的脉冲翻转角，以提高单位时间内的信噪比。

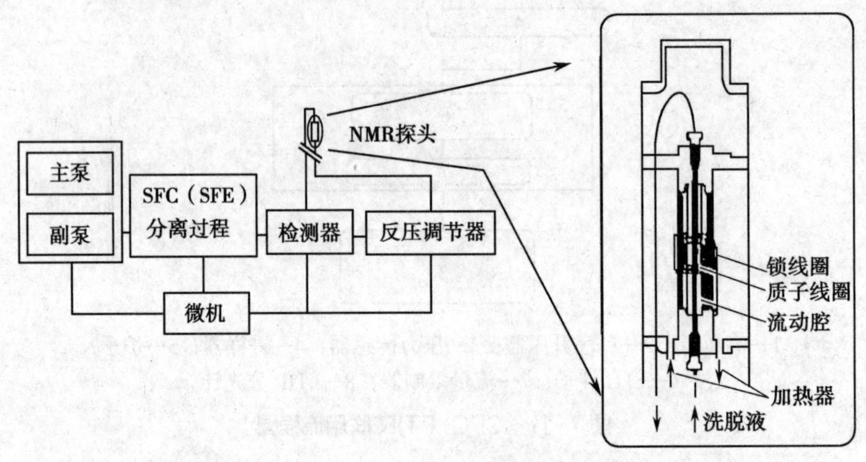

图 7-18　SFC-NMR 联用装置示意图及其 NMR 探头

SFC-NMR 联用技术避免了 HPLC-NMR 联用技术中的溶剂峰干扰问题，解决了样品在处理过程可能造成的损失、污染或分解，从而提供了一种快捷有效的分离，并能提供混合物的组成和结构信息的分析方法。SFC-NMR 联用技术的优点不仅来自于 SFC 独特的分离能力和 NMR 精确的结构分析能力，而且还在于将两者有机结合的巧妙而完美的联用技术。目前其已成为分析难挥发、不耐热的大分子化合物和生物样品的有效方法，在分析复杂混合物中（如中药复方体系化学成分和结构研究）有着广阔的应用前景。

16. 超临界萃取 – 超临界流体色谱法联用技术　超临界流体萃取 – 超临界流体色谱法（SFE-SFC）联用技术是一种新型的二级分离分析方法，20 世纪 60 年代以来，SFE 和 SFC 分别得到长足的发展，但两者的联用尚不多见。由于 SFE 和 SFC 所用的流动相为同一状态的流体，使得 SFE-SFC 联用技术成为可能。自 80 年代中期，该技术的研究报道日益增多，并逐渐发展成为一种比较成熟的分析方法。SFE-SFC 联用技术兼有提取、浓缩、分离和检测等功能，具有简便、快速、条件温和等特点，适用于天然产物和环境样品的分析。

现以日本分光株式会社（JASCO）生产的 SUPER-200 型超临界流体萃取色谱仪为例，说明 SFE-SFC 联用装置的组成和特点（图 7-19）。该装置主要由流体输出、提取、浓缩、层离和检测等部分组成。整个系统在一定的压力和温度下工作，并由微机调控。调节六通阀，可将提取分离部分分成 2 个独立的工作系统，以便于对提取分离条件进行选择。使用高分辨多波长紫外检测器，可获得三维色谱图。根据色谱和光谱数据对被测成分进行定性与定量分析。紫外检测器需配备高压样品池。浓缩柱固定相多用活性较低的填料，以利于提取物的洗脱。分离柱一般采用化学键合固定相填充柱或化学交联毛细管柱，以防固定相被 SF（超临界流体）洗脱。为了避免柱压损失，填充柱最好采用微型柱。进行 SFE-SFC 联用分析时，提取管、浓缩柱和分离柱的容量应相匹配。

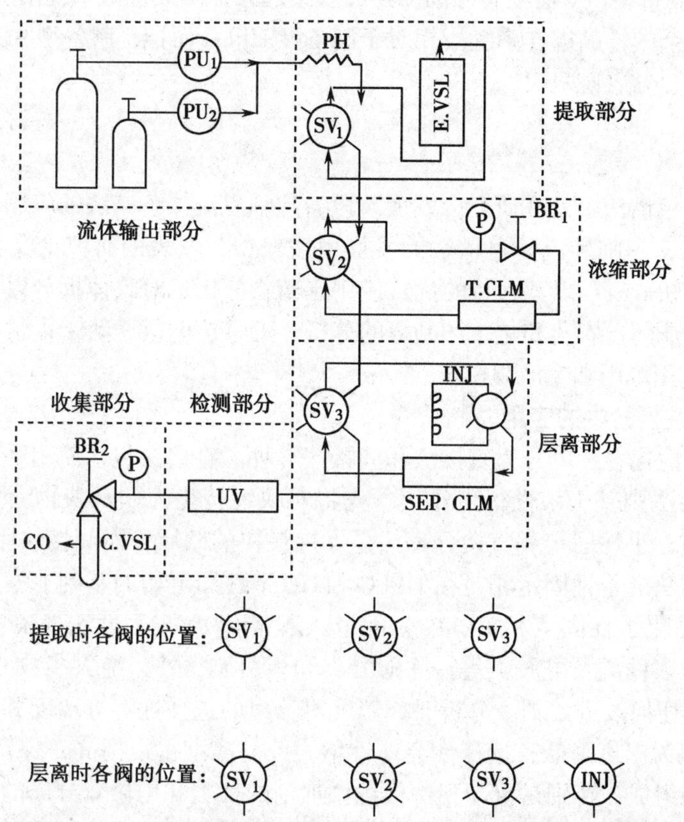

PU_1-CO_2 泵；PU_2- 改性剂泵；PH- 预热器 SV_1、SV_2、SV_3- 六通阀；E. VSL- 提取管；T. CLM- 浓缩柱；SEP.CLM- 分离柱；INJ- 进样器；UV- 高分辨多波长紫外检测器；BR_1、BR_2- 背压阀；C. VSL- 馏分收集器。

图 7-19　SFC-SFC 联用装置示意图

操作过程大致如下：调节 SV_1、SV_2 和 SV_3，将流体输出部分、提取浓缩部分和检测收集部分接通，使层离部分处于旁路。开启 PU_1 输出二氧化碳，调节 PH 和 BR_1，获得提取所需的 SF，对样品进行提取。同时调节 BR_2，降低流体的压力和溶解能力，使提取物在浓缩住中析出富集。当提取完成后，调节 SV_1、SV_2 和 SV_3，将流体输出部分、层离部分和检测部分接通，使提取浓缩部分处于旁路。调节 BR_2 和 PH，得到层离所需的 SF。首先对分离柱进行饱和处理，平衡后再调节 SV_2，使浓缩部分与层离部分接通，完全打开 BR_1，浓缩柱中的提取物被依次洗脱、层离和检测。提取分离时若需改性剂，可开启 PU_2，将其注入二氧化碳中。

SFE-SFC 联用技术集提取、浓缩、分离和检测于一体。运用该技术可省去较为烦琐的前处理，直接对样品进行分析。若以二氧化碳为流体，可获得低温、无氧的工作条件，适用于不稳定成分的分析。若使用高分辨多波长紫外检测器，可在无参照物的情况下，对成分的定性与定量分析提供有用的信息。因此，SFE-SFC 联用技术对于天然固体样品尤其是天然药物来说，无疑是一种理想的分析方法。

制备型 SFC 现已应用于食品、医药、生物及石油等多个领域。制备型 SFC 与分析型 SFC 的区别在于制备型SFC需要将分离的样品收集起来，因此色谱系统增加样品收集装置，相应地增加了复杂的样品进样系统。相对于制备型 HPLC 而言，制备型 SFC 的流动相使用少、无溶剂残留、分离速率快。

三、应用

超临界流体色谱法正处在研究、发展阶段，超临界流体色谱法的应用也处在开发、推广时期。近年来，超临界流体色谱法的发展速度较快，发表的研究论文日渐增多，商品化仪器也增长较快。SFC 以其独特的优点应用于药物分析、对映体拆分以及食物和天然药物、生物分子、炸药、农药和化工产品等的分析。近来，模拟移动床式制备型 SFC 的出现拓宽了 SFC 的适用范围和生产规模。

（一）在手性拆分中的应用

SFC 分离手性化合物可分为直接法和间接法 2 种。直接法包括使用手性固定相和手性流动相；而间接法则基于手性衍生作用，先将对映物转化为非对映物，然后用非手性固定相拆分。目前，手性固定相直接分离法是发展最快的领域，而间接法则相对使用较少。超临界流体色谱法的手性固定相是在 HPLC 和 GC 手性固定相的基础上发展起来的，目前已有大量的商品化手性固定相（CSPs）问世。通常 CSPs 按手性选择器的类型分为酰胺类、环糊精类、多糖类及酰胺类等，除冠醚类和蛋白质类外，绝大多数 CSPs 都可直接用于 SFC，而不需任何改进处理。分析时，温度对分离的选择性、分离度和保留时间的影响较大。一般表现为温度降低，选择性会线性增大，分离度得以提高，保留时间则稍增加。此外，流动相的组成，特别是流动相中极性添加剂的种类和用量对分离的影响也很大，在分析酸性或碱性手性药物时，流动相中添加少量酸或碱对分离的选择性和保留值具有很大影响。

一般来说，SFC 的分离效果要比 HPLC 好，但也有例外情况，如 2- 氨基 -3- 苯基丙醇可以在 HPLC 上很好地分离，但在 SFC 上的分离效果却很差。对于以上现象，Anton 等认为，溶质 - 流动相之间和流动相 - 固定相之间的相互作用在普通流体和超临界流体中有很大差异。在手性固定相上，超临界流体比普通流体受到更强烈的多层吸附，而超临界 CO_2 中加入低浓度的极性改性剂能极大地增强溶剂的溶解能力。因此，必须同时考虑 2 种相互作用对分离度的影响。

1. Pirkle 型手性固定相 Pirkle 型 CSPs 是根据三点作用原理设计合成的，母体结构为 3，5- 二硝基苯甲酰，然后接上苯基甘氨酸或亮氨酸等基团。

Pirkle 型 CSPs 在 SFC 上可直接分离氨基酸、抗疟药和 β 受体拮抗剂（一类含仲胺基团的化合物）等对映物以及亚砜、内酰胺等含有芳基的对映物；极性更强的物质一般在进样前先转化为弱极性的衍生物，然后再进行分离。1993 年 Nishikawa 用装填有 Pirkle 型 CSPs 的 SFC 分离了拟除虫菊酯，其分离效果在温度较低时比 HPLC 好得多。

2. 环糊精手性固定相 环糊精（cyclodextrin，CD）是一种包含 6~12 个葡萄糖单元的手性环状低聚糖，包括 α、β、γ 等类型，其中以 β 型应用最广。

环糊精主要用于开管式 SFC，含有不同官能团（单醇、二醇、内酯、酮、胺、羧酸和甾体等）的手性对映物有的可在 β- 环糊精上得到有效分离。Susanne 等用开管式 SFC，在

β- 环糊精上基线分离了 5 种拟除虫菊酯。Armstrong 等报道了一种以短链聚硅氧烷聚合物为取代基的甲基化 β- 环糊精 CSPs，并用它在开管式 SFC 上分离了 1- 氨基二氢化茚和全氢化吲哚。Chirasil Dex（固着在聚硅氧烷上的二甲基化 β- 环糊精）是一种新型的 CSPs，据报道用 Chirasil Dex 可分离多种芳香醇、氨基醇、氨基酸、羧酸、二醇、胺和酰亚胺等对映物；许多药用化合物（如巴比妥类药物、甾族药物等）也可在 Chirasil Dex 上分析或分离，且与 GC 相比，分离效果好、操作温度低。

3. 多糖类手性固定相 多糖类 CSPs 包括纤维素衍生物和直链淀粉衍生物 2 种，过去只用于填充式色谱柱，1992 年 Juvancz 及其合作者将它推广到了开管式 SFC。

纤维素三苯甲酸酯（ChiralCel OB）和纤维素三（3，5- 二甲基氨基酸甲酯）（ChiralCel OD）是 2 种广泛应用的纤维素 CSPs。使用超临界流体色谱法，OB 可以分离 α- 亚甲基 -γ- 内酯与内酰胺、芳基酰胺、1，2- 氨基醇（β 受体拮抗剂）等对映物；OD 可以分离 β 受体拮抗剂对映物、苯并二氮杂草和反 - 均二苯代乙烯手性物质。OB 和 OD 都可用于分离苯丙醇及地尔硫草（抗心绞痛药）的氢氯化物（一种抗癌药物）。

直链淀粉衍生物 CSPs 虽不如纤维素类应用广泛，但许多非甾体抗炎药的对映物都可以在直链淀粉三（3，5- 二甲基氨基酸甲酯）（Chiralpak AD）柱上直接分离。Geryk 等用该柱成功地优化了 27 种手性药物的拆分，Albals 等也成功地利用此柱分离了卡西酮和安非他命的衍生物。

4. 其他手性固定相 除上述用于 SFC 手性分离的固定相外，还有许多其他类型，如基于螺旋聚甲基丙烯酸酯的 CSPs、大环抗生素类 CSPs 和基于金属络合物的 CSPs 等，它们都在 SFC 分离技术中得到应用。

Macaudire 等曾对 Chiral OT（涂敷在硅胶上的螺旋聚甲基丙烯酸酯）CSPs 进行了研究，在填充柱 SFC 中成功分离了二 -β- 联萘酚和 α- 亚甲基 -γ- 内酯。此外，他们还用 Chiralpak OT（涂敷在硅胶上的聚三苯甲基异丁酸酯）CSPs 在填充柱 SFC 上分离了联萘酚。1997 年，Medvedovic 等用大环抗生素类手性固定相 Chirobiotic V 和 Chirobiotic T 在填充柱 SFC 上分离了多种不同类型的外消旋化合物（β 受体拮抗剂、β 受体激动剂、苯二氮草类、非甾体抗炎药、巴比妥酸盐、氨基酸及其衍生物等），但与 OD 和 AD 等 CSPs 相比，其应用范围相对较小。Chirasil Nickel 是一种基于镍络合物的 CSPs，Schleimer 等曾以苯基乙醇和樟脑为典型手性溶质，用开管式 SFC 研究了温度、压力和流动相密度对保留值和分离因子的影响。

【实例 1】班布特罗消旋体的 SFC 拆分，如图 7-20 所示。

分离模式：填充柱 SFC。

柱系统：IA-S CHIR-ALPAK（4.6mm × 150mm，3μm）。

分析条件：A 为二氧化碳，B 为 20mmol/L 甲酸铵甲醇溶液；洗脱梯度为 0min15% B，3min 30% B。背压为 1 800psi，柱温为 50℃。

检测器：紫外，205nm。

说明：班布特罗消旋体的分离度达到 2.28。

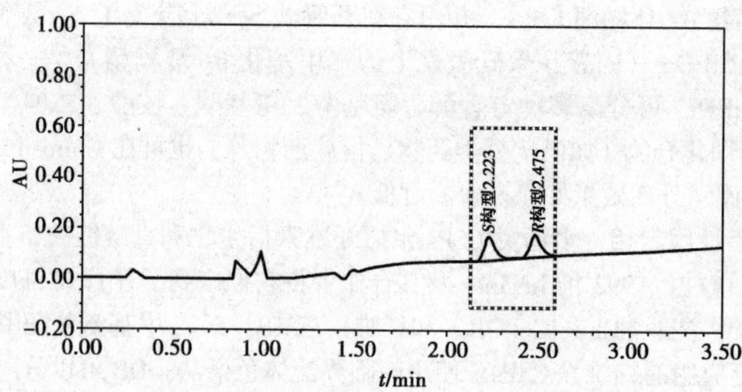

图 7-20 班布特罗消旋体在 SFC 上的分离色谱图

（二）在药物分析中的应用

SFC 用于药物分析时，具有分析速度快、选择性好、分离效率高、样品处理简单等优点，并适用于稳定性差、极性大和挥发性小的药物分析，可以作为 GC 和 HPLC 在该领域中的重要补充技术。SFC 应用于药物分析主要采用以二氧化碳为主体的流动相，由于多数药物都有极性，所以必须在流动相中加入极性改性剂，最常用的改性剂为甲醇。另外，微量的添加剂如三氟乙酸、乙酸、三乙胺和异丙醇胺等可起到改善色谱峰形的作用。

1. 药物稳定性试验及代谢产物测定 药物稳定性试验是通过分析药物中的活性物质及相关化合物，如降解产物等杂质，从而保证药品符合质量要求。SFC 用于此项分析时，可以给出稳定准确的分析结果，在对抗癌药物紫杉醇及其降解产物等杂质分析时，通过在二氧化碳流动相中程序增加甲醇量，16 个相关化合物得到检定；Anton 等讨论了 SFC 在药物稳定性，剂量、含量均一性，溶解速度及活性物质测定等方面的应用；Steuer 等则比较了 SFC、HPLC 和毛细管区带电泳（CZE）在药物分析和草本制剂的稳定性研究、赋形剂分析和生物体液中的药物测定等方面的应用研究，表明 SFC 是一种可靠的方法。在测定活性物质时，使用 SFC 具有省时（分析时间短、样品前处理简单）和污染小（二氧化碳取代有机溶剂作流动相）等特点。在分析乳剂和洗剂时，可以用四氢呋喃稀释后直接进行分析，不需要进行前处理。

Yunsheng Hsieh 等用填充柱 SFC 和 APCI 以及串联质谱检测器体外分析氯氮平、昂丹司琼、甲苯磺丁脲、扑米酮的代谢稳定性试验。在保证精密度、准确度和耐用性的前提下，1min 之内即可完成药物分析，实验表明 SFC-MS/MS 比 HPLC-MS/MS 的分析速度快。Xu X 等利用 SFC-MS/MS 分离 15 种雌激素代谢物。

2. 其他类药物分析 如消炎镇痛药布洛芬和萘普生的分析。这 2 种药物都含有羧基，酸性很强。若用 GC 分析则必须先进行衍生化；而要用 HPLC 则必须将流动相酸化，对药物进行离子抑制。但可以在氨丙基硅胶柱上用含 20% 甲醇的二氧化碳作流动相进行 SFC 分析。

Gyllenhaal 等应用填充柱 SFC 研究布洛芬、酮洛芬、萘普生和氟比洛芬在直链淀粉三（3，5- 二甲基苯基氨基甲酸酯）（Chiralpak AD）柱上的洗脱顺序，考察能逆转洗脱顺序的因素，如改性剂的种类、操作温度和压力等。实验中，使用不同种类的改性剂，化合物的分离因子和洗脱顺序不同。实验中出现的逆转现象与涂敷在硅胶上的手性选择剂的三维结构有关。改性剂支链醇类如异丙醇比直链醇如乙醇更易引起直链淀粉骨架的扭曲变形，导致对映体的洗脱顺序发生变化。

还可用于磺胺类药物的分析。磺胺类药物的抗菌谱广，常用作兽用药物。磺胺类药物可被动物组织吸收，若在体内的半衰期长，则人类食用动物时，在动物组织内有药物残留的危险性。现在美国规定在食用动物体内，磺胺类药物的最大残留量不应超过 0.1ppm，这说明应该建立一种灵敏的磺胺类药物分析方法。Perkins 等用填充柱 SFC 和 SFC-MS 分析用药猪的肾脏提取液中磺胺类药物的含量，固定相可用硅胶或氨基键合固定相，流动相用甲醇改性的二氧化碳。色谱流出液一半经紫外检测器进行检测，另一半经 MS 仪进行检测和确证。用这种方法可以分离确证 8 种结构不同的磺胺类药物。用 UV 检测的最低检测限可达 1~5ng。

Berry 等用 SFC-MS 联用技术对磺胺、激素、麦角菌生物碱和黄嘌呤等极性药物进行分析，在二氧化碳中加不同量的甲醇构成二元流动相以改善分离；还可用 MS 作检测器分析咖啡因、可待因和单苯基保泰松等药物。

有些酚类化合物排放到空气中后对环境有害，美国环境保护机构用 GC 对 11 种酚类进行监测，但测定有困难并费时间。Berger 等用 Liehrosorb Diol 色谱柱，用二氧化碳中加甲醇作改性剂、TFA 作添加剂所组成的流动相，于填充柱 SFC 上成功地分离了这 11 种酚类。他们还用上述分析酚类化合物的方法分析了苯多羧酸。过去曾有人用 SFC 分离苯甲酸和水杨酸，但必须用高浓度的流动相改性剂（含 17.9%~20% 甲醇的二氧化碳），同时保留时间较长（17~30min）。在 SFC 中用极性很强的流动相分析极性化合物时，上述极性固定相所得的分离效果都比 C_8 或苯基等低极性键合固定相好。

SFC 存在的一个主要问题是在分离强极性和离子化合物时会延长保留时间及色谱峰拖尾。Steuer 等用离子对 SFC（IPSFC）分析阳离子和阴离子药物，阳离子药物如含脂肪胺衍生物的普萘洛尔等不能被超临界二氧化碳洗脱，即使在其中添加大量甲醇作改性剂时也不能奏效。此外，这些药物还可以和键合固定相上硅胶的游离硅醇基强烈作用，这样就更加难以洗脱了。但若于超临界二氧化碳中加入甲醇作改性剂，再加庚烷磺酸钠和二甲基辛胺分别作反离子和竞争离子，以离子对的方式是可以很顺利地分离与分析普萘洛尔的。与此相似，苯甲酸、水杨酸等阴离子药物也可用 IPSFC 进行分析。

Later 等用 SFC 分析激素、抗生素和依赖性药物时，只用二氧化碳作流动相就将结构相近的物质分开，并用于尿中咖啡因和激素的测定；在分析一个含多个极性基团、分子量达 440 的抗生素时不需衍生化，直接进样分析；分离四羟基大麻酚和它的 6 个代谢产物时，也是用二氧化碳作流动相即可完成。Chester 等系统介绍了 SFC 及其应用，包括对生物碱等药物的分析。

SFC 用于巴比妥类药物分析时，不同的固定相以及流动相中甲醇的量不同对容量因子、保留时间等将产生较大的影响；使用 MS 作检测器可以将该类药物进行纳克级测定；通过分析苯巴比妥，检查 SFC 的稳定性，证明结果可靠。

SFC 可用于激素类药物的常规分析。Baiocch 等在不同的固定相上分离该类药物，讨论了固定相对保留时间的影响。David 和 Novotny 将激素反应后生成亚磷酸酯，用磷热离子化检测器分析人血浆和尿中的激素，分离效率和灵敏度都很好。

用 SFC 分析一个二氢吡啶类药物的乳剂时，用有机溶剂稀释后直接进样分析，其定量结果与 HPLC 分析结果相似；用 SFC 分析碱性的胃质子泵抑制剂与其类似物时，于二氧化碳和甲醇流动相中加入 1% 三乙胺，有助于分离；在分析一种治疗高血压及预防心绞痛的药物以及 12 个同类化合物时，可将含量为 0.1%、结构相近的同系物分开；Strod 等论述了钙离子通道阻滞剂的分离；Jagota 和 Stewart 在不同的固定相上分析非激素类抗炎药物时，进样量为纳克级，并比较了不同的固定相对保留因子、拖尾因子和最低检出限的影响。

由于青蒿素受热不稳定，并且在紫外 - 可见光区无吸收，使其测定方法受到限制，采用 SFC-ECD 分析时，成功地测定了全血中的青蒿素；在对其他抗疟疾药物如氯喹、奎宁等分析时，检测限达纳克级，并表现出很好的线性和精密度。

【实例 2】阿咖酚散中阿司匹林、咖啡因和对乙酰氨基酚 3 种组分的 SFC 分析，如图 7-21 所示。

分离模式：填充柱 SFC。

柱系统：Kromasil Silica 填充柱（4.6mm × 250mm，5μm）。

分析条件：18% 甲醇（二氧化碳）；背压为 20MPa；柱温为 50℃。

检测器：紫外，275nm。

说明：建立了 SFC 分离测定阿咖酚散中阿司匹林、咖啡因和对乙酰氨基酚 3 种组分含量的方法，并研究了改性剂、流速、压力和温度对分离选择性的影响。在测定范围内，对照品浓度与峰面积呈良好的线性关系，峰面积和保留时间精密度分别为阿司匹林 0.38%、1.7%，咖啡因 0.49%、1.88% 和对乙酰氨基酚 0.44%、1.09%，整个分离过程在 5min 内即可完成，且具有较好的重现性。

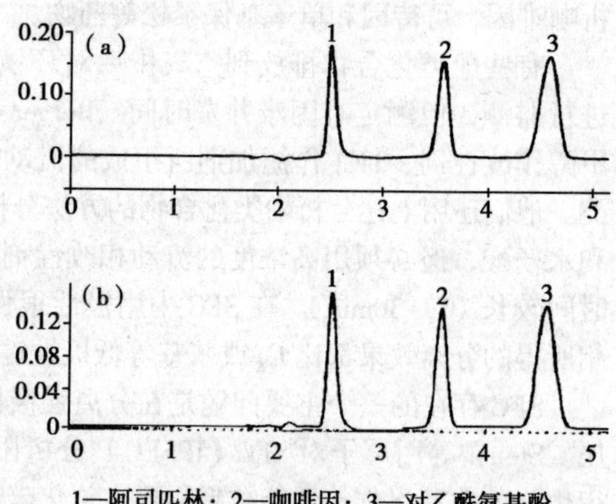

1—阿司匹林；2—咖啡因；3—对乙酰氨基酚。

图 7-21　阿司匹林、咖啡因和对乙酰氨基酚的 SFC 分析

（a）标准品　（b）对照品

【实例 3】布洛芬异构体的手性分析，如图 7-22 所示。

分离模式：填充柱 SFC。

柱系统：Chiralpak AD-H（4.6mm × 250mm，5μm）。

分析条件：7% 甲醇、乙醇和异丙醇（二氧化碳）；背压为 120bar；柱温为 30℃。

检测器：紫外，220nm。

说明：经过优化后的分离条件，分离度能达到 5.3~11.8，理论塔板数为 5 000，表明 SFC 具有高的柱效。

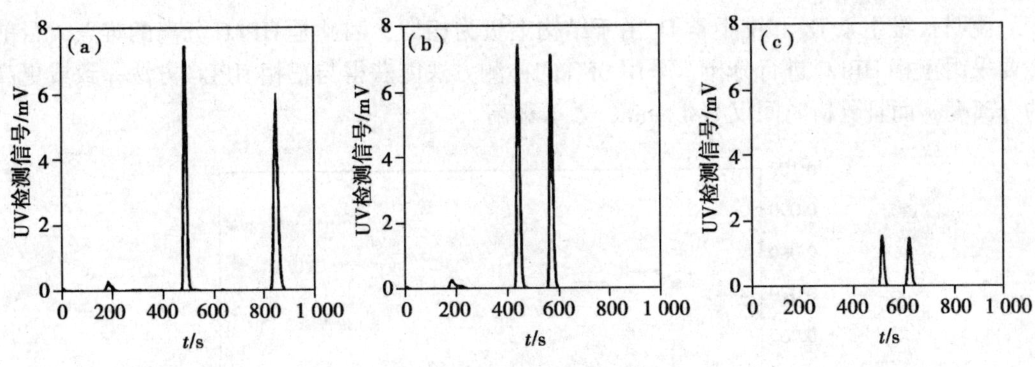

图 7-22 布洛芬异构体的分离

（a）甲醇 （b）乙醇 （c）异丙醇

【实例 4】美托洛尔及其类似物在 SFC 上的分离，如图 7-23 所示。

分离模式：填充柱 SFC。

柱系统：Kromasil 100-5NH_2（4.6mm × 150mm）。

分析条件：8% 甲醇（二氧化碳）；背压为 250bar；柱温为 60℃。

检测器：紫外。

说明：在氨基柱上分离了美托洛尔及其类似物，通过对柱温、背压和改性剂进行优化，得到了最佳的色谱条件。

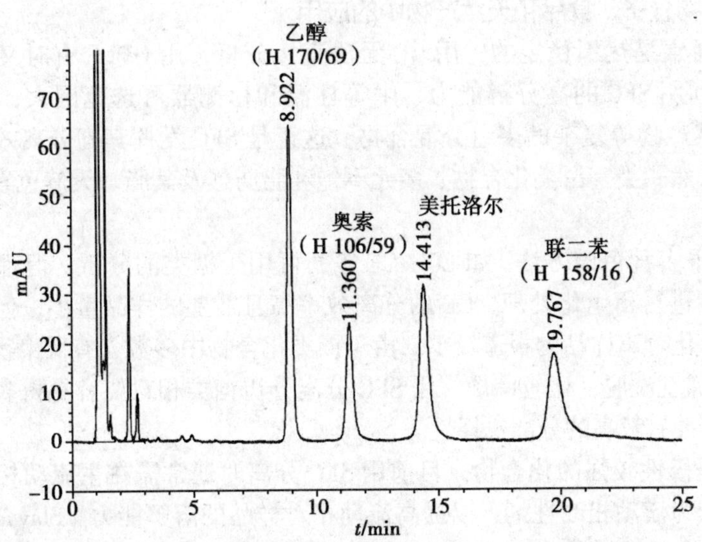

图 7-23 美托洛尔及其类似物在 SFC 上的分离色谱图

【实例 5】化妆品中维生素 D_2 和维生素 D_3 的 SFC 分析，如图 7-24 所示。

分离模式：填充柱 SFC。

柱系统：ACQUITY UPC2 2-EP（2.1mm × 100mm，1.7μm）。

分析条件：A 为二氧化碳，B 为异丙醇；洗脱梯度为 0min 1% B，0.5min 1% B，4min 5% B。背压为 2 000psi，柱温为 50℃。

检测器：紫外，263nm。

说明：维生素 D_2 和维生素 D_3 由于结构上极为相似，因此是 HPLC 分离的难点，目前主要采用正相 HPLC 进行分析。采用 SFC 的检测方法能获得与正相 HPLC 方法一致或更高的分离度，而且分析时间仅为 4.5min，效率很高。

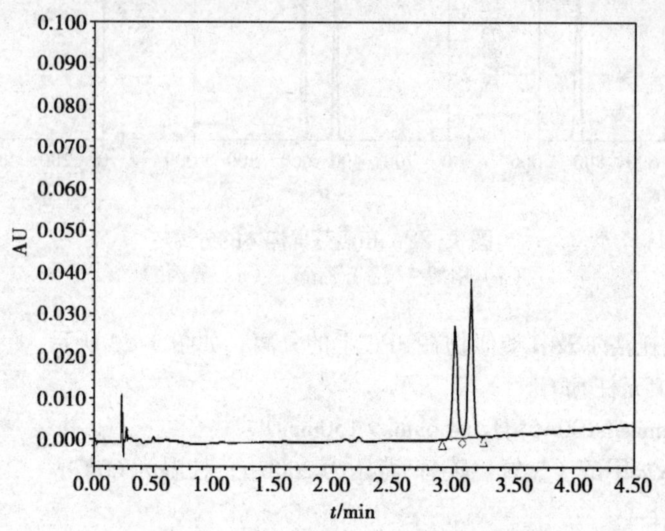

图 7-24　维生素 D_2 和维生素 D_3 在 SFC 上的分析色谱图

（三）在生物分子、食品和天然产物中的应用

生物分子通常是热不稳定的，用 GC 无法直接分析，用 HPLC 有时又苦于无法采用紫外检测器。利用 SFC 的高分辨能力、中等柱温和检测器可选范围大，可分离生物分子、食品和天然产物等复杂的多组分混合物，这正是 SFC 发挥其高分离效能的场所，包括热不稳定的天然脂类、甾类化合物、多元不饱和脂肪酸及其脂、天然色素、氨基酸和糖类等。

1. 糖类　很多种色谱方法（如 LC、CE 等）可用于糖类的分析，但都存在一定的局限性，需对样品进行衍生化处理。CE 的分离效率高且需要的样品量小，但一般要对样品衍生化，未衍生化分离样品的报道较少。由于该类化合物中多数含有低聚物或多聚体，用 LC 分离时需要梯度洗脱，比较麻烦。用 SFC 分离分析糖类相对要容易得多，一般不需进行衍生化处理，并有较高的分离选择性。

由于糖类是极性较强的化合物，目前用 SFC 分离时通常需在主流动相二氧化碳中加入第二组分，作为流动相改性剂，以提高流动相对样品的溶解能力。Slavader 等研究了单糖和多双键烯烃的保留性质，用三甲基硅烷键合的硅胶作为固定相，所用的流动相分别为 CO_2- 甲醇、CO_2- 甲醇 - 水、CO_2- 甲醇 - 水 - 三甲基胺，流速为 5ml/min，在 10min 内使 4 种单糖得以完全分离。

2. 脂肪酸和脂类　对于紫外检测器，由于甘油三酯在紫外区域的吸收非常弱，因此灵敏度比较低，使得检测不准确。虽然 FID 检测器可以实现对甘油三酯的检测，但是它和紫外检测器一样，在定性时需要标准品作对照，对于甘油三酯组成非常复杂的油脂来说，很难用标准品进行逐一定性。质谱检测器具有非常高的灵敏度，它的优势在于能产生对分析结果有用的离子，如提供分子质量信息的分子离子、脂肪酰基离子以及一些单酰基甘油离子和二酰基甘油离子等，根据这些离子的特征可以准确判断甘油酯的类型、脂肪酸组成及其位置分布等。因此，质谱检测器对于分析甘油三酯是非常合适的。对油脂直接进行质谱分析，可以不经色谱分离快速获得油脂中甘油三酯的种类及其各自的分子量等信息，另外也可以利用氨负离子化学电离的碰撞诱导双重 MS 技术分析脂肪酰基在 Sn-2 和 Sn-1/3 位的位置分布。如果甘油三酯样品中存在同分异构体，如脂肪酰基双键的位置不同或者构象不同等，这种情况下就需要先对样品进行色谱分离然后进行质谱检测。利用 SFC 可以实现对几乎所有甘油三酯样品的高效分离，采用 APCI 质谱可以对甘油三酯的结构特征进行分析。SFC 与 APCI 的 MS 联用对分离检测甘油三酯是非常有效的，APCI 产生的质谱图具有很好的规律性，分子离子峰提供了甘油三酯的分子量信息，产生的碎片离子峰则提供了甘油三酯的脂肪酸组成、位置分布和脂肪酸结构等非常重要的信息。对于不同的样品关键是要选择好合适的分离条件和质谱条件，以期达到理想的分离和检测效果。

多数单官能团有机酸尤其是脂肪酸，在毛细管 SFC 或填充柱 SFC 中以纯二氧化碳为流动相可以分离。而分子中如存在第二个极性官能团时，通常使峰形不理想甚至不能分离，一般需加入流动相改性剂，具有氢键的改性剂（如甲醇）用得最多。脂肪酸是一类可解离的强极性化合物，在一般的固定相上易发生吸附和拖尾，有时需制成相应的衍生物。未衍生的脂肪酸和甲基脂肪酸酯在键合的填充柱 SFC 上用纯二氧化碳作为流动相很容易洗脱，其原因是分子上有较长的疏水性基团。大多数芳香酸和多取代酸不能用纯二氧化碳分离。在甲基脂肪酸酯上有取代羟基时将使保留值明显增大。直链甲基酯用纯二氧化碳在 C_{18} 柱上可以迅速洗脱，但 2- 羟基酸甲基酯则不能洗脱。

含有 30~70 个碳原子的甘油一、二、三酯的分子量都比较大，但由于含有较少的羟基基团，极性不是很强。它们在填充柱 SFC 上用纯二氧化碳作为流动相可以洗脱，若加入少量甲醇或乙腈作改性剂，将得到较高的选择性。用水和二氧化碳作流动相，在聚碱性 PRN-300 柱和一根毛细管柱上用 SFC 可以分离蔬菜油中的脂肪酸及甘油二、三酯。乙腈和甲醇的加入使选择性明显改善，当改性剂浓度较高时，随改性剂浓度增加，洗脱能力增强而选择性相对下降，这表明分离机制已变为反相 SFC。

Lee 等利用 SFC-MS 采用 YMC carotenoid C_{30} 色谱柱，以含 0.1% 甲酸铵盐的甲醇为改性剂进行梯度洗脱，较好地分离了食用油样品中的甘油酯同分异构体。Ashraf-Khorassani 等利用 SFC-MS 以 ACQUITY UPC2 HSS C_{18} SB 柱（150mm × 3.0mm，1.8μm）为分析柱，乙腈为改性剂，2%~20% 乙腈洗脱梯度，快速分析了大豆油、玉米油、芝麻油及西红柿籽油样品中的甘油三酯成分，并能检测样品中的微量杂质，为纯化工艺的优化提供依据。

3. 甾类化合物 甾类化合物是一种含有羟基的极性异构体混合物，其性质极其相似，用一般的分离技术较难分离，而用 SFC 则相对容易。胆固醇和固酮用纯二氧化碳为流动相，在 SFC 中很容易被分离，如果极性取代基的数量增加，用纯二氧化碳洗脱将比较困难。多数毛细管 SFC 分离甾类用纯二氧化碳，而填充柱 SFC 则多加入改性剂。

Qiao 等利用 SFC，在采用 ChiralCel OJ-H 手性色谱柱，甲醇为改性剂，流速为 2.0ml/min，柱温为 40℃，压力为 1.2×10^7Pa 的条件下分离了樟芝中的 7 对 25*R*/*S* 异构的麦角甾烯型三萜化合物，尤其是 HPLC 上很难分开的（25*S*）-antcin A 和（25*R*）-antcin A 在 4min

内基线分离，(25*S*) -antcin B 和 (25*R*) -antcin B 也在 6min 内得到分离。

4. 其他天然产物 Catchpole 等利用半制备型 SFC 分离制备了海藻油和鱼油中的二十碳五烯酸（EPA）和二十二碳六烯酸（DHA），其中得到的 EPA 纯度均 >95%、DHA 纯度 >80%。分离 EPA 的最佳条件如下：色谱柱采用 Green Sep™ Silica 柱（5μm），流动相为纯超临界 CO_2，压力为 1.7×10^7Pa，温度为 333K，进样体积为 364μl，海藻油制备流速为 7.5ml/min［花生四烯酸（AA）和 EPA 能完全分离］，鱼油制备流速为 10ml/min。而分离鱼油中的 DHA 所用的色谱柱为 Green Sep™ PFP 柱，流速为 15ml/min。

【实例 6】超临界流体色谱法测定蛋黄卵磷脂中的 8 种磷脂组分。

王迎春等建立了超临界流体色谱法分离并测定蛋黄卵磷脂中的三棕榈酸甘油酯（TG）、胆固醇（CH）、磷脂酰乙醇胺（PE）、溶血磷脂酰乙醇胺（LPE）、磷脂酰肌醇（PI）、磷脂酰胆碱（PC）、鞘磷脂（SM）、溶血磷脂酰胆碱（LPC）8 种磷脂组分。色谱图见图 7-25。

方法：采用 Zorbax Silica 色谱柱（250mm × 4.6mm，5μm）与 LiChrosphere 100 Diol 色谱柱（250mm × 4mm，5μm）串联；以二氧化碳为流动相 A，甲醇 - 氨水（100 : 0.5）为流动相 B 进行梯度洗脱；流速为 2.3ml/min；柱温为 30℃；进样量为 5μl；二氧化碳补偿液（甲醇）的流速为 0.2ml/min；蒸发光散射检测器检测，漂移管温度为 90℃，雾化气流速为 1.2L/min。

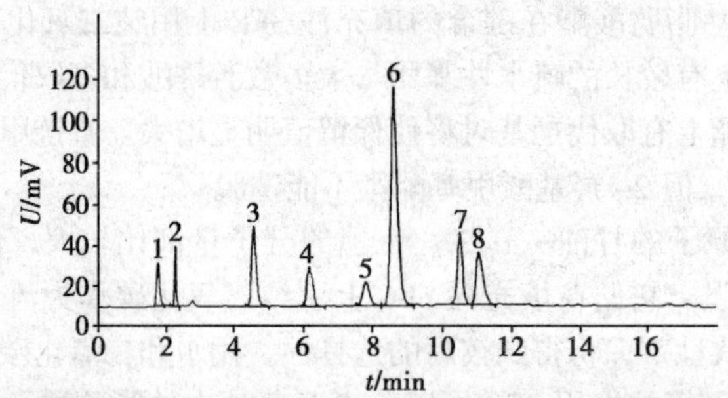

1—三棕榈酸甘油酯；2—胆固醇；3—磷脂酰乙醇胺；4—溶血磷脂酰乙醇胺；5—磷脂酰肌醇；6—磷脂酰胆碱；7—鞘磷脂；8—溶血磷脂酰胆碱。

图 7-25 8 种磷脂组分在 SFC 上的分离色谱图

结果显示，8 种磷脂组分分离完全，且峰面积与浓度的双对数线性关系良好，日内精密度 RSD 为 0.2%~2.0%，日间精密度 RSD 为 0.5%~2.0%，检测限为 0.137~0.584μg，定量限为 0.273~1.169μg，加样回收率为 97.1%~100.6%（RSD 为 1.1%~2.7%）。测得 3 批蛋黄卵磷脂中的 TG 为 1.6%~1.8%，CH 为 0.4%~0.5%，PE 为 7.8%~8.9%，LPE 为 0.7%~0.9%，PI 为 0.9%~1.1%，PC 为 79.1%~83.0%，SM 为 1.4%~1.5%，LPC 为 1.6%~1.7%。

【实例 7】超临界流体色谱法测定复合维生素中的 3 种水溶性维生素。

张春兰等采用超临界流体色谱法（SFC）快速测定复方制剂中烟酰胺、维生素 B_1 和维生素 B_2 的质量分数。色谱图见图 7-26。

方法：使用 Gilson Model SF3 超临界流体色谱仪，色谱柱为 Cyano 填充柱（250mm × 4.6mm × 5m）；以二氧化碳为流动相 A，甲醇为流动相 B；紫外检测器，检测波长为 268nm。

结果显示，质量浓度与峰面积呈良好的线性关系，平均回收率为 97.3%~104.8%，5min 内即可完成分析；方法简便，样品前处理简单，可用于复方制剂分析。

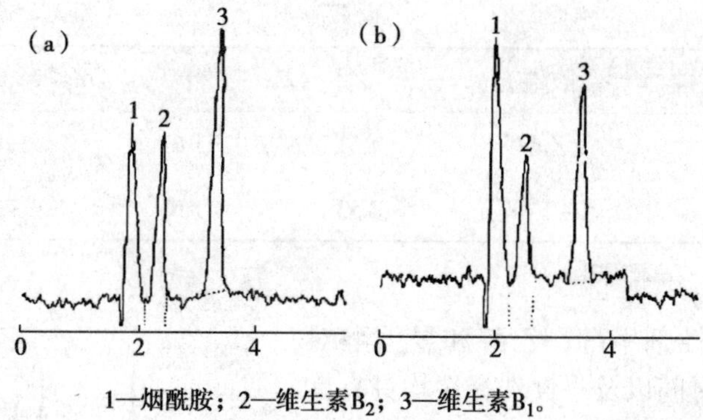

1—烟酰胺；2—维生素B_2；3—维生素B_1。

图 7-26 烟酰胺、维生素 B_1 和维生素 B_2 在 SFC 上的分离色谱图
（a）对照品 （b）样品

【实例 8】多糖类手性固定相超临界流体色谱法分离手性化合物。

李冬艳等采用超临界流体色谱法在多糖固定相 Chiralpak IA、IB、IC、ID、IE、IF 上成功拆分了 11 种手性化合物。分离结果表明，这 6 根手性色谱柱对这些手性化合物具有良好的手性识别互补性，均可以在 10min 之内得到良好的分离结果，具有较好的实用性。结果见表 7-5。

方法：色谱柱为 Chiralpak IA、IC、ID、IE、IF，以二氧化碳为流动相，背压为 10MPa，检测波长为 220nm。

表 7-5 不同改性剂条件下的手性分离结果

化合物	手性柱	改性剂	k_1	k_2	α	R_s
1	IA	甲醇	1.27	2.40	1.90	5.16
		乙醇	0.92	1.43	1.55	3.91
		2- 丙醇	0.58	0.58	~1	–
2	IC	甲醇 *	1.37	2.51	1.83	3.96
		乙醇 *	1.21	1.73	1.43	1.89
		2- 丙醇 *	0.94	1.05	1.11	1.41
3	ID	甲醇 *	0.66	0.66	~1	–
		乙醇 *	1.20	1.50	1.25	1.47
		2- 丙醇 *	1.63	2.49	1.53	4.10
4	IE	甲醇	3.06	5.20	1.70	4.05
		乙醇	2.02	3.76	1.86	5.57
		2- 丙醇	1.66	3.86	2.32	6.67
5	IF	甲醇 *	4.09	5.06	1.24	6.54

续表

化合物	手性柱	改性剂	k_1	k_2	α	R_s
		乙醇*	1.51	1.63	1.08	0.51
		2-丙醇*	1.53	1.53	~1	-

注：* 含 0.1%（v/v）二乙胺（DEA）。

结果显示，改性剂甲醇、乙醇和异丙醇对手性化合物的保留时间以及手性选择性均具有良好的调节作用，需要根据不同手性物质在手性柱上的分离情况加以区别，选择使用，并调节改性剂至合适的比例。针对键合型固定相溶剂通用性的特征，特殊改性剂的应用也有助于优化手性分离。

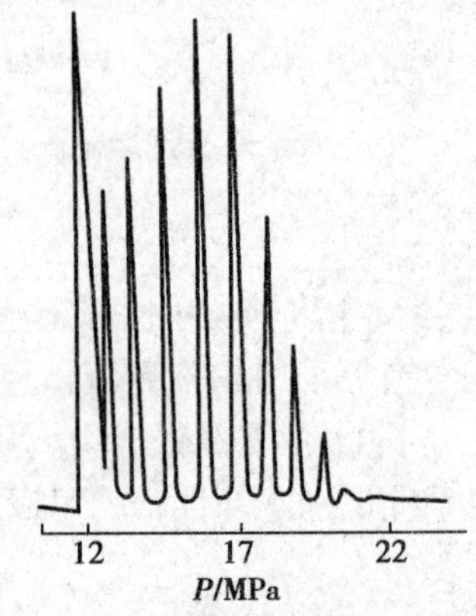

图 7-27　SFC 分离聚苯醚低聚物的色谱图

（四）在其他方面的应用

SFC 在其他方面还有着非常广阔的应用前景，可用于聚合物及其添加剂的分析，在化工上用于石油化工产品的分析，在环保中用于农药、除草剂等的残留物检测和其他污染物分析，对氨基甲酸酯、拟除虫菊酯、有机磷、有机氯、有机硫及有机氮类等农药具有良好的分离效果，还可用于炸药和多环芳烃化合物的分析。而 SFC 在金属络合物和金属有机化合物中的分析应用也有报道。

SFC 分析聚苯醚低聚物（图 7-27），色谱柱采用毛细管柱，固定相为键合二甲基聚硅氧烷，流动相使用纯二氧化碳，柱温选择 120℃，在程序升压的洗脱条件下完成分离。

孙云鹏等研究了在不同极性的毛细管填充柱上加氢尾油中多环芳烃的分离条件，选用国产 1mm × 150mm CN 填充柱，以二氧化碳为流动相，线性升压，FID 检测，可在 26min 内将烃中的 3~10 种多环芳烃分离，定量的重复性好。高连存等研究了 9 个多环芳烃混合样品的超临界流体色谱法分析条件，并与毛细管气相色谱法做了比较，认为 SFC 比毛细管气相色谱法具有明显的优越性。梅特勒 - 托利多自动化化学部的研究人员应用 SFC 在 15min 内完成了对石油产品中 10 个低沸点化合物的分离，其分离效果与毛细管气相色谱法并无不同。SFC 同样适用于较低沸点的低极性化合物。

对于表面活性剂，可以采用传统的 HPLC 和 GC，但是 HPLC 难用于缺乏紫外吸收的非离子型表面活性剂，而大部分表面活性剂的分子量在 200~1 000，属于难挥发性或不挥发性物质，必须对样品进行预处理才能用 GC 分析。近年来毛细管 SFC 在非离子型表面活性剂的分析研究方面显示出了优越性。周良模等采用 SFC 仪器对聚氧乙烯型非离子型表面活性剂进行了分析，这种表面活性剂的平均分子量为 650，如果采用传统的 GC，即使在 330℃下也不能得到好的色谱法分离。如将样品处理为三甲基硅醚衍生物，在 GC 上也只能分析分子量在 300 左右的化合物，而用毛细管 SFC 进行分离，其峰形、基线和峰数目等都令人满意。对于其他聚氧乙烯型非离子型表面活性剂（如 Span 型和 Tween

型）及多元醇型非离子型表面活性剂所进行的SFC研究也很多，效果也比较理想。但目前对于阴离子型、阳离子型和两性离子型表面活性剂的SFC研究工作仍需要进一步开发。

在农业生产中，农药及除草剂发挥着重要作用，它们是一类含有氧、硫、磷和氮杂原子的极性物质，有些还含有热不稳定性物质。由于SFC是在中等温度下操作，在这类物质分析上可以发挥一定的作用。更由于SFE-SFC的在线、脱线连接，可直接对环境样品进行测试，更加扩大了SFC的测定范围。目前，农药分析研究是SFC中一个比较活跃的领域，可测试的品种越来越多，测试下限已经达到pg级。毛细管SFC和填充柱SFC都能完成组分复杂的环境样品的分析。

卤代烃在大气光化学反应中起着重要作用，它能通过光解反应产生卤素自由基，从而参与催化破坏臭氧层的反应。目前SFC被证明用于分析热不稳定性卤代烃（如溴代烷烃）效果较好。多氯联苯（PCBs）是已知的最毒的几类环境污染物之一，目前PCBs的测定方法主要是GC。对于测试PCBs组分十分复杂的环境样品来说，GC的分析时间较长、柱温较高及分辨能力较差。Cammanm等以二氧化碳和一氧化二氮为混合流动相，用氰丙基色谱柱测试了沉泥中的PCBs和PAH（多环芳烃）。

金属络合物在超临界二氧化碳中的溶解度相差甚大，这主要取决于络合物的化学性质，而金属有机化合物通常能溶解在超临界二氧化碳中。过渡金属、重金属、镧系、锕系等络合物，以及金属有机化合物（二茂铁及其衍生物）等都在SFC上得到了较好的分离。金属络合物和金属有机化合物的超临界萃取（SFE）和分离主要是取决于选择适合的螯合剂。氟化螯合剂在金属离子的系统内络合-SFE以及金属有机化合物的SFC方面是十分有效的。有机螯合物取代金属络合物中的配位水分子，能增加其在超临界二氧化碳中的溶解度以及改善在SFC中的分离。加合物的形成对提高金属络合物的SFE-SFC的有效性极为有用。含磷和硅的螯合物同样可在二氧化碳中形成溶解度较高的金属络合物。在较低的温度下，与一般GC相比，SFC能在较短的时间内提供金属络合物和金属有机化合物的色谱法分析。

【实例9】杀虫剂在SFC上的分析，如图7-28所示。

分离模式：填充柱SFC。

柱系统：Inertsil ODS-EP（4.6mm × 100mm，5μm）。

分析条件：A为二氧化碳，B为甲醇（0.1%甲酸铵）；洗脱梯度为5% B（2min），5%~10% B（5min），10%~40% B（2min），40% B（8min），40%~5% B（1min），5% B（2min）。柱温为35℃。

检测器：质谱。

说明：分离的杀虫剂有17种。这些化合物的极性相差较大，$\log P_{ow}$为-4.6~7.05，在反相色谱柱上能在11min内得到分离。采用质谱检测器，在实验范围内，各个化合物具有良好的线性和较低的定量限（μg/L级别）。传统上，敌草快（$\log P_{ow}$ = -4.6）需要采用离子色谱法或离子对色谱法进行分析，而氯氰菊酯（$\log P_{ow}$ = 6.6）和四溴菊酯（$\log P_{ow}$ = 5.05）需要用GC分析。SFC能够在同一条件下完成这些化合物的分离。结果也表明，SFC可用于不同极性化合物的分离。

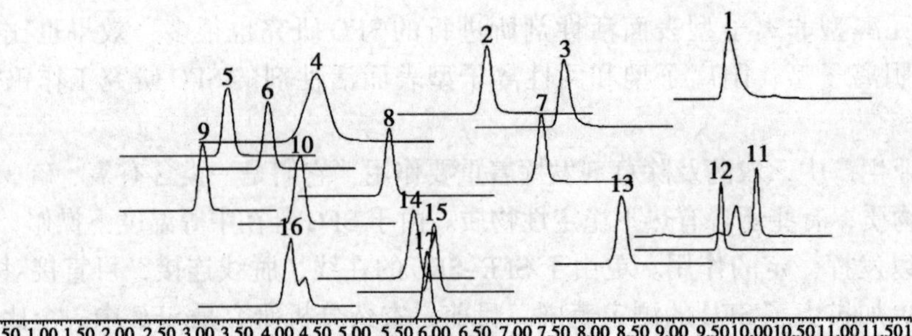

1—二溴杀草快；2—乙膦酸；3—马来酰肼；4—丁酰肼；5—甲胺磷；6—灭多虫；7—啶虫脒；8—多菌灵；9—甲菌定；10—噻氟菌胺；11—四溴菊酯；12—甲氨基阿维菌素苯甲酸盐；13—定虫隆；14—灭螨醌；15—哒螨灵；16—氯氰菊酯；17—醚菊酯。

图 7-28　杀虫剂在 SFC 上的分离色谱图

【实例 10】汽车润滑剂添加物在 SFC 上的分析，如图 7-29 所示。

分离模式：填充柱 SFC。

柱系统：GammaBond RP-C_{18}（4.6mm × 100mm，5μm）。

分析条件：纯二氧化碳。程序升压洗脱：在 10min 内背压从 100bar 升至 300bar；柱温为 80℃。

检测器：氢火焰离子化检测器（FID）。

说明：使用纯二氧化碳为流动相，在通用型 FID 的条件下完成小分子化合物的分离。采用烷基键合固定相，降低了硅醇基的作用，使中等极性的化合物能得到较好的分离。

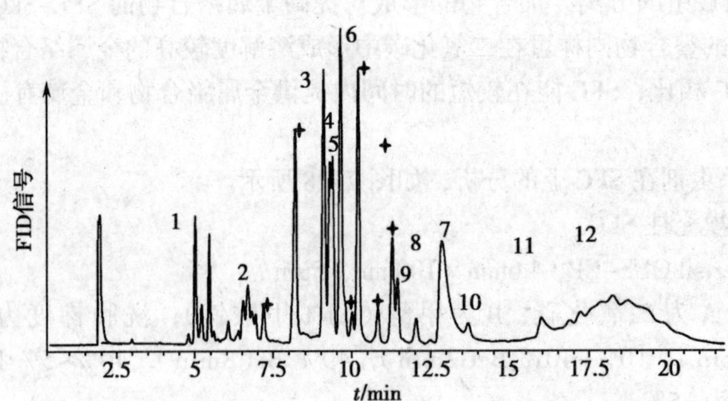

1—Irganox L08；2—Lowinox DBNP；3—Irganox L115；4—Irganox L57；6—Lowinox TBP-6；7—Lowinox TBM-6；8—Lowinox dLTDP；9—Irgafos 168；10—Irganox L03；11—Lowinox DSTDP；12—Lowinox TNPP。

图 7-29　汽车润滑剂添加物在 SFC 上的分离色谱图

（朱嘉俊　陈丽竹　郁颖佳）

参考文献

[1] 曹学丽.高速逆流色谱分离技术及应用[M].北京:化学工业出版社,2005.

[2] 张天佑,王晓.高速逆流色谱技术[M].北京:化学工业出版社,2011.

[3] 柳仁民.高速逆流色谱及其在天然产物中的应用[M].青岛:中国海洋大学出版社,2008.

[4] 张镜澄.超临界流体萃取[M].北京:化学工业出版社,2000.

[5] 李卫民,金波,冯毅凡.中药现代化与超临界流体萃取技术[M].北京:中国医药科技出版社,2002.

[6] 尹恩华.超临界流体与纳米医药[M].北京:化学工业出版社,2010.

[7] 陆英,钟晓红,操君喜,等.茯砖茶中黄酮类化合物的分离与鉴定[J].现代食品科技,2017(03):285-294.

[8] 耿姗,王娟强,席兴军,等.大孔树脂-高速逆流色谱分离纯化薇甘菊中的黄酮类化合物[J].色谱,2017,2(03):302-307.

[9] 徐向君,余金鹏,袁媛,等.闪式提取及高速逆流色谱联用提取高纯度甘草苷[J].中成药,2016(01):72-76.

[10] WANG D J,DU N,WEN L,et al.An Efficient Method for the Preparative Isolation and Purification of Flavonoid Glycosides and Caffeoylquinic Acid Derivatives from Leaves of *Lonicera japonica* Thunb. Using High Speed Counter-Current Chromatography(HSCCC) and Prep-HPLC Guided by DPPH-HPLC Experiments [J].Molecules,2017,22(2):13.

[11] 姜艳,戴静,萧伟,等.高速逆流色谱法分离制备太白贝母中贝母辛[J].林产化学与工业,2015(02):86-90.

[12] 王婷,胡凤英,潘桂湘.延胡索生物碱的高速逆流分离制备和纯化[J].时珍国医国药,2014(10):2403-2404.

[13] 刘永玲,陈涛,陈晨,等.半制备型高速逆流色谱分离制备铁棒锤根中的一种咪唑生物碱[J].色谱,2014(05):543-546.

[14] 张敏,李湘洲,魏新莉,等.高速逆流色谱法分离纯化杜仲叶中绿原酸[J].中国食品添加剂,2016(11):170-173.

[15] 陈秋平,李春松,沈建福.油茶蒲中脂肪酸合酶抑制剂的分离纯化研究[J].核农学报,2017(02):307-313.

[16] 吴秋霞,孙常磊,王晓,等.高速逆流色谱分离制备大黄化学成分[J].山东科学,2015(01):1-6.

[17] CHEN T,LIU Y L,CHEN C,et al.Application of high-speed counter-current chromatography combined with macroporous resin for rapid enrichment and separation of three anthraquinone glycosides and one stilbene glycoside from *Rheum tanguticum* [J].Journal of chromatography B:Analytical Technologies in the Biomedical and Life Sciences,2014,957 :90-95.

[18] GUO S,FENG B,ZHU R,et al.Preparative isolation of three anthraquinones from *Rumex japonicus* by high-speed counter-current chromatography [J].Molecules,2011,16(2):1201-1210.

[19] GERYK R,KALIKOVA K,SCHMID M G,et al.Enantioselective separation of biologically active basic compounds in ultra-performance supercritical fluid chromatography [J].Analytica Chimica Acta,2016,932 :98-105.

[20] ALBALS D,VANDER H Y,SCHMID M G,et al.Chiral separations of cathinone and amphetamine-derivatives:Comparative study between capillary electrochromatography,supercritical fluid chromatography and three liquid chromatographic modes [J].J Pharmaceut Biomed,2016,121 :232-243.

[21] ANTON K,SIFFRIN C.Packed-column SFC in the pharmaceutical industry:cGMP aspects [J].Analusis,1999,27(8):691-701.

[22] STEUER W,GRANT I,ERNI F.Comparison of High-Performance Liquid-Chromatography,Supercritical

Fluid Chromatography and Capillary Zone Electrophoresis in Drug Analysis [J].J Chromatogr,1990,507: 125-140.

[23] Hsieh Y,Favreau L,Schwerdt J,et al.Supercritical fluid chromatography/tandem mass spectrometric method for analysis of pharmaceutical compounds in metabolic stability samples [J].Journal of Pharmaceutical and Biomedical Analysis,2006,40(3):799-804.

[24] XU X,ROMAN J M,VEENSTRA T D,et al.Analysis of fifteen estrogen metabolites using packed column supercritical fluid chromatography-mass spectrometry [J].Anal Chem,2006,78:1553-1558.

[25] Gyllenhaal O,Stefansson M.Reversal of elution order for profen acid enantiomers in packed-column SFC on Chiralpak AD [J].Chirality,2005,17(5):257.

[26] LEE J W,NAGAI T,GOTOH N,et al.Profiling of regioisomeric triacylglycerols in edible oils by supercritical fluid chromatography/tandem mass spectrometry [J].J Chromatogr B,2014,966:193.

[27] ASHRAF K M,YANG J,RAINVILLE P,et al.Ultra high performance supercritical fluid chromatography of lipophilic compounds with application to synthetic and commercial biodiesel [J].J Chromatogr B,2015,983-984:94.

[28] QIAO X,AN R,HUANG Y,et al.Separation of 25*R*/*S*-ergostane triterpenoids in the medicinal mushroom *Antrodia camphorata* using analytical supercritical-fluid chromatography [J].J Chromatogr A,2014,1358:252.

[29] MONTAN É S F,CATCHPOLE O J,TALLON S,et al.Semi-preparative supercritical chromatography scale plant for polyunsaturated fatty acids purification [J].Journal of Supercritical Fluids,2013,79(10):46.

[30] 王迎春,郑璐侠,许旭,等.超临界流体色谱法测定蛋黄卵磷脂中的8种磷脂组分[J].药物分析杂志,2016,36(2):267-272.

[31] 张春兰,郭亚东,邓亮,等.超临界流体色谱测定复合维生素中三种水溶性维生素[J].昆明学院学报,2013,35(6):81-82.

[32] 李冬艳,吴锡,郝芳丽,等.多糖类手性固定相超临界流体色谱法分离手性化合物[J].色谱,2016,34(01):80-84.

第八章

色谱联用技术

第一节 概 述

色谱法是一种很好的分离方法，它可以将成分复杂的混合物一一分离，具有分离效率高、应用范围广、分析速度快、样品用量少、灵敏度高等优点；但它的定性、结构确证的能力较差，通常只是利用各组分的保留特性来定性，这在组分未知的情况下定性就更加困难了。而随着一些定性、结构确证的技术——质谱（mass spectrometry，MS）、红外光谱（infrared spectrometry，IR）、紫外光谱（ultraviolet spectrometry，UV）、原子吸收光谱（atomic absorption spectrometry，AAS）、核磁共振波谱（nuclear magnetic resonance spectrometry，NMR）等的发展，确定一个物质的结构变得相对容易。

色谱联用技术（hyphenated techniques in chromatography，HTC）是将具有高分离效能的色谱技术与能够获得丰富化学结构信息的质谱、光谱技术相结合的现代分析技术。色谱联用技术将两种技术有机地结合起来而实现在线联用，互相取长补短，从而获得两种仪器单独使用时所不具备的更快、更有效的分析功能。

除色谱 - 色谱联用技术外，其他色谱联用技术的后一级仪器实质上是前一级色谱仪器的一种特殊的检测器。目前，色谱 - 质谱联用是最成熟和最成功的一类联用技术，主要包括气相色谱 - 质谱联用（gas chromatography-mass spectrometry，GC-MS）、高效液相色谱 - 质谱联用（high performance liquid chromatography-mass spectrometry，HPLC-MS）、毛细管电泳 - 质谱联用（capillary electrophoresis-mass spectrometry，CE-MS）。另外还有色谱 - 傅里叶变换红外光谱联用，包括气相色谱 - 傅里叶变换红外光谱联用（gas chromatography-Fourier transform infrared spectroscopy，GC-FTIR）、液相色谱 - 傅里叶变换红外光谱联用（liquid chromatography-Fourier transform infrared spectroscopy，LC-FTIR）、薄层色谱 - 傅里叶变换红外光谱联用（thin layer chromatography-Fourier transform infrared spectroscopy，TLC–FTIR）、超临界流体色谱 – 傅里叶变换红外光谱联用（supercritical fluid chromatography–Fourier transform infrared spectroscopy，SFC–FTIR）；和色谱 – 原子光谱联用，主要包括气相色谱 – 原子光谱联用（gas chromatography–atomic spectrum，GC–AS）、液相色谱 – 原子光谱联用（liquid chromatography–atomic spectrum，LC–AS）、超临界流体色谱 – 原子光谱联用（supercritical fluid chromatography–atomic spectrum，SFC–AS）。

本章将着重介绍气相色谱 – 质谱联用和高效液相色谱 – 质谱联用。

第二节　气相色谱 – 质谱联用技术

由于从气相色谱柱分离后的样品呈气态，流动相也是气态，与质谱的进样要求流动相匹配，容易将两种仪器联用，因此气相色谱 – 质谱联用分析仪器是较早实现联用技术的仪器。自 1957 年霍姆斯（J.C.Holmes）和莫雷尔（F.A.Morrell）首次实现气象色谱和质谱联用以后，这一技术得到长足的发展。在所有的联用仪器中，气相色谱 – 质谱联用仪的发展最完善、应用最广泛。

按照仪器的串联方式，可分为气相色谱 – 一级质谱联用（GC–MS）和气相色谱 – 二级质谱联用（GC–MS/MS）。

一、气相色谱 – 质谱联用的仪器系统

（一）GC–MS 仪的组成

气相色谱仪可以看作是质谱仪的进样系统，同时也可以将质谱仪看作是气相色谱仪的检测器。因质谱仪的灵敏度高、特征性强，要求分析试样必须是高度纯净物（除 MS–MS 联用技术外），色谱技术为质谱分析提供色谱纯化的试样，质谱仪则提供准确的结构信息。常用的 GC–MS 仪器系统一般如图 8–1 所示。

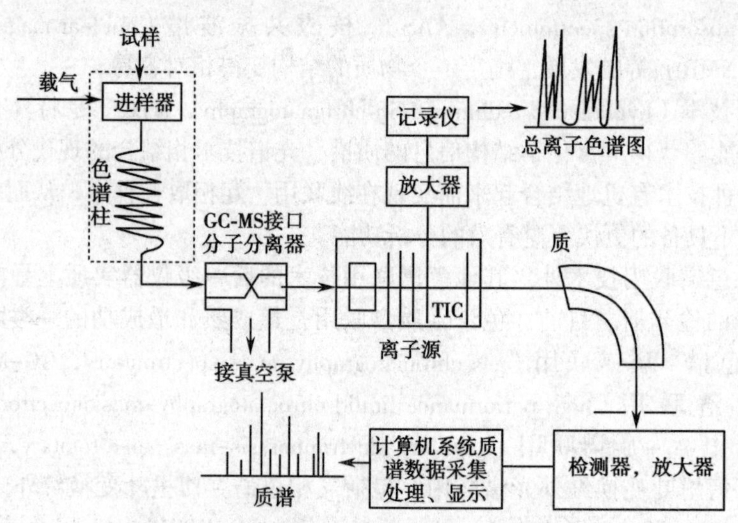

图 8–1　GC–MS 仪器系统组成框图

（二）GC–MS 仪中的主要技术问题

GC–MS 仪中主要解决的 2 个技术问题是仪器接口和扫描速度。

1. 仪器接口 气相色谱仪的入口端压力高于大气压，在高于大气压力的状态下，样品混合物的气态分子在载气的带动下，由于在流动相和固定相上的分配系数不同而使各组分在色谱柱内的流速不同，使各组分分离，最后和载气一起流出色谱柱。通常色谱柱的出口端压力为大气压力。质谱仪中的样品气态分子在具有一定真空度的离子源中转化为样品气态离子，这些离子包括分子离子和其他各种碎片离子，在高真空的条件下进入质量分析器运动。在质量扫描部件的作用下，检测器记录各种按质荷比分离的不同离子的离子流强度及其随时间的变化。因此，接口技术中要解决的问题是气相色谱仪的大气压的工作条件和质谱仪的真空工作条件的连接和匹配。接口要将气相色谱柱流出物中的载气尽可能多地除去，保留或浓缩待测物，使近似于大气压的气流转变成适合离子化装置的粗真空，并协调色谱仪和质谱仪的工作流量。

2. 扫描速度 未和色谱仪联用的质谱仪一般对扫描速度要求不高。但是和气相色谱仪连接的质谱仪，由于气相色谱峰很窄，有的仅几秒的时间，而一个完整的色谱峰通常需要至少 6 个以上的数据点，这样就要求质谱仪有较高的扫描速度，才能在很短的时间内完成多次全质量范围的质量扫描。此外，要求质谱仪能很快地在不同的质量数之间来回切换，以满足选择离子监测的需要。

二、气相色谱 - 质谱联用的接口技术

（一）直接导入型接口

内径在 0.25~0.32mm 的毛细管色谱柱的载气流量在 1~2ml/min。这些柱通过一根金属毛细管直接引入质谱仪的离子源。这种接口方式是迄今为止最常用的一种技术，其基本原理如图 8-2 所示。毛细管柱沿图 8-2 中的箭头方向插入，直至有 1~2mm 的色谱柱伸出金属毛细管。载气和待测物一起从气相色谱柱流出后，立即进入离子源的作用场。由于载气氦气是惰性气体，不发生电离，而待测物却会形成带电粒子。待测物带电粒子在电场作用下加速向质量分析器运动，而载气却由于不受电场影响，被真空泵抽走。接口的实际作用是支撑插头端毛细管，使其准确定位。另一个作用是保持温度，使色谱柱流出物始终不产生冷凝。

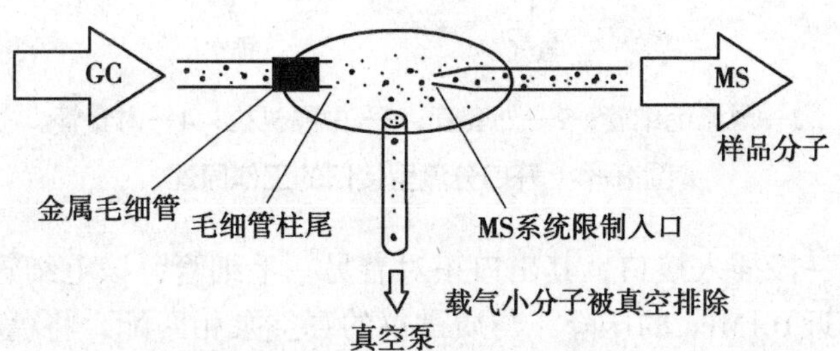

图 8-2 毛细管柱直接导入型接口示意图

使用这种接口的载气限于氦气或氢气。当气相色谱仪出口的载气流量高于 2ml/min 时，质谱仪的检测灵敏度会下降。一般使用这种接口，气相色谱仪的流量在 0.7~1.0ml/min。色谱柱的最大流速受质谱仪真空泵流量的限制，最高工作温度和最高柱温相近。接口组件结

构简单，容易维护，传输率达100%。这种连接方法一般都使质谱仪接口紧靠气相色谱仪的侧面，应用较为广泛。

（二）喷射式浓缩型接口

常用的喷射式分子分离器接口的工作原理是气体在喷射过程中，不同质量的分子都以超音速的同样速度运动，不同质量的分子具有不同的动量。动量大的分子易保持沿喷射方向运动；而动量小的易于偏离喷射方向，被真空泵抽走。分子量较小的载气在喷射过程中偏离接收口，分子量较大的待测物得到浓缩后进入接收口。喷射式分子分离器具有体积小、热解和记忆效应较小、待测物在分离器中停留的时间短等优点。图8-3是Ryhage型喷射式分子分离器接口的工作原理图。

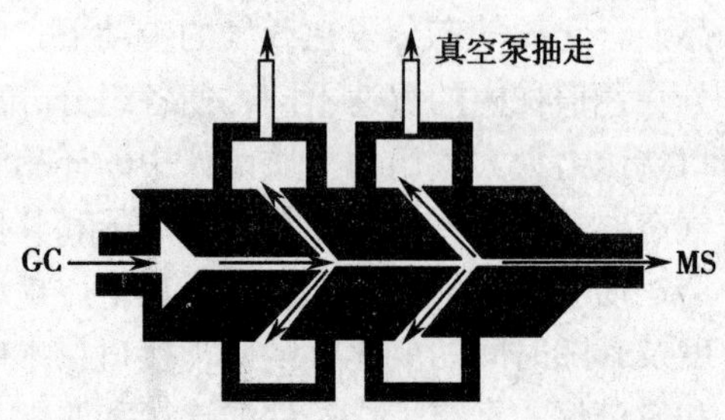

图8-3 Ryhage型喷射式分子分离器接口的工作原理

气相色谱柱洗脱物进入图8-3中左边的三角形腔体后，经直径约为0.1mm的喷嘴孔以超声膨胀喷射方式向外喷射，通过0.15~0.3mm的行程，又进入更细的毛细管，进行第二次喷射分离。

（三）开口分流型接口

色谱柱洗脱物的一部分被送入质谱仪，这样的接口称为分流型接口。在多种分流型接口中开口分流型接口最为常用，其工作原理如图8-4所示。

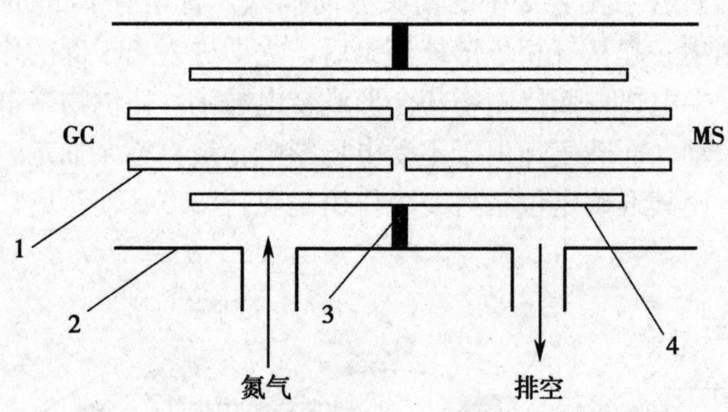

1—限流毛细管；2—外套管；3—中隔机构；4—内套管。

图8-4 开口分流型接口的工作原理

气相色谱柱的一段插入接口，其出口正对着另一毛细管，该毛细管称为限流毛细管。限流毛细管承受将近0.1MPa的压降，与质谱仪的真空泵相匹配，将色谱柱洗脱物的一部分定量地引入质谱仪的离子源。内套管固定插色谱柱的毛细管和限流毛细管，使这两根毛细管的出口和入口对准。内套管置于一个外套管中，外套管中充满氦气，当色谱柱的流量大于质谱仪的工作流量时，过多的色谱柱流出物和载气随氦气流出接口；当色谱柱的流量小于质谱仪的工作流量时，外套管中的氦气提供补充。因此，更换色谱柱时不影响质谱仪工作，质谱仪也不影响色谱仪的分离性能。这种接口的结构也很简单，但色谱仪流量较大时，分流比较大，产率较低，不适用于填充柱的条件。

三、气相色谱－质谱联用的质谱谱库

随着计算机技术的飞速发展，人们可以将在标准电离条件（电子轰击电离源，70eV电子束轰击）下得到的大量已知纯化合物的标准质谱图存储在计算机的磁盘中，做成已知化合物的标准质谱谱库，然后将在标准电离条件下得到的已被分离成纯化合物的未知化合物质谱图与计算机内存储的质谱谱库内的质谱图按一定的程序进行比较，将匹配度（相似度）高的一些化合物检出，并将这些化合物的名称、分子量、分子式、结构式（有些没有）和匹配度（相似度）给出，这将对解析未知化合物并进行定性分析有很大帮助。下面列出了常用的质谱谱库及使用应注意的问题。

（一）常用的质谱谱库

1. NIST 库 由美国国家科学技术研究所（National Institute of Science and Technology，NIST）出版，最新版本收有 2 万余张标准质谱图。

2. NIST/EPA/NIH 库 由美国国家科学技术研究所（NIST）、美国环保局（EPA）和美国国立卫生研究院（NIH）共同出版，最新版本收有的标准质谱图超过 129K 张，约有 107K 个化合物及 107K 个化合物的结构式。

3. Wiley 库 有 3 种版本。第 6 版本的 Wiley 库收有标准质谱图 230K 张；第 6 版本的 Wiley/NIST 库收有标准质谱图 275K 张；Wiley 选择库（Wiley Select Library）收有 90K 张标准质谱图。在 Wiley 库中同一个化合物可能有重复的不同来源的质谱图。2009 版收录有 338 323 张一般化合物的质谱图。

4. 农药库 农药库（standard pesticide library）内有 340 个农药的标准质谱图。

5. 药物库 药物库（Pfleger drug library）内有 4 370 个化合物的标准质谱图，其中包括许多药物、杀虫剂、环境污染物及其代谢产物和它们的衍生化产物的标准质谱图。

6. 挥发油库 挥发油库（essential oil library）内有挥发油的标准质谱图。

在这 6 个质谱谱库中，前 3 个是通用质谱谱库，一般的 GC-MS 仪上都配有其中的 1 或 2 个谱库，目前应用最广泛的是 NIST/EPA/NIH 库；后 3 个是专用质谱谱库，根据工作的需要可以选择使用。

（二）使用质谱谱库时应注意的问题

为了使检索结果正确，在使用谱库检索时应注意以下几个问题：

1. 质谱谱库中的标准质谱图都是在电子轰击电离源中，用 70eV 电子束轰击得到的，所以被检索的质谱图也必须是在电子轰击电离源中，用 70eV 电子束轰击得到的，否则检索结果是不可靠的。

2. 质谱谱库中的标准质谱图都是用纯化合物得到的，所以被检索的质谱图也应该是纯化合物的。本底的干扰往往使被检索的质谱图发生畸变，所以扣除本底的干扰对检索的准确性十分重要。

3. 要注意检索后给出的匹配度（相似度）最高的化合物并不一定就是要检索的化合物，还要根据被检索质谱图中的基峰、分子离子峰及其已知的某些信息（如是否含某些特殊元素 F、Cl、Br、I、S、N 等，该物质的稳定性、气味等），从检索后给出的一系列化合物中确定被检索的化合物。

四、气相色谱－质谱联用技术的应用

【实例 1】GC-MS 指纹图谱结合主成分分析法评价不同产地的陈皮挥发油的质量。

陈皮为芸香科植物橘及其栽培变种的干燥成熟的果皮，具有理气健脾、燥湿化痰的功能。挥发油是陈皮的主要成分之一，占药材总含量的 2%~4%，其中陈皮挥发油含有多种活性成分，具有较强的抗氧化、抗癌和抑菌等生理活性，在医药、保健食品、香精香料及日化品等领域中有着重要应用。由于橘的栽培变种品种繁多，造成自古以来陈皮商品来源复杂混乱。鉴于中药化学成分较为复杂，色谱指纹图谱作为一种综合的、可量化的色谱鉴定手段，在中药质量控制和鉴别中都起到重要作用。

1. 挥发油的提取方法 称取 10.00kg 已粉粹、过筛的陈皮，装入 20L 连续相变萃取釜中密封，设定相关萃取参数进行连续相变萃取操作，萃取压力为 0.60MPa，萃取温度为 30℃，解析温度为 70℃，萃取时间为 60min，收集提取物陈皮挥发油。将精油用色谱纯正己烷稀释至 10mg/ml，过 0.22μm 的微孔滤膜，取滤液作为供试品溶液。

2. GC-MS 分析条件 色谱条件：色谱柱为 DB-5 弹性石英毛细管柱；载气为高纯氦气；进样口温度为 260℃；程序升温为初温 50℃，保持 2min，以 10℃ /min 的速率上升到 270℃，保持 10min；流速为 1.0ml/min；分流比为 50：1。

质谱条件：离子源温度为 230℃，电子能量为 70eV；MS 四级杆温度为 150℃；扫描范围为 *m/z* 50~550；质谱检索库为 NIST08.L。

3. 结论 将 22 种陈皮挥发油的色谱数据导入“中药色谱指纹图谱相似度评价系统”，确认了 7 个共有峰。结果表明，不同产地的陈皮挥发油的 GC-MS 指纹图谱共有峰的相对保留时间差别较小，RSD 为 0.00~1.42%，说明以上 22 种陈皮挥发油的主要特征成分基本相同。但是其共有峰的相对峰面积差别较大，RSD 为 62.00%~84.00%，这说明以上 22 种陈皮挥发油的主要特征成分的含量差别较大。以不同产地的陈皮挥发油生成的对照指纹图谱为标准，进行整体相似性评价，结果同样可以从 PCA 分析中得到证实，因此可以认为产地的不同对陈皮挥发油的质量有一定影响。

【实例 2】以 GC-MS/MS 方法定量检测 8 种植物提取物中 15 种拟除虫菊酯类农药的残留量。

植物提取物是以植物为原料，经过物理或化学提取工艺，选择性地获取和富集植物中的某种或多种成分，而不改变其有效成分的产品。例如石榴皮提取物、蔓越橘提取物、蒲公英提取物等中含有丰富且结构复杂的有机成分如鞣质、原花青素、蒲公英醇等，广泛应用于食品、饮料、药品、化妆品及保健品等行业。拟除虫菊酯类农药作为一种仿生农药，因其成本低、用量少、杀虫广谱等优点，自投放市场以来，获得了广泛的应用。但随着拟除虫菊酯类农药的广泛应用，使用后的毒副作用越来越明显，可造成慢性中毒，严重危害人体健康，也带来环境污染等问题。因此，如何快速准确地测定植物提取物中多种拟除虫菊酯类农药的残留量是亟待解决的问题。

1. GC-MS/MS 分析条件 色谱条件：色谱柱为 Rtx-5MS（30m × 0.25mm，0.25μm）；进样口温度为 250℃；进样方式为不分流进样，1min 后打开分流阀；进样量为 1.0μl；载气为氦气（≥ 99.999%），流量为 1.0ml/min；程序升温为初温 50℃，保持 1min，以 25℃ /min 升到 125℃，10℃ /min 升到 300℃，保持 5min。

质谱条件：离子源为电子轰击离子源（EI），电离能为 70eV；离子源温度为 200℃，接口温度为 260℃；扫描方式为 MRM；碰撞气为氩气，压力为 200kPa。

2. 结论 15 种拟除虫菊酯在 0.008~1.0mg/L 范围内有良好的线性关系，相关系数（r^2）均大于 0.998 9；方法的定量限（LOQ）为 0.001~0.06mg/kg；添加回收率为 63.4%~133.0%，相对标准偏差在 2.9%~17%。该方法操作简便、重复性好，适合于植物提取物中 15 种拟除虫菊酯类农药残留的同时检测。

第三节 高效液相色谱 - 质谱联用技术

液相色谱 - 质谱联用（liquid chromatography-mass spectrometry，LC-MS）技术的研究开始于20世纪70年代，它集HPLC的高分辨能力和MS的高灵敏度、极强的结构解析能力、高度的专属性和通用性、较快的分析速度于一体，已成为药品质量控制、体内药物和药物代谢研究中不可取代的有效工具。与 GC-MS 相比，LC-MS 可以分离的化合物范围大得多。LC-MS 分析的样品预处理简单，一般不要求水解或衍生化，可以直接用于药物及其代谢物的同时分离和鉴定。

与气相色谱 - 质谱联用同理，按照仪器的串联方式，液相色谱 - 质谱联用技术可分为液相色谱 - 一级质谱联用（LC-MS）和液相色谱 - 二级质谱联用（LC-MS/MS）。

一、液相色谱 - 质谱联用的仪器系统

（一）LC-MS 仪的组成

LC-MS 仪的工作原理与 GC-MS 仪相似，即以高效液相色谱为分离手段，以质谱为鉴定和测量手段，通过适当的接口将两者连接成完整的仪器。试样通过液相色谱系统进样，由色谱柱进行分离，而后进入接口。在接口中，试样由液相中的离子或分子转变成气相离子，然后被聚焦于质量分析器中，根据质荷比而分离。最后离子信号被转变成电信号，由计算机系统输出。常用的 LC-MS 仪器系统一般如图 8-5 所示。

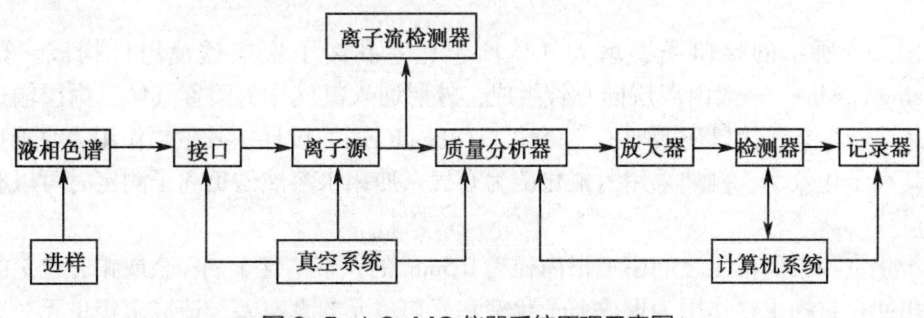

图 8-5 LC-MS 仪器系统原理示意图

（二）LC-MS 仪中的主要实验技术问题

LC-MS 仪匹配主要应解决以下 2 个技术问题：

1. 真空的匹配 质谱的工作真空一般要求为 10^{-5}Pa，要与一般在常压下工作的液质接口相匹配并维持足够的真空，其方法只能是增大真空泵的抽速，维持一个必要的动态高真空。所以现有商品化的 LC-MS 仪器设计均增加了真空泵的抽速并采用了分段、多级抽真

空的方法，形成真空梯度来满足接口和质谱正常工作的要求。

2. 接口技术　液相色谱－质谱联用技术要比气相色谱－质谱联用技术困难得多，主要是因为液相色谱的流动相为液体，因而接口技术就成为LC-MS分析的重要技术问题。从始至今，已有多种接口方案被提出，这些接口都有自己的开发、完善过程，也各有其长处和缺点，有的最终形成了被广泛接受的商品化接口，有的则仅在某些领域中有限的范围内被使用，因此液相色谱－质谱联用的发展主要是接口技术的发展。在发展的过程中出现了各式各样的接口，直到电喷雾电离（electron spray ionization，ESI）接口和大气压化学电离（atmospheric pressure chemical ionization，APCI）接口的出现，才使液相色谱－质谱联用仪的发展较为成熟。

二、液相色谱－质谱联用的接口技术

（一）电喷雾电离接口

配套的电喷雾电离（ESI）接口主要由2个功能部分组成：接口本身以及由气体加热、真空度指示、附加机械泵开关组成的控制单元。较新的设计中，接口操作包含在系统的整体控制之内。ESI接口的结构如图8-6所示。

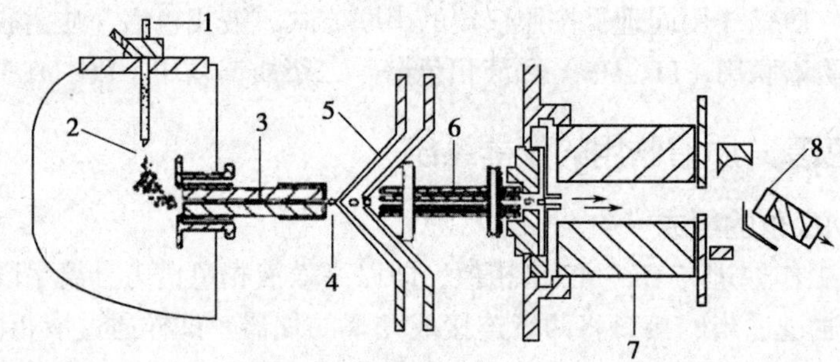

1—液相入口；2—雾化针；3—毛细管；4—CID区；5—锥形分离器；
6—八级杆；7—四极杆；8—HED检测器。

图8-6　ESI接口原理示意图

如图8-6所示的接口主要由大气压离子化室和离子聚焦透镜组件构成。雾化针（nebulizing needle）一般由双层同心管组成，外层通入氮气作为喷雾气体，内层输送流动相及样品溶液。某些接口还增加了“套气”（sheath gas）设计，其主要作用为改善喷雾条件以提高离子化效率。例如采用六氟化硫为套气，使用水溶液做负离子测定时可以有效地减少喷口放电。

离子化室和聚焦单元之间由一根内径为0.5mm的，带惰性金属（金或铂）包头的玻璃毛细管相通。它的主要作用为形成离子化室和聚焦单元的真空差，造成聚焦单元对离子化室的负压，传输由离子化室形成的离子进入聚焦单元并隔离加在毛细管入口处的3~8kV的高电压。此高电压的极性可通过化学工作站方便地切换到不同的离子化模式，满足不同的需要。离子聚焦部分一般由2个锥形分离器（skimmer）和静电透镜（electrostatic lens）组成，并可以施加不同的调谐电压。

较新的接口设计采用六级杆或八级杆作为离子导向器（ion guide），取代或部分取代了原先的锥形分离器和静电透镜组件。六级杆或八级杆被供给~5MHz的射频电压以有效地提高离子传输效率（>90%），使灵敏度有了较大幅度的提高。

ESI 接口在不同的设计中一般都有 2~3 个不同的真空区，由附加的机械泵抽气形成。第一个真空度为 200~400Pa（0.1~0.2Torr），这个区域与喷雾室的常压及质谱离子源的真空（前级 10^{-4}Pa，后级 10^{-6}Pa）形成真空梯度并保证稳定的离子传输。接口中设有两路氮气，一路为不加热的喷雾气，另一路为加热的干燥气，有时也因不同的输气方式被称为气帘（curtain gas）或浴气（bath gas）。其作用是使液滴进一步分散以加速溶剂的蒸发；形成气帘阻挡中性分子进入玻璃毛细管，有利于被分析物离子与溶剂的分离；减少由于溶剂快速蒸发和气溶胶快速扩散所促进的分子 - 离子聚合作用。

以一定流速进入喷口的样品溶液和液相色谱的流动相经喷雾作用被分散成直径为 1~3μm 的细小液滴。在喷口和毛细管入口之间设置的几千伏特高电压的作用下，这些液滴由于表面电荷的不均匀分布和静电引力被破碎成为更细小的液滴。在加热的干燥氮气的作用下，液滴中的溶剂被快速蒸发，直至表面电荷增大到库仑排斥力大于表面张力而爆裂，产生带电的子液滴。子液滴中的溶剂继续蒸发引起再次爆裂。此过程循环往复直至液滴表面形成很强的电场，而将离子由液滴表面排入气相中。进入气相的离子在高电场和真空梯度的作用下进入玻璃毛细管，经聚焦单元聚焦，被送入质谱离子源进行质谱分析。

在没有干燥气体设置的接口中，如上离子化过程也可以进行，但流量必须限制在数 μl/min，以保证足够的离子化效率。如接口具备干燥气体设置，则此流量可大到数百 μl/min 乃至 1 000μl/min 以上，这样的流量可满足常规液相色谱柱良好分离的要求，实现与质谱的在线联机操作。

（二）大气压化学电离接口

大气压化学电离（APCI）接口的结构见图 8-7。其与 ESI 接口的区别在于：

1. 增加了一根电晕放电针，并将其对供电的电压设置为 ±1 200~2 000V，其功能为发射自由电子并启动后续的离子化过程。

2. 对喷雾气体加热，同时也加大了干燥气体的可加热范围。由于对喷雾气体的加热以及 APCI 的离子化过程对流动相的组成依赖较小，故 APCI 操作中可采用组成较为简单的、含水较多的流动相。

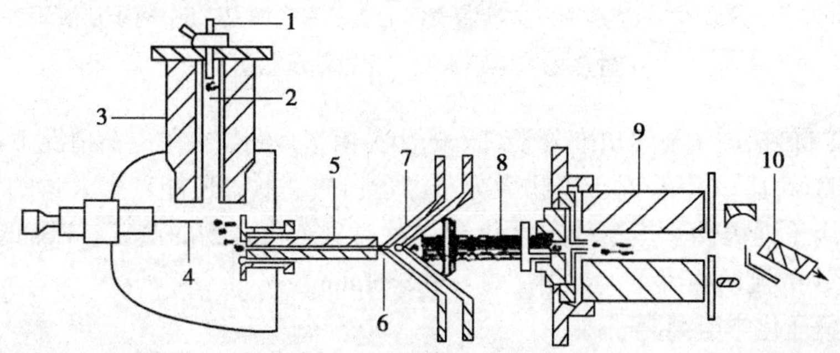

1—液相入口；2—雾化喷口；3—APCI 蒸发器；4—电晕放电针；5—毛细管；6—CID 区；7—锥形分离器；8—八级杆；9—四极杆；10—HED 检测器。

图 8-7 APCI 接口原理示意图

关于 APCI 接口的工作原理可做如下简述：放电针所产生的自由电子首先轰击空气中

的 O_2、N_2、H_2O，产生如 O_2^+、N_2^+、NO^+、H_2O^+ 等初级离子（primary ion），再由这些初级离子与样品分子进行质子或电子交换而使其离子化并进入气相。

有关 APCI 的离子化过程将在本章稍后部分进行讨论。

三、液相色谱 - 质谱联用的离子源

（一）电喷雾电离离子源

电喷雾离子化过程大致分为带电液滴（charged droplet）的形成、溶剂蒸发和液滴碎裂、离子蒸发形成气态离子 3 个步骤（图 8-8）。

经由喷口进入喷雾室的被分析物溶液在一定流速和几何形状的喷雾气流的作用下形成细小的液滴。理想条件下，这些液滴的直径分布在 1~3μm。液滴在干燥气的作用下发生溶剂蒸发，离子向液滴表面移动，随着溶剂的脱去，电荷密度持续增加，当达到 Rayleigh 极限时，即液滴表面电荷产生的库仑排斥力与液滴表面的张力大致相等时，液滴会分裂成为更小的液滴来降低电荷密度，并达到在一定直径下的新的电荷密度的稳定态。然后再重复蒸发、电荷过剩和液滴分裂这一系列过程。对于半径 <10nm 的液滴，其表面形成的电场足够强，电荷的排斥作用导致部分离子从液滴表面蒸发出来，最终以单电荷或多电荷离子的形式从溶液中转移至气相，形成了气相离子。

在大气压条件下形成的离子，在强电位差的驱动下经取样孔进入质谱真空区。此离子流通过一个加热的金属毛细管进入第一个负压区，在毛细管的出口处形成超声速喷射流。由于待测溶质带电荷而获得较大的动能，便立即通过低电位的锥形分离器的小孔进入第二个负压区，再经聚焦后进入质量分析器。而与溶质离子一同穿过毛细管的少量溶剂由于呈电中性而获得的动能小，则分别在第一及第二个负压区被抽走。

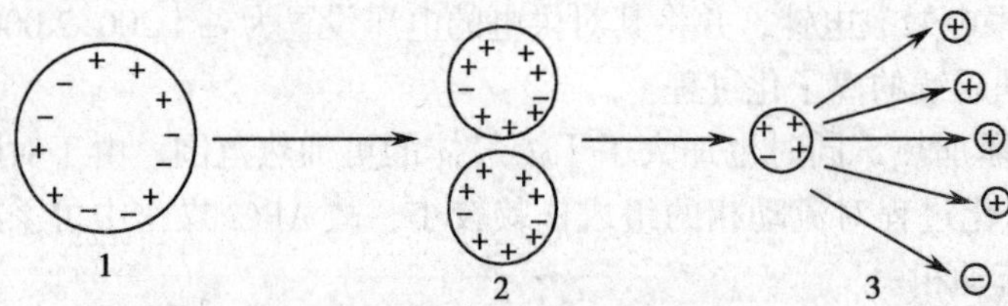

1—含各种离子的液滴；2—溶剂蒸发、液滴表面的离子密度增大；3—离子从液滴表面蒸发。

图 8-8　电喷雾离子化过程示意图

HPLC-ESI-MS 谱图主要给出准分子离子的相关信息，例如在单电荷情况下的 $[M+H]^+$、$[M+Na]^+$、$[M-H]^-$ 等，对于生物大分子如蛋白质、肽等还能产生大量的多电荷离子。因此，ESI 常用于强极性、热不稳定性化合物及高分子化合物的测定。ESI 的主要缺点是只能允许非常小的流动相流量，常用流量 ≤ 0.5ml/min。

（二）大气压化学电离离子源

APCI 的离子化作用可以用 3 种理论阐述，它们分别为经典意义的 APCI（classical APCI）、离子蒸发（ion evaporation）和摩擦电 APCI（triboelectric APCI）。

1. 经典 APCI　由电晕放电针产生的电子轰击空气中的主要组分 N_2、O_2、H_2O 以及溶剂分子得到初级离子 N_2^+、O_2^+、H_2O^+ 和 $CH_3OH_2^+$ 等，再由这些初级离子与被分析物分子进行电子或质子交换产生出被分析物的分子离子。交换反应的通式可写为：

质子交换：$RH^{+}+T \rightarrow TH^{+}+R$ 或 $R^{-}+TH \rightarrow T^{-}+RH$

电子交换：$R^{+}+T \rightarrow T^{+}+R$ 或 $R^{-}+T \rightarrow T^{-}+R$

实际上，质子交换是以水合质子或质子化的水簇状物形式进行的。

$$H_3O^{+}(H_2O)_n+T \rightarrow TH^{+}(H_2O)_m+(n-m-1)H_2O$$

绝大部分 $TH^{+}(H_2O)_m$ 中的水在进入质谱的质量分析器之前被辅助气体或一定程度的真空“剥离”成为 TH^{+}。但也有某些稳定的生成物会出现在质谱中，如 $CH_3OH_2^{+}$（*m/z* 33）、$CH_3OH_2^{+}\cdot H_2O$（*m/z* 51）、$CH_3OH_2^{-}\cdot(CH_3OH)_n$（*m/z* 65、97、129…）。

经典 APCI 离子化机制适合于低到中等极性的化合物。

2. 离子蒸发 离子蒸发机制适合于大部分的 ESI 过程，同时也会出现在 APCI 过程中。这个机制适合大部分 APCI 分析中的强极性分子和那些可在溶液中预先形成的离子以及离子化合物。

3. 摩擦电 APCI 对这个并不著名的理论可做一个简单的描述：当流动相和分析物进入喷口时会被喷雾气体“撕裂”成为液滴，“撕裂”过程中气体和液体界面上的“摩擦”作用产生电荷并使得分析物分子离子化。摩擦电 APCI 听起来似乎有些牵强，但它解释的这种离子化并不需要电晕放电作用，所以可以解释这样一个实验事实——在 APCI 分析中，某些化合物在放电针电压较低或干脆被切断时仍可有离子产生。

摩擦电 APCI 机制最适合中等极性的非挥发性分子，如利血平（reserpine）使用 APCI（+）的分析。

相对于 ESI 的离子化而言，APCI 的离子化方式使某些化合物碎片显著增加，其中最为显著的是脱水碎片的增加。这种增加是一种与 CID 区的设置无关的增加，而可能与 APCI 接口的较高工作温度有关。

（三）基质辅助激光解析电离源

基质辅助激光解析（MALDI）离子化技术首创于 1988 年，是在 1975 年首次应用的激光解吸（LD）离子化技术上发展起来的，目前已经得到了广泛的接受和应用。随着肽类合成和基因工程科学的快速发展，迫切需要一种高灵敏度和准确的方法来测定肽类和蛋白质的分子量，MALDI 具有很大的潜力来适应这一需要。目前开发出的 MALDI 接口仪器可以测定高达上百万 u 的分子量，其精度可达 0.2%，所需的样品量一般为 50pmol~100fmol。这样一个灵敏度可以和反相 HPLC（UV 检测器）相比，甚至还要高于 HPLC。MALDI 以激光照射靶面的方式提供离子化能量，样品底物中加入某些小分子有机酸如肉桂酸、芥子酸等作为质子供体（donor）。一般 MALDI 的操作是将液体样品加入进样杆中，经加热、抽气使之形成结晶。将进样杆推入接口，在激光照射和数万伏高电压的作用下，肉桂酸可以将质子传递给样品分子使之离子化，经高电场的“抽取”（extract）和“排斥”（repel）作用直接进入真空。

20 世纪 90 年代初，MALDI 开始与飞行时间质谱连接使用，形成商品化的基质辅助激光解吸 - 飞行时间质谱仪（MALDI-TOF）。MALDI 技术所产生的离子在飞行管中由于所需飞行时间的差异而得到分离。MALDI-TOF 具有很高的灵敏度，肽类和蛋白质的多电荷离子化可由 MALDI 产生并由 TOF 采集到多电荷峰，折算而得的分子量测定范围可以高达百万 u。目前 MALDI-TOF 已经成为生物大分子分子量测定的有力工具，在生物和生化研究中发挥着重要作用。已经有大量的文献报道了应用 MALDI-TOF 在蛋白质分子量测定和一级结构测定、生物多糖和糖化蛋白质研究等诸多方面的工作，形成了一个蓬勃发展的领域。

与快原子轰击质谱法（fast-atom-bombardment mass spectrometry，FAB-MS）相同的是，在 MALDI 应用中，共存物质的干扰也是很明显的。当样品含有大量的共存物质（混合物）时，制成的结晶不透明或透明度较差，此时质谱信号会很弱或根本没有信号出现。为解决这个问题，同时也为了得到一个真正的与液相色谱在线连接使用的接口，即可以直接测定液体样品的接口，数年前开始了将电喷雾接口与 TOF 连接的尝试，目前已有商品化仪器上市，但其性能仍有待于应用实践的检验。

四、液相色谱 - 质谱联用分析条件的优化和选择

（一）接口的选择

ESI 和 APCI 在实际应用中表现出它们各自的优势和弱点，这使得 ESI 和 APCI 成为两个相互补充的分析手段。概括地说，ESI 适合于中等极性到强极性的化合物分子，特别是那些在溶液中能预先形成离子的化合物和可以获得多个质子的大分子（如蛋白质），只要有相对较强的极性，ESI 对小分子的分析常常就可以得到满意的结果。

APCI 不适合可带有多个电荷的大分子，它的优势在于非极性或中等极性小分子的分析。

表 8-1 从不同的方面对两者进行了比较，可以帮助我们针对不同的样品、不同的分析目的选用这两种接口。

表 8-1　ESI 和 APCI 的比较

比较项目	ESI	APCI
可分析样品	蛋白质、肽类、低聚核苷酸；儿茶酚胺、季铵盐等；含杂原子的化合物如氨基甲酸酯等；可用热喷雾分析的化合物	非极性 / 中等极性的小分子如脂肪酸、邻苯二甲酸等；含杂原子的化合物如氨基甲酸酯、尿等；可用热喷雾、粒子束技术分析的化合物
不能分析的样品	极端非极性样品	非挥发性样品；热稳定性差的样品
基质和流动相的影响	对样品的基质和流动相组成比 APCI 更敏感；对挥发性很强的缓冲液也要求使用较低的浓度；出现 Na^+、K^+、Cl^-、CF_3COO^- 等离子的加成	对样品的基质和流动相组成的敏感程度比 ESI 小；可以使用稍高浓度的挥发性强的缓冲液；有机溶剂的种类和溶剂分子的加成影响离子化效率和产物
溶剂	溶剂 pH 对在溶剂中形成离子的分析物有重大的影响，溶剂 pH 的调整会加强在溶液中非离子化分析物的离子化效率	溶剂选择非常重要并影响离子化过程，溶剂 pH 对离子化效率有一定的影响
流动相流速	低流速（<100μl）下工作良好，高流速（>750μl）下比 APCI 差	低流速（<100μl）下工作不好，高流速（>750μl）下好于 ESI
碎片的产生	CID 区对大部分极性和中等极性的化合物可产生显著的碎片	比 ESI 更为有效并常有脱水峰出现

（二）正、负离子测定模式的选择

一般的商品化仪器中，ESI 和 APCI 接口都有正、负离子测定模式可供选择。选择的一般原则为：

1. **正离子模式** 适合于碱性样品，如含有赖氨酸、精氨酸和组氨酸的肽类。可用乙酸（pH=3~4）或甲酸（pH=2~3）对样品加以乙酸化。如果样品的 p*K* 值是已知的，则 pH 要至少低于 p*K* 值 2 个单位。

2. **负离子模式** 适合于酸性样品，如含有谷氨酸和天冬氨酸的肽类。可用氨水或三乙胺对样品进行碱化，pH 要至少高于 p*K* 值 2 个单位。

样品中含有仲胺或叔胺基时可优先考虑使用正离子模式；如果样品中含有较多的强负电性基团，如含氯、含溴和多个羟基时则可尝试使用负离子模式。有些酸碱性并不明确的化合物则需要进行预试验方可决定测定模式，此时也可优先选用 APCI（+）进行测定。

（三）流动相和流量的选择

ESI 和 APCI 分析常用的流动相为甲醇、乙腈、水和它们不同比例的混合物，以及一些易挥发盐的缓冲液如甲酸铵、乙酸铵等。HPLC 分析中常用的磷酸缓冲液以及一些离子对试剂如三氟乙酸等要尽量避免使用，不得已使用时也要尽量使用低浓度。

流量的大小对 LC-MS 成功的联机分析十分重要。要从所用柱子的内径、柱分离效果、流动相的组成等不同角度加以全面考虑。即使是有气体辅助设置的 ESI 和 APCI 接口也仍是在较小的流量下可获得较高的离子化效率，所以在条件允许的情况下最好采用内径小的柱子。从保证良好分离的角度考虑，0.3mm 内径的液相柱在 10μl/min 左右的流量下可得到良好的分离，1.0mm 的内径要求 30~60μl/min 的流量，2.1mm 的内径要求 200~500μl/min 的流量，而 4.6mm 的内径则在 >700μl/min 的流量下方可保证其分离度。采用 2.1mm 内径的柱子，用 300~400μl/min 的流量，流动相中的有机溶剂比例较高时，可以保证良好的分离及 ng 级的质谱检出。这在一般的样品分析中是一个比较实用的选择。

同样流量下的流动注射分析比柱分离联用可得到更强的响应值，这是由于没有色谱柱洗脱损失所致。实践工作中可根据样品的纯度灵活地选用流动注射或柱分离方式。

（四）温度的选择

ESI 和 APCI 操作中温度的选择和优化主要是针对接口的干燥气体而言。一般情况下，选择干燥气体温度高于分析物的沸点 20℃左右即可。对热不稳定性化合物，要选用更低些的温度以避免显著的分解。选用干燥气体温度时要考虑流动相的组成，有机溶剂比例高的可采用适当低一些的温度。此时，干燥气体的设定加热温度与干燥气体在毛细管入口周围的实际温度往往是不同的，后者要低一些，这在温度设定时也需考虑。

（五）背景的消除

与 GC-MS 相比，LC-MS 系统的噪声要大得多，它产生于大量的溶剂及其所含的杂质直接导入离子化室造成的化学噪声及在高电场中的复杂行为所产生的电噪声。这些噪声常常会淹没信号，以至于有时在总离子流（TIC）图上无法看到峰的出现。消除系统噪声在 LC-MS 分析中不是一件容易的事情，往往从以下几个方面入手：

1. **有机溶剂和水** 市售的溶剂如甲醇、乙腈等以色谱纯度的为最好，但它们在生产中所控制的主要指标为 200nm 附近的紫外吸收，对一些在 ESI 条件下可产生很强信号的杂质并没有加以控制。例如无论是国产试剂还是进口试剂中都经常发现很强的增塑剂（邻苯二甲酸酯）信号 *m/z* 149、315 和 391，造成很高的背景。由于目前尚无“电喷雾纯”的溶剂上市，需要自己设法加以纯化。分析中所用的水应为去离子水并保存塑料容器中，以减少钠离子的混入。

2. 样品的纯化 血样、尿样中含有大量的生物学基质，它们对噪声的贡献在所有分析方法中都是同样存在的。因此 LC-MS 分析中大量的工作仍是样品的前处理，本节的稍后部分将介绍一些较新的样品制备技术。采用尿液直接进样进行 LC-MS 测定并不一定是个好主意，简单的固相萃取或液 - 液萃取即可将尿液中的大部分杂质除掉，既保护了分离柱又降低了背景。

3. 系统清洗 大多数的“脏”样品对输液管路、喷口、毛细管入口及入口金属环等部件的污染是很严重的，尤其是蛋白质，控制进样量和经常清洗这些部件是必要的。色谱柱的冲洗比在 HPLC 分析中更要认真。输液管路最好用聚四氟乙烯（teflon）管或无色聚醚酮（peek）管。不锈钢毛细管会吸附样品，并造成碱金属离子污染问题（过多的加成）。

4. 氮气纯度 市售的钢瓶装高纯氮气（99.999%）及制氮机生产的氮气都要进一步纯化方可使用。有条件的实验室可用顶空（headspace）液氮罐为氮气源，其纯度更高些。

（六）柱后补偿技术

柱后补偿或柱后修饰（post-column modification）在液相分离和离子化要求的条件相互矛盾时常被使用。其作用为：

1. 调整 pH，以优化正、负离子化的条件，达到最高的离子化效率。
2. 加入异丙醇可加速含水多的流动相的脱溶剂过程。
3. 对一些没有或仅有弱的离子化位置的分子可在柱后加入乙酸铵（50μmol/L），加强正离子化效率。
4. 应用“TFA-fix”技术解决三氟乙酸对（蛋白质）信号的压抑作用。
5. 在毛细电泳与 ESI 接口联用时，用来增加流量。
6. 利用柱后三通分流。
7. 加入衍生化试剂，做柱后衍生化。

（七）联机的流量匹配和参数优化

在 ESI 质谱分析中流量的选择对色谱分离效果和离子化效率而言常常是相互矛盾的。一般而言，流动相流速越大，离子化效率越低；而一定内径的 HPLC 柱又要求适当的流速方可保证分离效率。因此，流量的选择往往只能是色谱分离效果和 ESI 离子化效率的兼顾。为获得较好的柱上分离和较高的离子化效率，在实际操作中最好采用 1~2mm 内径的液相柱，用 300~500μl/min 的流速进行分离测定。如果不得不在大流量下分离，则只好采用柱后分流，但这样会牺牲样品利用率。采用 <1mm 内径的色谱柱也是流量匹配中的一个选择，随着此类色谱柱价格的降低，它已经变成一个实际可用的办法。

在 ESI 和 APCI 质谱中调机所用的标准化合物一般为厂商提供的配制在混合溶剂中的小肽类分子，并选定几个在通常操作条件下可产生的、稳定的单电荷离子。较新的几种商品化仪器化学站中安装有自动调机程序，早期的为手动调整。调机时首先确定要使用的质量范围，以便于在调机时有意识地照顾这个范围（或小或大）。同时，最好根据被分析化合物的预试确定接口和质谱的各项参数的设置，并最好在此条件下再次进行调机。

调机时的参数设置要以得到尽可能高的调机离子的信号（灵敏度）和最窄的峰宽（分辨率）为目标，也要兼顾灵敏度和信噪比。调机中优化的主要参数为聚焦组件的电压设置，包括两级锥形分离器和静电透镜上的电压设置以及 CID 区的电压设置。有时也需要对接口的各个高压参数设置进行调整。聚焦组件中六级杆的参数设置一般不可调。

五、液相色谱－质谱联用技术的应用

【实例 1】含量测定和指纹图谱结合 LC-MS 技术整体评价银杏叶片的质量。

银杏叶片由银杏叶提取物制备而成，具有降血脂、抗凝血等药理作用。银杏叶片的生产厂家众多，市场销路大，应用范围广，但是质量参差不齐，因此有必要建立一种可靠的质量控制方法对银杏叶片的质量进行评价，从整体和部分化学成分的角度分析，为银杏叶片的质量控制提供参考依据。

1. 样品的处理 取银杏叶片 20 片，除去包衣，研成粉末，取相当于总黄酮醇苷 19.2mg 的样品，精密称定，置 25ml 量瓶中，加 50% 甲醇 20ml，超声处理 20min，放冷，用 50% 甲醇定容至刻度，摇匀，滤过，取续滤液，即得。

2. LC-MS 条件 色谱条件：Agilent Eclipse Plus C_{18} 柱（250mm × 4.6mm，5μm）。流动相 A 为 0.1% 甲酸－水，流动相 B 为 0.1% 甲酸－乙腈；洗脱梯度为 0~30min 87%~77% A，30~40min 77%~60% A，40~45min 60% A，45~50min 60%~55% A。柱温为 25℃，检测波长为 360nm。

质谱条件：干燥氮气流速为 8.0L/min；干燥气体温度为 350℃；雾化压力为 275.8kPa；毛细管电压为 3 500V；skimmer 65V；OCT 1 RF Vpp 750V；裂解电压为 150V；离子扫描范围设置为 *m/z* 100~1 700；数据采集及处理分别采用 Agilent MassHunter Acquisition Software Version B.03.01（Agilent Technologies）及 Agilent MassHunter Workstation Software Version B.03.01（Agilent Technologies）分析软件。

3. 结论 结合一级质谱和二级质谱碎片离子信息，可以初步鉴定银杏叶片中的黄酮类物质信息，共 34 个成分鉴定出 31 个黄酮类成分。建立 HPLC 指纹图谱检测方法并对 16 批银杏叶片进行检测，采用 LC-MS 对色谱峰进行指认。结果显示，不同厂家生产的银杏叶片差异较大，说明建立银杏叶片的 HPLC 指纹图谱非常必要。通过结合指纹图谱的定量分析并增加含量测定指标来进行质量控制，以达到一个较好的控制标准。该方法在一定程度上能有效提高银杏叶片的质量控制水平，为市售银杏叶片的质量评价提供参考依据。

【实例 2】LC-MS/MS 同时测定人血浆中阿托伐他汀及其活性代谢物的浓度。

阿托伐他汀（AT）是目前全球处方量最高的降胆固醇药，在体内经过肝药酶代谢，氧化成活性代谢产物 2- 羟基阿托伐他汀（*o*-AT）和 4- 羟基阿托伐他汀（*p*-AT）。因此，建立同时定量检测血浆中阿托伐他汀、2- 羟基阿托伐他汀和 4- 羟基阿托伐他汀浓度的方法对于药物临床应用有着重要的意义。

1. 血浆样品的处理 血浆在室温下解冻后，吸取甲醇－水（1∶1）20μl 置入 2ml 聚丙烯塑料管中。若配制标准曲线或质控样本，则加入甲醇－水（1∶1）20μl 配制的系列标准溶液或质控溶液，再吸取加入血浆样品或空白血浆 200μl，混合漩涡 30s；然后加入内标工作溶液、5% 甲酸水溶液各 20μl，漩涡 30s，混匀；最后加入甲基叔丁基醚 1ml，漩涡 1min，超声 1min，4℃条件下以 1.3×10^4r/min 离心 10min；吸取上清液 0.8ml 至另一 2ml 聚丙烯塑料管中，漩涡蒸发仪 30℃ 15min 蒸发至干后，加入甲醇－水（1∶1）200μl，超声 1min，漩涡 1min。吸取 5μl 溶液进样。

2. LC-MS/MS 条件 色谱条件：CAPCELL PAK C_{18} 柱（100mm × 2mm，TYPE：MG Ⅱ，5μm），预柱为 Phenomenex C_{18} 柱（4mm × 3.0mm）；流动相为乙腈 -5mmol/L 乙酸

铵水溶液 – 甲酸 = 46 : 54 : 0.143；流速为 0.4ml/min；柱温为 40℃；自动进样器温度为 15℃；进样体积为 5μl；分析时间为 5.50min；保留时间为阿托伐他汀 4.51min、内标阿托伐他汀 –d5 4.43min、2– 羟基阿托伐他汀 3.61min、内标 2– 羟基阿托伐他汀 –d5 3.56min、4– 羟基阿托伐他汀 1.47min、内标 4– 羟基阿托伐他汀 –d5 1.46min。

质谱条件：电喷雾离子源，正离子扫描；喷雾口位置为 1 : 5；喷雾电压为 5 000eV；离子源温度为 500℃；雾化气（GS1）为 50；辅助气（GS2）为 60。阿托伐他汀、内标阿托伐他汀 –d5、2– 羟基阿托伐他汀、内标 2– 羟基阿托伐他汀 –d5、4– 羟基阿托伐他汀、内标 4– 羟基阿托伐他汀 –d5 的扫描方式为多反应监测（MRM）；去簇电压（DP）分别为 5V、5V、6V、6V、8V 和 8V；射入电压（EP）分别为 10eV、10eV、10eV、10eV、14eV 和 14eV；碰撞能量（CE）分别为 29eV、29eV、28eV、28eV、28eV 和 28eV；碰撞室射出电压（CXP）分别为 20V、20V、19V、19V、26V 和 26V。用于定量分析的离子反应分别为 *m/z* 559.3 → *m/z* 440.2（阿托伐他汀），*m/z* 564.3 → *m/z* 445.2（阿托伐他汀 –d5），*m/z* 575.3 → *m/z* 440.2（2– 羟基阿托伐他汀、4– 羟基阿托伐他汀），*m/z* 580.3 → *m/z* 445.2（2– 羟基阿托伐他汀 –d5、4– 羟基阿托伐他汀 –d5）。扫描时间为 400ms。

3. 结论　阿托伐他汀、2– 羟基阿托伐他汀、4– 羟基阿托伐他汀的响应在 0.05~100.0ng/ml、0.05~50ng/ml 和 0.05~5.0ng/ml 的血浆浓度范围内线性关系良好，其定量下限均为 0.05ng/ml。该方法可以用于治疗药物监测以及药动学研究。

从以上实例中可以看出，液相色谱 – 质谱联用技术对复杂样品中的多种组分的分析尤为有效。LC–MS 系统具有相对于 LC–UV 等常规系统更低的检测限，使定性和定量更为准确。LC–MS/MS 系统则不仅能够将目标化合物从复杂样品中很好地分离出来，还可通过为每个化合物选择的二次碎片离子来排除干扰物，以避免出现假阳性结果，提高了检测的准确性。

第四节　其他联用技术

一、气相色谱 – 气相色谱联用

气相色谱 – 气相色谱联用技术的发展已有约 30 年的历史，目前这一技术在工业分析中得到了广泛的应用，已有很多商品化的气相色谱 – 气相色谱联用仪出现。将 2 台气相色谱仪联在一起组成气相色谱 – 气相色谱联用系统的连接接口目前有 2 种方式，一种是阀切换，另一种是无阀气控切换。

（一）阀切换

将前级气相色谱分离后的某些组分切换到后一级气相色谱柱上，最简单的方法是使用多通阀，这是早期气相色谱 – 气相色谱联用技术中使用最广泛的接口。用于此目的的多通阀必须是化学惰性、无润滑油操作，在各种使用温度下保持密封，死体积尽可能小。这种切换技术多用于低温操作或永久性气体分析。20 世纪 80 年代末，美国 Valco 公司生产出精密的零体积多通路切换阀，这种阀可以不增加死体积，因而可以减少峰形拖尾。

（二）无阀气控切换

气控切换的原理是通过在线阻力器和外加补气气流实现系统各部分不同的流量平衡。这样，在气相色谱仪内部就没有可动元件，只需调节外部气阀，就可改变柱间的气流方向。这种无阀气控切换在色谱系统内没有可动元件，故没有密封的问题；死体积很小，可保证柱效不降低。适合于载气流速变化较大的2根色谱柱的连接，如填充柱和毛细管柱联用。它的切换速度很快，切割的组分可以很窄；切换程序可连续控制，切换精度较高，便于计算机控制的自动化操作。

（三）全二维气相色谱

一般的二维气相色谱只是将前级色谱柱没有完全分开的研究目标物，利用阀切换或无阀气控切换转移到第二根色谱柱上进行进一步的分离。这种联用不能完全利用二维气相色谱的峰容量，只能提高复杂样品中目标组分的分离效率。

全二维气相色谱是将分离机制不同而又相互独立的2根色谱柱串联起来，经前一根分离后的每个组分经过接口进行聚焦后，以脉冲方式依次进入后一根色谱柱进行分离。经后一根色谱柱出来后的物质进入检测器，最终获得平面二维色谱图。

全二维气相色谱有以下优点：

1. 峰容量大。一般二维气相色谱的峰容量为两柱峰容量之和，而全二维气相色谱的峰容量为两柱峰容量之积。

2. 分析速度快。

3. 组分在流出柱前、后经过聚焦，提高了第二根色谱柱分离后检测器中的浓度，所以可以提高检测灵敏度。

4. 选择不同保留机制的2根气相色谱柱，可以提供更多的定性分析参考信息。

二、液相色谱－液相色谱联用

液相色谱－液相色谱联用是由Hube于20世纪70年代初首次提出的，其原理与气相色谱－气相色谱联用技术类似，关键技术是柱切换。利用多通阀切换，可以改变色谱柱与色谱柱、进样器与色谱柱、色谱柱与检测器之间的连接，改变流动相的流向，这样就可以实现样品的净化、痕量组分的富集和制备、组分的切割、流动相的选择和梯度洗脱、色谱柱的选择、再循环和复杂样品的分离以及检测器的选择。由于液相色谱具有多种分离模式，如吸附色谱，正、反相分配色谱，离子交换色谱，亲和色谱等，因此可以用不同分离模式的液相色谱组合成液相色谱－液相色谱联用系统；也可用同一分离模式、不同类型的色谱柱组合成液相色谱－液相色谱联用系统，其对选择性的调节远大于气相色谱－气相色谱联用，具有更强的分离能力。

与气相色谱－气相色谱联用不同的是，至今市场上尚未出现定型的、商品化的液相色谱－液相色谱联用系统，色谱工作者多是使用高效液相色谱仪的主要单元部件自行组装适用于自我分离和分析目的的液相色谱－液相色谱联用系统。

液相色谱－液相色谱中通常用多通阀的切换，与气相色谱－气相色谱联用时用多通阀切割出前级色谱柱分离后的某一段目标组分进入第二级色谱柱继续分离一样，也可用多通阀将前级液相色谱分离出的某一段目标组分切割出来，再转移到第二级液相色谱柱上继续进行分离和分析。由于液相色谱使用的流动相可以呈酸性，也可以呈碱性；可以是各种有机溶剂混合，也可以含有水和各种盐，对各种材料的腐蚀作用更为复杂，而对高效液相色谱而言流动相的压力更高。所以，对液相色谱－液相色谱联用中所用的多通阀的耐腐蚀性和耐高压性要求更高。

三、液相色谱－气相色谱联用

在用气相色谱去分离和分析某些复杂样品（如污水、体液等样品）中的某些组分时，由于样品主体的原因，不能将样品直接进入气相色谱进行分离和分析，必须将欲分析的组分从样品的主体中分离出来后再用气相色谱去分离和分析。液相色谱－气相色谱联用是解决这一问题的方法之一，用液相色谱分离提纯复杂样品中的欲测组分，样品主体将排空，欲测组分在线转入气相色谱中进行分离和分析。特别是复杂样品中的痕量组分，在经液相色谱分离纯化和富集后，可转移到高灵敏度和高分辨率的毛细管气相色谱中进行分离和分析。

液相色谱－气相色谱联用系统中液相色谱部分的流程实际上与液相色谱－液相色谱联用技术中的前级色谱和多通阀组合实现的目标组分切割、样品净化和痕量组分富集的流程完全相同，联用的关键是如何将含有大量液相色谱流动相的目标组分转移到气相色谱系统，在液相色谱柱后的多通阀和气相色谱柱之间加一个接口就可解决这一问题。目前在液相色谱－气相色谱联用中使用最多、性能最好的"接口"技术是保留间隙技术（retention gap technique）。

保留间隙是安装在气相色谱进样口和毛细管柱之间的一段长几米至几十米的弹性石英毛细管，从液相色谱来的、含有目标组分的流动相以柱头进样的方式注入气相色谱后，在保留间隙的液相色谱流动相逐渐蒸发，而目标组分富集在毛细管柱入口处的固定液上，然后再进行气相色谱分析。

受流动相溶剂蒸发速度的限制，液相色谱－气相色谱联用时液相色谱最好使用微填充柱或微填充毛细管柱，使进入气相色谱的液体（液相色谱的流动相和目标组分）为几十微升。液相色谱流出物在保留间隙中进行流动相（溶剂）蒸发有 2 种方式，即同步溶剂蒸发和部分同步溶剂蒸发。

同步溶剂蒸发适用于正相液相色谱使用的低沸点溶剂（流动相）。当保留间隙的温度高于溶剂的沸点时，使用不涂渍固定液，短的保留间隙（1~5m）可进行此方式操作。部分同步溶剂蒸发亦称溶剂溢流，适用于反相液相色谱使用的高沸点含水流动相，当保留间隙的温度低于流动相的沸点时，使用涂渍极性固定液，长的保留间隙（30~50m）可进行此方式操作。此时流动相中的水不能太多，如流动相使用异丙醇－水体系时，水不能超过 28%；使用乙腈－水体系时，水不能超过 16%。

（赵美艳　凌 今　郁颖佳）

参考文献

[1] 魏福祥．现代仪器分析技术及应用[M].2 版．北京：中国石化出版社，2015.

[2] 陈彤，曹庸，刘飞，等．GC-MS 指纹图谱结合主成分分析法评价不同产地陈皮挥发油的质量[J]. 现代食品科技，2017，33(2)：217-223.

[3] 刘开，孔祥红，何强，等.GC-MS/MS 法测定 8 种植物提取物中 15 种拟除虫菊酯类农药的残留量[J]. 分析实验室，2014，33(8)：930-935.

[4] 梁文琳，谢达温，丁岗，等．含量测定和指纹图谱结合 LC-MS 技术整体评价银杏叶片的质量[J]. 中国中药杂志，2015，40(9)：1738-1743.

[5] 陈菡菁，徐红蓉，苑菲，等.LC-MS/MS 法同时测定人血浆中阿托伐他汀及其活性代谢物的浓度[J]. 中国临床药理学杂志，2017，33(6)：542-546.

第九章

复杂样品前处理技术

第一节　概　　述

在药品分析过程中，分析工作者常面对纷繁复杂的样品，而很多样品不能直接进行色谱分析，需要对样品进行某种前处理，使其符合所选定的分析方法的要求。样品预处理是中药和生物样品分析中极为重要的环节。一般来说，样品预处理主要为了达到以下目的：①将待测物质有效地从样品基质中释放出来，并制备成便于分析测定的稳定试样；②除去基质中的干扰杂质，纯化样品，提高分析精度，改善分离效果；③富集、浓缩样品或进行衍生化，以提高检测灵敏度和方法的选择性。

样品前处理技术多种多样，包括蒸发、浓缩、吸附、沉淀、萃取等传统技术，也包括新近发展起来的在线预处理、超临界流体萃取等技术。以下内容将介绍一些常用的前处理技术。

第二节　物理分离与浓缩技术

利用组分与干扰物质或基质的物理性质不同，对样品进行分离纯化或富集浓缩的各种技术早已广泛应用于药物样品制备。这些技术主要包括过滤、沉淀、吸附、蒸馏等。

一、超滤和过滤

用过滤膜抽滤或用过滤离心管过滤能有效除去样品溶液中的悬浮物或大分子杂质，以防止堵塞高效液相色谱柱。微孔滤膜过滤可以除去一般过滤所不能截留的微粒。商品化滤膜的孔径为十几微米至 0.025 μm，常用的有 0.45 μm 和 0.22 μm 两种。滤膜可以由纤维素、聚四氟乙烯或聚酰胺制成。聚酰胺的适用范围最广，它是亲水性材料，适用于水溶液的过滤。

离心管过滤器适用于小体积样品的过滤，体积小到50μl的样品也能达到95%的回收率。离心管过滤器的组件主要包括试样管、过滤膜、过滤膜支撑和接液管。样品置于上部的试样管内，离心通过滤膜后收集到接液管中。

超滤是以多孔性半透膜——超滤膜作为分离介质的一种膜分离技术。超滤是在减压的条件下，使样品通过具有一定孔径的半透膜，大分子和不溶物留在膜上并与小分子的待测组分分离。与蛋白沉淀法相比，其优点是适用于小体积的试样，在过滤时试样不会被稀释，也不改变试样的pH，尤其适用于含对酸、碱不稳定的化合物试样。如果待测物易被某种酶分解，那么超滤除去该酶后就可避免待测物的分解。在药物分析中，超滤法常用于血液中游离药物浓度的测定。超滤法的缺点是待测物可能被结合在滤膜上影响回收率，而且一些能与大分子蛋白结合的药物也会随着蛋白质被除去而丢失。

二、沉淀分离法

在血液和生物组织等生物样品中，蛋白质的存在往往干扰一些组分的色谱测定，因此必须在分析前将蛋白质沉淀除去。在试样中加入有机溶剂，可以降低蛋白质在水中的溶解度，使其从水相中自然沉淀出来，或通过离心除去。

（一）与水混溶的有机溶剂

几种最常用的有机溶剂是甲醇、乙醇、乙腈和丙酮，它们的作用机制是使蛋白质脱水而沉淀。用有机溶剂沉淀蛋白质时所需的溶剂比例较大，因此稀释了样品，不过可以在适当的条件下挥干溶剂，提高灵敏度。使用丙酮时须加小心，因为其截止波长是330nm，对UV检测产生干扰。

（二）盐类沉淀剂

硫酸铵是经典的蛋白沉淀剂，它的作用是与蛋白质分子争夺水分子，而使蛋白质沉淀。硫酸铵沉淀蛋白的效率不高，不过它的蛋白质变性作用是可逆的，这是它强于其他蛋白沉淀剂的优点。

铜盐、锌盐的碱性溶液也能沉淀蛋白，它们的作用机制是与蛋白质阴离子形成难溶性盐。待测组分易形成金属络合物的样品，显然不宜使用此类沉淀剂。

（三）酸沉淀剂

三氯乙酸、高氯酸是最常用的蛋白沉淀剂，此外还有苦味酸、磷酸、钨酸、焦磷酸等。其作用是在低于蛋白质等电点的pH条件下，蛋白质阳离子与沉淀剂阴离子形成难溶性盐而沉淀。

三、吸附

分散在液体或蒸气介质中的溶质可以利用吸附的方法分离出来。

吸附剂的种类很多，人们最熟悉的是活性炭，它具有较高的机械强度和吸附容量。此外，还有多种商品化的吸附剂，如Porapaks（Waters Associates）、Tenax GC（ENKA NV. 荷兰）和XAD大网状树脂（Rohm and Hass）等。吸附剂的选择应充分考虑其对溶质的吸附能力和容量，应该同时满足2个条件：一是能定量、完全地吸附待测物质；二是能以小体积的溶剂完全回收被吸附的物质。

在样品制备中被吸附的溶质还必须从吸附剂中回收，回收的方法有 2 种，一种是溶剂洗脱，另一种是脱附。溶剂洗脱由于使用较大体积的溶剂，因此样品浓度低，必要时还要进一步浓缩，但溶剂洗脱提供了多次分析测定的可能性；脱附时常要升高捕集器的温度，因此必须注意溶质和吸附剂的热稳定性。脱附所得的样品不被稀释直接进入 GC 分析，但每个样品只能做 1 次分析。

四、蒸馏

蒸馏或水蒸气蒸馏适合从生物组织或中药材样品中提取挥发性组分。水蒸气蒸馏时，由于水的相对分子质量小，当它与某些不相混溶的挥发性物质混合蒸馏时，挥发性物质可在低于本身沸点的温度下蒸馏出来，避免因高温而引起的分解。如提取中药材中的挥发性成分，将药材粗粉或碎片浸泡后，进行蒸馏或水蒸气蒸馏，挥发性成分随水蒸气蒸出，冷凝后收集馏出液。

五、溶剂萃取

溶剂萃取是一种应用广泛的经典样品预处理技术。溶剂萃取包括从固体（或半固体）基质中萃取待分析组分（即液 – 固萃取）以及互不相溶的两种溶剂间进行的液 – 液萃取。

（一）液 – 固萃取

从固体基质中萃取待分析组分是溶剂进入样品基质，将待分析组分溶解（或胶溶）、分散于溶剂中的过程。有多种方法实现这一萃取目的，最简单的例子是中药有效成分的浸出，可以是常温浸渍，也可以是煮沸煎出。渗漉法是不断加入新溶剂，使浸出液从下端流出，造成浓度差，提高浸出效果。用乙醇等易挥发性溶剂进行萃取时，常采用回流法，以减少溶剂的消耗。索氏提取就是通过连续循环回流进行萃取的一种经典方法，有很高的萃取效率，经常用作建立新萃取方法时的参考对照方法。索氏提取的一个问题是萃取液始终处在溶剂沸点温度下，不适用于热不稳定性组分的萃取。

固体基质中待测组分的萃取效果受许多因素的影响，首先是样品颗粒大小，一般来说颗粒越细，萃取效果越好，但样品过细也会导致更多的杂质被萃取和操作困难等问题。生物组织中的药物及代谢物的萃取常常先将生物组织冷冻，这样更易于破碎，以提高萃取效率。另外，萃取温度、溶剂及酸碱性等都会影响萃取效果，必须予以考察。

（二）液 – 液萃取

液 – 液萃取是利用待分析组分与样品中的干扰杂质在互不相溶的两种溶剂中的分配系数不同而实现样品的纯化，提高分析方法的选择性。

1. 原理 液 – 液萃取法是传统的分离纯化方法。由于提取纯化的微量组分分布在较大体积的提取溶剂中，若将提取液直接注入仪器，被测组分量可能达不到检测灵敏度的要求，因此常需使被测组分浓集后再进行测定。

传统的浓集方法通常有 2 种，一种是在提取时加入尽量少的提取液，使被测组分提取到小体积的溶剂中，然后直接吸出适量供测定；另一种方法是挥去提取溶剂法。挥去提取溶剂的常用方法是直接通氮气流吹干；对于易随气流挥发或热不稳定性药物，还可采用减压法挥去溶剂。

多数药物是亲脂性的，而血样或尿样中的大多数内源性杂质是强极性的水溶性物质，因而用有机溶剂提取即可除去大部分杂质并提取出目标药物。在液 – 液萃取实验设计过程中要考虑以下因素：有机溶剂的特性、有机溶剂相和水相的体积及水相的 pH 等。

2. 提取过程中要考虑的因素

（1）溶剂的选择：在萃取过程中，选择合适的溶剂至关重要，它一方面会影响提取效率和选择性，另一方面会影响操作的简便性。选择溶剂时应注意以下几点：要了解药物与溶剂的化学结构及其性质，根据相似相溶原则进行选用；所选的溶剂沸点应低，易扩散；与水不相混溶；无毒；不易燃烧；不易形成乳化现象；具有较高的化学稳定性和惰性；不影响紫外检测。液 – 液萃取常用的有机溶剂见表 9–1。

表 9–1　液 – 液萃取法中常用的有机溶剂

溶剂名称	极性	紫外吸收截止波长 /nm	沸点 /℃	在水中的溶解度 /%	备注
环己烷	0.00	210	69	0.01	
乙醚	0.38	220	35	1.30	含过氧化物
三氯甲烷	0.40	245	61	0.072	有肝脏毒性
二氯甲烷	0.42	245	40	0.17	
乙酸乙酯	0.58	260	77	9.8	
异丙醇	0.82	210	82	互溶	
甲醇	0.95	205	65	互溶	

（2）有机溶剂相和水相的体积：萃取时所用的有机溶剂量要适当，一般有机相与水相的体积比为 1∶1 或 2∶1。根据被测药物的性质及方法需要，可从实验中考察其用量与测定响应值之间的关系，来确定有机溶剂的最佳用量。

（3）水相的 pH：溶剂萃取时，水相 pH 的选择很重要，因为它决定药物的存在状态。一般来说，碱性药物的最佳 pH 要高于 pK_a 值 1~2 个 pH 单位，而酸性药物则要低于 pK_a 值 1~2 个 pH 单位，这样就能使 90% 的药物以非解离形式存在而更易于被有机溶剂萃取。虽然说碱性药物在碱性条件下提取，酸性药物在酸性条件下提取，但生物样品中的多数药物是亲脂性的碱性物质，而内源性杂质多是亲水性的酸性物质，一般不含脂溶性碱性物质，所以在碱性条件下用有机溶剂提取，内源性杂质不会被提取出来。当某些碱性药物在碱性条件下不稳定时，则在近中性条件下萃取。而中性药物为了降低内源性杂质的干扰，应在 pH 7 附近萃取。

（4）提取次数：提取时在水相中加入有机溶剂后，一般只提取 1 次。个别情况下（如杂质不易除去），则需将第一次提取分离出的含药有机相再用一定 pH 的水溶液反提取，然后再从水相将药物提取到有机相。如此反复提取可将药物与杂质分离。

液 – 液萃取法的优点在于它的选择性，在使用非专属性的光谱法分析时，这是个很大的优点。例如如果一个亲脂性药物的代谢程度很大，它的代谢物与母体化合物具有相同的发色团，这些代谢物将极大地干扰测定。但如果采用一种亲脂性的溶剂进行萃取，根据相似相溶原理，该药物能被选择性地提取，而将相对极性大的代谢物留在生物体液中。

液 - 液萃取法的缺点是萃取过程中易产生乳化现象，乳化层形成后很难被破坏，离心或超声都不易将其分离。由于乳化层中溶解一定量的样品，因而会降低样品的回收率和重复性；且有机溶剂具有挥发性、有毒性，对人体和环境不利。

3. 液 - 液萃取新技术

（1）直接液相微萃取（direct liquid-phase micro-extration，direct-LPME）：是将悬挂于微量进样器顶端的有机溶剂微小液滴浸入待分离组分中，使分析物萃取到微小液滴中，从而实现萃取分离。该技术于 1996 年首次提出，1997 年改进后沿用至今，已经被广泛应用于水样、环境、蔬菜及瓜果等样品分析中。此方法适用于液体样品或可溶于液体的样品，不适合复杂基质中的样品萃取。其优点包括装置简易、操作简便、有机溶剂用量少等。

（2）顶空液相微萃取（headspace liquid-phase micro-extraction，HS-LPME）：是将悬挂于微量进样器顶端的有机溶剂微小液滴置于样品上方进行萃取的技术。此方法与上述的直接液相微萃取技术类似，但液滴不浸入样品，而是悬于上方。这种技术适用于挥发性或者半挥发性的待测物提取。

（3）中空纤维液相微萃取（hollow fiber based liquid-phase micro-extraction，HF-LPME）：是一种以中空纤维为载体进行液相微萃取的技术。该技术以中空纤维为有机溶剂载体，有效防止有机溶剂的脱落和挥发，广泛应用于血样、尿样、唾液、水样等样品中痕量有机污染物的样品前处理。

（4）分散液相微萃取（dispersive liquid-phase micro-extraction，DLPME）：是将萃取剂和分散剂混合后加入样品溶液，利用分散剂大幅提高萃取剂和样品溶液的接触面积，从而高效提取分析物的前处理方法。该方法萃取时间短、效率高，但容易受到样品基质的干扰和影响。

六、固相萃取

固相萃取（solid-phase extraction，SPE）是于 20 世纪 70 年代发展起来的样品富集技术，具有对有机物吸附力强、前处理速度快、有机溶剂用量少、对人员危害小等优点。与传统的液 - 液萃取法相比，避免了有机溶剂提取时的乳化现象，所需的样品量少，提取率高，重现性好，并大大缩短了样品制备时间，而且便于自动化操作。

（一）固相萃取的原理和模式

将不同的填料作为固定相装入微型小柱，当含有药物的生物样品溶液通过时，由于受到“吸附”或“分配”或“离子交换”或其他亲和力作用，药物和杂质被保留在固定相上，用适当的溶剂洗除杂质，再用适当的溶剂洗脱药物。其保留或洗脱的机制取决于药物与固定相表面的活性基团，以及药物与溶剂之间的分子间作用力。有 2 种洗脱方式，一种是药物与固定相的亲和力比杂质与固定相之间的亲和力更强，因而被保留，然后用一种对药物亲和力更强的溶剂洗脱；另一种是杂质与固定相的亲和力较药物与固定相之间的亲和力更强，则药物直接被洗脱。通常使用前一种模式。

固相萃取实质上是一种液相色谱法分离技术，其主要分离模式也与液相色谱法相同，可分为正相（吸附剂的极性大于洗脱液的极性）、反相（吸附剂的极性小于洗脱液的极性）、离子交换和吸附。

（二）固相萃取剂的种类

1. 吸附型　氧化铝、硅胶、活性炭、硅酸镁等传统的吸附剂多年来一直用于样品预处理。例如硅胶柱能用于脂溶性维生素和类脂的富集纯化；HPLC 分析氨茶碱时，氧化铝用作预分离吸附剂。这类固相萃取剂的作用机制是溶质在吸附剂表面的吸附作用。

2. 键合型　键合硅胶是最近十几年发展起来的固相萃取剂，它们与 HPLC 中所用的键合硅胶固定相类似。键合硅胶固相萃取剂的种类很多，它又分为极性和非极性，亦即液相色谱法中的正相和反相键合相。非极性键合相易吸附水中的非极性物质，可用有机溶剂洗脱，适用于萃取、纯化水溶液中的非极性或弱极性物质。非极性键合相有 C_1、C_2、C_8、C_{18}、环已烷、苯基等。常见的商品化 SPE 柱有 Sep-Par C_{18}、BondElut C_{18}，C_2（乙基）、Ph（苯基）、Baker 10 C_{18} 等。极性键合相有 $-NH_2$、$-CN$、$-OH$ 等；离子交换型键合相有 $-COOH$、$-SO_3H$、季铵基等。

3. 高分子大孔树脂　许多高分子聚合树脂能用于痕量组分的富集和样品纯化，这类非离子型大孔树脂的结构均一、重现性好。苯乙烯－二乙烯苯聚合树脂如 XAD-1、XAD-2、XAD-4 等通过疏水作用对非极性水溶性化合物有强吸附力，而且组分随着相对分子质量增大在树脂中的保留增强；易离子化的化合物可通过离子抑制办法而产生保留，因此有可能同时萃取样品中的酸性、中性和碱性药物。

X-5 树脂是一种新型非极性高分子大孔吸附树脂，有吸附量大、传质速度快、适用范围广的特点。高分子大孔树脂在浓缩样品中的痕量组分前必须进行严格的纯化，即先将它浸泡在甲醇中以除去细粉、单体和污染物，然后分别用甲醇、乙腈和乙醚进行溶剂萃取。经过精制的树脂要浸泡在甲醇中，并密封储存。

4. 离子交换树脂　将各种形式的离子交换树脂引入聚四氟乙烯（PTFE）薄膜，得到离子交换树脂固相萃取剂。它们的作用机制是离子交换。离子交换树脂可用于除去样品中的金属离子，防止组分分解，更常用于萃取样品溶液中可离解的化合物。常用的有 2 类离子交换固相萃取剂，阳离子型的可保留带正电荷的或阳离子化合物，阴离子型的可保留带负电荷的或阴离子化合物。

在进行离子交换固相萃取时，首先要对固定相和被分析物的 pK_a 有所了解。分析物的 pK_a 可以在文献上查到，常见的离子交换固相萃取剂的 pK_a 为苯磺酸型阳离子交换剂的 pK_a 为 2~3、三甲基丙胺型阴离子交换剂的 pK_a 为 11~12、NH_2 型阴离子交换剂的 pK_a 为 9.5~10。

在离子交换过程中存在一个阴阳离子对：一个是固定相，另一个是带相反电荷的分析物。为使分析物在柱中保留，溶液的 pH 必须低于正离子的 pK_a 以得到正电荷，而高于负离子的 pK_a 则得到负电荷。一般来说，溶液的 pH 和阴离子或阳离子的 pK_a 差值要 >2。在这一 pH 下，约 99% 的离子带上电荷。pH 与 pK_a 之差 <2 时，由于分析物和离子交换剂被部分中和，保留将受到影响。因此，洗脱溶剂的 pH 必须高于阳离子的 pK_a 或低于阴离子的 pK_a，同样 pH 与 pK_a 的差值也应 >2。

（三）固相萃取的一般装置和操作步骤

一个 SPE 柱由三部分组成：柱管、烧结垫、固定相。

柱管由血清级的聚丙烯制成，一般做成注射器形状，也有玻璃柱管。柱管下端有一突出的头，可用于各种不同的固相萃取歧管真空装置。

烧结垫除了能固定固定相外，也能起一些过滤作用。聚乙烯是常见的烧结垫材料，对于特殊要求也可以使用特氟隆或不锈钢片。

固定相是 SPE 柱中最重要的部分。最常见的 SPE 固定相是键合的硅胶材料。以不规则形状的孔径为 6nm、粒径为 40μm 的硅胶作为原材料，然后用各种硅烷将官能团键合上。也有一些非硅胶基的固定相被使用。

固相萃取的一般操作步骤如下：

1. 柱活化 固相柱的活化是指对柱中的吸附剂溶剂化，因柱中填充的吸附剂多为键合相，在未活化前难以和待测物有效结合，为获得高的回收率，必须先用适当的溶剂来湿润和冲洗键合相。如对应用最多的反相 SPE 柱（C_{18}、CN 柱），使用前要用数毫升甲醇活化柱填料，因填料表面有一层疏水膜，只有甲醇等极性溶剂方可打破这层膜，并除去吸附剂中可能存在的残留杂质，再用数毫升蒸馏水或所用的缓冲液将甲醇顶替出来，并可调节吸附剂的离子强度和极性，为保留待测物准备适当的环境。实验显示，C_{18} 柱若不经上述活化处理，则不能有效吸附待测物。

2. 加样 柱活化后，可将预先处理好的样品液加入柱中，调节样品过柱的流速，一般不大于 1.5ml/min；若流速过快，则样品中的药物不能有效地被吸附，导致样品中的组分流失。吸附操作中较好的流速为 0.5~1ml/min，而柱活化和清洗操作可使用较大的流速如 2~5ml/min。流速大小可由柱活塞调节，也可通过加压或抽气来控制。

3. 柱清洗 即洗除杂质。在所需的组分被固相柱吸附的同时，也有不少杂质被吸附，杂质可通过柱清洗去除。亲水性杂质可用数毫升水或含有低浓度有机溶剂的水溶液清洗，而非极性或弱极性的杂质可用单一或混合溶剂清洗之，但要注意不要将被测组分洗掉。

4. 柱干燥 在被测组分被洗脱之前，有时需将固相柱中残留的水分挤出或抽干，只有当后续分析需避免水分干扰而洗脱步骤要使用非水溶剂时才需如此。

5. 样品洗脱 根据被测组分的性质选择合适的溶剂将样品组分洗脱。在正相萃取中，可用具有一定极性的溶剂如丙酮、甲醇、乙醇洗脱；在反相萃取中，多用甲醇、乙腈、三氯甲烷等洗脱。对大多数中性或酸性化合物，洗脱液多用单一有机溶剂便可达到完全洗脱的目的；但对于某些碱性化合物，单用甲醇或乙腈洗脱效果不好，需加入少量有机胺如三乙胺或乙酸铵才能完全洗脱。洗脱液浓缩定容后，即可进行仪器分析和检测。

（四）自动 SPE 技术

采用固相萃取能够实现样品预处理的自动化，应用最广泛的是在线固相萃取设备，包括与 HPLC 仪器和与 LC-MS/MS 仪器联用。

全自动的 SPE 通过柱切换技术，采用六通阀与 HPLC 仪器联用。这种系统也被认为是预柱或双柱系统。该类商品化仪器有荷兰 Spark 公司的 Prospect 及 Merck 公司的 OSP-2 系统、Varian 公司的 AASP 等。

近年来在生物样品的分析中广泛使用自动化固相萃取与 LC-MS/MS 技术联用。为了使萃取后得到的样品适合 LC-MS/MS 检测，需将样品进行脱盐化处理，以减少离子抑制的影响；并且应尽可能地去掉不挥发性成分，以减少对离子源的污染。

在线预处理不仅能浓缩净化样品，保护分析柱，缩短色谱分析时间，而且由于减少了人工操作，减少了引入误差和污染的机会，因而能提高方法的精密度。

七、固相微萃取

固相微萃取（solid phase micro-extraction，SPME）是在固相萃取的基础上发展起来的一种新型的样品预处理方法。它基于被萃取组分在两相间的分配平衡，集萃取、浓缩和解吸附于一体。其装置简单，便于携带，易于操作，快速灵敏，选择性高，样品用量小，重现性好，精度高，不需溶剂或仅需少量溶剂即可完成分析。

固相微萃取装置的外形如微量进样器，由手柄和提取头或纤维头两部分组成。提取头是一根 1cm 长、涂有不同吸附剂的熔融纤维，接在不锈钢丝上，外套细不锈钢管（保护石英纤维不被折断）。纤维头在钢管内可伸缩或进出，不锈钢管可穿透橡胶或塑料垫片进行取样或进样。手柄也由不锈钢制成，用于安装或固定萃取头，可永久使用。

目前的液相涂层主要包括以下几种：

1. 聚二甲基氧烷类（PDMS） 100μm 的 PDMS 适用于分析低沸点、低极性物质，如苯类、有机农药等；7μm 的 PDMS 适用于分析中等沸点及高沸点的物质，如多环芳烃等。

2. 聚苯烯酸酯类（PA） 适用于分析强极性物质，如酚类物质。

3. 聚乙二醇 - 二乙烯基苯（CW-DVB） 适用于分析极性大分子，如芳香胺等。

4. 聚二甲基氧烷 - 二乙烯基苯（PDMS-DVB） 适用于分析极性物质。

SPME 的操作过程可分为萃取过程和解吸过程。样品中的待萃取组分在吸附涂层与样品间扩散、吸附和浓缩。将萃取器针头插入样品瓶内，压下活塞，使纤维头暴露在样品中进行萃取，经一段时间后，拉起活塞，使纤维头缩回到不锈钢针头中，完成萃取过程。

解吸过程是指浓缩在涂层中的组分脱附进入分析仪器完成分析的过程。最佳解吸条件可由解吸量和解吸温度及解吸时间的解吸曲线来确定。解吸温度通常为 150~250℃，时间通常为 2~5min。对于难解吸的分子，需要较高的解吸温度；如果组分在高温下易分解，可在进样口采用程序升温的方式进行解吸。如果分析仪器为 HPLC，则需要使用微量溶剂洗涤萃取纤维头来解吸。

八、化学衍生化

化学衍生化（chemical derivation）是指在一定的条件下，利用某种特定试剂（衍生化试剂）与待测组分发生化学反应，反应产生的衍生物有利于色谱分离与检测。

1. 化学衍生化的目的与条件 在色谱分析中，化学衍生化主要有以下几个目的：①提高检测灵敏度；②改变化合物的色谱性能，改善分离效果；③增强药物的稳定性；④扩大了色谱分析的应用范围。

化学反应多种多样，但用于色谱分析的化学衍生化反应必须满足下列要求：①反应能迅速、定量进行，而且对反应条件要求不苛刻；②反应的选择性高，最好只与待分析组分发生反应；③过量的衍生化试剂或反应的副产物不干扰样品的分离和检测；④衍生化试剂方便、易得。

选择化学衍生化反应（衍生化试剂）时，首先要考虑的最重要的问题是待测化合物的结构和化学性质，根据这一点可以找出可能合适的衍生化反应及相应的分离和检测方法；其次还要考虑样品基质和可能存在的干扰物质的影响，有时可能要进行适当的分离或净化后才能进行衍生化反应；最后还要考虑将要采用的色谱方法是否与之相匹配。

2. 气相色谱法中常用的化学衍生化方法 在气相色谱法中化学衍生化的目的是使极性药物变成非极性的、易于挥发的药物，使具有能被分离的性质；增加药物的稳定性；提高对光学异构体的分离能力。

主要的衍生化反应有烷基化（alkylations）、酰化（acylations）、硅烷化（silylations）及生成非对映异构体（diastereomers）等衍生化方法，其中以硅烷化法应用最广泛。

（1）硅烷化：本法常用于具有 ROH、RCOOH、RNHR′ 等极性基团药物的衍生化。所用的三甲基硅烷化试剂可以取代药物分子中极性基团上的活泼氢原子，而使药物生成三甲基硅烷化衍生物。

（2）酰化：本法常用于具有 ROH、RNH_2、RNHR′ 等极性基团药物的衍生化。

（3）烷基化：本法常用于具有 ROH、RCOOH、RNHR′ 等极性基团药物的衍生化。

（4）生成非对映异构体衍生化法：具有光学异构体的药物由于 *R*（-）与 *S*（+）构型不同，使之具有不同的药效和药动学特性，因此异构体的分离也是十分重要的。分离光学异构体的方法之一就是采用不对称试剂，使其生成非对映异构体衍生物，然后采用 GC 进行分析测定。

3. 液相色谱法中常用的化学衍生化方法 液相色谱法常用的高灵敏度检测器是紫外检测器和荧光检测器。近年来电化学检测器也得到了较快的发展。但它们均属于选择性检测器，只能检测某些结构的化合物，为了扩大高效液相色谱法的应用范围，提高检测灵敏度和改善分离效果，采用化学衍生化法是一个行之有效的途径。

液相色谱法中的化学衍生化法主要有以下几个目的：提高对样品的检测灵敏度；改善样品混合物的分离度；适合进一步做结构鉴定，如质谱、红外、核磁共振等。

进行化学衍生化反应应该满足如下要求：对反应条件要求不苛刻，且能迅速定量地进行；对某个样品只生成一种衍生物，反应副产物（包括过量的衍生化试剂）应不干扰被测样品的分离和检测；化学衍生化试剂方便易得，通用性好。

化学衍生化可分为柱前衍生化和柱后衍生化两种。柱前衍生化是在色谱分析前，预先将样品制成适当的衍生物，然后进样分离和检测。柱前衍生化的优点是衍生化试剂、反应条件和反应时间的选择不受色谱系统的限制，衍生化产物易进一步纯化，不需要附加的仪器设备；缺点是操作过程较烦琐，具有相同官能团的干扰物也能被衍生化，影响定量的准确性。柱后衍生化是在色谱分离后，于色谱系统中加入衍生化试剂及辅助反应液，与色谱流出组分直接在系统中进行反应，然后检测衍生化反应的产物。柱后衍生化的优点是操作简便，可连续反应以实现自动化分析；缺点是由于在色谱系统中反应，对衍生化试剂、反应时间和反应条件均有很多限制，而且需要附加的仪器设备，如输液泵、混合室和加热器等，还会导致色谱峰展宽。下面介绍 4 种衍生化法。

（1）紫外衍生化反应：很多化合物在紫外光区没有吸收而不能被检测，将它们与具有紫外吸收基团的衍生化试剂在一定的条件下反应，生成具有紫外吸收的衍生物，从而可以被紫外检测器检测。常用的紫外衍生化试剂很多，不同的官能团需不同的衍生化试剂，如含有羧基的脂肪酸类可以通过生成酰胺、酯等衍生物，含羰基的醛酮可以与肼、羟胺等羰基化试剂生成相应的腙、肟等衍生物来提高 HPLC 的检测范围和灵敏度。

（2）荧光衍生化反应：荧光检测器是一种高灵敏度、高选择性的检测器，比紫外检测器的灵敏度高 10~100 倍，适合痕量分析。只有少数药物具有荧光，可以直接被检测。

（3）电化学衍生化反应：电化学检测器的灵敏度高、选择性强，但只能检测具有电化学活性的化合物。电化学衍生化是指药物与某些试剂反应，生成具有电化学活性的衍生物，以便于在电化学检测器上被检测。例如谷氨酸（Glu）和γ-氨基丁酸（GABA）的结构中不含有可直接用于光学检测的发色团，一般采用柱前衍生化方法使之产生具有荧光或电化学特性的产物，然后进行分离检测。如测定血浆中的Glu和GABA时，采用邻苯二醛（OPA）-亚硫酸盐作为衍生化试剂，所得产物的电化学特性强。

（4）手性衍生化法：采用手性衍生化试剂将药物对映异构体转变为相应的非对映异构体，用常规非手性HPLC进行分离分析。

九、超临界流体萃取

超临界流体萃取（supercritical fluid extraction，SFE）是指利用一种物质在超临界区域形成的流体进行提取的方法。超临界流体萃取技术可萃取高沸点、难挥发性物质，常用的CO_2其临界温度低、无毒、无臭、无公害，是一种环境友好的分离技术；超临界流体萃取技术具有萃取和分离的双重作用，物料无相变过程因而节能明显，工艺流程简单，萃取效率高，无有机溶剂残留，产品质量好，同时也是一种高效的廉价分离技术。由于超临界流体萃取技术具有清洁、安全、高质、高效等诸多优点，它被誉为“超级绿色”技术。

超临界流体（supercritical fluid，SCF）是指处于超过物质本身的临界温度和临界压力状态时的流体。超临界流体既具有液体对溶质有较大溶解度的特点，又具有气体易于扩散和运动的特点。其许多性质（如黏度、密度、扩散系数、溶剂化能力等）随温度和压力变化很大，因此对选择性的分离非常敏感。超临界流体萃取具有以下特点：

1. 萃取速度高于液体萃取，特别适合于固态物质的分离提取。

2. 在接近于常温的条件下操作，能耗低于一般精馏萃取，适合于热敏性物质和易氧化物质的分离。

3. 传热速率快，温度易于控制。

4. 适合于挥发性物质的分离。

在医药工业中，由于超临界CO_2萃取技术具有优于传统分离技术的特点而受到广泛关注。从动、植物中提取有效成分仍是目前超临界CO_2萃取技术在医药工业中应用较多的一个方面。

例如黄酮的萃取，应用超临界流体萃取技术提取中药中的黄酮类化合物，具有速度快、收率高等优点。丹参是常用的活血化瘀药，已知的活性成分是以丹参酮ⅡA为代表的丹参酮类脂溶性物质以及以丹参素、丹酚酸、原儿茶酚为代表的水溶性物质，其常规提取方法主要有水提法和乙醇热回流法，但提取效果均不理想。萧效良等利用超临界CO_2萃取技术提取丹参中的活性成分，结果表明一次提取物中的丹参酮ⅡA的含量>20%、水溶性有效成分的含量>35%，收率为常规提取法的2倍以上。

十、微波萃取

微波萃取（micro amplitude extraction，MAE）是一种萃取速度快、试剂用量少、回收率高且易于自动控制的样品制备技术，可用于色谱分析的样品处理。

微波萃取的原理是利用极性分子可迅速吸收微波能量来加热一些具有极性的溶剂，如甲醇、乙醇、丙酮或水等。因非极性溶剂不能吸收微波能量，所以在微波萃取中不能使用

100% 的非极性溶剂作为萃取溶剂。

微波萃取是将样品放在聚四氟乙烯材料制成的样品杯中，加入萃取溶剂后将样品杯放入密封好、耐高压又不吸收微波能量的萃取罐中。由于萃取罐是密封的，当萃取溶剂加热时，由于萃取溶剂的挥发使罐内的压力增加。压力的增加使得萃取溶剂的沸点也大大增加，这样就提高了萃取温度。同时，由于密封，萃取溶剂不会损失，也就减少了萃取溶剂的用量。

影响微波萃取的主要因素有：

1. 萃取温度的影响　用微波萃取可以达到常压下使用同样溶剂所达不到的萃取温度，但温度过高可能使待萃取的化合物分解，所以要根据待萃取化合物的热稳定性来选择适宜的萃取温度，达到既可以提高萃取效率，又不至于分解待萃取化合物的目的。

2. 萃取溶剂的影响　由于微波加热时只有极性物质能吸收微波能量而升高温度，而非极性物质不能吸收微波能量，故不能升高温度，所以非极性溶剂中一定要加入一定比例的极性溶剂。不同的溶剂比例萃取效率也有所不同。

3. 样品杯吸附及记忆效应的影响　用有机溶剂作容器往往容易对被萃取的有机化合物产生吸附或污染。但实验表明，用聚四氟乙烯制成的样品杯在用于微波萃取时，对回收率均没有明显的影响。

十一、红外辅助萃取

红外辐射是介于可见光与微波之间的电磁波，其波长范围在 0.76~1 000μm。传统上将红外光分为 3 个区域（图 9–1）：波长为 0.76~1.44μm 的红外光称为近红外；波长为 1.44~3.00μm 称为中红外；波长为 3.00~1 000μm 称为远红外。

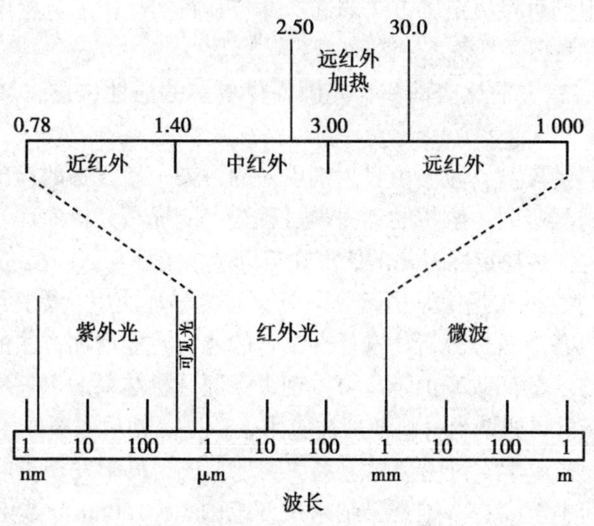

图 9–1　电磁波谱

红外辅助萃取（infrared–assisted extraction，IRAE）技术是一种利用红外线特性的提取技术。当被加热物质分子受到某种频率的红外线照射时，即辐射源的辐射能谱与被加热物的主吸收带波长分布相应时，会引起被加热物质分子产生共振吸收，加速分子内部的热运动，从而达到了升温加热的目的。与传统的加热方法相比，红外辐射加热具有以下特点：①安全环保。与微波相比，红外辐射对人体的危害极小，不需考虑泄漏的问题。波长为 8~14μm 的红外线更是生物生存必不可少的因素，被称为“生命光波”。②节能高效。红外辐射热量是以电磁波形式传递的，因此红外加热时不需要任何媒介，热损失小，同时也不会产生任何废弃物污染周围环境。同时，生物物料对红外光的吸收率比较高，红外能量的利用率比传统加热高许多倍。③加热速度快。红外辐射源辐射的能量与辐射温度的 4 次方成正比，它能提供比对流加热高几十倍的热流密度。红外加热时间短，往往只需要 0.5~5min，而传统的加热过程需要 15~30min。红外加热惯性小，容易实现智能控制。与微波装置相比，红外辐射装置价格低廉，易于推广。

目前，IRAE 已经成功应用于一些中药活性成分的萃取。Duan HT 等利用远红外辅助萃取 - 毛细管电泳联用技术对枸杞中的芦丁、龙胆酸、槲皮素进行了分析，由于提取溶剂及样品的吸收特征与远红外的波长相匹配，中药活性成分的提取效率大大提高了，提取时间由热溶剂法等传统方法的 3h 缩短到了 6min。Chen YL 等和 Cai Y 等利用红外辐射源对丹参、葡萄籽中的活性成分进行提取，发现 IRAE 能用更短的时间达到与传统热流萃取、超声辅助萃取和微波辅助萃取相当甚或更好的效果。Li FJ 等将红外辅助非离子型表面活性剂萃取应用于胡黄连的活性成分分析，萃取所得的胡黄连苷的量显著高于采用常规超声辅助萃取和加热回流萃取的方法。另外，Li FJ 等将红外辅助萃取与酶法相结合来萃取蛇床子中的蛇床子素和欧前胡素，结果有效成分的萃取率升高且提取时间大幅缩短。随着萃取技术的优化及萃取机制的明确，红外辅助萃取有望广泛应用于中药活性成分的萃取并可能应用于工业领域。

十二、基于功能化富集材料的固相萃取技术

在 SPE 中，吸附剂直接决定了方法的选择性与其在实际样品分析中的应用潜力。一种理想的固相萃取吸附剂必须具备：

1. 多孔性，即有较大的比表面积，能够提供更多的活性位点，从而增加材料的吸附能力。

2. 低空白，材料纯度高，减小由吸附剂引入的污染，使方法的检出限最优化。

3. 吸附可逆，材料吸附、解析的动力学过程快，能提高分析速度。

4. 高稳定性，包括热稳定性、化学稳定性与机械稳定性，从而提高材料的耐酸、耐碱、耐腐蚀性能，同时扩大材料的温度使用范围，实现重复循环使用、提高经济效益的目的。

5. 高选择性，具备对目标分析物选择性结合的能力，能增加方法的抗干扰能力。

6. 高回收率，方法的回收率恒定、可重现，保证分析结果的可靠准确。

近年来，一些新材料如纳米材料渐渐被应用于新型固相萃取新技术的研发。1990 年召开的第一届纳米科学技术学术讨论会标志着“纳米”成为科学发展史的一个里程碑。纳米材料是指在三维空间中至少有一维处于纳米尺度范围（1~100nm）或由它们作为基本单元构成的材料，具有量子效应、宏观量子隧道效应、小尺寸效应和体积效应等独特的理化性质。由于纳米材料具有的良好反应活性、对有机物和无机物的快速吸附性，使其在 SPE 中的应用开发不断增多。

纳米材料种类繁多、易于合成及改性。根据其形态可分为零维纳米材料（如纳米球、介孔纳米粒子、富勒烯、量子点等）、一维纳米材料（如碳纳米管、纳米棒、纳米线等）、二维纳米材料（如纳米纤维、石墨烯 / 氧化石墨烯、层状双氢氧化物等）以及三维纳米材

料（如三维碳材料、纳米海绵、树枝状大分子等）。经过近30年的发展，尤其当微观的表征手段和操纵技术出现后，纳米材料逐步发展成为一门相对独立的学科，并在医药、食品、能源、环境、化工等方面有着广泛的应用。

在零维纳米材料的开发研究过程中，20世纪90年代迅速发展起来的有序介孔材料（mesoporous materials）作为一种孔腔大小介于2~50nm的新型纳米结构材料，因具有比表面积大、孔径可调、吸附容量大等优势成为从复杂样品中富集小分子物质的热点方法。

石墨烯的片层与片层间具有较强的范德瓦耳斯力相互作用，极易发生聚集，且难以溶于水及其他有机溶剂。利用共价键、非共价键等分子间作用力对石墨烯进行进一步的修饰和功能化，可以获得具有特异亲和性的固相萃取吸附剂，为生物小分子的分离与富集提供了一个新选择。将石墨烯进行氧化后可以获取具有多种含氧基团（如羟基、羧基、环氧基等）的氧化石墨烯，这些含氧基团可以提供更多的用于吸附的活性位点，并且更易进行后续的功能化。

为了发挥纳米材料在固相萃取技术中的优势，拓宽其应用领域，目前的工作重点主要集中在：①制备对水有较强分散性的新型纳米材料，通过表面功能化修饰以提高分析选择性；②提高材料的化学稳定性（耐热、耐酸、耐碱的能力），制备可再生的材料以满足重复循环使用的需求；③开发快速便捷、成本低廉的制备方法，以匹配绿色分析化学的要求；④改善并提高材料的抗干扰能力，以实现复杂样品基质的直接分析；⑤开发新型功能化富集材料，提高材料的吸附性能。

近年来，新型功能化富集材料主要是利用一些表面功能性基团的修饰，使材料表面与蛋白或肽段发生选择性亲和或吸附来实现低丰度蛋白或肽段的分离和富集。如Chen H等合成了$Fe_3O_4@nSiO_2@mSiO_2$微球，并将其成功地应用于蛋白或肽段的富集。近年来在磷酸化蛋白和多肽的研究中使用最广泛的是基于金属离子（IMAC）或金属氧化物（MOAC）修饰的新型功能化富集材料，尤其是一些具有磁性的功能化材料，如Fe^{3+}、Ga^{3+}、Zr^{4+}、Ti^{4+}、Ce^{4+}、Nb^{5+}等金属离子，又如TiO_2、Al_2O_3、ZrO_2、Nb_2O_5、SnO_2等金属氧化物，这些磁性材料的合成过程简单，与目标分析物的特异性亲和率高，非常适宜用作固相萃取吸附剂。除此之外，新型功能化富集材料还被应用于糖基化研究、核酸快速分离等。最近的相关文献报道中，也不乏将功能化修饰的新型纳米材料应用于富集生物提取物中的活性小分子。这些应用结果促使我们进一步去探究功能化介孔材料在复杂样品体系中痕量物质的定性与定量方面的应用前景。

十三、应用实例

【实例1】氮气保护–微波辅助萃取–液相色谱技术应用于蔬果中维生素C的定量分析。

郁颖佳等着手研究氮气保护–微波辅助萃取（nitrogen-protected microwaveassisted extraction，NPMAE）技术对样品基质中易氧化的成分进行快速提取，选择了维生素C作为最具代表性的目标分析物。

氮气保护–微波辅助萃取装置图见图9-2。前处理的具体方法为将蔬果样品粉碎均匀后，精密称取2g样品至100ml圆底烧瓶中，加入一定体积的溶剂，混匀。首先，转动三通阀，将冷凝管与真空泵相连，打开真空泵，抽走烧瓶中的空气，使得体系内达到一定的真空度；接着，转换三通阀，将冷凝管与气体钢瓶相连，打开氮气阀门，使得容器内充满高纯氮。进行微波辅助萃取前，重复以上步骤 3 次，以保证烧瓶内的氮气量高，尽可能地排走氧气。萃取过程中，冷凝管上方用气球固定。

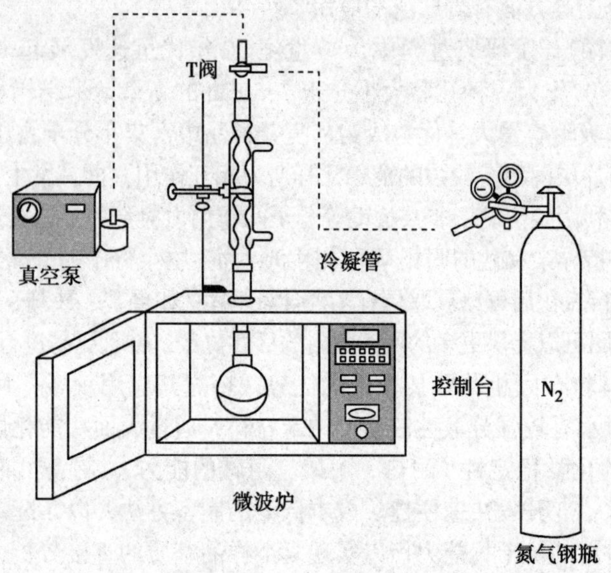

图 9-2　氮气保护 - 微波辅助萃取装置图

萃取优化的参数有提取溶剂、液 - 固比、提取时间和微波功率。维生素 C 对照品溶液及不同样品经 NPMAE 提取后分析得到的色谱图见图 9-3。

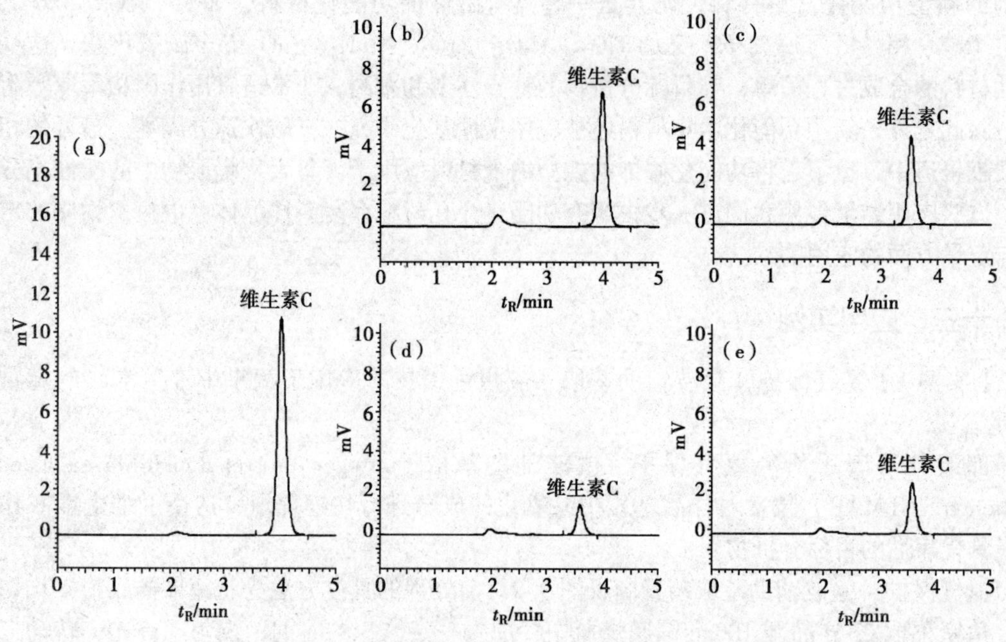

图 9-3　维生素 C 对照品及样品溶液的 HPLC 色谱图

（a）对照品　（b）番石榴　（c）黄椒　（d）绿椒　（e）红椒

将该方法应用到蔬果番石榴、绿椒、黄椒和红椒中维生素C的定量分析，并与常规微波辅助萃取、溶剂萃取方法相比，维生素C在NPMAE过程中的氧化程度显著降低，提取效率提高（图9-4）。因此，氮气保护－微波辅助萃取技术在不同种类样品基质中强还原性组分的提取方面有很大的潜力。

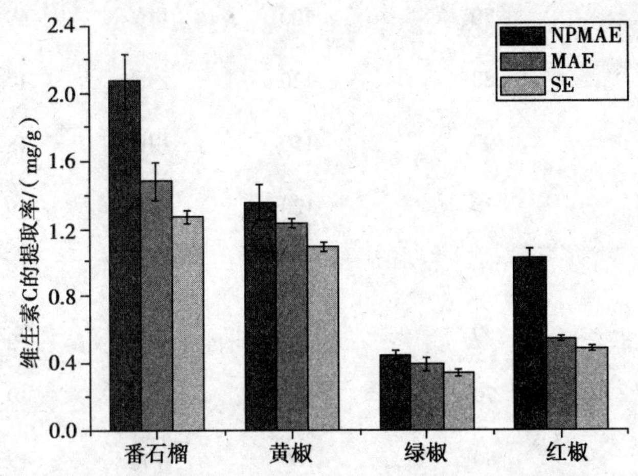

图9-4 不同的提取方法（NPMAE、MAE、SE）应用于番石榴、黄椒、绿椒、红椒等蔬果中维生素C定量分析的提取率比较

【实例2】红外辅助萃取技术在酚酸类及二萜醌类有效成分萃取中的应用。

陈益乐等建立了一种高效经济的红外辅助萃取（infrared-assisted extraction，IRAE）－高效液相色谱法来同时测定丹参中的8种活性成分。这8种有效成分分别是丹参素、原儿茶酸、儿茶醛、丹酚酸B、二氢丹参酮、隐丹参酮、丹参酮Ⅰ和丹参酮ⅡA。

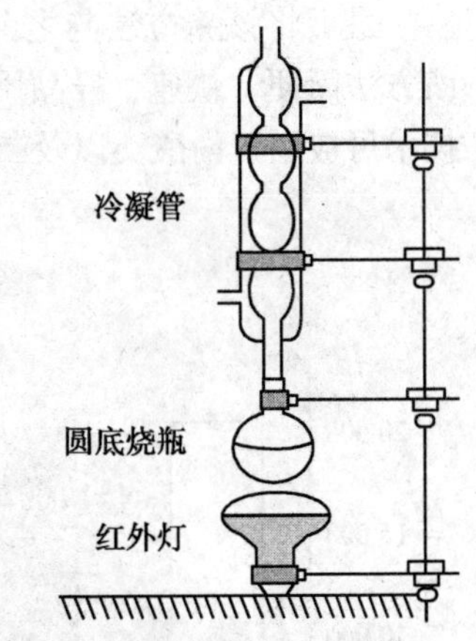

图9-5 红外辅助萃取装置图

红外辅助萃取装置如图9-5所示。前处理方法具体为将药店购得的不同产地的丹参样品置于60℃烘箱内烘干，然后将其粉碎成粉末（过40目筛）后保存于干燥器中。精密称取0.1g丹参粉末，置于50ml圆底烧瓶中，加入15ml 70%甲醇水溶液（*V/V*），混匀，称重。然后将圆底烧瓶连于红外辅助萃取装置上进行提取，提取时间为15min。提取结束放冷后将圆底烧瓶取下，加入适量的提取溶剂以使总重量与提取前相同。然后将瓶中的溶液倒出，10 000r/min转离心10min，所得上清液经0.45μm滤膜过滤后即可进液相色谱仪分析。

采用正交设计结合单因素考察对同时提取分离检测该8种化合物的红外辅助萃取条件和高效液相色谱条件进行了优化，同时对色谱方法进行了验证（表9-2）。

表 9-2　L9（3^4）正交设计表及实验结果

No.	提取条件				结果	
	提取时间 /min（A）	提取溶剂 /（%，*V/V*）（B）	液 - 固比（C）	提取溶剂种类（D）	酚酸类 /（mg/g）	二萜醌类 /（mg/g）
1	5	70	100	甲醇	19.68	7.79
2	5	80	120	乙醇	17.44	7.41
3	5	90	150	甲醇	18.48	7.64
4	10	70	120	甲醇	19.44	7.26
5	10	80	150	甲醇	19.75	8.08
6	10	90	100	乙醇	9.87	6.79
7	15	70	150	乙醇	19.15	7.50
8	15	80	100	甲醇	19.50	7.65
9	15	90	120	甲醇	19.16	8.15

最后将该新方法与之前已被广泛应用的提取方法进行了比较。从结果来看（图 9-6），该方法简便、快速、样品用量少、提取效率高、重现性好、回收率高，证明红外辅助萃取技术可被用于酚酸类以及二萜醌类有效成分的提取分析。

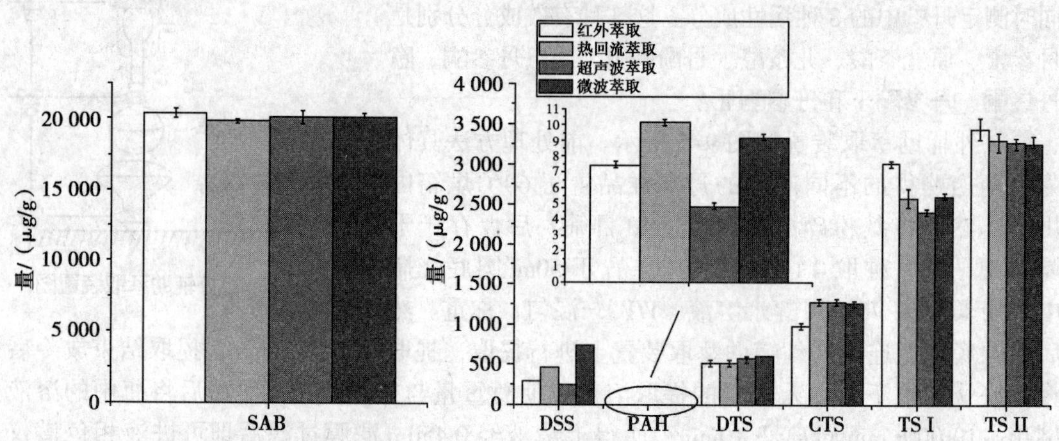

图 9-6　不同的提取方法（IRAE、HRE、UE、MAE）对丹参中 8 种有效成分的提取结果

【实例 3】多次顶空 - 液滴微萃取（multiple headspace-single-drop microextraction，MHS-SDME）技术分析测定药物中有机溶剂的残留量。

郁颖佳等将液滴微萃取（single-drop microextraction，SDME）与多次顶空（multiple

headspace，MHS）萃取技术相结合，用气相色谱法作为分析手段，应用于固体药物中有机溶剂残留量的测定。实验选取了一种模型药物，其含有的残留有机溶剂为甲醇和乙醇。

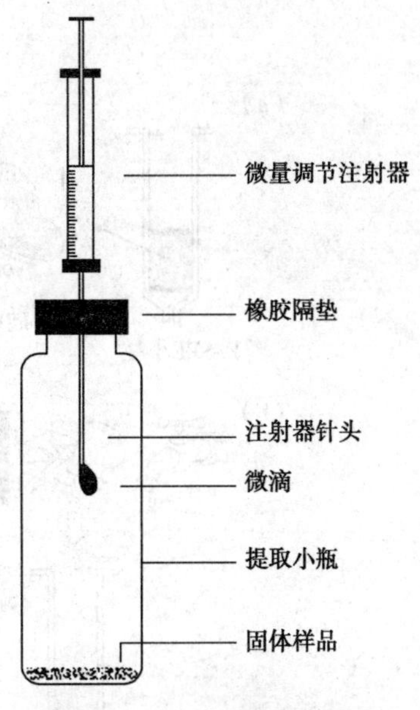

图 9-7 液滴微萃取装置图

液滴微萃取装置主要包括：① 1 支量程为 5μl、针尖斜面的微量注射器，用以生成萃取剂液滴；② 1 个体积为 5ml 的棕色顶空萃取瓶及带有硅酮橡胶隔片的瓶盖。装置图见图 9-7。

前处理方法具体为精密称取 10mg 药品粉末，置于顶空萃取瓶中，粉末平铺在萃取瓶底部，保证其受热均匀完全。装有样品的萃取瓶在第一次提取之前先进行活化，在 140℃的条件下加热 3h，之后每次提取间隙在同样的温度条件下加热 15min。在活化过程中，挥发性待测物从固体样品中转移到气相中。

样品在每次活化后分别进行提取。用微量注射器精密吸取 2μl DMSO 溶液（其中内标环己烷的浓度为 10μg/ml），将注射器针头穿过萃取瓶的硅酮橡胶隔片，用铁夹固定。推动微量注射器，萃取溶剂被推出，并使得其悬吊在注射器顶端。此时，挥发性待测物从气相中转移到悬吊的萃取剂液滴中，直到达到动态平衡或萃取完全。

液滴萃取富集 5min 后，萃取剂液滴收缩回注射器中，并将注射器退出顶空瓶。推动注射器活塞，推出一定的萃取剂，直到注射器中只残留 1μl 为止。这 1μl 溶剂直接注入气相色谱进样口进行定量分析。每次提取前，用丙酮清洗注射器，再用萃取剂润洗数次。

影响 MHS-SDME 的因素包括萃取剂、液滴体积、提取时间、样品量、活化温度和活化时间。分别对其优化后得到 MHS-SDME 提取分析的条件为萃取瓶体积为 5ml，样品量为 10mg。第一次提取前活化温度为 140℃，活化时间为 3h；提取中间活化时间为 15min，活化温度为 140℃。提取富集时间为 5min，萃取剂为 2μl DMSO 溶液。

为了验证多次顶空 - 液滴微萃取方法的准确可靠性，同时对样品中的残留溶剂甲醇和乙醇的含量采用了常规的直接溶解法进行测定，所得的结果与 MHS-SDME 方法的定量结果一致。

由此可知，MHS-SDME 的方法成本低、灵敏度高、准确可靠，为直接从固体样品中提取和定量分析残留溶剂量提供了新的方法和思路。

【实例 4】基于氟固相萃取技术在环境水样中全氟化合物分析中的应用。

徐琛等使用一种定制的 FluoroFlash® 氟固相萃取小柱，将基于氟固相萃取小柱开发而来的氟固相萃取（fluorous solid-phase extraction，F-SPE）技术与高效液相色谱 - 质谱联用（LC-MS/MS）技术相结合，应用于环境水样中痕量有毒物质——全氟化合物（perfluorinated compounds，PFCs）的测定。

氟固相萃取技术分为 4 个步骤：活化、上样、无氟化合物淋洗和含氟化合物洗脱。操作流程如图 9-8 所示。

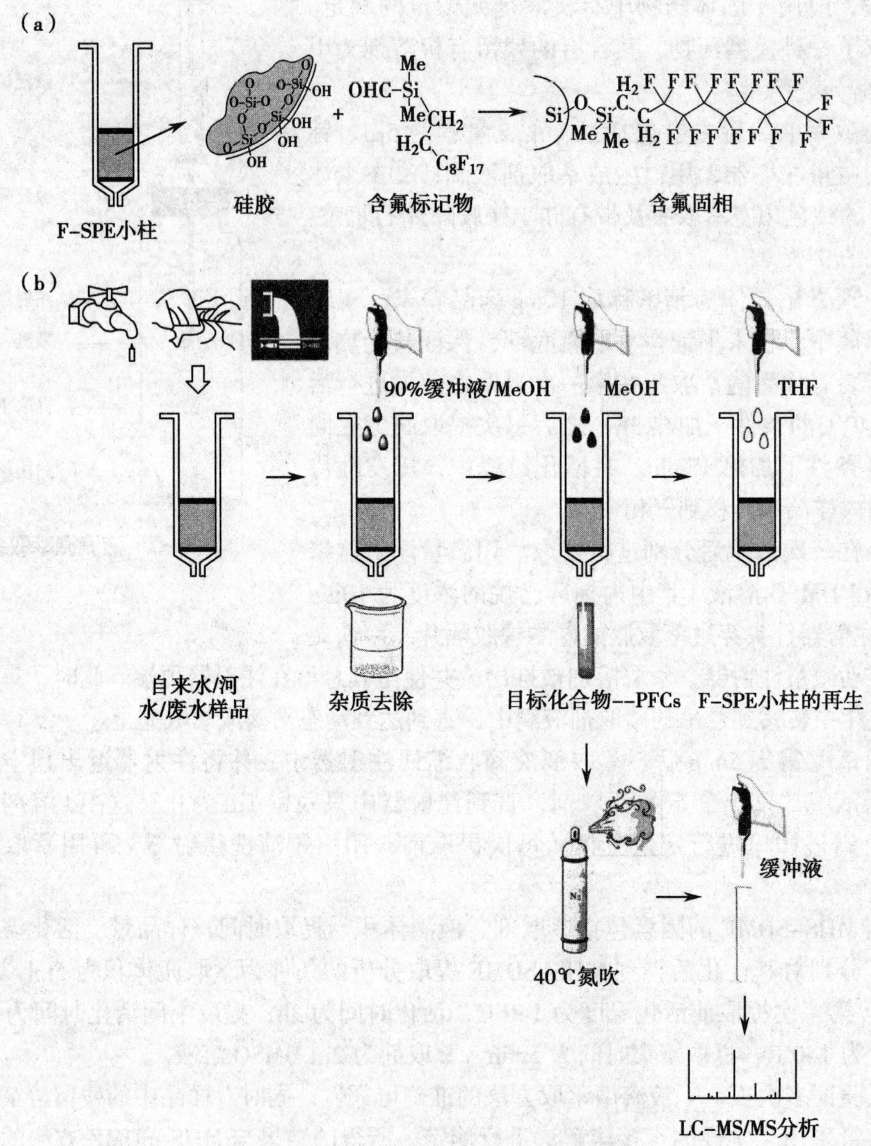

图 9-8 氟固相萃取技术操作流程

（1）活化：使用 1ml 乙酸 - 乙酸铵缓冲液（2mmol/L 乙酸铵 -0.05% 乙酸）平衡固相萃取小柱，以除去小柱内的杂质，并创造适宜的溶剂环境。

（2）上样：在 500 μl 经处理的水样中加入适量内标（PFOS），用移液器转移入柱，并适当静置（约 1min），以保证吸附剂能充分吸附目标分析物。

（3）淋洗：根据 F-SPE 的特性，在淋洗步骤中使用疏氟溶剂进行清洗，以除去无氟化合物。筛选淋洗溶液类型后得出，使用 1ml 混合溶剂［甲醇 -（乙酸 - 乙酸铵缓冲液）= 1∶9，*V/V*］进行淋洗，可以最大程度地除去无氟化合物。

（4）洗脱：使用 1ml 甲醇分 5 次将目标分析物洗脱。所得的收集液在 40℃氮吹仪下挥干，以 100μl 乙酸 - 乙酸铵缓冲液复溶后待进样分析。

（5）再生：本实验定制的氟固相萃取小柱具备可重复使用的特性，经适当溶剂清洗后可循环使用多次。经测试，使用过的氟固相萃取小柱可用 1ml 四氢呋喃清洗 3 次后，重复使用多次。

影响提取效率的主要因素有活化溶剂、疏氟清洗溶剂、亲氟洗脱溶剂的选择。分别对其进行优化后得到的条件是 1ml 乙酸 - 乙酸铵缓冲液（2mmol/L 乙酸铵 -0.05% 乙酸）作为活化溶剂，1ml 混合溶剂［甲醇 -（乙酸 - 乙酸铵缓冲液）= 1∶9，*V/V*）］作为淋洗溶剂，1ml 甲醇作为洗脱溶剂分 5 次洗脱。

为了验证 F-SPE 方法适用于水样中全氟化合物的检测分析，将其与传统固相萃取方法进行比较。通过 2 种方法的测定结果可以发现 F-SPE 具有更高的灵敏度和专属性，更适用于环境水样中痕量全氟化合物的富集分离，是一种高效、可靠的新型前处理技术。

由此可见，F-SPE 技术通过"F-F"相互作用能有效提高提取效率，具有快速便捷、精确灵敏、经济环保的优点，适用于环境水样中全氟化合物的检测，可为环境污染监控提供一定的技术支持，在复杂样品的痕量组分分析方面有很大的潜力。

（刘婷婷　陈丽竹　段更利）

参考文献

[1] 孙毓庆. 现代色谱法及其在医药中的应用[M]. 北京：人民卫生出版社，1998.

[2] 曾苏. 药物分析学[M]. 北京：高等教育出版社，2014.

[3] 孙海红，钱叶苗，宋相丽，等. 固相萃取技术的应用与研究新进展[J]. 现代化工，2011，31(2)：21-26.

[4] 陈方，王清清，戴舒佳，等. 在线固相萃取 LC-MS/MS 法测定比格犬血浆中的知母皂苷 B-Ⅱ[J]. 药物分析杂志，2012(11)：1908-1913.

[5] 萧效良，甘海涛，戚东林. CO_2 超临界萃取技术提取中药有效成分[J]. 化工进展，2001，20(5)：7-9.

[6] 王立，汪正范. 色谱分析样品处理[M]. 北京：化学工业出版社，2001.

[7] 黄理金，何蔓，陈贝贝，等. 基于纳米材料的固相萃取在痕量元素及其形态分析中的应用[J]. 中国科学：化学，2016，46(5)：452-465.

[8] LIU X，FENG J，SUN X，et al.Three-layer structure graphene/mesoporous silica composites incorporated with C_8-modified interior pore-walls for residue analysis of glucocorticoids in milk by liquid chromatography-tandem mass spectrometry [J].Anal Chim Acta，2015，884：61-69.

[9] SUN X N，LIU X D，FENG J A，et al.Hydrophilic Nb(5)(+)-immobilized magnetic core-shell microsphere—A novel immobilized metal ion affinity chromatography material for highly selective enrichment of phosphopeptides [J].Anal Chim Acta，2015，880：67-76.

[10] XU C，ZHU J J，LI Y，et al.Fluorous solid-phase extraction(F-SPE) as a pilot tool for quantitative determination of perfluorochemicals in water samples coupled with liquid chromatography-tandem mass spectrometry [J].RSC Advances，2015，5(17)：13192-13199.

[11] XU C，LING L，ZHU J J，et al.Ionic-Liquid-Based Infrared-Assisted Extraction(IL-IRAE) Coupled with HPLC-MS：a Green and Convenient Tool for Determination of TCMs [J].Chromatographia，2017，80(2)：335-340.

[12] YU Y J，CHEN B，CHEN Y L，et al.Nitrogen-protected microwave-assisted extraction of ascorbic acid from fruit and vegetables [J].Journal of Separation Science，2009，32(23-24)：4227-4233.

[13] CHEN Y L, DUAN G L, XIE M F, et al. Infrared-assisted extraction coupled with high-performance liquid chromatography for simultaneous determination of eight active compounds in *Radix Salviae miltiorrhizae* [J]. Journal of Separation Science, 2010, 33(17): 2888-2897.

[14] YU Y J, CHEN B, SHEN C D, et al. Multiple headspace single-drop microextraction coupled with gas chromatography for direct determination of residual solvents in solid drug product [J]. Journal of Chromatography A, 2010, 1217: 5158-5164.

第十章 色谱方法的建立与评价

第一节 建立色谱分析法的依据和一般实验步骤

一个有效耐用的色谱分析方法对于样品的长期重复测定是十分重要的。建立色谱分析方法的一般实验步骤主要有以下几部分：①有关样品的情况，明确分离目的；②是否需要特殊的色谱步骤、样品预处理等；③选择检测器和检测器设置；④选择色谱方法，进行预试验，估计最佳分离条件；⑤优化分离条件；⑥检查出现的问题或所需的特殊步骤；⑦定性方法，定量校正；⑧论证方法使之进入常规实验室。

一、分析条件的确定

（一）样品信息

分析实际样品时，必须尽量收集与样品有关的资料：①分析的目的是什么；②分析对象物质及其母体结构是什么；③分析对象中有多少种成分；④分析对象中各种成分的预想含量——主组分或微量组分；⑤分析对象物质及其母体结构的物理和化学性质；⑥样品量、样品的形态；⑦检测限、测定限、灵敏度、分析时间；⑧有无分析实例和标准样品。

一般情况下，气相色谱法的分析条件比高效液相色谱法容易确定。一般而言，用吸附剂作填料，用热导检测器分析含有无机气体的样品。分析有机化合物时，应注意其最高使用温度，选用分配型液相填料，若用氢火焰离子化检测器，分析的成功率在 90% 以上。在高效液相色谱法中，必须针对样品选择流动相和固定相的最佳组合。

（二）流动相

在气相色谱法中，流动相一般只影响分析时间和柱效率。若用理论塔板高度对移动相的线速度作图，则存在极小点，表明在某一确定的流速下，色谱柱的效能最高。He 和 H_2 的最佳流速大于 N_2 的最佳流速。因此，柱效相同时，要获得高流速最好用 H_2，从安全性考虑用 He，从经济上考虑用 N_2。

在液相色谱法中，流动相与固定相的组合取决于样品成分的保留能力。若组合不当，样品或者直接通过色谱柱，或者完全被保留而不洗脱。在液相色谱法中，流动相的流速缓慢时柱效能好，但影响分析时间。应尽量采用高纯度的流动相，流动相中的不纯物与假峰、固定相寿命和检测器有关。选择液相色谱法流动相时必须考虑黏度，在洗脱能力相同时，应选用黏度小的流动相。

（三）固定相

在气相色谱法中，一般是从制造厂家购买色谱柱填料后自己装柱，但对毛细管柱一般是购买内壁已涂敷好的成品。在液相色谱法中，一般是直接购买填充柱。

（四）检测器

检测器与流动相的状态相对应。气相色谱法以离子化检测器为主，有氢火焰离子化检测器、热导检测器、电子捕获检测器、火焰光度检测器、氮磷检测器、质谱检测器等；而高效液相色谱法则用光学和电化学检测器，有紫外检测器、示差折光检测器、荧光检测器、电导检测器、电化学检测器、质谱检测器等。

二、样品的制备

样品制备的目的是使试样中的干扰物质不损害色谱柱，且能与将使用的色谱方法相兼容，即样品溶剂能快速汽化或溶于流动相而不影响样品的保留值与分离度。

样品预处理的选择①样品的收集：要有代表性；②样品的贮藏与保存：用适宜的惰性、密封容器；③样品的初加工：如干燥、过筛、碾细等；④称重或定容稀释：有必要注意活性、不稳定性组分；⑤其他的样品加工方法：溶剂替换、除盐、蒸发、冷冻干燥等；⑥除去微粒杂质：过滤、固相萃取、离心；⑦样品的提取：液体样品的提取、固体样品的提取；⑧衍生化：主要用于提高被测物的检测灵敏度，有时也用于改善分离。

（一）样品类型

样品基质可分为有机基质和无机基质，也可分为固体、半固体（包括乳膏剂、胶剂、混悬剂、胶体剂）、液体和气体。

与气体或固体相比，制备进行色谱分析的液体样品要容易得多。许多色谱分析就是基于“稀释即进样”的步骤；有的固体样品易于溶解，随后即可进样或进一步处理；而另一些固体基质在常规溶剂中不溶，则必须将被测物从固体基质中提取出来。

固体样品的传统萃取方法：①固 - 液萃取；②索氏提取；③强制流动浸出；④均匀化；⑤超声波处理；⑥溶解。

固体样品的现代萃取方法：①加速溶剂萃取；②自动索氏提取；③超临界流体萃取；④微波辅助萃取；⑤热提取。

（二）液体样品的预处理

1. 液 - 液萃取 用液 - 液萃取（liquid-liquid extraction，LLE）可从干扰物中分离出被测物，通过被测物在两种不混溶的液体中的分配系数不同达到分离的目的。LLE 中的一相通常为水相，而另一相为有机溶剂。亲水性强的化合物进入极性的水相多，而疏水性化合物将主要溶于有机溶剂中。萃取进入有机相的被测物经溶剂挥发容易回收，而提取进入水相中的被测物经常能够直接注入反相 HPLC 色谱柱中进行分析。

由于萃取为动态平衡过程，效率有限，原相中仍存在数量可观的被测物。因此可试图通过改变 pH、离子对、络合作用等化学平衡的方法提高被测物的回收率，从而尽量消除测定干扰。

许多 LLE 操作在分液漏斗中进行，每一相的体积一般都需几十或几百毫升。当定量回收率 >99% 时，需要两步或多步萃取。

与 LLE 有关的实际问题包括：①发生乳化；②被测物牢固地吸附于微粒上；③被测物与大分子量的化合物结合；④两相彼此互溶。

破乳可采取下列措施：①在水相中加盐；②加热或冷却萃取容器；③用玻璃棉塞或相分离滤纸过滤；④加少量不同的有机溶剂；⑤离心。

2. 固相萃取 与 LLE 相比较，固相萃取（solid-phase extraction，SPE）有许多优点：①萃取被测物更彻底；②分离被测物与干扰物的效率更高；③降低有机溶剂消耗；④易于收集全部被测物；⑤手工操作更方便；⑥能除去微粒；⑦易于自动化。

SPE 的分离原理、固定相的选择和方法建立都与 HPLC 相类似。SPE 和 HPLC 之间的主要差别在于 SPE 萃取管一般只用 1 次即废弃掉，因为可能有潜在干扰物留于萃取管中；而 HPLC 的分析柱在正常情况下则有较长的寿命。

用于 SPE 的装置有多种，如萃取管、圆盘滤头、涂布纤维。其中最普遍采用的是萃取管。

SPE 的应用一般包括 4 个步骤：①润湿活化填料；②加样；③冲洗填料（除去干扰物质）；④回收被测物。

活化步骤有双重作用：一是除去因萃取管暴露于实验室环境时可能聚集的杂质，净化固定相；二是用溶剂润湿吸附剂，建立一个合适的固定相环境。一般甲醇为常用的活化溶剂。

3. 膜分离 膜通常由合成的有机聚合物（如 PTFE、尼龙或聚氯乙烯）、纤维素或玻璃纤维制作而成。滤膜在样品制备方面的主要应用为滤过和固相萃取。超滤、反渗透、渗析、微渗析和电渗析为以滤膜进行浓缩、纯化和分离被测物的技术实例。

膜技术的应用与其他样品制备技术比较，优点在于：①样品或基质成分超载的危险性可以忽略；②大多数膜过程在密封的流动系统中进行，能降低污染，避免接触有毒或危险的样品；③使用有机溶剂量少；④流动系统易于实现自动化。

（三）固体样品的预处理

1. 传统的萃取方法——索氏提取法 索氏提取法是固体提取中应用最广泛的一种方法。主要优点是回收率高、成本低；缺点是时间很长（12~24h 或更长）。

在索氏提取中，被测物在提取溶剂的沸点温度下必须稳定。方法建立包括寻找合适的挥发性溶剂（如沸点 <100℃），这种溶剂必须对被测物有足够大的溶解度，而对固体样品基质的溶解度要小。

作为有效萃取的最古老的方式之一，索氏提取已成为公认的标准。

2. 新型萃取方法

（1）超临界流体萃取（supercritical fluid extraction，SFE）：超临界流体（supercritical fluid，SF）具有气体质量传递的性质和液体溶解度的性质，且有比液态溶剂高得多的溶剂萃取效率和速度。

能用于 SFE 的流体包括 CO_2、NH_3、NO 和戊烷等，其中 CO_2 用于 SFE 最多。

影响 CO_2–SFE 的主要参数包括压力、温度、流速、助溶剂和提取时间。

(2) 微波辅助溶剂萃取（microwave–assisted solvent extraction，MASE）：用微波源直接加热样品与提取溶剂。提取操作可通过多种条件进行控制：提取溶剂的选择，加热时间，脉冲加热或连续加热，搅拌或不搅拌，密封容器或开口容器，容器外部加冷却或不加冷却。

(3) 加速溶剂萃取（accelerated solvent extraction，ASE）：加速溶剂萃取亦称为增强溶剂萃取，在密闭的萃取容器中进行，以常用的有机溶剂在高温（50~200℃）和高压（150~2 000psi）下从固体样品中萃取可溶性被测物。

（四）柱切换

色谱柱切换亦称多维色谱，是分离和清除复杂的多组分样品杂质的有效技术。这种方法中，初始色谱柱（1 柱）的一部分色谱组分被有选择性地转送至第二支色谱柱（2 柱），再次分离。

柱切换（CS）用于：①在 2 柱之前除去可能损坏色谱柱的物质；②在 2 柱之前除去强保留杂质；③除去在 2 柱中会覆盖被测物谱峰的干扰物；④程序升温或梯度洗脱的一种替代方法；⑤痕量富集。

对 CS 的一个重要的实验要求是应将被测物从 1 柱完全转移至 2 柱，这需要准确地控制切换时间。2~10 孔的高压切换阀可以买到。CS 可用单泵进行，但通常最好用多泵操作。

（五）衍生化

衍生化方法使被测物与相应的试剂之间发生化学反应，以改变被测物的化学和物理性质。色谱中的衍生化有 4 种主要用途：①改善被测物的检测；②改变被测物的分子结构或极性，以利于色谱分析；③改变基质，以利于色谱分析；④改善被测物的不稳定性。

理想的衍生化反应应该快速、定量、产生的副产物少、多余的试剂应不干扰被测物或易于从反应基质中除去。建立方法时，衍生化往往是最后才选择的手段。柱前或柱后反应的引入增加了分析的复杂性以及误差来源，也增加了分析的总时间，还要保证定量衍生化。

第二节 方 法 评 价

分析方法验证时根据药品检测项目的要求，通过设计合理的试验来验证所用分析方法的科学性及可行性。只有经过验证的分析方法才能用于控制药品质量，因此分析方法验证在方法建立或修订中具有重要作用，并称为药品质量研究和控制的重要组成部分。

需验证的分析项目有鉴别试验、杂质定量或限度检查、原料药或制剂中的有效成分含量测定，以及制剂中其他成分（如降解产物、防腐剂等）的测定。药品溶出度、释放度等功能检查中，其溶出量等测试方法也应进行必要的验证。

验证内容有准确度、精密度（包括重复性、中间精密度和重现性）、专属性、检测限、定量限、线性、范围和耐用性，视具体方法拟订验证的内容。表 10–1 中列出的分析项目和相应的验证内容可供参考。

表10-1 检验项目和验证内容

项目	鉴别	杂质测定		含量测定及溶出量测定
		定量	限度	
准确度	−	+	−	+
精密度	−	−	−	+
重复性	−	+	−	+
中间精密度	−	+①	−	+①
专属性②	+	+	+	+
检测限	−	−③	+	−
定量限	−	+	−	−
线性	−	+	−	+
范围	−	+	−	+
耐用性	+	+	+	+

注：①已有重现性验证，不需验证中间精密度；②如一种方法不够专属，可用其他分析方法予以补充；③视具体情况予以验证。

一、准确度

准确度系指用该方法测定的结果与真实值或参考值接近的程度，一般以回收率（%）表示。准确度应在规定的范围内建立。

1. 含量测定方法的准确度 原料药可用已知纯度的对照品或样品进行测定，并按式（10-1）计算回收率；或用本法所得的结果与已建立准确度的另一个方法测定的结果进行比较。

$$\text{回收率（\%）}=\frac{\text{测得量}}{\text{加入量}}\times 100\% \qquad \text{式（10-1）}$$

制剂可用含已知量被测物的各组分混合物（包括制剂辅料）进行测定。如不能得到制剂的全部组分，可向制剂中加入已知量的被测物进行测定，回收率则应按式（10-2）计算；或与另一个已建立准确度的方法比较结果。

$$\text{回收率（\%）}=\frac{\text{测得量}-\text{本底量}}{\text{加入量}}\times 100\% \qquad \text{式（10-2）}$$

如该法已建立了精密度、线性和专属性，准确度有时也能推算出来，不必再做。

2. 杂质定量测定的准确度 杂质定量测定方法多采用色谱法，可向原料药或制剂中加入已知量的杂质进行测定。如果不能得到杂质或降解产物，可用本法的测定结果与另一个成熟的方法进行比较，如药典标准方法或经过验证的方法。如不能测得杂质或降解产物的相对响应因子，则可用原料药的响应因子。应明确证明单个杂质和杂质总量相当于主成分的重量比（%），或是面积比（%）。

3. 数据要求　在规定范围内，至少用9次测定结果进行评价，例如制备3个不同浓度的样品，各测定3次。应报告已知加入量的回收率（%），或测定结果平均值与真实值之差及其可信限。

二、精密度

精密度系指在规定的测试条件下，同一个均匀样品经多次取样测定所得结果之间的接近程度。精密度一般用偏差、标准偏差或相对标准偏差表示。

在相同的条件下，由一个分析人员测定所得结果的精密度称为重复性；在同一个实验室，不同时间由不同的分析人员用不同设备测定结果的精密度称为中间精密度；在不同实验室，由不同的分析人员测定结果的精密度称为重现性。

含量测定和杂质定量测定应考虑方法的精密度。

1. 重复性　在规定范围内，至少用9次测定结果进行评价，如制备3个不同浓度的样品，各测定3次；或将被测物浓度当作100%，用至少测定6次的结果进行评价。

2. 中间精密度　为考察随机变动因素对精密度的影响，应设计方案进行中间精密度试验。变动因素为不同日期、不同分析人员、不同设备。

3. 重现性　当分析方法将被法定标准采用时，应进行重现性试验。如建立药典分析方法时通过协同检验得出重现性结果，协同检验的过程、重现性结果均应记载在起草说明中。

4. 数据要求　均应报告标准偏差、相对标准偏差和可信限。

三、专属性

专属性系指在其他成分（如杂质、降解产物、辅料等）可能存在下，采用的方法能准确测定出被测物的特性。鉴别反应、杂质检查、含量测定方法均应考察其专属性。如方法不够专属，应采用多个方法予以补充。

1. 鉴别反应　应能与可能共存的物质或结构相似的化合物区分。不含被测成分的样品，以及结构相似或组分中的有关化合物均应呈负反应。

2. 含量测定和杂质测定　色谱法和其他分离方法应附代表性图谱，以说明其专属性。图中应标明诸成分的位置，色谱法中的分离度应符合要求。

在杂质可获得的情况下，对于含量测定，试样中可加入杂质或辅料，考察测定结果是否受干扰，并可与未加杂质和辅料的试样比较测定结果。对于杂质测定，也可向试样中加入一定量的杂质，考察杂质能否得到分离。

在杂质或降解产物不能获得的情况下，可将含有杂质或降解产物的试样进行测定，与另一个经验证的方法或药典方法的结果进行比较。用强光照射，高温降解，高湿降解，酸、碱水解，或氧化的方法进行加速破坏，以研究降解产物。含量测定方法应比对2种方法的结果，杂质测定应比对检出的杂质个数，必要时可采用光二极管阵列检测和质谱检测进行纯度检查。

四、检测限

检测限系指试样中的被分析物能被检测出的最低量或最低浓度。检测限试验常用的方法如下：

1. 非仪器分析目视法 用已知浓度的被测物试验出能被可靠地检测出的最低浓度或量。

2. 信噪比法 用于能显示基线噪声的分析方法。将已知低浓度试样测出的信号与空白样品测出的信号进行比较，算出能被可靠地检测出的最低浓度或量。一般以信噪比为3∶1时的相应浓度或注入仪器的量确定检测限；若为生物样品，则以信噪比为2∶1时的相应浓度或注入仪器的量确定检测限。

3. 数据要求 应附测试图谱，说明测试过程和检测限结果。

五、定量限

定量限系指样品中的被测物能被定量测定的最低量，其测定结果应具一定的准确度和精密度。杂质和降解产物用定量测定方法研究时，应确定定量限。

常用信噪比法确定定量限，一般以信噪比为10∶1时相应的浓度或注入仪器的量进行确定。

六、线性

线性系指在设计的范围内，测试结果与试样中的被测物浓度直接成正比关系的程度。

应在规定的范围内测定线性关系。可用一贮备液经精密稀释，或分别精密称样，制备一系列供试样品的方法进行测定，至少制备5份供试样品。以测得的响应信号作为被测物浓度的函数作图，观察是否呈线性，再用最小二乘法进行线性回归。必要时，响应信号可经数学转换，再进行线性回归计算。

数据要求：应列出回归方程、相关系数和线性图。

七、范围

范围系指能达到一定的精密度、准确度和线性，测试方法适用的高、低限浓度或量的区间。

范围应根据分析方法的具体应用及线性、准确度、精密度结果和要求确定。原料药和制剂的含量测定，范围应为测试浓度的80%~120%；制剂含量均匀度检查，范围应为测试浓度的70%~130%，根据剂型特点，如气雾剂、喷雾剂的范围可适当放宽；溶出度或释放度中的溶出量测定，范围应为限度的±20%；如规定限度范围，则应为下限的-20%至上限的+20%；杂质测定，研究时范围应根据初步实测，拟订出规定限度的±20%。如果含量测定与杂质检查同时测定，用面积归一化法，则线性范围应为杂质规定限度的-20%至含量限度（或上限）的+20%。

八、耐用性

耐用性系指在测定条件有小的变动时，测定结果不受影响的承受程度，为常规检验提供依据。开始研究分析方法时，就应考虑其耐用性。如果测试条件要求苛刻，则应在方法中写明。典型的变动因素有被测溶液的稳定性，样品提取次数、时间等。液相色谱法中典型的变动因素有流动相的组成和pH、不同厂牌或不同批号的同类型色谱柱、柱温、流速等。气相色谱法的变动因素有不同厂牌或批号的色谱柱、固定相，不同类型的载体，柱温，进样口和检测器温度等。

经试验，应说明小的变动能否通过设计的系统适用性试验，以确保方法有效。

第三节 应用实例

一、血样中色谱方法的建立与评价

张晓燕等对Beagle犬血浆中的多巴丝肼进行测定，采用超高效液相色谱-质谱联用仪对其生物等效性进行评价。其方法概要为取Beagle犬血浆样品80μl，依次加入5.0μg/ml甲基多巴溶液10μl作为内标、0.1%甲酸水溶液60μl和10%三氯乙酸水溶液90μl沉淀蛋白，涡旋振荡1min后，12 000r/min离心5min，取上清10μl用PerkinElmer Flexar UHPLC–ESI/MS分析。色谱-质谱条件：采用迪马Diamonsil C_{18}柱（150mm×4.6mm，5μm）；Diamonsil ODS保护柱；流动相为甲醇–0.5%甲酸水溶液按下列梯度进行洗脱：0~5min由10∶90变为35∶65，5~7min保持35∶65，7~7.1min由35∶65变为10∶90，7.1~12min保持10∶90；进样量为10μl；流速为0.6ml/min；柱温为为30℃。质谱条件：毛细管出口电压为60volts，扫描时间为300ms，干燥氮气温度为300℃，干燥氮气流速为12L/min，喷雾器气压为80psi，质谱定量分析采用正离子模式，信号采集是选择离子采集模式（SIM，*m/z* 198和212）。

该色谱方法的方法学评价如下：

（一）方法专属性

取Beagle犬血浆按上述方法处理后进样，根据色谱图（图10–1）可知，Beagle犬血浆中的内源性杂质对左旋多巴色谱峰（SIM *m/z* 198，t_R 4.8min）和甲基多巴色谱峰（SIM *m/z* 212，t_R 6.1min）均没有干扰。

（二）标准曲线线性考察

取空白Beagle犬血浆80μl，加入60μl左旋多巴标准溶液和10μl 5.0μg/ml甲基多巴溶液，配制为20.0μg/ml、4.0μg/ml、2.0μg/ml、0.8μg/ml、0.4μg/ml、0.16μg/ml和0.08μg/ml的系列浓度样品，按上述方法处理后进样，所得的数据见表10–2。以左旋多巴峰面积与甲基多巴峰面积的比值A_s/A_{is}对左旋多巴浓度（*C*）作图，得到标准曲线方程及相关系数*r*（表10–2和图10–2）。左旋多巴在Beagle犬血浆中的线性范围为0.08~20.0μg/ml进样溶液（血浆药物浓度为0.32~80.0μg/ml），LOD为0.032μg/ml进样溶液，LOQ为0.08μg/ml进样溶液。

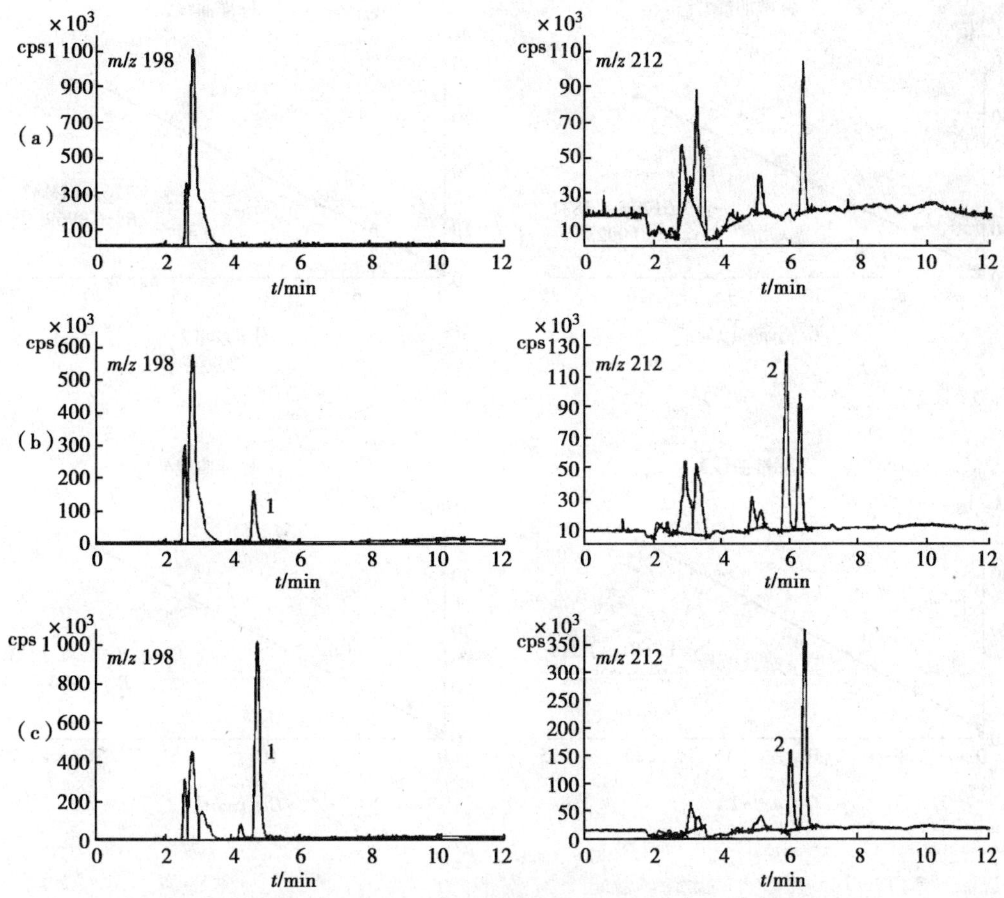

图 10-1 多巴丝肼方法专属性色谱图

（a）空白犬血浆 （b）空白犬血浆加样品 （c）给药后犬血浆

表 10-2 左旋多巴在 Beagle 犬血浆中的标准曲线（n=5）

C/（μg/ml）	1	2	3	4	5	mean	±SD
20.0	33.36	35.53	36.33	35.06	35.22	35.10	0.97
4.0	9.07	9.41	9.01	8.88	8.03	8.88	0.46
2.0	6.28	5.66	5.34	5.99	5.32	5.72	0.37
0.8	2.41	2.71	2.48	2.38	2.43	2.48	0.11
0.4	1.63	2.21	2.25	1.25	1.34	1.73	0.42
0.16	0.77	1.18	1.31	1.10	1.12	1.10	0.17
0.08	0.53	0.74	0.73	0.68	0.58	0.65	0.08

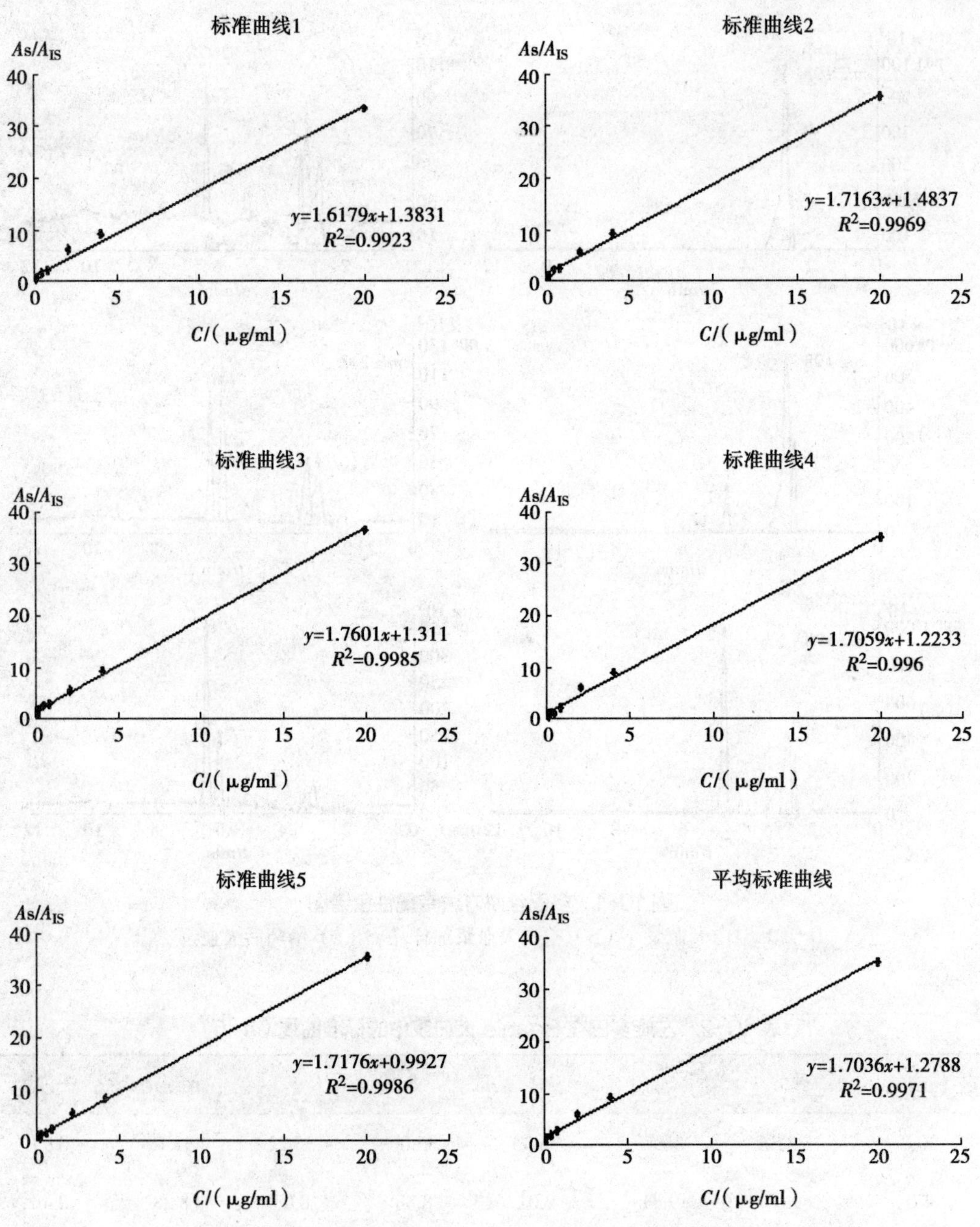

图10-2 左旋多巴在Beagle犬血浆中的标准曲线（n=7）

（三）回收率考察

取空白Beagle犬血浆80μl，加入标准品60μl、内标（5.0μg/ml）10μl、10%三氯乙酸水溶液90μl，配制为高、中、低3个浓度样品（4.0μg/ml、0.4μg/ml和0.08μg/ml），按上述方法处理后进样，考察回收率，结果见表10-3。左旋多巴在标准犬血样和模拟犬血样中的回收率为80%~120%，符合方法学验证要求。

表 10-3 左旋多巴提取回收率考察（标准犬血样 n=2，模拟犬血样 n=3）

No.		低 /（0.08μg/ml）		中 /（0.4μg/ml）		高 /（4.0μg/ml）	
		浓度 /（μg/ml）	回收率	浓度 /（μg/ml）	回收率	浓度 /（μg/ml）	回收率
标准犬血样组	1	0.08	100.40%	0.42	104.66%	4.59	114.94%
	2	0.08	99.77%	0.41	102.01%	4.57	114.33%
	平均值	0.08	100.09%	0.41	103.33%	4.58	114.63%
	标准偏差	0.00	0.44%	0.01	1.87%	0.01	0.43%
	相对标准偏差 /%	0.44	0.44	1.81	1.81	0.38	0.38
模拟犬血样组	1	0.07	87.78%	0.38	93.77%	4.00	87.23%
	2	0.08	99.91%	0.39	94.59%	3.86	84.33%
	3	0.09	117.79%	0.4	96.76%	4.87	106.25%
	平均值	0.08	101.82%	0.39	95.04%	4.24	92.60%
	标准偏差	0.01	15.095%	0.01	1.55%	0.56	11.91%
	相对标准偏差 /%	14.83	14.83	1.63	1.63	12.86	12.86

（四）模拟血浆样品冻融稳定性考察

取空白 Beagle 犬血浆 80μl，加入标准品 60μl、内标（5.0μg/ml）10μl，配制为高、中、低 3 个浓度样品（20.0μg/ml、4.0μg/ml 和 0.4μg/ml），于 −80℃冻存 30 天后取出，37℃水浴融化，按上述方法处理后进样，考察冻融稳定性，结果见表 10-4。左旋多巴在 Beagle 犬血浆中冻存 30 天后融化测定，样品未发生降解。

表 10-4 左旋多巴在 Beagle 犬血浆中的冻融稳定性（n=5）

No.	低 /（0.4μg/ml）		中 /（4.0μg/ml）		高 /（20.0μg/ml）	
	C/（μg/ml）	回收率	C/（μg/ml）	回收率	C/（μg/ml）	回收率
1	0.41	102.41%	4.31	107.74%	23.03	115.16%
2	0.46	116.46%	4.62	115.52%	24.56	122.81%
3	0.45	113.66%	4.63	115.7%	24.80	124.01%
4	0.44	112.26%	4.90	122.60%	23.87	119.38%
5	0.45	112.62%	4.95	123.86%	23.02	115.11%
mean	0.44	111.48%	4.68	117.10%	23.85	119.29%
SD	0.02	5.33	0.25	6.47	0.83	4.16
RSD/%	4.78	4.78	5.53	5.53	3.48	3.48

（五）精密度考察

取空白 Beagle 犬血浆 80μl，加入标准品 60μl、内标（5.0μg/ml）10μl，配制为高、中、低 3 个浓度样品（4.0μg/ml、0.4μg/ml 和 0.08μg/ml），按上述方法处理后进样，考察精密度，结果见表 10-5 和表 10-6。多巴丝肼在 Beagle 犬血浆中的含量测定，高、中、低 3 个浓度的回收率均在 95%~123%，RSD 均小于 15%，符合方法学验证要求。

表 10-5　左旋多巴在 Beagle 犬血浆中的日内精密度考察（n=5）

No.	低 /（0.08μg/ml）		低 /（0.4μg/ml）		中 /（4.0μg/ml）		高 /（20.0μg/ml）	
	C/（μg/ml）	回收率	C/（μg/ml）	回收率	C/（μg/ml）	回收率	C/（μg/ml）	回收率
1	0.09	120.69%	0.42	106.17%	4.51	112.98%	23.49	117.46%
2	0.08	95.02%	0.35	86.43%	4.22	105.61%	23.31	116.56%
3	0.08	98.84%	0.39	96.56%	4.00	99.75%	22.25	111.26%
4	0.08	107.08%	0.39	98.23%	3.84	96.02%	23.13	115.66%
5	0.09	122.85%	0.42	106.92%	4.00	99.99%	22.04	110.22%
mean	0.08	108.90%	0.40	98.86%	4.11	102.87%	22.84	114.23%
SD	0.01	12.55%	0.03	8.34%	0.26	6.61%	0.65	3.27%
RSD/%	11.53	11.53	8.44	8.44	6.42	6.42	2.86	2.86

表 10-6　左旋多巴在 Beagle 犬血浆中的日间精密度考察（n=3）

No.	低 /（0.08μg/ml）		低 /（0.4μg/ml）		中 /（4.0μg/ml）	
	C/（μg/ml）	回收率	C/（μg/ml）	回收率	C/（μg/ml）	回收率
1	0.09	112.73%	0.40	101.10%	4.44	111.14%
2	0.08	107.17%	0.41	100.41%	4.60	115.07%
3	0.08	102.56%	0.40	101.01%	4	100.00%
mean	0.08	107.49%	0.40	100.84%	4.34	108.74%
SD	0.00	5.09%	0.00	0.37%	0.31	7.82%
RSD/%	4.73	4.73	0.36	0.36	7.19	7.19

（六）质量控制

由课题负责人配制 0.08μg/ml、0.4μg/ml 和 4.0μg/ml 浓度的血浆样品各 5 份，对血样分析者采用单盲法进行测定，结果见表 10-7。样品测定的准确度均在 90%~110%，精密度（RSD）<15%，符合方法学验证要求。

表 10-7　多巴丝肼在 Beagle 犬血浆中的质量控制（n=5）

No.	低 /（0.08μg/ml）		低 /（0.4μg/ml）		中 /（4.0μg/ml）	
	C/（μg/ml）	回收率	C/（μg/ml）	回收率	C/（μg/ml）	回收率
1	0.07	97.13%	0.32	82.39%	4.08	102.19%
2	0.08	100.00%	0.44	110.49%	4.20	105.01%
3	0.09	110.19%	0.34	86.15%	4.13	100.00%
4	0.08	116.34%	0.40	100.00%	4.00	103.35%
5	0.07	96.37%	0.36	89.81%	3.95	98.99%
mean	0.08	104.01%	0.37	93.77%	4.07	101.91%
SD	0.01	8.83%	0.04	11.42%	0.09	2.44%
RSD/%	8.49	8.49	12.17	12.17	2.40	2.40

（七）HPLC-ESI/MS 方法学小结

本试验建立的 Beagle 犬血浆中多巴丝肼的 LC-ESI/MS 测定法，血浆中的杂质不干扰样品中左旋多巴和甲基多巴的测定，左旋多巴的回收率在 80%~120%，精密度 *RSD*<15%，冻融稳定性回收率为 90%~125%；左旋多巴的最低检测浓度为 0.032μg/ml，线性范围为 0.08~20.0μg/ml。本次研究建立的方法简便、可靠、准确、灵敏度高，符合左旋多巴血样的分析要求。

二、原料药中色谱方法的建立与评价

徐琛等采用高效液相色谱仪对炔丙基半胱氨酸（SPRC）及有关物质的含量进行测定。其色谱条件为采用 Welchrom-AQ C_{18} 柱（4.6mm × 250mm，5μm），流动相为乙腈 - 离子对缓冲液（10mmol/L 庚烷磺酸钠 +20mmol/L KH_2PO_4，H_3PO_4 调 pH 至 2.4） = 10∶90（*V/V*），流速为 1.0ml/min，紫外检测波长为 210nm，柱温为 30℃，进样量为 20μl。

该色谱方法的方法学评价如下：

（一）专属性试验与强制降解试验

1. 专属性试验　取 SPRC 样品溶液 20μl 进样分析，记录色谱图（图 10-3）。结果表明，在 SPRC 出峰处没有其他杂质干扰，主峰与各分解产物分离完全，峰形较好，专属性较高。

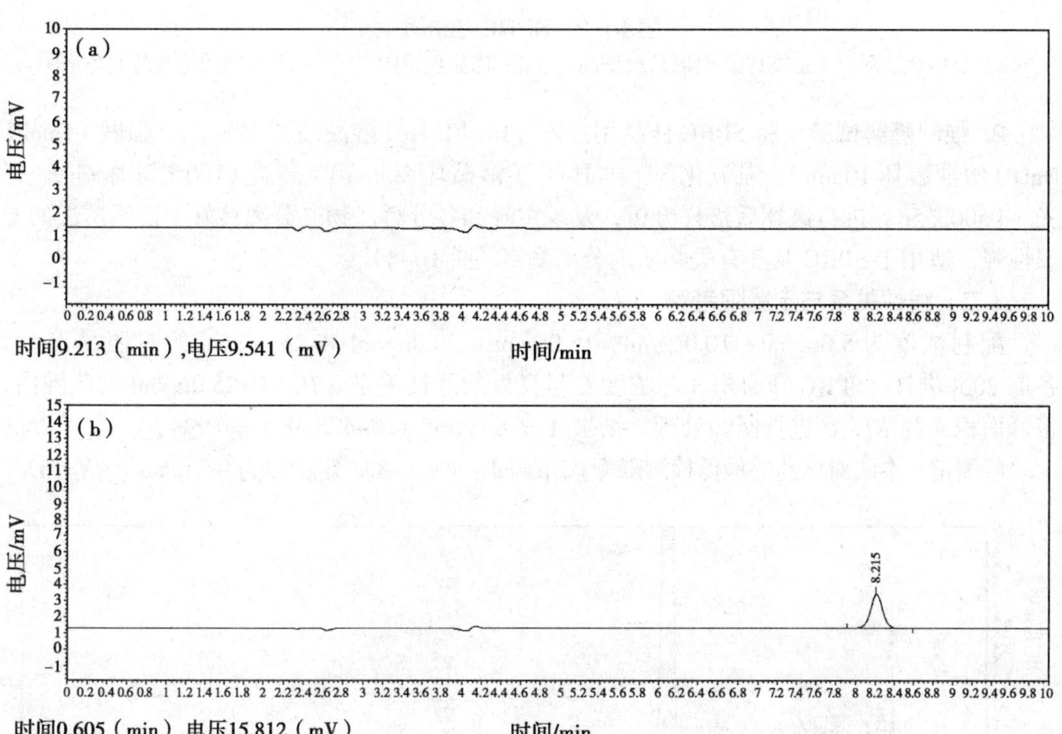

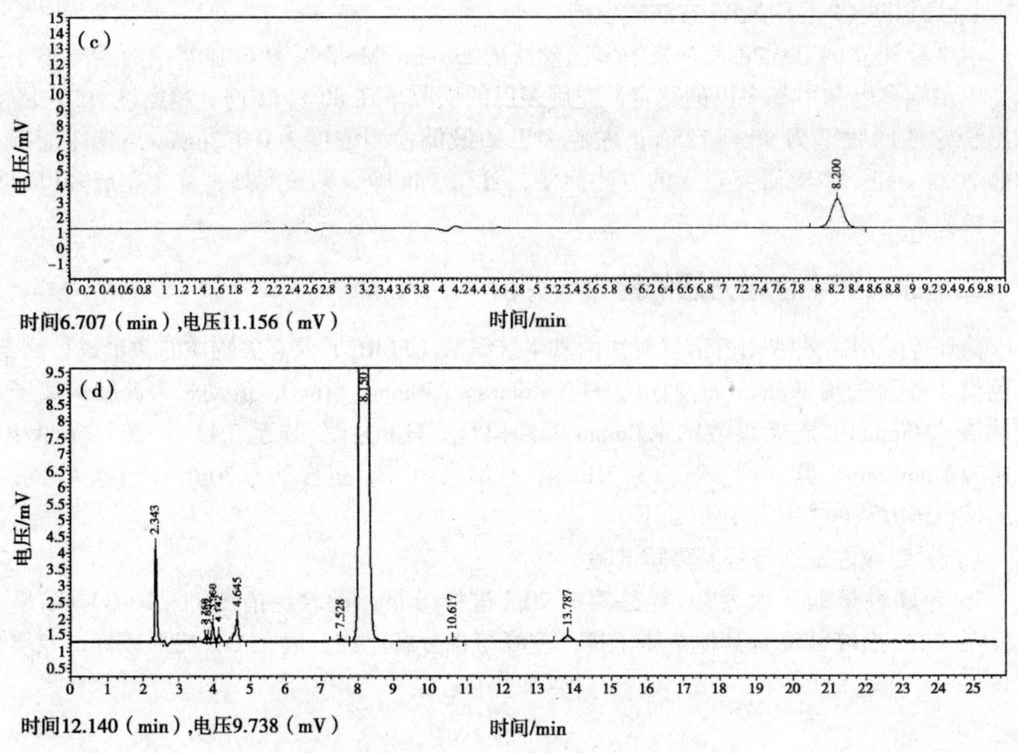

图10-3 SPRC色谱图

（a）空白色谱图 （b）SPRC对照品色谱图 （c）样品色谱图 （d）有关物质检测代表色谱图

2. 强制降解试验 将SPRC样品用强酸（1mol/L HCl溶液破坏10min）、强碱（1mol/L NaOH溶液破坏10min）、强氧化剂（1%H_2O_2溶液破坏30min）、高温（100℃破坏6h）、强光（4 500lx 5d）进行破坏后进样分析，发现主峰和各分解产物亦分离良好，说明本法的专属性强，适用于SPRC及其有关物质的分离测定（图10-4）。

（二）线性关系与定量限考察

配制浓度为5.0μg/ml、10.0μg/ml、15.0μg/ml、20.0μg/ml和25.0μg/ml的对照品溶液，各取20μl进样，SPRC峰面积A与浓度C呈良好的线性关系。在5.0~25.0μg/ml的范围内，将峰面积A与浓度C进行回归处理，结果$A = 855\ 565.44C-428.38$（r=0.999 5）。

经测定，本法对该药的最低检测限为0.2 μg/ml（$S/N = 3$）、定量限为0.6μg/ml（S/N=10）。

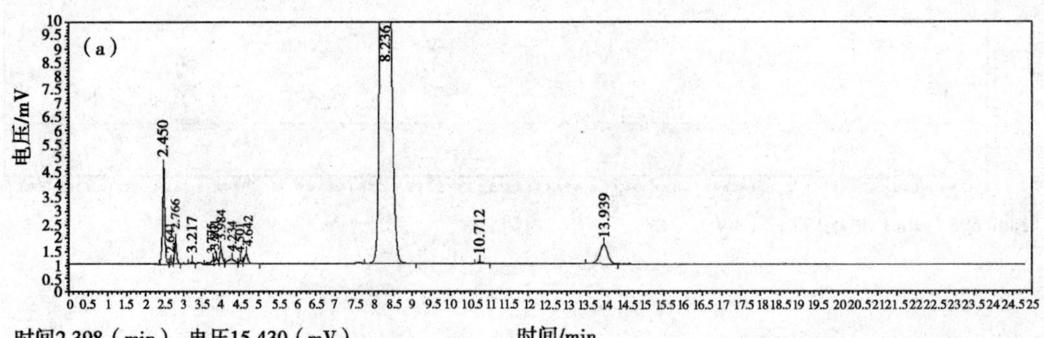

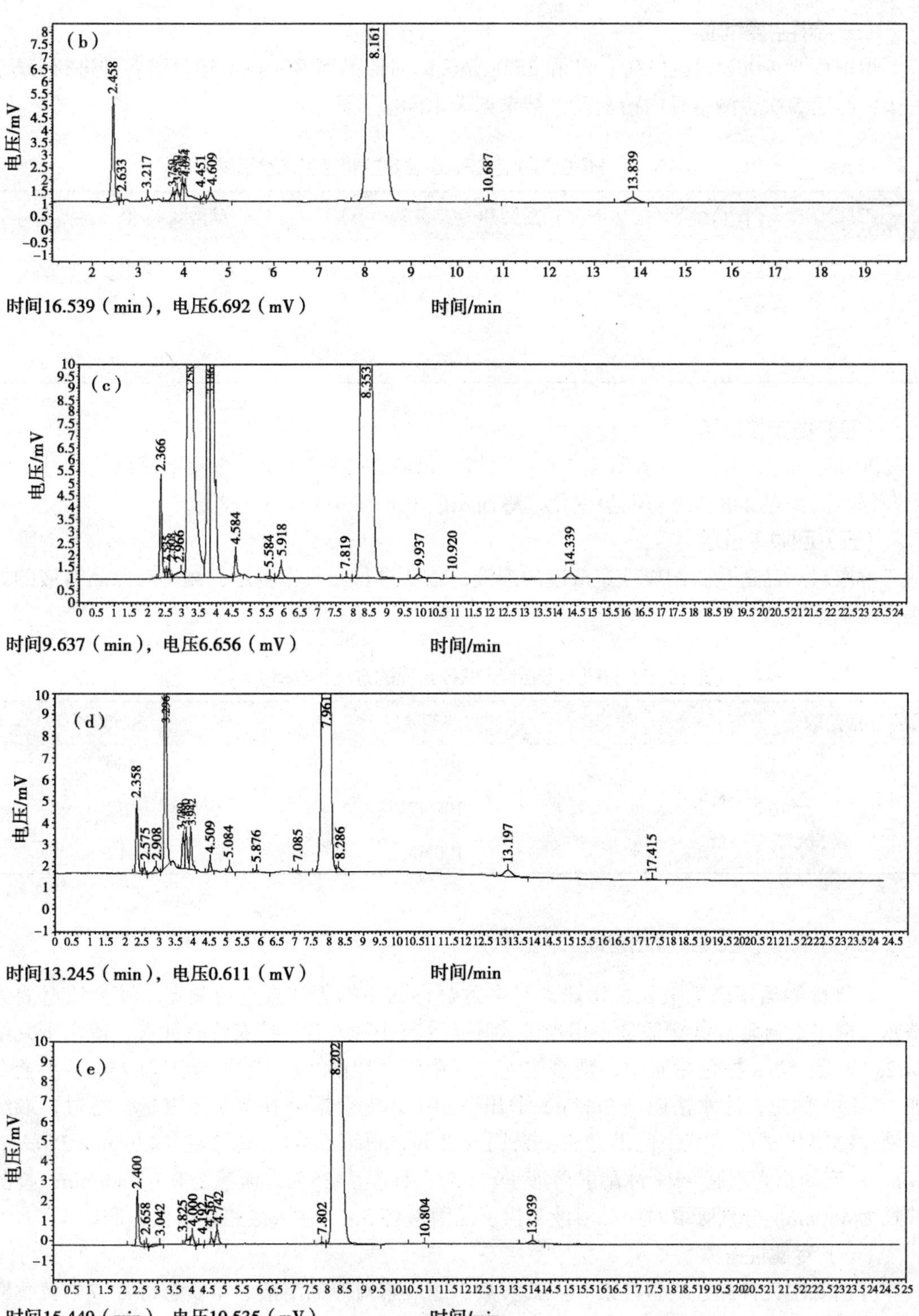

图 10-4　强制降解试验色谱图

（a）经 1mol/L HCl 溶液破坏 10min 的色谱图　（b）经 1mol/L NaOH 溶液破坏 10min 的色谱图　（c）经 1% H_2O_2 溶液破坏 30min 的色谱图　（d）经 100℃破坏 6h 的色谱图　（e）经 4 500lx 光照 5d 后的色谱图

（三）精密度试验

取浓度为 5.0μg/ml、15.0μg/ml 和 25.0μg/ml 的对照品溶液，按上述色谱条件进行分析，一天内测定 5 次，测得日内精密度。结果见表 10-8。

表 10-8　HPLC 测定 SPRC 含量的精密度试验结果

理论浓度 /（μg/ml）	精密度 RSD/（%，n=5）	准确度 /（%，n=5）
5.0	0.98	106.63
15.0	0.22	99.20
25.0	0.27	100.19

（四）稳定性试验

20.0μg/ml 对照品溶液室温（25℃）放置，每隔 2h 进样 1 次，考察溶液的稳定性。结果药物峰面积在 24h 内未有明显变化，峰面积的 RSD = 0.98%（n=8）。

（五）回收率试验

称取对照品适量，配成一定浓度的溶液，依法进行回收率测定，测得对照品溶液的方法回收率见表 10-9。

表 10-9　HPLC 测定 SPRC 含量的方法回收率（n=5）

理论浓度 /（μg/ml）	平均方法回收率 /%	RSD/%
11.4	100.06	0.60
16.2	100.47	1.77
28.5	100.65	1.11

三、制剂中色谱方法的建立与评价

罗亚玲等运用高效液相色谱法，对牛黄解毒剂中的胆红素进行测定。其方法概要为精密称取牛黄解毒片细粉适量［相当于大片 4 片或小片 6 片（糖衣片除糖衣，或水蜜丸细粉 2g）］，置 50ml 棕色量瓶中，精密加入二氯甲烷 - 甲醇（1∶1）混合溶剂 25ml（水蜜丸加 10ml），称重，冰水浴超声 20min，取出，用上述混合溶剂补至初始重量，滤过，取续滤液，制得供试品溶液。色谱方法：采用 Agilent Zorbax SB-C_{18} 色谱柱（4.6mm × 250mm，5μm）；流动相为乙腈 -1% 冰醋酸溶液（95∶5）；柱温为 35℃；流速为 0.7~1ml/min；检测波长为 450nm。分别吸取对照品溶液与供试品溶液各 5μl，注入液相色谱仪，测定。

（一）专属性考察

分别取阴性样品（缺胆红素）供试溶液、胆红素对照品溶液、牛黄解毒片或牛黄解毒丸供试品溶液，按上述色谱条件进行实验。结果显示，阴性样品对胆红素的测定无干扰，结果如图 10-5 和图 10-6 所示。

（二）线性范围考察

精密称取胆红素对照品（含量为 98.5%）10.56mg，置于 100ml 棕色量瓶中，加三氯甲烷溶解并稀释至刻度，摇匀，作为 S1；精密吸取 S1 1ml 置 25ml 量瓶中，加三氯甲烷稀释至刻度，摇匀，作为 S2；精密吸取 S2 1ml 置 10ml 量瓶中，加三氯甲烷稀释至刻度，摇匀，作为 S3。分别精密吸取 S3 2μl、5μl、10μl 和 S2 5μl、10μl 及 S1 2μl 注入液相色谱仪，记录色谱图，测定其峰面积，并以峰面积（A）为纵坐标、胆红素进样量（ng）为横坐标进行线性回归，得回归方程为 A=8 158.06C-11 324.30（r = 0.999 5）。结果表明，胆红素在进样量为 0.832 1~208.032ng 时，与峰面积的线性关系良好。

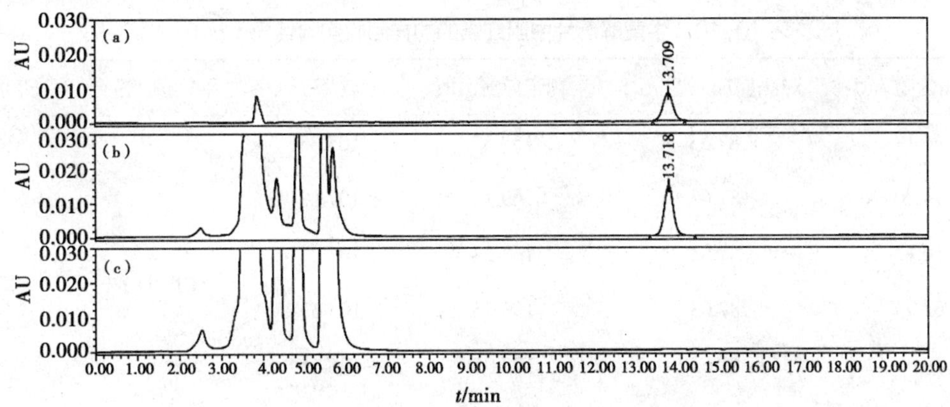

图 10-5　胆红素对照品、牛黄解毒片样品和阴性样品专属性液相色谱图
（a）胆红素对照品　（b）牛黄解毒片样品　（c）阴性样品

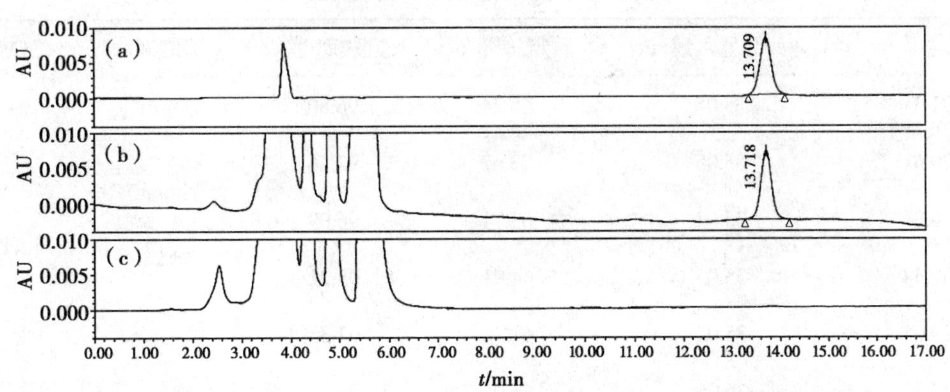

图 10-6　胆红素对照品、牛黄解毒丸样品和阴性样品专属性液相色谱图
（a）胆红素对照品　（b）牛黄解毒丸样品　（c）阴性样品

（三）精密度

精密量取胆红素对照品溶液（浓度为 10.953 2μg/ml）5μl，连续进样 6 次，其 RSD 为 0.52%，表明仪器的精密度良好。

（四）重复性

取牛黄解毒片细粉适量［相当于大片 4 片或小片 6 片（糖衣片除糖衣，或水蜜丸细粉 2g）］，精密称定，各 6 份，照上述方法制备溶液并测定含量。测得牛黄解毒片的胆红素平均含量为 67.24μg/g（RSD=0.91%），牛黄解毒丸的胆红素平均含量为 32.24μg/g（RSD =

1.73%)。结果表明，方法的重复性良好。

（五）加样回收率

分别取已知含量的牛黄解毒片细粉（含量为 67.24μg/g）1.0g、牛黄解毒丸细粉（含量为 32.24μg/g）1.0g，各 6 份，精密称定，置于 50ml 棕色量瓶中，精密加入胆红素对照品溶液（C=3.5051μg/ml）25ml（片剂）或 10ml（丸剂），称重，按照拟订方法制备供试品溶液，按上述色谱条件测定，记录色谱图，计算回收率。结果见表 10-10 和表 10-11。

表 10-10 牛黄解毒片中胆红素的加样回收实验结果（n=6）

样品含量 /μg	对照品加入量 /μg	测定总量 /μg	回收率 /%	平均值 /%	RSD/%
66.18	87.63	158.53	105.38	105.64	1.42
74.80	87.63	169.10	107.62		
70.12	87.63	163.24	106.27		
62.95	87.63	153.76	103.63		
79.60	87.63	173.05	106.65		
67.78	87.63	159.18	104.31		

表 10-11 牛黄解毒丸中胆红素的加样回收实验结果（n=6）

样品含量 /μg	对照品加入量 /μg	测定总量 /μg	回收率 /%	平均值 /%	RSD/%
31.31	35.05	65.24	96.80	96.17	1.83
29.61	35.05	63.67	97.16		
30.04	35.05	63.71	96.09		
31.54	35.05	64.91	95.21		
29.05	35.05	61.76	93.33		
30.55	35.05	65.05	98.43		

（六）检测限考察

精密量取胆红素对照品溶液（C = 0.092 66μg/ml）5μl，按色谱条件测定，结果显示，$S/N \approx 3$。确定本品的检测限为 0.46ng，折算成样品中的检测限即为牛黄解毒片 0.4μg/ 片或大片 0.6μg/ 片、牛黄解毒丸 1.15μg/g（水蜜丸 / 水丸）或大蜜丸 0.46μg/g。

（七）样品测定

依据建立的胆红素含量测定方法，对 2 个批次的牛黄解毒丸（水蜜丸）和 246 个批次的牛黄解毒片进行了考察。2 个批次的水蜜丸中，胆红素的含量分别为 46.91μg/g 和 48.42μg/g；246 个批次的牛黄解毒片剂样品中，胆红素的含量从 0.00~50.82μg/ 片（220 个批次的小片）至 9.80~55.602μg/ 片（26 个批次的大片），含量差异很大。结果见图 10-7 和

图 10-8。

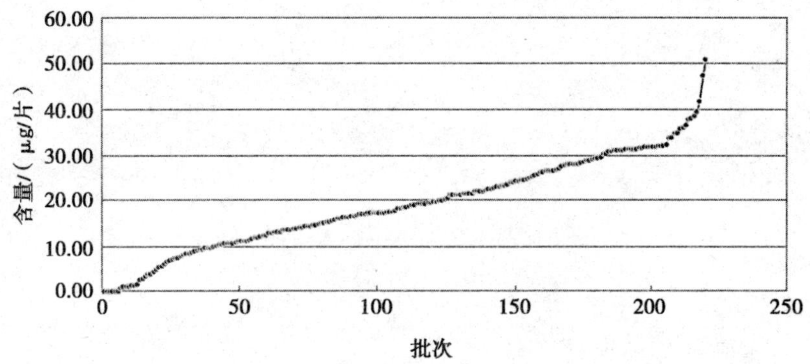

图 10-7　牛黄解毒片（小片）的胆红素含量测定结果

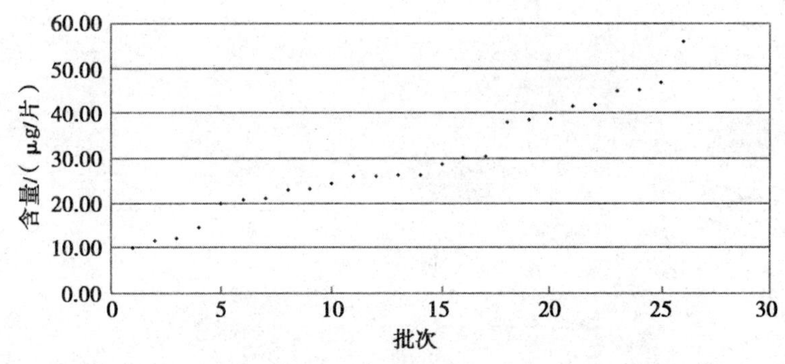

图 10-8　牛黄解毒片（大片）的胆红素含量测定结果

制剂中色谱方法的建立与评价和原料药的基本相同。需要注意的是在建立制剂的色谱方法时，应考虑制剂中所使用的辅料对采用的分析方法可能产生的影响。务必要建立不受辅料干扰、稳定可控的色谱方法用于制剂的含量测定，并进行完善的方法学评价。

（徐 琛　段更利）

参考文献

[1] 李发美 . 分析化学[M].7 版 . 北京：人民卫生出版社，2011.
[2] 刘文英 . 药物分析[M].6 版 . 北京：人民卫生出版社，2008.
[3] 贺浪冲 . 工业药物分析[M].2 版 . 北京：高等教育出版社，2012.
[4] 傅若农 . 色谱分析概论[M]. 北京：化学工业出版社，2005.
[5] 张晓燕 . 多巴丝肼胶囊在 Beagle 犬体内的生物等效性[J]. 中国医药工业杂志，2011，42(10)：94-97.
[6] 徐琛 .HPLC 法测定炔丙基半胱氨酸及其有关物质的含量[J]. 中国新药与临床杂志，2012，31(6)：308-311.
[7] 罗亚玲 . 基于高效液相色谱法的牛黄解毒制剂中胆红素含量测定[J]. 成都大学学报，2017，36(1)：18-20.